科学出版社"十三五"普通高等教育本科规划教材

国家精品课程配套教材

治沙原理与技术

高 永 主编

科 学 出 版 社

北 京

内 容 简 介

本教材主要介绍治沙的理论知识与实践技术，内容包括绪论、风沙运动基本原理、植物治沙基本原理、天然植被恢复原理与技术、沙地人工植被建设、沙障治沙、化学治沙、风力水力治沙、沙害的综合防治、交通路线沙害的综合防治。为了便于学生掌握课程重点内容和深入系统学习，每章都列出了相应的内容提要、思考题。

本教材是针对高等院校水土保持与荒漠化防治专业编写的，也可作为环境生态类专业本科生、研究生的选修课教材，同时还可用作从事农、林、牧、水利及环境保护的科学研究者、工程技术人员的参考书。

图书在版编目（CIP）数据

治沙原理与技术 / 高永主编. —北京：科学出版社，2023.6
科学出版社"十三五"普通高等教育本科规划教材　国家精品课程配套教材
ISBN 978-7-03-075650-3

Ⅰ.①治… Ⅱ.高… Ⅲ.①沙漠治理－高等学校－教材 Ⅳ.①S288

中国国家版本馆 CIP 数据核字（2023）第 097641 号

责任编辑：王玉时　赵萌萌 / 责任校对：杜子昂
责任印制：张　伟 / 封面设计：蓝正设计

科 学 出 版 社 出版
北京东黄城根北街 16 号
邮政编码：100717
http://www.sciencep.com
北京科印技术咨询服务有限公司数码印刷分部印刷
科学出版社发行　各地新华书店经销

*

2023 年 6 月第 一 版　开本：787×1092　1/16
2025 年 8 月第三次印刷　印张：16 1/4
字数：437 000
定价：65.00 元
（如有印装质量问题，我社负责调换）

《治沙原理与技术》编写委员会

前　　言

荒漠化是指包括气候变异和人类活动在内的种种因素造成的干旱、半干旱和亚湿润干旱地区的土地退化。荒漠化是一种在自然和人为双重因素影响下发生的复合型土地退化，危害范围广、危害程度深。作为全球性的重大生态环境问题，荒漠化对世界粮食安全、生态安全等构成严峻威胁。中国是世界上荒漠化较严重的国家之一，荒漠地区的自然生态环境相当脆弱，旱涝灾害、水土流失、土地退化等问题都十分突出。荒漠化防治对提升生态系统的质量和稳定性、促进沙区经济发展、助力乡村振兴意义重大。当前，我国虽然初步遏制了荒漠化的扩展趋势，实现了从"沙进人退"到"绿进沙退"的历史性转变，也成功地探索出了一条生态保护修复、沙区经济发展和民生改善多赢的中国特色的荒漠化防治道路，但我国荒漠化地区生态系统脆弱问题仍然存在，在治理理念、治理技术等方面还存在一些瓶颈制约，防治荒漠化依然面临艰巨挑战。

习近平高度重视荒漠化防治工作，将防治荒漠化作为一项重要战略任务加以推进，他强调："荒漠化防治是人类功在当代、利在千秋的伟大事业。"党的十八大以来，在习近平生态文明思想的指引下，通过加强防沙治沙的顶层设计和政策创新，实施了一系列重点生态工程、加大荒漠化防治领域科技创新、发挥多元主体力量协力治沙，推进荒漠化防治履约与国际合作等，使中国荒漠化防治取得了显著成效。2021年全国两会期间，谈到要保护好内蒙古生态环境，筑牢祖国北方生态安全屏障，习近平总书记强调了"统筹"二字。长期以来，他一直强调"统筹山水林田湖草沙系统治理"，这次专门把治沙问题纳入其中。党的二十大报告提到，我们坚持绿水青山就是金山银山的理念，坚持山水林田湖草沙一体化保护和系统治理，全方位、全地域、全过程加强生态环境保护，生态文明制度体系更加健全，生态环境保护发生历史性、转折性、全局性变化，我们的祖国天更蓝、山更绿、水更清。

为适应新时代荒漠化防治的需求，给学生提供一本较为全面、前沿、系统的理论指导教材，编者在多年教学、科研实践的基础上，遵照科学出版社"十三五"普通高等教育本科规划教材的总体要求，综合归纳编写了本教材。本教材20名编者皆为本学科领域的博士，其中8位为博士生导师。他们为本书做了大量的数据分析与资料整理工作，为教材编写付出了辛勤劳动。参与编写的单位有内蒙古农业大学、北京林业大学、山东农业大学、内蒙古财经大学、内蒙古师范大学等院校。基于教学大纲要求，本教材共分为10章：绪论、风沙运动基本原理、植物治沙基本原理、天然植被恢复原理与技术、沙地人工植被建设、沙障治沙、化学治沙、风力水力治沙、沙害的综合防治、交通路线沙害的综合防治。各章编写分工如下：绪论，高永、党晓宏、王瑞东；第1章，丁国栋、高广磊、于明含、赵媛媛、李红丽；第2章，李钢铁、麻云霞、党晓宏；第3章，董智、李红丽；第4章，杨光、韩彦隆、潘霞；第5章，高永、蒙仲举、党晓宏、王瑞东；第6章，左合君、蒙仲举；第7章，左合君、汪季、闫敏；第8章，董智、周丹丹、韩彦隆；第9章，左合君、闫敏、凌侠；本书由党晓宏、蒙仲举、王瑞东统稿。

本教材是针对高等院校水土保持与荒漠化防治专业编写的，也可作为环境生态类专业本科生、研究生的选修课教材，同时还可用作从事农、林、牧、水利及环境保护的科学研究者、工程技术人员的参考书。本教材在编写过程中，编者参考和引用了国内外有关书籍、同类教材、著作和文献等，限于篇幅，恕不一一列出，特此说明并致谢。

　　受编者学术水平及其他条件限制，书中难免有不足之处，恳请各位同行专家和读者批评指正。

编　者

2022 年 11 月

目　录

绪　　论

【内容提要】沙漠是在纯自然因素的作用下，形成于地质历史时期的产物。当进入人类历史时期之后，沙漠的演变与发展就成为自然和人为双重因素作用下的复杂过程，并逐渐对人类的生产、生活等活动产生直接或间接的深刻影响。土地荒漠化是人类面临的全球性重大环境问题之一，被称为"地球癌症"，威胁着全球 2/3 的国家和地区、1/5 人口的生存和发展，已引起国际社会的广泛关注。应对荒漠化挑战是人类共同的责任，需要国际社会的共同努力。当前，中国虽然初步遏制了荒漠化的扩展趋势，沙区经济发展和民生改善都取得了显著成效，但由于荒漠化地区生态系统脆弱的问题仍然存在，防治荒漠化依然面临艰巨的挑战。中国荒漠化和沙化土地面积大，探索治沙理念，发展治沙新材料、新技术、新装备已成为必然趋势，并具深远意义。

"治沙原理与技术"是一门专门研究治理流沙的原理和技术的新兴学科，它的产生与新中国成立 70 多年来治沙事业的飞速发展和治沙任务的迫切需求紧密相连，也是中国高等农林院校水土保持与荒漠化防治专业的主要专业课程，以植物学、植物分类学、植物生理学、生态学、地学（地质学、地貌学、自然地理学）、风沙物理学、沙漠学、干旱区造林学等为基础，与水土保持工程学、荒漠化防治工程学、林业生态工程学、环境保护与评价等课程密切相关。

0.1　治沙原理与技术的研究现状及其发展过程

0.1.1　国际防沙治沙发展简史

荒漠化防治由来已久，最初是从治理沙漠开始的，所以有学者称为沙漠治理，简称治沙。据资料记载，世界各国的治沙工作至今已有 600 多年历史。荒漠化防治的发展可分为 4 个阶段，即海岸沙地造林阶段、植物治沙阶段、综合治沙阶段、大规模治理与开发相结合的新阶段。

1. 海岸沙地造林阶段　　14 世纪初至 18 世纪末，此为海岸沙地造林阶段。欧洲中部沿海国家，如德国（1361 年）、丹麦（1660 年）、匈牙利（1709 年）、奥地利（1770 年）、法国（1779 年）等先后开展了海岸固沙造林，提出了采用造林恢复植被、治理流沙的理论；创造了沙丘造林的特有方式——配置沙障；筛选了对沙地适应性较好的树种（松树）。这三项成果至今仍有重要的应用价值。

2. 植物治沙阶段　　19 世纪至 20 世纪中期，由过去单一栽植乔木的沙地造林，逐渐发展为乔、灌、草结合的植物治沙阶段，治沙中心已由中欧移到沙俄，在此阶段，沙障、地造林技术得到进一步发展，成为半荒漠和荒漠地区的主要措施。1808 年，沙俄在欧洲草原地带的河岸沙地开始固沙造林，并向草原区沙地、荒漠地带推广。19 世纪以后，沙俄的治沙工作向荒漠、非荒漠地带发展。1880 年，沙俄修筑里海铁路通过中亚沙漠，因线路常遭沙埋而开始了治沙工作，栽植梭梭、沙拐枣、细枝盐爪爪等灌木获得了一定成效。1904 年，开始在阿斯特拉罕等半荒漠地带的沙地上栽植尖叶柳。20 世纪 30 年代，布哈拉固沙队设置了平铺式沙障，扦插了沙拐枣和细枝盐爪爪插条。1931 年，苏联开始了飞播治沙试验，1934 年开始化学治沙试验。

3. 综合治沙阶段　　　20 世纪 50 年代至 70 年代中期为综合治沙阶段。治沙工作从欧美向亚洲、非洲、拉丁美洲和大洋洲的国家发展，沙障技术也得到了进一步的应用与发展，国际交往增多，学术活动频繁。苏联在草原地区的沙地上营造大规模以松树为主的人工林，成活率达到了 93%以上。在荒漠地区营造黑梭梭牧场防护林也获得了很大成功。美国通过大量的乔、灌木造林试验，掌握了不同树种的造林季节，提高了造林成活率。印度采用立式沙障或活沙障固沙，通过直播和容器苗植苗造林方式，带状配置，带间种草或灌木，营造乔、灌或乔、灌、草结合的防护体系，并设围栏防止人畜破坏获得成功。利比亚、埃及、也门、以色列、阿尔及利亚、澳大利亚、突尼斯、沙特阿拉伯等国家在利用各种沙障及植物进行固沙的同时，利用淀粉、水泥、沥青、石油合成橡胶等材料积极地开展了化学固沙试验。在此期间，沙漠化问题引起了全世界的广泛关注，防沙治沙工作也逐渐由个别国家、地区的单一方式转变为多国家、地区合作的综合治沙措施。

4. 大规模治理与开发相结合的新阶段　　　20 世纪 70 年代以来，荒漠化防治事业进入有计划、有步骤、大规模治理与开发相结合的新阶段。治理内容更加丰富，而且不再局限于某一个国家或地区，而是成了全球性行动。治沙措施也不单是植物治沙、工程治沙和化学治沙技术的综合运用，还包括了多学科、全方位从技术措施到政策措施的综合防治。1975 年，联合国大会决议，开展向荒漠化斗争的行动计划（plan of action to combat desertification，PACD），1977 年，在内罗毕召开首次联合国荒漠化会议（UNCOD），对荒漠化的认识突破了原来的狭义概念，进一步把人类活动与各种营力过程造成的土地生产力下降的环境联系起来，从而明确"荒漠化乃是土地生产潜力衰退与破坏，最终导致出现类似荒漠景观的生态系统退化过程"。由联合国环境规划署（UNEP），联合国教育、科学及文化组织（简称教科文组织），联合国粮食及农业组织（简称世界粮农组织）与世界气象组织共同编制 1∶2500 万比例尺的荒漠化地图，把流沙移动、风蚀和水蚀形成的石质地表，流水冲刷形成的侵蚀劣地及盐渍化、水渍化等都纳入范围。1992 年，联合国环境与发展会议首次把荒漠化防治确定为全球环境治理的优先领域，并列入《21 世纪议程》的第 12 章。1994 年 10 月，《联合国关于在发生严重干旱和（或）荒漠化的国家特别是在非洲防治荒漠化的公约》（以下简称《联合国防治荒漠化公约》）在巴黎签署，于 1996 年 12 月 26 日生效，并且《联合国防治荒漠化公约》成为《21 世纪议程》下的重要公约之一，截至 2005 年 4 月 26 日，该公约共有 191 个缔约方。1997 年 9 月，《联合国防治荒漠化公约》第一届缔约国大会在意大利罗马召开，标志着全球荒漠化防治进入了一个新纪元。

进入 21 世纪后，为了防治荒漠化，保护土地资源和生态环境，各个国家从政策制度、管理体制、发展策略和科学规划等方面进行创新，积极研究、不断探讨荒漠化防治的对策和措施。美国及欧盟等将政策性的补偿退耕休耕等措施同农业立法相结合，一同运用到荒漠化的治理中。21 世纪初，以色列已建成全国输水网络和现代化管理系统，在年均降水量仅为 300 多毫米的恶劣环境下，成功地在荒漠中发展了技术密集型的现代产业，成为治理荒漠化最成功的国家之一。2001 年 6 月，由 90 个国家 1360 位学者共同完成的"千年生态系统评估"项目中将荒漠化列为专题评估内容。"千年生态系统评估"中准确、中肯地指出当前全球荒漠化发展趋势、引发因素，对防治荒漠化策略的创新认知达到了新的高度。为防止沙漠化造成更大的危害，巴基斯坦环境部在 2006 年 7 月宣布了一项新的环境保护计划，在原本要求各级政府将防沙治沙工作列入责任范围的基础上，出资 1700 万美元与联合国共同在巴基斯坦建立数十座培训中心，推广种植新型、耗水量少的经济型农作物，从而达到保护土地和防治沙漠化的目的。在 2006 年成功组织国际沙漠和荒漠化年会的基础上，2007 年针对全球范围内日趋扩大的土地劣化和退化问题，联合国大会宣布 2010 年到 2020 年为联合国荒漠与防治荒漠化十年，以推动旱地保护行动。该项活动的目的在于促进联合国防治荒漠化公约的实施。

目前，国际上荒漠化防治研究的总趋势是将土地荒漠化问题看作一个严重的环境与社会经济问题，从自然、社会、经济方面进行全方位综合性研究。一是在宏观尺度上，更大范围地研究荒漠化生态系统空间格局、动态过程及其系统功能，探讨荒漠化生态系统重建的生态、经济和社会效应，分析其对全球变化的影响及对发展中国家国民经济增长和社会进步的促进作用；二是在微观尺度上，进一步研究荒漠化生态系统中物种之间、生物与环境之间的作用机制，分析主要生态过程和生态效应，以期为荒漠化生态系统的重建提供科学依据。

0.1.2　国际防沙治沙实践总结

国际上防治荒漠化的成功模式有 3 种：一是政府主导型，典型国家有美国、加拿大、德国和罗马尼亚；二是科技主导型，典型国家有以色列、阿拉伯联合酋长国和印度；三是产业主导型，典型国家有澳大利亚、埃及和伊朗。

政府主导型：荒漠化治理是宏观性问题，单靠某些个人、企业、组织不可能解决好。美国政府在防治荒漠化过程中充分发挥了主导作用，宏观上控制生产，对土地进行保护。联邦政府颁布了一系列政策法令，各州也制定了具有可操作性的土地开发和荒漠治理法，如 1933 年的《麻梭浅滩和田纳西河流域开发法》、1961 年的《地区再开发法》。这些法律不仅完善了美国的法律体系，更重要的是为美国西部开发和荒漠治理战略的顺利实施提供了有力的政策法规保障。同时，美国政府还成立了土壤保持局，鼓励各州实施土壤保护措施，并最终取得了比较理想的成效。

科技主导型：先进、适用的科学技术与荒漠化防治措施相结合，能够加快防治荒漠化速度，获得多方面效益。有不少国家充分发挥了科学技术在荒漠化防治中的作用。以色列斯旦伯克荒漠研究所不仅研究与荒漠化直接有关的项目，还研究许多间接的项目，涉及太阳能与风能的开发利用、污水处理与利用、荒漠建筑、城市降尘、地热及微咸水利用、节水与水资源管理、生物技术、设施农业等 20 多个专业领域。

产业主导型：在大多数国家，荒漠化防治不仅仅是为了改善生存与生态环境，还为了发展生产，促进经济发展。澳大利亚充分利用荒漠化地区的资源，大力支持新能源、生态旅游、医用植物的开发利用等，加快了高新技术成果的转化应用，使荒漠化防治的过程成为新兴产业、特色产业发展和农牧民脱贫致富的有效途径，真正实现了三大效益的有机统一。

0.1.3　中国治沙研究工作简史

1949 年之后，党中央、国务院十分重视沙化治理问题，逐步完善了荒漠化防治法律体系、政策体系，实施了荒漠化防治重点生态工程，探索出了一条生态保护修复与沙区经济发展和民生改善共赢的中国特色荒漠化防治道路。

中国土地荒漠化进程是中华民族历史的一个重要篇章，在不同历史时期，荒漠化土地分布范围的大小及地表特征存在差异。回顾中国 70 多年来的荒漠化治理工作，结合改革开放以来我国防沙治沙工作的进展及现状，中国近代防沙治沙事业大致可划分为 4 个阶段，即防沙治沙工作全民动员、进军沙漠的萌芽和起步探索阶段，国家意志与工程带动的防沙治沙推进阶段，以外促内与增速提效稳步推进阶段，全面推进新时代防沙治沙工作阶段。

自 20 世纪 50 年代以来，中国荒漠化治理工作从国家高度重视和部署荒漠化防治工作，到全民参与并积极采用现代科学技术手段监测和治理荒漠化。中国政府先后制定了《1991—2000年全国防沙治沙规划纲要》《中国 21 世纪议程林业行动计划》《中国环境保护 21 世纪议程》《中国履行〈联合国防治荒漠化公约〉国家报告》等文件，并颁布了《中华人民共和国防沙治沙法》《中华人民共和国森林法》《中华人民共和国草原法》《中华人民共和国环境保护法》《中华人民共和国矿产资源法》《中华人民共和国土地管理法》等系列法律法规，加大执行力度，使荒漠化防治逐渐走向法治轨道。先后启动实施了全国防沙治沙工程、三北防护林工程、天然林保护工程、退耕还林（草）工程、山川秀美工程等一系列大规模跨地域、跨流域的生态建设工程，从而有效地控制或减缓了荒漠化的发展。

1. 1949～1977 年：防沙治沙工作全民动员，进军沙漠的萌芽和起步探索阶段　　风沙侵占耕地、损害禾苗，大片的良田变成沙漠，农业生产受到极大威胁。新中国成立初期，百废待兴，在制定国民经济发展计划时，中央政府已经注意到荒漠化危害问题，并着手治理风沙。1949年2月，华北人民政府农业部在河北正定县设立冀西沙荒造林局，会同当地政府领导农民造林。1949 年 10 月，中央人民政府林垦部成立，冀西沙荒造林局划归该部领导。1950 年政务院正式成立治沙领导小组，林垦部召开第一次全国林业业务会议，并在中国陕西榆林地区成立陕北防沙林场。梁希部长指出，"冀西沙荒造林局正在和风沙顽强斗争，并且取得了相当的效果。别的地方可以继冀西进行沙荒造林，发动群众，鼓励乡村合作造林"。会议确定在冀西、豫东、陕北和东北西部等重点地区进行防护林建设。1950 年 5 月，中央人民政府政务院发布《关于全国林业工作的指示》，明确提出"在风沙水旱灾害严重的地区，只要有群众基础，并备种苗条件，应选择重点，发动群众，斟酌土壤气候各种情形，有计划地进行造林"。1953 年，中央人民政府政务院发布《关于发动群众开展造林、育林、护林工作的指示》，提出在水土冲刷严重、风沙水旱灾害经常发生的地区，应积极营造水源林和防护林。

随着在风沙灾害严重地区营造大范围防风固沙林工作的开展，沙漠科学考察和沙漠科学研究也开始起步。1955 年，中国在地处腾格里沙漠东南缘的宁夏中卫县境内建立了第一个沙漠科学研究站。科研人员、铁路职工、固沙人员采用麦草方格治沙技术，有效阻止了沙漠扩张，保证了包兰铁路安全运营。同年，中国科学院成立了黄河中游水土保持综合考察队。20 世纪 50年代末，中国的荒漠化治理工作进入高峰期，1956～1957 年，陕北分队和固沙分队对榆林、绥德、三边、宁夏、内蒙古等地区的沙漠化危害和水土流失问题进行了考察。1957 年颁布了《中华人民共和国水土保持暂行纲要》。1958 年，中共中央农村工作部、国务院第七办公室和国务院科学规划委员会，在呼和浩特市联合召开了新中国成立后的第一次治沙工作会议——内蒙古及西北六省（自治区）治沙规划会议，会议制定了"全党动手，全民动员，全面规划，综合治理，因地制宜，因害设防；普遍治理与重点治理相结合，改造沙漠与利用沙漠相结合，生物措施与工程措施相结合，大量造林植草与保护巩固现有植被相结合"的治沙方针，开始了全民参与植树造林、防沙治沙的活动。1959 年 3 月中国科学院治沙队成立，同年在内蒙古及西北六省（自治区）建立了 6 个治沙综合试验站，在我国西北沙区初步形成了定点试验研究布局，开展了沙漠基本情况的考察及有关治理措施的试验研究。1961 年，中国科学院治沙队通过长达 3 年的沙漠综合考察，基本摸清了中国沙漠的面积、类型、分布、成因、自然条件、社会经济条件等，绘制出了中国沙漠分布图，并提出了不同类型沙漠治理的举措，为荒漠化研究与治理奠定了基础。国家林业部早在 1964 年就提出在中国北方建立起大型防护林的想法，中国科学院也展开了针对防风林绿化建设等方面的研究。

"文化大革命"期间，在"以粮为纲""牧民不吃亏心粮"等政策指导下，长期的大规模毁林垦荒、乱砍滥采、破坏植被等不合理利用行为，导致了中国各地生态环境的急剧恶化，而西北干旱和半干旱地区由于生态系统本身就比较脆弱，因此生态环境恶化问题更为严重。据内蒙古、新疆、青海、黑龙江等 10 省（自治区）不完全统计，近 20 多年来草地被开垦 6.8 万 km^2。

在 20 世纪 80 年代以前，我国北方曾进行 3 次大规模开荒，开垦草地 6.67 万 km² 以上。这一时期，开展了包兰及兰新等铁路沙害的防治工作，以及沙通等铁路选线和沙害防治措施的定位试验研究，如在包兰铁路沙坡头一带，于 1968 年利用邻近黄河的优越条件，引水上山，平沙造林，栽植乔灌木约 30 万株。此外，中国还开展了青新公路沙漠筑路与工程防沙研究、沙漠水库防沙研究、风沙运动和防沙工程的风洞模拟实验研究等。

2. 1978~2000 年：国家意志与工程带动的防沙治沙推进阶段　这一阶段，中国荒漠化治理工作的主要特点是以持久性国家意志为根基，以国家大型战略性治沙工程和法律法规为依托开展治沙工作。通过 20 世纪 50 年代与 70 年代末航空照片对比分析，20 世纪 70 年代末三北地区沙漠化土地增加了 3.9 万 km²，平均每年扩大 1560km²。有 1300 多万 hm² 农田遭受风沙危害，10 万 km² 草场沙化、盐渍化，有超 800km 铁路和数千千米公路受到风沙侵袭，直接受到沙害的人口 5000 万左右。1977 年，三北地区森林覆盖率仅为 5.05%，还不到全国当时森林覆盖率 12.7% 的一半。中国沙漠和沙地全部分布在三北地区，毁林开荒还进一步加剧了该地区的荒漠化问题。20 世纪 80 年代，国务院正式批复在中国东北、华北、西北（三北）等风沙危害及水土流失严重的地区建立大型防护林工程。

针对上述问题，1978 年 11 月，国务院批转国家林业总局《国务院批转国家林业总局关于在"三北"风沙危害和水土流失重点地区建设大型防护林的规划》，明确指出：中国西北、华北及东北西部，风沙危害和水土流失十分严重，木料、燃料、肥料、饲料俱缺，农业生产水平低且不稳。大力造林种草，特别是有计划地营造带、片、网相结合的防护林体系，是改变这一地区农牧业生产条件的一项重大战略措施，"三北"防护林体系建设工程覆盖我国北方 13 个省（自治区、直辖市）的 551 个县（旗、市）。1978 年工程开始启动，建设期限共 73 年，分 3 个阶段，共规划了 8 期工程，规划造林总任务 3508.3 万 hm²，任务完成后"三北"地区的森林覆盖率将提高到 15%，增加 10%；水土流失得到控制，沙地得到治理开发，沙化面积不再扩大。自此，三北防护林工程正式启动。1979 年，在宁夏银川成立了国家林业总局西北华北东北防护林建设局。同年，国务院批准成立三北防护林建设领导小组，协调工程建设重大问题。

进入 20 世纪 80 年代后，中国开始不断在法律层面探索构建生态环境保护的制度和顶层设计，发展转移到以经济、社会与环境保护协调发展为目标的可持续发展战略上来，并明确提出环境保护是我国的一项基本国策。1981 年，中华人民共和国第五届全国人民代表大会第四次会议通过《关于开展全民义务植树运动的决议》，我国荒漠化防治进入恢复和发展阶段。1984 年到 1989 年颁布的《中华人民共和国草原法》《中华人民共和国森林法》《中华人民共和国环境保护法》等，为中国荒漠化治理工作奠定了坚实的法律基础。1988 年，林业部组织完成《三北防护林体系建设工程总体规划》编制工作。计划造林 3.57 万 km²，使中国三北地区的森林覆盖率由 5.05% 提升至 14.95%。1978~2000 年，三北防护林工程从启动到实施已完成三期工程。这一阶段三北地区累计完成造林 2.2 万 km²，占规划任务的 122.3%，其中人工造林 1.54 万 km²，飞播造林 8817km²，封山封沙育林 57 695km²，区域内森林总蓄积净增加 2.35 亿 m³，占同期全国森林蓄积净增量的 50%。

随着三北防护林工程的启动实施，进入 20 世纪 90 年代后，党和政府对防沙治沙工作日益重视，成立了专门的组织协调机构，召开了全国治沙工作会议，制定了荒漠化防治工作方针，出台了防沙治沙财政和税收等优惠政策，启动了荒漠化监测工作并开始参与全球荒漠化治理，防沙治沙工作进入有计划、有步骤发展的新阶段。1991 年 7 月，国务院办公厅批准成立全国治沙工作协调小组。同月，国务院在兰州召开全国治沙工作会议。同年 8 月，国务院办公厅转发全国绿化委员会、林业部《国务院办公厅转发全国绿化委员会、林业部关于治沙工作若干政策措施意见》。10月，国务院批复了全国绿化委员会、林业部《1991～2000年全国治沙规划要点》。批复中指出，"要把治沙作为一项重要工程纳入国民经济和社会发展计划""沙区各级政府要把治沙工作列入重要议事日程"。为进一步推动沙漠治理，合理开发利用沙区资源，12月，国家税务总局出台的《国家税务局关于对治沙和合理开发利用沙漠资源给予税收优惠的通知》中指出，凡荒漠化地区为治沙而兴办的企业生产的产品，可给予定期的减征或免征产品税或增值税的照顾。1994年5月，全国沙漠化普查与监测工作会议在银川召开。为了持续了解全国荒漠化和沙化土地现状与动态变化情况，此后每隔5年，中国都组织开展一次全国荒漠化普查与监测工作。另外，防沙治沙还需要加强国际交流。20世纪90年代中期，中国开始正式参与荒漠化全球治理。1994年10月，中国政府签署了《联合国防治荒漠化公约》，编制了《中国履行联合国防治荒漠化公约国家行动方案》和《中国履行〈联合国防治荒漠化公约〉国家报告》。这标志着我国荒漠化防治工作已进入了与国际接轨、讲规模、求效益和稳步发展的新阶段。

在荒漠化防治行政管理体制方面，我国开始逐渐建立起以林业部门为核心，多部委共同协作的防治荒漠化领导小组，形成了多层级、跨部门的荒漠化防治管理体制。1996年，全国第八届人民代表大会常务委员会批准了《联合国海洋法公约》，我国正式成为公约缔约国。1997年，我国代表在公约第一次缔约方大会上介绍了中国防治荒漠化成果，并呼吁发达国家承担更大的责任和义务，积极帮助发展中国家履行公约。同时强调发展中国家要充分发掘潜力，依靠自身力量增强履约能力，在公约框架下，积极开展南南合作。1998～2000年，中国代表团每年参加一次公约缔约方大会，积极参与荒漠化治理国际合作与交流。1998年，中国发生了长江流域及松花江、嫩江流域的特大洪灾；2000年春，北方地区发生沙尘暴等自然灾害，退耕还林工程和京津风沙源治理工程由此启动。1998年，国务院发出《关于保护森林资源制止毁林开垦和乱占林地的通知》，提出要立即停止一切毁林开垦行为，对已经发生的毁林开垦行为进行全面清查并做好退耕还林工作。1999年，四川、陕西、甘肃三省率先开展了退耕还林试点。2000年3月，经国务院批准，退耕还林试点在中西部地区17个省（自治区、直辖市）和新疆生产建设兵团的188个县（市、区、旗）正式展开。同年春季，我国北方地区连续12次发生较大范围的浮尘、扬沙和沙尘暴天气，其频率之高、范围之广、强度之大，为新中国成立以来所罕见。党中央、国务院对此高度重视，同年4月，国务院召开专门会议研究防沙治沙工作。6月，国务院再次召开专门会议研究环北京地区防沙治沙工作，并决定紧急启动京津风沙源治理工程。

随着防沙治沙工程的启动实施，在三北防护林、长江防护林等生态工程作用明显、建设力度大的地区，荒漠化、沙化土地面积均呈减少趋势。但整体来看，荒漠化土地扩展趋势仍然没有根本性的改变。据统计，1995～1999年净增荒漠化土地5.20万km²，年均增加1.04万km²，5年沙化土地净增17 180km²，年均增加3436km²。

3. 2001～2012年：以外促内与增速提效稳步推进阶段　2000年春天，我国华北地区连续发生了10多次沙尘暴或浮尘天气，引起党中央、国务院对我国荒漠化问题的高度关注。2000年下半年我国紧急启动京津风沙源治理工程。进入21世纪，为进一步加强防沙治沙工作，我国逐步完善了防沙治沙的法律体系、规划体系、考核体系等，防沙治沙制度政策体系不断健全。2001年启动实施以防沙治沙为主攻方向的"三北"防护林体系建设四期工程。这两大工程覆盖了我国85%的荒漠化土地，构成了新世纪我国荒漠化防治的主体骨架。同时我国林业内部也酝酿着一场深刻的变革，林业生产力布局进行了一场前所未有的战略性结构调整。六大林业重点工程的实施，必将全面推进我国荒漠化防治步伐，实现荒漠化治理的新跨越，荒漠化治理开始步入了快速发展、稳步推进的轨道。2001年8月，第九届全国人民代表大会常务委员会第二十三次会议审议通过了《中华人民共和国防沙治沙法》，自2002年1月1日起施行，这是中国乃至全世界第一部荒漠化防治方面的专门法律，为我国荒漠化治理工作提供了全面和专业的法律基础。该法也是我国为防止土地沙化，治理沙化土地，维护生态安全，促进经济社会的可持续发展而制定的第一部关于土地沙化治理的专门性法律。为进一步加强林业治沙贷款财政贴息资金管理，更好地引导信贷资金参与林业生态环境建设，2002 年，财政部印发了《林业治沙贷款财政贴息资金管理规定》。2005 年，《全国防沙治沙规划（2005—2010 年）》印发。

为进一步加强防沙治沙工作，推动沙区社会走上生产发展、生活富裕、生态良好的文明发展道路，2005 年，国务院下发《国务院关于进一步加强防沙治沙工作的决定》，提出了防沙治沙的一系列扶持政策。财政部、国家林业局出台《林业贷款中央财政贴息资金管理规定》，原《林业治沙贷款财政贴息资金管理规定》同时废止。2009 年，国务院办公厅转发了国家林业局等有关部门制订的《省级政府防沙治沙目标责任考核办法》，提出要坚持客观公平、科学合理、系统综合、求真务实的原则，对省级政府防沙治沙目标责任履行情况进行考核。这一时期，除完善防沙治沙系列制度政策体系外，还稳步推进防沙治沙重点生态工程建设。在京津风沙源治理工程建设方面，2002 年 3 月，国务院批准《京津风沙源治理工程规划（2001—2010 年）》。工程建设范围涉及北京、天津、河北、山西及内蒙古等 5 省（自治区、直辖市）的 75 个县（旗）。据统计，1999～2009 年，工程涉及的 5 个省（自治区、直辖市）沙化土地总面积减少 11 630km²；2001～2010 年，工程区土壤风蚀总量由 11.91 亿 t 下降到 8.46 亿 t，降低了 29%；工程区森林覆盖率达到 15.01%，工程区初步建成锡林郭勒盟浑善达克沙地南缘、乌兰察布市阴山北麓、冀蒙边界、毛乌素沙地东缘四条生态防护林带。国务院批准了《全国防沙治沙规划（2021—2030 年）》，指明了中国不同时期防沙治沙的目标和发展方向。为进一步减少京津地区沙尘危害，构建中国北方绿色生态屏障，2012 年 9 月，国务院常务会议讨论并通过《京津风沙源治理二期工程规划（2013—2022 年）》。在退耕还林工程建设方面，2001 年，国家将退耕还林试点扩大至中西部地区 20 个省（自治区、直辖市）和新疆生产建设兵团的 224 个县（市、区、旗）。2002 年 1 月，国务院西部开发办公室召开退耕还林工作电视电话会议，确定全面启动退耕还林工程。同年 4 月，发布《国务院关于进一步完善退耕还林政策措施的若干意见》。退耕还林工程在 25 个省（自治区、直辖市）和新疆生产建设兵团全面实施。2002 年 12 月，国务院第 66 次常务会议通过《退耕还林条例》，退耕还林从此步入法治化管理轨道。据统计，自 1999 年实施退耕还林工程以来，到 2009 年底，中国已累计完成退耕还林任务 2.77 万 km²，其中退耕地造林 0.93 万 km²，荒山荒地造林和封山育林 1.84 万 km²。10 年来，工程区森林覆盖率平均提高 3%。这一时期，在推进荒漠化防治履约与国际合作方面，中国积极推动成立《联合国防治荒漠化公约》履约审查委员会、设立区域履约协调机构、建立区域履约协调机制等，还参与制定了公约《十年战略》、参加了公约履约评价影响指标体系示范工作、推动设立全球履约目标等。这一时期，中国防沙治沙工作还受到了公约秘书处的高度评价。2010 年，公约秘书处执行秘书考察中国防沙治沙工作，称赞"世界履约看中国"。

4. 2012 年至今：全面推进新时代防沙治沙工作阶段　　党的十八大以来，以习近平同志为核心的党中央立足坚持和发展中国特色社会主义、实现中华民族永续发展的战略高度，将生态文明建设纳入"五位一体"的总体布局，提出了"坚持人与自然和谐共生""绿水青山就是金山银山""良好生态环境是最普惠的民生福祉""山水林田湖草沙是生命共同体""用最严格制度最严密法治保护生态环境""共谋全球生态文明建设"等生态文明新思想新理念，推动我国生态文明建设取得新进展，我国防治荒漠化工作也进入全面推进阶段：各项荒漠化防治制度政策体系更加完善；在三北防护林建设、新一轮退耕还林还草、京津风沙源治理、沙化土地封禁保护区试点等防沙治沙工程建设方面取得了良好成效；荒漠化防治履约工作和国际合作也取得新进展。

在荒漠化防治的顶层设计方面，2013 年 3 月，经国务院批准的《全国防沙治沙规划（2011—2020 年）》正式发布，其中提出中国防沙治沙的目标任务是，划定沙化土地封禁保护区，加大防沙治沙重点工程建设力度，全面保护和增加林草植被，积极预防土地沙化，综合治理沙化土地。到 2020 年，使全国一半以上可治理的沙化土地得到治理，沙区生态状况进一步改善。2015 年 5 月，中共中央、国务院印发的《关于加快推进生态文明建设的意见》中提出，到 2020 年，森林覆盖率达到 23%以上，草原综合植被覆盖度达到 56%，50%以上可治理沙化土地得到治理等具体目标。2016 年，《林业发展"十三五"规划》确定了"一圈三区五带"的林业发展格局，其中北方防沙带为"五带"之一，还提出"十三五"时期要完成沙化土地治理 1 万 km^2、实施一批防沙治沙工程等目标任务。同年，中国发布《"一带一路"防治荒漠化共同行动倡议》，这一倡议加强了中国与"一带一路"沿线国家在荒漠化防治工作上的合作和交流。

在防沙治沙重点工程的推进方面，在一系列重点生态工程的规模带动下，中国荒漠化防治取得显著成效。在"三北工程"建设方面，1978～2018 年，工程累计完成营造林面积 46 100km^2，占同期规划造林任务的 118%；"三北工程"区森林面积净增加 21 600km^2，森林覆盖率由 5.05%提高到 13.57%；"三北工程"在水土流失治理方面成效显著，"三北工程"区内水土流失面积相对减少 67%，其中，防护林贡献率达 61%；在风沙荒漠区，"三北工程"林建设对沙化土地减少的贡献率约为 15%。在退耕还林还草工程建设方面，虽然首轮工程取得良好成效，但一些生态环境脆弱、生存条件恶劣地区仍然在耕种陡坡地和沙化地，由此造成严重的水土流失和风沙危害。2014 年，中国批准实施《新一轮退耕还林还草总体方案》。两轮工程实施以来取得明显成效。1999～2019 年，工程完成造林面积占同期全国林业重点生态工程造林总面积的 40.5%，森林覆盖率平均提高 4%；在京津风沙源治理工程建设方面，2013 年 3 月，京津风沙源治理二期工程正式启动，于 2022 年结束。2018 年，全国生态环境保护大会召开，正式确立习近平生态文明思想，中国防沙治沙工作步上新台阶。在今后的"十四五"期间，荒漠化防治将深入践行习近平生态文明思想和党的十九届五中全会精神，牢固树立和践行"绿水青山就是金山银山"的理念，坚持科学防治、综合防治、依法防治，全面提升荒漠生态系统质量和稳定性。目前已逐步由人工植被建设修复向近自然恢复转变。

据统计 2000～2020 年，工程已累计完成营造林面积 90 260km^2，工程固沙 510km^2，草地治理 91 970km^2，工程区森林覆盖率由 10.59%提高到 18.67%，综合植被盖度由 39.8%提高到 45.5%，区域沙化土地面积年均减少 432km^2。除实施重点生态修复工程外，这一时期，中国还启动了沙化土地封禁保护区试点、国家沙漠公园及防沙治沙综合示范区等工程建设。

近十年以来，全国沙化土地面积减少 43 267km^2，沙区生态环境得到明显改善。通过实施一系列重大工程，逐步建立起我国北方风沙线上的绿色生态屏障，京津风沙源治理工程实施 20 多年，完成营造林面积 90 260km^2，三北防护林体系建设工程实施 40 多年完成营造林面积 30 100km^2。全国建立了 41 个全国防沙治沙综合示范区、128 个国家沙漠（石漠）公园，开展了荒漠生态保护补偿试点工作，建立了 26 个荒漠生态系统定位观测站和 13 个沙尘暴地面监测站。

据统计，截至 2021 年底，中国已在内蒙古、西藏、陕西等 7 个试点省（自治区）的 104 个国家沙化土地封禁保护区开展试点建设，封禁保护面积达 17 400km^2；已累计批复 120 个国家沙漠（石漠）公园，覆盖河北、山西、内蒙古等 13 个省（自治区）及新疆生产建设兵团；在全国范围内已先后批准建立 53 个防沙治沙综合示范区。在荒漠化防治履约工作和国际合作方面，2016 年，《"一带一路"防治荒漠化共同行动倡议》在世界防治荒漠化与干旱日全球纪念大会上发布。2017 年，中国政府首次承办了《联合国防治荒漠化公约》第十三次缔约方大会。习近平在致大会的贺信中强调，防治荒漠化是人类面临的共同挑战，需要国际社会携手应对。我们要弘扬尊重自然、保护自然的理念，坚持生态优先、预防为主，坚定信心，面向未来，制定广泛合作、目标明确的公约新战略框架，共同推进全球荒漠生态系统治理，让荒漠造福人类。各缔约国提出了本国实现土地退化零增长的国家自愿目标和行动计划；发布了《鄂尔多斯宣言》和《全球防治荒漠化青年倡议》；"一带一路"沿线荒漠化严重的国家协商了"一带一路"荒漠化防治合作机制及加强信息共享交流等问题。2019 年，中国在《联合国防治荒漠化公约》第十四次缔约方大会上，积极呼吁各国在防治沙漠化与土地退化方面要携手努力，加强合作。中国外交部、生态环境部等部门还参加了大会期间举办的"一带一路"自然资源监测边会。2020 年6 月，中华人民共和国联合国防治荒漠化公约履约办公室正式挂牌。

0.1.4　国际荒漠化防治启示

荒漠化防治是关系人类永续发展的伟大事业，国际荒漠化防治的基本经验可归纳为：把荒漠化防治列入国家重大事项，做好顶层设计，制定和完善法律法规，为防治荒漠化提供保障；建立和完善各级政府机构，有效管理荒漠化防治行动；国家重视，全民动员；重视荒漠化防治技术与能力培训；制定优惠政策，推动节水和合理利用土地；重视生态建设，合理利用水资源；以科技为支撑，获取荒漠化治理的最大效益；因地制宜，采用综合措施防治荒漠化；争取财力支持，多途径筹措荒漠化防治资金；以多种手段鼓励移民，调动民众防治荒漠化的积极性和主动性；借助非政府组织的力量，积极争取国际社会的支援。

党和政府历来高度重视荒漠化防治工作，在坚持人与自然和谐共生、绿水青山就是金山银山、统筹山水林田湖草沙系统治理等生态文明新思想新理念的指导下，中国探索出一条生态保护修复与沙区经济发展和民生改善共赢的荒漠化防治道路，为国际社会治理生态环境提供了中国经验。防沙治沙的成功经验对"十四五"时期高质量推进荒漠化治理具有重要的启示意义。我国荒漠化防治应继续充分发挥国家的主导作用，建立可持续治理机制；要依靠科学，加强防治荒漠化技术创新、示范与宣传；鼓励各级政府、社会团体和个人积极加入防治荒漠化队伍，因地制宜将荒漠治理与促进当地产业发展相结合，改革现行的生态建设投资体制。

0.2　"治沙原理与技术"的课程任务和主要内容

0.2.1　课程任务

本课程的任务是综合运用干旱、半干旱沙区存在的自然规律，结合各地区的社会经济条件，研究如何利用自然力并加以工程措施，控制风沙流方向，固定流沙，进而提高沙地的生产能力，改善沙地的生态环境，最终达到繁荣沙区经济的目的。

1）揭示荒漠化、沙漠化发生过程，控制并改造流动沙地，加速其固定过程。

2）提出防治的基本原理（包括气候、土壤、植被、地质地貌、形成原因、演化规律等），研究、完善防沙治沙的理论和技术。

3）在防风固沙的前提下，合理利用沙漠资源，提高其潜在生产力。

4）发展林、草、牧、农业，改善自然环境，提高沙区人民生活水平，实现人口、资源、环境的协调发展。

0.2.2　主要内容

"治沙原理与技术"中所涉及的各种单项和综合的技术措施及其理论是本课程研究的内容，

具体来说包括如下几方面的内容。

1）风沙运动的基本原理及特征；了解风沙运动规律，制定合理的防治措施。

2）植物治沙的基本原理，天然植被恢复的原理、措施、成效，人工植被种类确定、沙区立地条件类型划分，沙地人工植被的植物种选择、配置、种植技术、管理与保护。

3）工程治沙的原理与技术，具体包括机械沙障作用原理、类型划分、设计与施工技术；化学固沙的作用原理、配置方法、使用方法和效益评价指标；风力水力治沙的原理、措施、应用。

4）治沙技术的综合应用，通过典型案例剖析，介绍各种防沙治沙技术在农田、草牧场、交通线路、矿区、城镇沙害防治上的综合应用和我国不同地区典型的防沙治沙模式，以及我国防沙治沙重点实施系列生态工程。

第1章 风沙运动基本原理

【内容提要】本章从沙漠沙地成因与分布、沙物质的基本特征、风沙运动规律和沙害防治原理等4个方面，介绍了风沙运动的基本原理，为后续各类治沙技术提供理论基础。其中，沙漠沙地成因与分布重点阐述了沙漠沙地分布、沙丘地貌特征、沙漠沙地成因。沙物质的基本特征主要介绍沙物质及其来源、沙物质的颗粒特征、沙物质的物理性质；在此基础上，重点介绍了风沙运动规律，包括风沙运动与风力作用过程、沙粒运动的基本形式、风沙流的固体流量、风沙流结构特征及沙丘运动；最后，从"固、阻、输、导"4个方面介绍了沙害防治原理，为深入理解基于生物、机械与化学措施的"固沙""阻沙""输沙"与"导沙"工程措施奠定理论基础。

1.1 沙漠沙地成因与分布

沙漠沙地是一种典型的风成地貌，主要是指地面完全被各种沙丘和沙物质所覆盖、植物稀少、土壤贫瘠的地方。沙漠沙地作为风沙运动的产物，在地球陆地表面上，除南极洲外，各大洲均有大大小小的分布。

1.1.1 沙漠沙地分布

1. 世界主要沙漠沙地的分布 全球多年平均沙漠面积约 1765 万 km²，占全球陆地面积的 12%，根据地理位置和成因机制不同，全球沙漠可以分为北美沙漠、南美沙漠、北非沙漠、南非沙漠、西南亚沙漠、中亚沙漠、东亚沙和澳大利亚沙漠。各个地区按沙漠面积从大到小顺序依次为：北非 796 万 km²、西南亚 344 万 km²、东亚 217 万 km²、澳大利亚 196 万 km²、中亚 101 万 km²、南美 45 万 km²、北美 36 万 km²、南非 30 万 km²。从世界范围来看，沙漠多分布于南北纬 15°~35°。不同地区沙漠的分布面积具有较大的差异，可能与沙漠形成的驱动因素有关系。全球沙漠大多分布于海拔 2000 m 以下较为平坦的地区，有约 1695 万 km²，约占全球沙漠总面积的 96.59%。世界主要沙漠及其分布如表 1-1 所示。

表 1-1 世界主要沙漠及其分布

大陆	沙漠名称	地理位置	面积/万 km²	涉及的国家及地区
非洲	撒哈拉沙漠	15°~33°N，17°W~39°E	920	阿尔及利亚、乍得、埃及、利比亚、马里、毛里塔尼亚、摩洛哥、尼日尔、苏丹、突尼斯
	卡拉哈里沙漠	13°~33°S，12°~27°E	90	博茨瓦纳、纳米比亚、南非
亚洲	阿拉伯沙漠	13°~35°N，34°~59°E	233	沙特阿拉伯、伊拉克、约旦、科威特、阿曼、卡塔尔、阿拉伯联合酋长国、伊朗、也门、埃及
	戈壁沙漠	37°~47°N，94°~117°E	130	中国、蒙古国

续表

大陆	沙漠名称	地理位置	面积/万 km²	涉及的国家及地区
亚洲	叙利亚沙漠	23°～27°N, 38°～42°E	50	叙利亚、伊拉克、约旦、沙特阿拉伯
	卡拉库姆沙漠	36°～42°N, 45°～55°E	35	土库曼斯坦
	塔克拉玛干沙漠	33°～47°N, 97°～115°E	34	中国
北美洲	大盆地沙漠	38°～43°N, 110°～120°W	49	美国
	奇瓦瓦沙漠	24°～36°N, 100°～110°W	45	墨西哥、美国
	索诺兰沙漠	23°～35°N, 110°～116°W	31	墨西哥、美国
南美洲	巴塔哥尼亚沙漠	36°～55°S, 62°～73°W	67	阿根廷
	阿塔卡马沙漠	18°～28°S	18	智利、秘鲁、玻利维亚、阿根廷
大洋洲	澳大利亚沙漠	19°～35°S, 114°～144°E	270	澳大利亚

（1）北非撒哈拉沙漠（Sahara desert）　面积 920 万 km²，约占非洲总面积的 32%，是世界上最大的沙漠。撒哈拉中部非常干旱，植被稀疏。沙漠的北部和南部，连同高地，有稀疏的草地和沙漠灌木丛，河谷中有树木和高灌木，有水分聚集。中部的极度干旱地区细分为许多大沙漠，如利比亚沙漠、东部沙漠、努比亚沙漠等。

（2）南非卡拉哈里沙漠（Kalahari desert）　是南部非洲的一个大型半干旱沙质稀树草原，面积达 93 万 km²。沙漠的整个西部多为长长的沙丘链，大致呈北或西北走向。地表起伏不大，共分为 3 种：小沙原、纵向沙丘和浅水湖（洼地）。气候干燥，年降水量 125～250mm，来自印度的潮湿气团使东北部水量年平均超过 500mm，西南部则有所下降（在南边缘不足 130mm），降水量变化极大。

（3）亚洲沙漠（Asian desert）　面积较大，主要分为以下沙漠。

1）阿拉伯沙漠（Arabian desert）。其又称东部沙漠，面积达 233 万 km²，是亚洲西南部沙漠，几乎占据整个阿拉伯半岛，是世界第二大沙漠。地形为几座山脉所切断，海拔最高点达 3700m，三面以高崖为界。属亚热带炎热沙漠气候，气候以干燥为主，大多数地区年降雨量约为 100mm。有少数极度干旱区域，年降水量只有 30～40mm。

2）戈壁沙漠（Gobi desert）。其面积 130 万 km²，是世界上最北面的沙漠，亚洲面积第二大沙漠（仅次于 233 万 km² 的阿拉伯沙漠），世界第五大沙漠。戈壁由西部的嘎顺戈壁、准噶尔戈壁和外阿尔泰戈壁与中部和东部的东戈壁（即蒙古戈壁）及南部的阿拉善沙漠组成。属极端大陆性气候，气候干燥：冬季严寒，春季干冷，夏季温暖。类似季风的状况存在于东部地区。

3）叙利亚沙漠（Syrian desert）。其为西亚的沙漠，分布于沙特阿拉伯北部、伊拉克西部、叙利亚南部与约旦东部,向南接壤并融入阿拉伯沙漠。面积达 50 万 km²。年降水量不到 125mm,大部分覆有熔岩,不宜放牧,亦难通行。

4)卡拉库姆沙漠(Karakum desert)。其为中亚的沙漠,位于里海东岸的土库曼斯坦境内,阿姆河以西。面积 35 万 km²,覆盖了大约 70%的土库曼斯坦。属温带大陆性干旱气候,年降水量不足 200mm。河流、湖泊稀少。沿阿姆河、捷詹河、穆尔加布河等有绿洲。大部地区可供放牧。有硫黄、石油、天然气等矿藏。南部建有卡拉库姆运河。

(4)大洋洲澳大利亚沙漠(desert of Australia)　覆盖面积达 270 万 km²,位于澳大利亚西南部,主要有维多利亚大沙漠、大沙沙漠、吉布森沙漠、辛普森沙漠四个部分。按照国际标准,澳大利亚大沙漠的降雨量相对较高,平均降水量约为 250 mm,但蒸发量大使得气候依然干旱。包括半干旱草地或山地景观、旱生灌木、盐田、石灰(石质)沙漠、红沙丘、砂岩台地、岩石平原、开阔的树木稀树草原和灌木丛等,景观类型多样。

(5)北美大盆地沙漠(Great Basin desert)　面积 49.2 万 km²,是北美最大的沙漠。属于盆地地形,分为南北走向的崎岖山脉和中间宽阔的山谷,存在超过 33 座山峰,峰顶海拔高于 3000m,山谷海拔大部分超过 1200m。属于冷沙漠气候,是北美最寒冷的沙漠。气候因海拔、纬度和其他因素而异,大部分地区处于半干旱或干旱气候,夏季温暖,冬季寒冷。随着海拔的升高,温度降低,降水增加,部分山区为高山气候。

(6)南美巴塔哥尼亚沙漠(Patagonian desert)　占地 67.3 万 km²,是阿根廷最大的沙漠,世界第 8 大沙漠。位于阿根廷南部的巴塔哥尼亚地区。冬季寒冷,气温很少超过 12℃,平均 3℃。沙漠常见霜冻,但由于常年干燥,降雪极少。主要地形是高原以及窄小的海岸平原。自西向东作阶梯状倾斜,东部以陡峭的悬崖直逼大西洋,受古代冰川及现代干旱气候的影响,地表多冰蚀谷、冰碛丘、冰缘湖积冰水沉积及多种风蚀、风积地貌。

2. 中国主要沙漠沙地分布　我国是世界上沙漠较多的国家之一。沙漠广袤千里,呈一条弧带状绵亘于西北、华北和东北的土地上。这一弧形沙漠带,南北宽 600km,东西长 4000km,面积超过 71 万 km²,若连同沙地和荒漠化土地,总面积达 153.3 万 km²,占全国陆地面积的 16%左右,在沙漠的面积中,荒漠、半荒漠地带(干旱区)的沙质荒漠约 60 万 km²,主要分布在新疆、甘肃、青海、宁夏及内蒙古西部;干草原地带(半干旱区)的沙地为 11 万 km²,主要分布在内蒙古东部、陕西北部及辽宁、吉林和黑龙江三省的西部等地。我国各主要沙漠(沙地)的基本概况如表 1-2 所示。

表 1-2　我国各主要沙漠(沙地)的基本概况

沙漠名称	地理位置	海拔/m	总面积/万 km²	所属省(自治区)
塔克拉玛干沙漠	37°~42°N,76°~90°E	800~1400	33.76	新疆
巴丹吉林沙漠	39°~42°N,100°~104°E	1300~1800	4.92	内蒙古
古尔班通古特沙漠	44°~48°N,83°~91°E	300~600	4.88	新疆
腾格里沙漠	37°54′~42°33′N,103°52′~105°36′E	1400~1600	4.27	内蒙古、甘肃、宁夏
柴达木盆地沙漠	37°~39°N,90°~96°E	2600~3400	3.49	青海
库姆塔格沙漠	39°~41°N,90°~94°E	1000~1200	2.28	甘肃
库布齐沙漠	39°3′~39°15′N,107°~111°30′E	1000~1200	1.61	内蒙古

沙漠名称	地理位置	海拔/m	总面积/万 km²	所属省（自治区）
乌兰布和沙漠	39°40′~41°N,106°~107°20′E	1000	0.99	内蒙古
科尔沁沙地	43°~45°N，119°~124°E	100~300	4.23	内蒙古、吉林、辽宁
毛乌素沙地	37°28′~39°23′N,107°20′~111°30′E	1300~1600	3.21	内蒙古、陕西、宁夏
浑善达克沙地	42°10′~43°50′N,112°10′~116°31′E	1000~1400	2.14	内蒙古
呼伦贝尔沙地	115°31′~126°04′E,47°05′~53°20′N	600	0.72	内蒙古

（1）塔克拉玛干沙漠（Taklimakan desert）　　塔克拉玛干沙漠位于我国新疆南部塔里木盆地中心，东西长约 1070km，南北宽 410km，面积 33.76 万 km²，其中流动沙丘面积占 82.2%。塔克拉玛干沙漠是我国面积最大的沙漠，也是世界上第二大面积的流动沙漠。从沙丘形态看，塔克拉玛干沙漠沙丘类型多样，有纵向沙丘，如沙垄、复合型沙垄、新月形沙垄等，主要分布于克里雅河以东到塔里木河下游之间的沙漠腹地；有横向沙丘，如新月形沙丘、新月形沙丘链、复合型沙丘链等，广泛分布于塔里木河冲积、泛滥平原南部；多风向作用下形成的星状沙丘，如金字塔沙丘，在沙漠腹地南部分布较多。另外，在沙漠的北部可见高大的穹状沙丘，西部和西北部可见鱼鳞状沙丘群。塔克拉玛干沙漠的沙粒以细沙和极细沙为主，中值粒径平均为0.093mm。

（2）巴丹吉林沙漠（Badain Jaran desert）　　巴丹吉林沙漠位于内蒙古自治区的西部、内蒙古高原的西南边缘，行政区包括内蒙古的额济纳旗和阿拉善右旗的部分地区，面积约 4.92km²，是全世界沙丘最高大的地方。巴丹吉林沙漠区绝大部分地区被沙物质所占据，总体特征为沙丘（沙山）、风蚀洼地、剥蚀残丘、湖泊盆地和平坦谷地交错分布。流动沙丘占沙漠总面积的 83%，流沙面积仅次于新疆塔克拉玛干沙漠，为我国第二大流动沙漠。沙漠中高大复合型沙山、新月形沙垄占沙漠总面积的 60% 以上，主要集中在沙漠中部。复合型沙山相对高度一般为 200~300m，最高可达 500m，是巴丹吉林沙漠特有的沙丘形态，占据了沙漠的绝大部分。

（3）古尔班通古特沙漠（Gurbantünggüt desert）　　古尔班通古特沙漠位于新疆北疆准噶尔盆地中央，面积为 4.88 万 km²，是我国面积最大的固定、半固定沙漠。准噶尔盆地位于北部阿尔泰山与南部天山之间，平面呈等腰三角形。盆地的西北、西南和东南地形开展、形成风口。地势东高，向其他方向缓慢倾斜。沙漠主要由两大地貌类型组成，即以沙垄为主的沙丘体较高大地貌和以薄层砂砾质平原为主的、散布低矮短垄与新月形沙丘链地貌。

（4）腾格里沙漠（Tengger desert）　　腾格里沙漠位于阿拉善盟的东南部，介于贺兰山与雅布赖山之间，其西北方向为巴丹吉林沙漠，东北与乌兰布和沙漠相邻，南和西南伸入宁夏、甘肃两省（自治区）。行政区划上，东部属于内蒙古自治区，西部属于甘肃省，东南边缘很小一部分属于宁夏回族自治区。总面积为 4.27 万 km²，为我国的第四大沙漠。沙漠内部为沙丘、湖盆、山地、残丘及平地交错分布。其中沙丘占 71%，湖盆草滩占 7%，山地残丘及平地占 22%；各类沙丘中流动沙丘占沙漠总面积的 67.2%，半固定沙丘占 17.4%，固定沙丘占 15.4%。沙丘形态较为简单，以格状沙丘链和新月形沙丘链为主，是我国格状沙丘链分布最普遍、最典型的沙漠。

（5）柴达木盆地沙漠（Qaidam desert）　　柴达木盆地位于青海省的西北部、青藏高原的东北部，是我国沙漠分布最高的地区，也是世界上地势较高的沙漠之一。盆地南面是昆仑山，北面是祁连山，西北部边缘为阿尔金山，是一个巨大的高原内陆盆地。盆地东西长约 850km，南北宽 250～350km，盆地中沙漠系青藏高原的高寒干旱荒漠。柴达木盆地的沙漠面积（包括风蚀地）为 3.49 万 km²，其中流沙面积为 2.44 万 km²。整个盆地呈现出风蚀地、沙丘、戈壁、盐湖和盐土平原相互交错分布的景观，其中风蚀地广泛发育，占盆地内沙漠面积的 67%。

（6）库姆塔格沙漠（Kumtag desert）　　库姆塔格沙漠位于新疆南部东端，罗布泊低地以南，阿尔金山以北，向东可延伸至甘肃敦煌西部。东西长约 330km，南北宽约 110km，面积为 2.28 万 km²，全部为流动沙丘，它的风蚀地区面积在我国居第二位。库姆塔格沙漠下伏地貌微向西倾斜，属残丘起伏的极干燥剥蚀高地。垄间被许多较低沙埂分隔，形成特殊的羽毛状沙丘景观，其高度一般在 10～20m，而在邻近山脊线一带多为金字塔形沙丘。

（7）库布齐沙漠（Kubuqi desert）　　库布齐沙漠位于鄂尔多斯高原北部，黄河中游河套以南。东、北、西均以黄河为界，南部与毛乌素沙地相望。该沙漠东西长约 400km，东部宽 15～20km，西部宽 50km，面积 1.61 万 km²。从行政区上库布齐沙漠属于内蒙古自治区鄂尔多斯市的达拉特旗和杭锦旗。库布齐沙漠沿黄河南岸分布，地势平坦，多为河漫滩地和黄河阶地。其南部为构造台地（硬梁地），中间为覆盖在河成阶地上的风成沙丘，北为河漫滩地。流动沙丘占沙漠总面积的 61%，形态以沙丘链和格状沙丘为主，其次为复合型沙丘；半固定沙丘占 12.5%，主要是抛物线状沙丘和灌丛堆等；固定沙丘占 26.5%，形态为梁窝状沙丘和灌丛堆。固定和半固定沙丘多分布于沙漠边缘，并以南部为主。

（8）乌兰布和沙漠（Ulan Buh desert）　　乌兰布和沙漠位于黄河中游，后套平原的西南，介于黄河、狼山、巴音乌拉山之间，是阿拉善高原东北部较大的沙漠，总面积近 0.99 万 km²。乌兰布和沙漠内流动沙丘约占总面积的 36.9%，半固定沙丘占 33.3%，固定沙丘占 29.8%。沙丘的分布具有明显的区域性，以磴口-敖龙布鲁格-吉兰泰一线为分界，东南部主要以流动沙丘为主，沙丘形态主要是复合型穹状沙丘、新月形沙丘链、梁窝状沙丘和沙垄，高一般为 5～20m，包兰铁路穿越其间；西部为古湖积平原，残留有盐湖，著名的吉兰泰盐湖即位于其中，地面以固定及半固定的白刺灌丛堆和生长梭梭的沙垄为主，偶有不连续的流动沙丘；东北部是古代黄河冲积平原，因河床自西向东摆动，形成了广泛的低洼地、低湿地或积水湖泊。

（9）科尔沁沙地（Horqin sandy land）　　科尔沁沙地位于东北平原西部，主要分布于西辽河中、下游主干及支流沿岸的冲积平原上，沙地北部有一部分分布在冲积洪积台地上。面积约为 4.23 万 km²，是我国面积最大、人口密度最高、交通最方便的沙地。自然区属温带半干旱、半湿润地区，是全国光热、水土、植被等自然条件最优越的沙地之一。科尔沁沙地地貌类型复杂多样，坨（沙丘）甸（低地）相间分布是该区重要的景观特色之一，风沙地貌表现为固定、半固定沙丘，固定沙丘占沙地总面积的 36.5%，半固定沙丘占 46%，固定和半固定沙丘形态主要是梁窝状沙丘、灌丛堆和沙垄等；流动沙丘占沙地总面积的 17.5%，主要是新月形沙丘和沙丘链。

（10）毛乌素沙地（Mu Us sandy land）　　毛乌素沙地位于鄂尔多斯高原东南部和陕北黄土高原以北的乌审洼地，南北长 220km，东西宽 100km，最宽处 150km，总面积 3.21 万 km²。包括内蒙古自治区鄂尔多斯市南部、陕西榆林地区的北部和宁夏黄河以东地区。自然区属温带干旱和半干旱区。毛乌素沙地是位于我国最西部的沙地，其地域广、面积大，以波状起伏、梁滩相间、沙丘与甸子结合并存的地貌为特征。目前，除部分未被沙子覆盖的梁地和黄土外，其余呈现出河谷阶地、下湿滩地、沙丘、湖盆交错分布的独特景观。该沙地西北部以固定、半固定沙丘为主，逐渐向东南发展为流沙密集、成片出现的状态。流动沙丘以新月形沙丘占优势，占沙地总面积的 31.6%；固定、半固定沙丘以梁窝状沙丘和抛物线状沙丘为主，分别占 36.5% 和 31.9%。

（11）浑善达克沙地（Hunshandake sandy land）　　浑善达克沙地位于内蒙古高原东部，东西长 450km，南北宽 50～300km，面积约为 2.14 万 km²。浑善达克沙地又称小腾格里沙地。地势由东南向西北缓缓倾斜，地面起伏不大，沙地边缘为剥蚀低山、丘陵，境内为沙丘、湖泊、盆地及剥蚀高原交错分布。其中固定沙丘占总面积的 67.5%，半固定沙丘占 19.6%，流动沙丘占 12.9%。固定沙丘形态多为沙垄及沙垄－梁窝状沙丘，一般多呈 WNW-ESE 方向排列，高度多为 15～20m。沙垄之间常有同向延伸的平坦沙地和湖盆洼地，二者呈有规律地交替重现。半固定沙丘呈斑点状散布在固定沙丘之间，由于半固定沙丘受强烈的风蚀作用和人为活动的影响，往往在迎风坡普遍形成一个个圆形的风蚀窝，出现裸露的沙面，成为该沙地半固定沙丘的一个显著特征。流动沙丘的主要形态是新月形沙丘及沙丘链，呈斑块状分布于半固定沙丘之间。

（12）呼伦贝尔沙地（Hulunbuir sandy land）　　呼伦贝尔沙地位于呼伦贝尔高原上，东部为大兴安岭西麓丘陵漫岗，西至达赉湖和克鲁伦河，南与蒙古国相连，北达海拉尔河北岸。东西长约 270km，南北宽约 170km。行政区属内蒙古呼伦贝尔市；自然区属温带半干旱、半湿润区，面积约 0.72 万 km²。呼伦贝尔沙地中部以洼地、湖泊、沼泽、湿地分布较广。沙丘大多分布在冲积、湖积平原上，主要集中在海拉尔河南岸。呼伦贝尔沙地以固定、半固定沙丘为主，占沙地总面积的 95.7%，流沙仅占 4.3%。固定和半固定沙丘多数为蜂窝状和梁窝状沙丘及灌丛堆、缓起伏沙地，沙丘间普遍有广阔的低平地，是最优质的农业垦殖区。

1.1.2　沙丘地貌特征

沙丘是组成沙漠的最基本的地貌单元，其形态复杂多样。根据沙丘与风向的关系，可归纳为横向沙丘（Transverse dune）、纵向沙丘（Longitudinal dune）和星状沙丘（Star dune）三种类型。横向沙丘的形态走向和起沙风合成风向相垂直，或成不小于 6° 的交角，如新月形沙丘和沙丘链、梁窝状沙丘、抛物线形沙丘、格状沙丘、复合新月形沙丘和复合型沙丘链等。纵向沙丘形态的走向与起沙风合成风向平行，或呈 3° 以内的交角，如沙垄及复合型沙垄、羽毛状沙垄、鱼鳞状沙丘群等。星状沙丘形态的发育是在起沙风具有多方向性，且风力又大致相似的情况下，形态本身不与起沙风合成风向或任何一种风向相平行或垂直，如金字塔沙丘、蜂窝状沙丘、穹状沙丘等。

（1）新月形沙丘和沙丘链　　新月形沙丘（crescent/barchan dune）是沙漠地区分布最广泛、形态最简单的一类沙丘，主要形成于单一风向或两个相反风向交互作用的地区。这种沙丘的平面形态具有新月的外形（图 1-1），因此而得名。新月形沙丘的两个尖端顺风向向前伸出，称作兽角或翼。沙丘两翼之间交角的大小（即所谓两翼开展度）各地不一，它取决于主导风的强弱。主风愈强，交角角度就愈小，也就是说，沙丘两翼的开展度小。新月形沙丘的剖面形态是有两个不对称的斜坡，迎风坡凸出而平缓，坡度为 5°～8°，它取决于风力，移动的沙量，沙粒的形状、大小和相对密度；背风坡凹而陡峻，倾角一般为 28°～34°，相当于沙子的最大休止角。新月形沙丘的高度不大，一般在 1～5m，很少超过 15m。新月形沙丘是一种流动沙

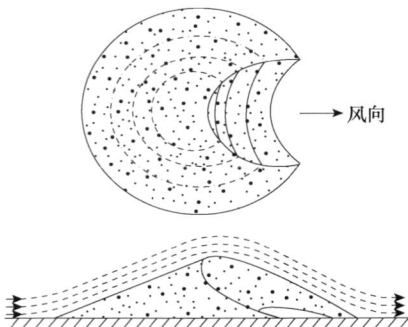

图 1-1　新月形沙丘

风向

丘，大多分布在沙漠边缘地区。

在沙源供应比较丰富的情况下，许多密集的新月形沙丘相互连接，即形成与风向垂直的新月形沙丘链（crescent/barchan dune chain）。其高度一般在 1～3m，长度可达数百米甚至几千米。在风向单一的地区，沙丘链在形态上仍然保持原来单个新月形沙丘的特征，在两个相反方向风交替作用的地区，沙丘链的平面图形比较平直。密集的新月形沙丘或沙丘链，在长有植被的情况下，被植物所固定、半固定时称为梁窝状沙丘。

（2）抛物线形沙丘（Parabolic dune）　　抛物线形沙丘是一种比较特殊的固定、半固定沙丘类型。其形态特征正好与新月形沙丘相反，即沙丘上的两个兽角指上风向，迎风坡平缓而凹进，背风坡陡而呈弧形凸出，平面上像一条抛物线，因而称其为抛物线沙丘。一般高度为 2～8m，对于抛物线沙丘的形成和发展，草丛起很大作用。沙丘两侧边缘水分条件较好，生长植物使两侧沙子不再移动，而沙丘的中、上部植物稀少，仍然受风力吹扬，不断向前移动，结果就形成了与新月形沙丘相反的沙丘形态。

抛物线形沙丘在水分、植被条件较好的半干旱地区的沙地上常见。在我国的毛乌素沙地和浑善达克沙地，抛物线形沙丘有大量分布，但都比较矮小，高度一般在 10～20m。

（3）格状沙丘（checkerboard dune）　　格状沙丘是在两个近乎相互垂直方向风的作用而形成的。主风形成沙丘链（主梁），而与主风相垂直的次方向风则在沙丘链间产生低矮的沙埂（副梁），分隔丘间低地而呈格状形态。主梁丘高 5～20m，副梁丘高 2～3m。这种沙丘在世界沙漠中分布比较普遍。在我国主要分布在腾格里沙漠的东部和南部，库布齐沙漠的中部。

（4）蜂窝状沙丘（honeycomb dune）　　蜂窝状沙丘是一种固定、半固定的沙丘形态，和格状沙丘的区别是缺乏固定方向的沙梁，是一种中间低而四周以无一定方向的沙埂所形成的圆形或椭圆形的沙窝地形。蜂窝状沙丘是在多种方向风，且各个方向风的风力又比较均衡的情况下形成的，典型的蜂窝状沙丘只能在气流的交汇中心看到（我国比较典型的蜂窝状沙丘主要分布在古尔班通古特沙漠的西南部）。除此以外，在热天无风的季节，沙漠地表受热强烈，会产生对流，被强烈加热的空气质点作螺旋状上升，称为龙卷风。这种龙卷风在北半球按顺时针方向旋转，在南半球按逆时针方向旋转，它们在上升时将卷起地面的沙粒，把地面冲蚀成面积较小的洼地，上升至一定高度后气流冲散、沙粒下降沉积，这样形成的地形没有选择的方向，表现为浑圆的洼地和分割成的小丘。

（5）穹状沙丘（dome dune）　　穹状沙丘又叫圆形沙丘，是在一个主风向和多个次风向的风力作用下形成的。沙丘两侧斜坡较为对称，没有明显的曲弧状落沙坡，长、宽大致相等，平面图呈圆形或椭圆形，如馒头；一般呈现不规则的个体分布，部分地区也有相连的，但仍保持每个穹体的形态特征。穹状沙丘形成的地区，沙源一般不甚丰富，而且常有零星灌丛植被的分布。

（6）金字塔沙丘（pyramid dune）　　金字塔沙丘因其形态与非洲尼罗河畔的金字塔相似而得名，也有因其形态总体特征呈角锥体状，而称为角锥状沙丘。金字塔沙丘具有三角形的斜面（坡度一般为 25°～30°），尖尖的顶和狭窄的棱脊线。它丘体高大，一般为 50～100m，每个棱面往往代表着一种风向。这种沙丘稳定少动，一般只作零星的单个分布。金字塔沙丘是风积地貌中一种特殊的地貌形态类型，在我国腾格里沙漠东北部、塔克拉玛干沙漠和田河下游两岸均有分布。

金字塔沙丘形成发育的基本条件是：①丰富的沙物质是必要的物质基础。②多方向风的风信情况，而且各个方向的风力都相差较小，特别是两组风向交互作用要有近 90°的夹角，相均衡的两组风向的风力塑造作用使沙丘形成典型的三角面和沙脊线。③下伏地面有起伏，特别是在一些残余丘陵和台地的地区，地形的起伏可使近地面气流运行的方向发生变化，即使在单一风向地区，受特殊原始地形起伏或巨大的沙丘复合体形态的干扰，可出现局部多组风向交替情况，就可形成有利于金字塔沙丘发育的风场结构。

（7）鱼鳞状沙丘群　　鱼鳞状沙丘的特点是沙丘不作个体分布，而是成密集的群体分布，丘间地很不明显，前一个沙丘的迎风坡坡脚即为后一个沙丘的背风坡坡麓，似鱼鳞状层层叠置。若从群体上的每一个沙丘形态来看，则沙丘与主风向相垂直，两翼顺风向延伸并与其前方沙丘的迎风坡相连，造成沙丘与沙丘之间顺风方向延伸的沙埂。正是这样，因而从整个沙丘群体来看，则具有与主风相平行的纵向沙丘形态特征，沙丘的高度一般在10～30m。

（8）复合新月形沙丘和复合型沙丘链　　在大的沙丘链上层层叠置着次一级沙丘及新月形沙丘，是一种巨型的横向沙丘形态，迎风坡缓而长，背风坡陡而短。总的特征是沙丘高大，一般高度为50～100m，最高可达600m；长度最长达30km左右（塔克拉玛干沙漠）；宽度通常是300～800m，最宽的可达1000～1500m。沙丘复合体的走向与风向大体垂直，或呈60°～90°的交角。巨大的复合型沙丘除丰富的沙子供应、沙丘发育时间较长以外，还与局部地形起伏阻滞气流及沙物质特征有关。

（9）沙垄及复合型沙垄　　沙垄（sand ridge）是一种排列方向（走向）基本平行于起沙风合成方向的线形沙丘，通常称为纵向沙丘，多分布在地形开阔而平坦的地区。复合型沙垄的主要特征是在垄体表面又叠置着许多次生沙丘或沙丘链，垄体高大、延伸很长。复合型沙垄的长度一般为10～20km，最长达45km，垄高50～80m，垄体宽500～1000m，垄间地宽400～600m。

（10）羽毛状沙垄　　羽毛状沙垄是一种特殊的复合型沙垄，其分布具有典型的地域性，在中国仅分布在库姆塔格沙漠。羽毛状沙垄一般有两种形成类型，一种是在沙和沙垄之间为一些低矮的弧形沙埂所分割，从而形成如羽毛状的沙丘；另一种是在高大的垄脊两侧宽大基座上，发育一系列与沙垄斜交的、呈雁翅状排列的有星状丘峰的沙丘，或其他沙垄、沙丘链等次生沙丘。前者垄高不大，一般为10～15m，最高达20m。

1.1.3　沙漠沙地成因

有关沙漠沙地上述成因理论和假说都是针对某一特定区域、某一范围的有限的沙漠沙地成因过程而得出的。实际上，沙漠的形成是很复杂的，很难用一种理论或假说概括世界上所有沙漠的成因。综合目前已有的各种学术观点和研究结果表明，干旱的气候、丰富的沙源和频繁而强劲的风是沙漠沙地形成的基本条件。

1. 干旱气候与沙漠（沙地）形成　　不论是哪的沙漠，都处于地球大陆最干旱的地带。干旱气候的根本原因是长期没有降水或降水稀少。降水既涉及全球尺度的大气环流问题，也涉及像云雾那样微小尺度的物理机制问题。一般来说，降水主要与3个因素有关：空气中的水汽含量、空气中凝结核的存在和大气环流的降水机制。

（1）干旱气候的纬度地带性　　在影响气候的诸多因素中，大气环流是最重要的因素。地球上不同纬度接受太阳光热的多少不同，一般低纬度地面吸收太阳辐射能较多，高纬度吸收较少。赤道地带的气温高于极地，赤道附近地表的空气膨胀向上，在上空积累而形成高压；极地则相反，上空形成低压。于是在高空，空气由赤道流向极地；在近地面，极地由于空气堆积形成高压，赤道由于空气外流形成低压，所以近地面层气流方向与高空相反，空气由极地流向赤道。如果没有地转偏向力的作用，南北两半球将各形成一个简单的闭合环流，但由于地球的自转，空气流动时，受地转偏向力的作用，高空从赤道流向两极的气流在南北纬10°开始逐渐向左向右偏离，到纬度30°上空，偏角达90°，气流由原来的沿经线方向流动变为沿纬线方向流动。在北半球，由赤道上空沿经线北上的气流，受地转偏向力的作用，在北纬30°上空就偏转为和纬圈相平行的西风。西风的形成阻碍了低纬高空大气继续北流，便在北纬30°上空堆积并辐射冷却下沉，形成副热带高压带，下沉的空气在低层分别流向南方和北方。在大气下沉时，下层气流带着水汽与凝结核四下分散丧失了成雨的物质条件，并因下沉压缩产生增温效应，其结果是既丧失了物质条件，也失去了凝结时必要的露点温度，这实际是成云致雨的逆过程，是下沉气流的增温干燥作用，而使副热带成为地球上少雨干旱的原因。尽管副热带有些地方靠近海洋，就其稀少的降雨而言仍属荒漠。世界部分沙漠均分布在这个地带内，如撒哈拉沙漠、阿拉伯沙漠、塔尔沙漠、伊朗沙漠、澳大利亚沙漠等。

（2）非地带性原因的干旱气候　　从世界范围看，虽然干旱区和主要沙漠多分布在南北纬 15°～35°这一副热带低纬度范围内，但同时也可以看到同一纬度内，有的地方则不是干旱气候，没有沙漠分布，如中国华南地区和北美的东南沿海地区。还有些地方，虽然不在副热带高压带内，但也存在着明显的干旱气候和分布着大面积的沙漠。造成这种现象的原因是多种多样的，有的是因为深居内陆，有的是地形的影响，有的是受寒冷洋流的影响，更多的是几种原因综合影响。

1）远离海洋。世界上有些大沙漠并不分布在副热带高压带内，而是分布在远离海洋的大陆深处，由于深居内陆，常年受大陆气团控制，大规模的环流也无法将湿润的气流送到该区。例如，欧亚大陆的东部，地处世界上最大的陆地和海洋之间，海陆热力差异特别大，形成了特殊的季风气候，在北纬 35°～55°，夏季东南风从海洋吹向大陆，所以沿海地区温湿多雨，但随着距海里程的增加，降雨量会逐渐递减，到大陆深处时，原湿润气团中的水汽经过沿途的降雨损失已经所剩无几，无水可降。还有一种原因是沿途高山的重重阻挡，使湿润气团难以到达，因此在大陆形成少雨或无雨的干旱地区，广泛形成沙漠，如中亚沙漠、中国沙漠和蒙古沙漠。

2）海风向背。在低纬度和高纬度地带，尤其是在赤道多雨气候、极地长寒气候和极地冰原气候的分布范围内，冷与暖的矛盾处于比较稳定的状态，因而气候的海洋性和大陆性差异不明显，大陆东岸与西岸气候的差异性也不大。而在中纬度地区，冷暖气流经常处于斗争转化状态，气温、降水的季节性变化十分明显，图 1-2 是北半球中纬度地区大陆东岸与西岸的冬季与夏季风向的分布模式。

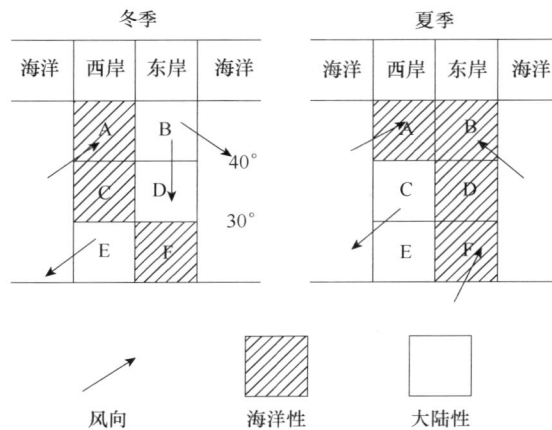

图 1-2　北半球中纬度地区大陆东岸与西岸的冬季与夏季风向的分布模式

在纬度相差较小的大陆东岸和大陆西岸同样都是濒临大海，气候却截然不同，有的具有海洋性，有的则完全是大陆性，还有二者的混合过渡型，造成原因是大气环流所引起的海风向背

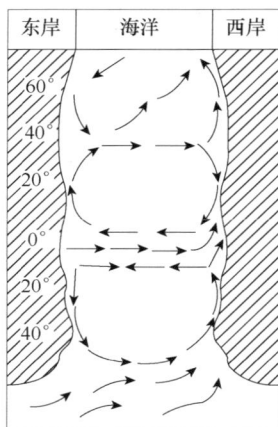

图 1-3　世界洋流分布模式

作用。如图 1-2 中的 "E" 区和 "F" 区，同处在北纬 30°以南的副热带高压区，气候类型却全然不同。"E" 区位于大陆的西岸，终年受东北信风控制，而东北信风在这里是从大陆吹向海洋，所以这里气候极端干燥，沙漠直抵海边，撒哈拉沙漠的大部分就分布在此区。"F" 区由于处在大陆的东岸，夏季刮西南风，冬季刮东北风，这两种方向的风，都是从海洋吹向陆地，所以 "F" 区呈海洋性气候特征。这就是我国华南地区虽处在亚热带而呈现海洋性气候的原因。

3）洋流的影响。地球上大陆东岸和西岸气候的差异，除受海风向背的影响外，与洋流的影响也有很大关系，图 1-3 是世界洋流分布模式。

从图 1-3 中看出，低纬度和中纬度地带，大陆的东岸一般有暖流通过，而在大陆的西岸一般有寒流流过。暖流是从低纬度流向高纬度的温暖水流，有热量和水汽向上输送，能使其上的空气增温增湿而成为暖湿的海洋性气团，这种气团被海风带到陆地，最易形成降水，所以有暖流流经的大陆沿岸降水充沛。寒流是从高纬度向低纬度的低温水流，能影响上层空气，当下层空气冷却到零点，就会形成雾，这种雾一般仅限于海岸附近的狭窄地带，多雾是低纬度寒流区的一个重要特点。寒流上空一定范围内，气温随高度的增加而增加，具有稳定的层理，这种稳定的气团是不可能形成降水的。海雾即使被海风带到陆地，但因陆地较暖，雾很快消失，难以形成降雨，这种气候称为热带多雾荒漠气候，其特点是雾日频繁，空气湿润，气候不爽，降水奇缺。例如，美国东南部的佛罗里达半岛和墨西哥西南部的加利福尼亚半岛，同处北纬 25°～30°，前者处在大陆东岸，岸边有佛罗里达暖流流经，年平均降水量为 1000～2000mm，而后者处在大陆西岸，受加利福尼亚寒流影响，年平均降水量仅 78mm，沙漠遍布全岛。在世界上具有加利福尼亚半岛沙漠特点的还有秘鲁沿海和智利南部沿海沙漠、南部非洲西海岸沙漠和北非西海岸沙漠。

4）地形影响。地形既能促进降水，也能减少降水，一山之隔，山前山后往往干湿悬殊。一般来讲，当海洋气流与山的坡向垂直时，湿润气流沿山坡向上时是辐合上升运动，具有形成降水的大气环流降水机制和水汽条件，降雨充沛，迎风坡多成为 "雨坡"；而翻过山体的是已失去水汽的气团沿山坡辐散下降，既不具有水汽条件也不具有大气环流的降水机制，干旱少雨，而且下行的干燥气流还会加剧地表水分的蒸散，使背风坡成为 "雨影" 区域，形成沙漠（图 1-4）。例如，南美洲秘鲁南部沿海沙漠、智利北部沿海沙漠及南美洲南部东岸的中纬度沙漠都与地形影响有关。

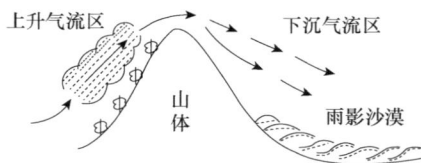

图 1-4　地形对沙漠形成的影响及雨影沙漠

南美洲总的来讲是一个湿润的大陆，全洲年降水量在 1000mm 以上的地区，约占大陆总面积的 70%，但高大的安第斯山阻挡了海洋气流，造成山的东坡与西坡降雨量的显著差异。在南纬 3°～30°地区，低空盛行东南信风，安第斯山东坡年降水量一般都是 1000mm 以上，而处在同一纬度的西坡，年降水量都在 250mm 以下，有的地方年降水量还不到 50mm 或几年滴雨不降，成为世界上最干旱的地区之一，阿塔卡马沙漠就分布在这里。在南纬 40°以南，因盛行西北信风，气候特征和低纬度地区相反，山的西坡则成为南美多雨地区之一，智利的瓦尔迪维亚降水量达 2690mm，而处于同一纬度的巴塔哥尼亚高原，由于处在山的东坡背风位置，年降水量不足 250mm，因此形成了巴塔哥尼亚沙漠。

在我国也有类似的现象，塔克拉玛干沙漠和古尔班通古特沙漠同处于新疆，塔克拉玛干沙漠是我国最大的流动沙漠，流动沙丘占 75%；古尔班通古特沙漠却是我国最大的固定、半固定沙漠。这是天山的影响，使二者的降水情况迥异。冬季北方冷湿气流被天山拦截，在山体北侧形成降水，而在山体南侧成为干燥的下沉辐散气流导致降水稀少，流沙广泛分布。

2. 沙源与沙漠（沙地）形成　　丰富的沙源是沙漠（沙地）形成的最基本物质条件，没有沙源就不可能形成沙漠。世界上如此广泛而深厚的沙漠（沙地），其沙源是什么？以往人们曾提出过不同的学说，如"海成成因理论""河成成因（冲击成因）理论"等。实际上，形成沙漠（沙地）的沙源是比较复杂的，归纳起来，可根据沙源的地理分布，将沙漠（沙地）划分成 4 种发生类型。

（1）古代冲积和沉积沙漠（沙地）　　这类沙漠（沙地）的沙源主要是第四纪古河流的冲积和湖泊沉积物。从地质年代看，这些物质的发生历史不长，都比较松散。纵观全球各主要沙漠（沙地）发现，大部分沙漠都是在干燥盆地内发育的。例如，撒哈拉沙漠的分布区，地形绝大部分是微起伏的高原和盆地，南非的卡拉哈里沙漠分布在卡拉哈里盆地，中亚的卡拉库姆沙漠和克孜尔库姆沙漠分布在中亚内陆盆地-图兰平原上，我国的塔克拉玛干沙漠、古尔班通古特沙漠和乌兰布和沙漠也都分布在内陆盆地中。这些盆地内都堆积着松散的第四纪沉积物，厚度达几百米，如我国乌兰布和沙漠的第四纪沉积物厚度，在吉兰泰附近为 $200\sim300m$，磴口附近达 $1800m$。如此大量的沉积物，不可能是现代河流冲积而成的，因为现在这些盆地都处在气候干燥地区，降水很少，径流和河系都不发达，不可能产生大量的沉积。既然这些沉积物不可能是现代河流的冲积所致，就必然是古代河流的冲积和湖相沉积的结果。

根据古气候学的研究结果，在亚冰期时，现在干旱的广大中、低纬度地区，曾经为湿润多雨的气候区，在多雨期，也曾是河系纵横，强烈的河流侵蚀带来的巨量泥沙沉积于各盆地之中，当这些地区为干旱气候控制时，这些巨厚的第四纪松散沉积物就成为形成沙漠（沙地）的物质基础。

（2）风成沙漠（沙地）　　这类沙漠（沙地）一般发生在气候干燥的高原地区。沙物质来源于基岩风化的残积物。由于气候干燥，裸露的基岩经长期强烈的风化作用，逐渐崩解为砾石和粗砂，再经过强风长时间的分选和搬运作用，颗粒变得更小，在适当的地形条件下就形成风成沙漠（沙地）。例如，我国鄂尔多斯地区中西部的干燥剥蚀高地和鄂尔多斯南部的梁地，裸露基岩多为白垩纪、侏罗纪砂岩，这类砂岩极易风化，所以在高地、梁顶和梁坡上堆积着一层松散的风化层，这层松散的风化层在风的长期作用下，经搬运和堆积，就成为覆盖于该区的风成沙丘。风成沙漠（沙地）中沙的矿物成分及颜色和当地基岩的矿物成分和颜色是一致的。风成沙地与古代冲积、沉积沙地比较，一般面积较小。

（3）现代河流冲积沙地　　这类沙地多分布在现代河流沿岸，所以又称沿河沙地。其沙源主要是河流上游土壤的侵蚀物，这些侵蚀物被河水携带，分段沉积，然后在风的作用下，经分选、搬运、堆积而成。这类沙地的面积大小因河流大小，上游水土流失情况，以及河流的泛滥和改道次数不同而不同。一般河流越大，上游水土流失越严重，泛滥和改道次数越多，形成的沙地面积就越大。沿河沙地的分布范围和沙地沙粒的粗细也随泥沙的沉积规律呈有规律的分布，一般规律是从上游到下游，从河流中心向两岸，沙粒粒径由粗逐渐变细。

我国这类沿河沙地大多分布在北方主要河流的中游地段，如黄河、永定河、辽河等。由于这些河流上游水土流失都很严重，每年洪水期都有大量泥沙被冲到河流中，而河流的上游段一般比降较大，河床狭窄，水流湍急，水流搬运能力强，所以在河流的上游段很少产生泥沙沉积；到河流的中游地段，因地势较为平坦，河床比降变小，河面开阔，流速变小，水流搬运能力也随之变小，水流中携带的泥沙开始沉积，其规律是大颗粒首先在上段或流速较大的常水河床滨岸沉积，较细的颗粒在流速较小的下段和浸水阶地上沉积，越向下游沉积的颗粒越细，等到枯水季节，浸水阶地露出水面，在风的作用下，沙粒就会向两岸扩散，形成沿河沙地。

另一种情况是有些河流上游水土流失严重，河水中携带的大量泥沙长期在中游地段沉积，抬高了河床，阻塞河段，最后导致河流决口泛滥或改道，在泛滥区或故道都会留下大量的泥沙，这也是形成沿河沙地的原因。例如，黄河在河南省东部曾有 8 次改道和 1757 次决口，每次都遗留下大面积沙荒地，仅 1855 年一次改道，就在黄河故道上留下 500 余万 hm² 沙地。

（4）海岸沙地　　海岸沙地是指潮间带以上海岸带内分布的沙地。这种沙地一般面积不大，沿海岸线呈零星分布。

与其他类型沙地比较，海岸沙地的沙源和形成原因有其独特的特点。它的沙源主要来源于河流的冲积物，部分来源于海浪对海岸长期侵蚀而形成的侵蚀物，所以绝大多数海岸沙地都发生在河流入海口附近，但也并非所有河流入海口附近都能形成海岸沙地。例如，长江、黄河的水流中带有大量的固体物质，但在它们的入海处并没有形成沙地，而大部分都在中游地段沉积下来，到下游河段，水流中所携带的主要是粒径小于 0.05mm 的粉沙和黏粒，所以在入海处不可能形成海岸沙地。能在入海处附近形成海岸沙地的河流，一般是那些源短、流急、上游水土流失严重的山溪性河流，只有这样的河流才能将丰富的沙物质带入海中沉积，而在岛屿上发育的河流多具有以上特点，这就是我国山东半岛和海南岛多海岸沙地的原因。

3．风与沙漠沙地的形成　　地球上的空气经常处于运动之中，其运动形式多种多样，既有水平运动又有垂直运动，既有平移又有转动。空气的水平运动称为风，风是沙物质发生运动的动力因素，也是沙漠沙地形成的基础条件之一。

（1）近地面风的特性　　风沙运动是一种贴近地面的气流对沙的搬运现象。要研究风沙运动就要先了解近地面层风的运动。当流体沿着固体表面流动时，靠近固体表面的质点因受黏滞力的作用而流速减慢，流体离固体表面越近，速度减少得越快，与固体接触的质点，黏附在表面，实际上其速度为零。这样在固体边界附近形成较大的速度切变，产生了切应力。在边界上引起的切应力可以发展到流体中，但在离表面一定距离的地方，流体质点的速度与未受扰动的流体速度几乎相同。在流体力学上，把固体边界附近受黏滞力作用，速度显著变小，速度梯度很大的薄层称为"流体边界层"。边界层的厚度是人为规定的，有任意性。

在大气物理学上，把空气运动明显受地面黏附作用，具有很大的风速垂直梯度的大气层称为大气边界层，也叫摩擦层。大气边界层的厚度为自地面至 600～1000m 的高度。大气边界层的下部，即近地面的空气薄层称为近地面层或贴地层。其厚度的规定不尽相同，为 10～100m。在近地层中，还可以近似地认为有以下特点：①动量、热量和水汽及其他物理属性的垂直输送量不随高度改变；②气压随高度的变化可以忽略不计；③实际温度梯度和位温梯度认为是基本相等的；④气象要素的垂直梯度远远大于水平梯度；⑤气象要素具有明显的日变化等。

流体根据其运动学和动力学特性，存在两种基本流态：层流（平滑成层的流动）和湍流（无规律的或者有漩涡形式的运动），用雷诺数判别层流和湍流。雷诺数是从物理意义上理解为流体在运动过程中所受到的惯性力与黏滞力之间的比率关系的一个无量纲数。雷诺数小，表示黏性的稳定作用远超过于惯性的破坏作用，流体属于层流范围；雷诺数大，则进入湍流范围。

空气的密度小，黏度低，当雷诺数超过 1400 时，就会使层流过渡到湍流，在风洞内，当风速大于 7cm/s 时就是湍流运动。在室外大气中，根据布伦特的估算，当风速超过 1m/s 时就是湍流运动。因此地层大气运动始终具有湍流的特点，特别是引起沙子运动的风几乎全部都是湍流。

湍流是一种随机运动，在时间和空间上显示出不规则性，脉动是近地层风的重要特征之一。风的脉动是指在一段时间内出现了风速和风向的变化现象。无论白天还是黑夜，无论是风向还是风速都是极端不稳定的。脉动作为近地层湍流运动的表现形式，它的强弱直接与湍流运动的强弱相关。脉动包括两个方面：速度的脉动和方向的脉动，而且在时间上表现出极强的变化。

（2）沙粒起动风速　　　风是沙漠（沙地）形成的动力，没有风，就不会有风沙运动、风沙地貌，也就没有沙漠（沙地）的形成。沙粒最初是由于其从气流中获取了动量而开始运动的，因此沙粒的运动要求一定的风力条件，当风速逐渐增大到某一临界值以后，地表沙粒开始脱离静止状态而进入运动状态，这个使沙粒沿地表开始运动所必需的最小风速称为起动风速（或临界风速），一切超过起动风速（大于临界风速）的风都称为起沙风。换而言之，起沙风的最低风速就是沙粒的起动风速。

关于沙粒的起动风速，拜格诺提出了流体起动值和冲击起动值的概念。前者是指沙粒的运动完全由于风对沙面沙粒的直接作用，使沙粒开始起动的临界风速；后者是指沙粒的运动主要是由于跃移沙粒的冲击作用，其起动的临界风速则称为冲击起动值。

沙粒的起动风速与风的脉动性质、沙粒粒径、方位位置和沙的含水率等多种因素有关。由此，在风洞实际观测中沙粒的起动具有很大的随机性和偶然性。但从统计学的意义上来说，在一定的气流条件下，什么样的沙粒可以运动，以及有多少这样的沙粒在运动，都是可以确定的。

以粗沙为例，拜格诺根据力学原理，导出了流体起动条件下，沙粒开始移动的临界摩阻流速与粒径之间的关系。

$$u^{*t} = A\sqrt{\frac{\rho_s - \rho}{\rho}gd} \qquad (1\text{-}1)$$

式中，u^{*t} 为临界摩阻流速；A 为经验系数；ρ_s 为沙粒密度；ρ 为空气密度；g 为重力加速度；d 为沙粒的粒径。

$$u = 5.75u_* \times \lg\frac{z}{z_0}$$

代入普朗特-冯卡曼的速度对数分布规律，则可得出任意高程 z 上的流体起动风速 u_t：

$$u_t = 5.75A\sqrt{\frac{\rho_s - \rho}{\rho}gd} \times \lg\frac{z}{z_0} \qquad (1\text{-}2)$$

式中，z_0 为地表粗糙度。

拜格诺推导上式是把沙粒看成圆球，当 $u^{*t}d/\gamma > 3.5$（对风沙来说，一般相当于大于 0.25mm 的沙粒，γ 为颗粒密度）时，式（1-1）、式（1-2）中的系数 A 接近一个常数。对于均匀沙，拜格诺由试验结果取 $A = 0.1$；切皮尔则认为 A 值应为 0.09～0.11；津格得出的 A 值为 0.12。各家所确定的常数有较大的差别，自然所得到的起动摩阻流速彼此也显著不同。究其原因主要为：判别沙粒的起动标准不同；根据平均风速测定结果确定的摩阻流速有误差；试验方法不同。

若设系数 A 是一个常数，则起动风速和沙粒粒径的平方根成正比。起动风速与沙粒粒径之间的这种关系，已得到反复的证实。据拜格诺的实验研究，起动风速最小的石英沙粒的临界粒径为 0.08mm。对于再小的石英沙粒来说，起动风速反而要增大。这是因为细小颗粒间的内聚力增大，使细沙粒的起动风速变大。当然，内聚力并非细沙粒起动风速大的唯一原因。极小沙粒不易起动，是颗粒之间微弱化学键的内聚力的增大，持水力较大，地表粗糙度较小等多种因素造成的。

关于冲击起动值，拜格诺通过试验得出结论：对于粒径在 0.25～1.0mm 的均匀沙来说，冲击起动值和流体起动值一样，也遵循平方根定律，只是系数 A 为 0.08。这也说明沙粒受风沙流的作用比受纯风的作用更容易起动。

在应用某地区气象台站风的观测记录资料时，只限于统计能使沙粒发生运动的起沙风。凡是等于和大于起沙风的风速、出现的次数、频率及风向，随月、季的变化都要分别进行统计整理，经分析，就能够查明风沙运动方向，了解风况与风成基面之间的关系及沙丘移动的性质、规律，掌握沙害的方式、产生的原因。这样，就能为选择治沙方案、确定治沙措施，以及实施过程中充分利用有利因素，控制或促进风沙运动提供有利条件，从而达到治理风沙的目的。

（3）沙粒起动风速的统计法　　干旱地区风沙活动的决定因素是风，查明风沙活动的起动风速是研究风沙规律的首要条件。前人对我国沙区进行普查的结果表明，在各地流沙表面上，使沙粒开始移动的风，其临界风速即起沙风在 2m 高度上为 4.5～5.0m/s。而经公式 $U_t=5.75u*t\log Z/K$[$u*$取 19.2cm/s，Z 为计算高度（m），K 为粗糙度]计算所得，在不同粗糙度（0.004～0.031cm）计算得出的起沙风速 $V_t\approx 5$m/s，和实测风速十分接近。故此常用 5m/s 的风速作为起沙风。但需要注意的一点是，该风速为距地面 2m 高处的风速。而在进行沙风统计时必须有长期的气候观测资料，因此必须借助于气象台站的观测资料，而各地气象台站的测风高度不等，所以应用气象台站的测风记录时，必须进行高度的订正，而不能直接应用气象台站≥5m/s 的风速记录进行统计分析。这种高度订正对小范围来讲，一般采用与台站同时测风的对比方法，经过同时观测风速，找出 2m 高处与台站测风高度上的风速的相关关系，而后对大于该风速的起沙风进行统计即可。而当范围广、面积大时，对照观测无法进行，可以采用近地面的风速廓线理论方法，订正起沙风速在不同高度的指标数值。即利用以下公式：

$$V_1=V_2+5.75V_*\log\frac{Z_1}{Z_2} \tag{1-3}$$

式中，V_1、V_2 为高度 Z_1、Z_2 处的风速。如令 $V_2=5$m/s，$Z_2=2$m，V_*取 19.2cm/s，则通过计算所得，在站网通常测风高度（8～12m），其起沙风速指标都在 6m/s 左右。所以在大范围内，从气象台站统计的起沙风速最低值取 6m/s。

（4）影响沙粒起动风速的因素　　起动风速的大小与沙粒的粒径大小、沙层表土湿度状况及地面粗糙度等有关。一般沙粒越大，沙层表土越湿，地面越粗糙，植被覆盖度越大，起动风速也越大。在一定粒径范围内，随粒径增大，起动风速也增大。起沙风速与粒径平方根成正比。但特别大和特别小的粒径（受附面层的掩护和表面吸附水膜的黏着力的作用）都不易起动。据实验测定，粒径为 0.015～0.5mm 时，0.1mm 左右的沙粒最容易起动。随着大于或小于 0.1mm 的粒径增大或减小，其起动风速都将增大。因此，风的吹蚀能力与地表物质粒径的起动风速大小直接相关，风速超过起动风速越大，吹蚀能力越强。一般组成地表的颗粒越小，越松散、干燥，要求的起动风速较小，受到的吹蚀越强烈。

地表土壤含水状况对起动风速也有明显的影响。在沙粒粒径相同时，湿度越大，因受表面吸附水膜黏着力的影响，沙粒黏滞性和团聚作用增强，起动风速也相应增大。据野外观测，雨后 2m 高处风速达 11.9m/s 时，地面仍不起沙，只有待强风吹干表层湿沙后，沙粒才开始运动。

不同的地表状况因其粗糙度不同，对风的扰动作用也不同，相应的起动风速也不相同。地面越粗糙，起动风速越大。不同地面状况下起动风速差异明显，研究表明，流沙的起动风速为 5.0m/s，而半固定沙丘和风蚀残丘的起动风速分别为 7.0m/s 和 9.0m/s，戈壁滩的起动风速竟可达 12.0m/s。

（5）风速风向玫瑰图　　按照上述起沙风的定义对起沙风进行统计时，一般是先把每天四次观测中风速≥6m/s 的记录都挑选出来，然后按 16 个方位逐月（季、年）统计出每个方位起沙风的风向频率平均值和风速平均值。为了得到稳定的资料，应尽可能搜集较长时间内的数据，如 10～20 年的观测资料。从而可以看出一个地区起沙风的主导风向、风速及其季节变化。起沙风的风向、风速资料，经统计后，还可以用风向频率玫瑰图和动力风向图来表示。风向频率玫瑰图可在 Excel 表中完成，只要输入各风向发生的频率，即可采用绘图中的雷达图来实现。图 1-5 即为乌达地区 1973～1982 年大于起沙风速（≥6m/s）的风速风向频率玫瑰图，由图可以看出，该地区的风向明显地表现为由两组方向相反的风组成。一组以 WN 为中心，一组以 SSE 为中心。也就是说对这一地区存在两组方向相反风的作用，沙丘在这一地区应该是往复移动式运动形式。

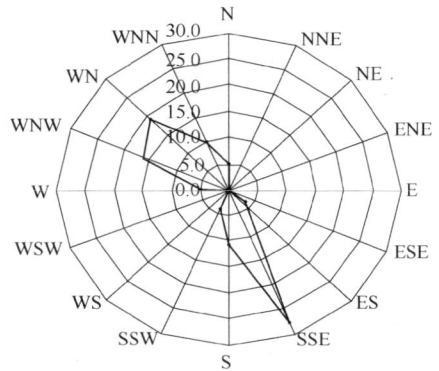

图 1-5　乌达地区玫瑰图

除了用风速风向玫瑰图可以统计出某一地区风的变化，还可以用风速风向频率表、矢量图及动力风向图等方法进行统计分析，进一步讨论风沙运动规律，说明风沙地貌的形成演变特征。

（6）摩阻流速　　摩阻流速（friction velocity）是反映边壁摩擦切应力大小（时均值）的一个流速尺度，其数值所代表的是流速随高度变化的递增梯度。摩阻流速可定义为壁面摩擦切应力与流体密度比值的平方根，理论推导所得的定义式为

$u_* = \sqrt{\dfrac{\tau}{\rho}}$，$\tau$ 为边壁摩擦切应力，ρ 为流体密度。

（7）粗糙度　　粗糙度（roughness）是表征下垫面特性的一个重要物理量，也是衡量防沙治沙效益的一个重要指标。下垫面粗糙度的程度不同，对气流的阻力就不同。下垫面粗糙度是指近地面风速为零的高度，地表越粗糙，零风速出现的高度也越高，即粗糙度也越大。因此，可用粗糙度描述不同的下垫面对近地面层气流的不同的阻碍作用。下垫面的粗糙度是衡量治沙防护效益的最重要的指标之一，人们采取各种防沙技术措施，都是通过改变地面粗糙度的性质，以控制风沙流活动或改变其蚀积过程，使其向着有利于人类的方向转化。例如，草方格沙障是增大地面粗糙度以降低风速，沙面不致受到风蚀或使风沙流卸载，而整体道床，则是减小地面粗糙度，以提高风沙流挟沙能力，使其顺利通过线路。

根据粗糙度的定义，如果直接测定地表上风速为零的高度是十分困难的，而且目前也是做不到的，也没有必要那样做。因此这个风速为零的高度是通过间接的方法测定的，运用近地表气流在大气层结构为中性情况下的风速随高度分布规律：

$$V = 5.57 u_* \lg \frac{Z}{Z_0}$$

式中，V 为高度 Z 处的风速，u_* 为摩阻流速，Z_0 为地表粗糙度，可以推导出粗糙度的计算公式：

$$\lg Z_0 = \frac{\lg Z_2 - \dfrac{V_2}{V_1}\lg Z_1}{1 - \dfrac{V_2}{V_1}} \tag{1-4}$$

式中，V_1 为高度 Z_1 处的风速；V_2 为高度 Z_2 处的风速。

只要测定出某一地表上任意两个高度所对应的风速，即可计算出某一地表的粗糙度。为此，需要测定任意两个高度的风速，一般采用 50cm 和 200cm 处的风速，但相关研究人员在长期的风沙工程测试中发现，近地面采用 20cm 处的风速效果更佳，特别是对于草方格等低立式沙障效果更好。通过野外试验观测，对风（治）沙工程的作用原理和防护效果进行验证，可为工程要素的选择提供更坚实的、符合实际的科学依据。

粗糙度一般只由地表性质决定，在有植被覆盖的情况下，其值是随着风速大小而变化的。严格地说，下垫面的粗糙度并非一个常数，它是随着近地层的风速和大气稳定条件而变化的。风速的增大可导致粗糙度的降低，而大气稳定度的增大则可使粗糙度增大。为便于比较，粗糙度是指大气层结中性或接近中性稳定时某一风速下的粗糙度。

1.2　沙物质的基本特征

地球上巨量的沙物质，在时间空间上分布很广。在前寒武纪、古生代、中生代和新生代的岩层中都有记录，全球各大洲、各生物气候带，不论干旱、半干旱乃至湿润气候区都可出现。不同时期、不同自然地带的沙质景观，在自然和社会因素综合作用下，形成各种类型的生态系统，既是人类生存发展的基地，也可导致土地沙漠化，给人类带来重大灾难。

1.2.1　沙物质及其来源

1. 沙物质的概念　　所谓沙物质（sand matter），是指能够形成风沙流的所有地表固体碎屑物质。拜格诺（R. A. Bagnold）曾根据颗粒在空气中的运动方式，给沙物质下了定义。他认为，当颗粒的最终沉速小于平均地面风向上漩涡流速时，即为沙物质颗粒粒径的下限；当风的直接压力或在其他运动中的颗粒的冲击下都不能移动在地表面的颗粒时，即为沙物质颗粒粒径的上限。在这两个粒径极限之间的任何无黏性固体颗粒都称为沙物质。大量的实验研究结果表明，粒径在 0.01~2mm 的地表固体松散颗粒最容易被风带走，相关研究人员把这一粒径范围叫作可蚀径级，而大于或小于这一径级的颗粒一般不易被风所吹动。风沙土的沙粒粒径大都在可蚀径级内，它是风沙流的最丰富的物质源，所以通常的沙物质就是指风沙土。

2. 沙物质的形成　　沙物质是地表岩石在物理、化学风化作用下形成的。沙物质中，以石英含量最多，这是由于石英坚硬而不易破碎，抵抗物理及化学风化的能力较强，因此在地球上形成了数量巨大的石英砂，其中主要是粒径 0.05~3mm 的无黏性固体颗粒。目前在宏观变化的看法上，即石英由完整到破碎，由大变小的成因论点是比较一致的；但在微观变化的看法上，即石英如何变化成今日这样微小的粒度，还没有公认的观点。关于石英砂的形成，一般认为主要由以下几种作用产生。

（1）剥离作用　　由于岩石矿物是热的不良导体，并有不同的冷热膨胀系数，因此在热力作用下，岩石产生剥离、风化。例如，主要由石英和长石组成的花岗岩，当温度变化时，石英和长石的冷热膨胀不同，导致花岗岩破碎，石英与长石分离。

（2）胀裂作用　　在岩石孔隙裂缝间因常有水分、盐分、植物根系和空气等充填物的存在及其不断变化，对岩石产生胀裂作用而导致岩石的破碎。例如，当温度降低到 0℃ 以下时，缝隙里的水分冻结，体积膨胀，对岩石产生化学分解或使缝隙扩大而导致岩石破碎。岩石缝隙中生长的植物根系，因生长而变粗增多，也可造成岩石的破碎。

剥离作用和膨胀作用都能使岩石产生机械破碎，但是，当岩石破碎到一定粒径，一般到厘米粒径时，这种作用就减弱或停止。要使岩石碎屑，尤其是石英碎屑继续破碎到厘米粒径以下，则主要靠风力的磨蚀或水和冰的碾压。

（3）磨蚀作用　　风力的吹蚀对岩石产生冲击力，即压力。压力大小取决于冲击速度与粒径。一般压力与冲击速度、粒径成正比。当石英颗粒相当小时，受冲击后只能反跳出去，而不易再发生破碎。在这种情况下，风力磨蚀作用使颗粒继续变小。因为破碎的石英颗粒在水或风的搬运过程中，颗粒之间、颗粒与地表岩石或河床之间都会产生摩擦和撞击，其结果是使颗粒继续变小。

（4）水、冰的碾压作用　　物理风化作用使物体小到一定程度，就会减弱或停止。因物体越小，其内部温度调整越容易和外界一致。风的作用使呈现毫米级粒径的石英颗粒继续破碎也是不可能的。因此，除了风的磨蚀，拜格诺认为是水、冰的碾压才使石英碎屑再继续变为沙粒。即大碎块对它们之间的小碎块在运移过程中的剧烈碾压。并认为现今沙粒的绝大部分，是在很早以前就在水、冰的作用下，已形成极为近似现今沙粒的粒径。

3. 沙物质的来源　　沙源与古地理环境有着密切的联系，其中干燥的气候和特殊的地貌是产生沙物质的重要条件。特殊地貌是指以下两种类型的构造-地貌单元。一是环绕巨大内陆（断陷或凹陷）盆地边缘的山地，如中国塔里木盆地、准噶尔盆地和苏联中亚图兰低地等。周围有高山环绕，夏季雨水较多，冬季白雪皑皑，冰川发育，而且因高山冬季气候严寒，昼夜温差变化剧烈，岩石极易遭受风化（热力风化和寒冻风化）、剥离、胀裂破碎。冬季山地冰川的伸展，也使山坡上和沟谷里产生大量的砾石和沙粒。盛夏高山冰雪消融，冰川退缩，消融水形成的大小沟谷水流把山区的岩石碎屑物质搬运到山口或盆地里，形成巨厚的洪积物、河流冲积物或河湖相沉积物。在干燥多风的气候条件下，这些沉积物又受风力吹蚀、搬运和堆积，形成沙漠或沙地的沙物质。二是干燥剥蚀高原（地台或地盾式的构造高原）、干燥剥蚀平原、干燥剥蚀低山丘陵及干燥的冲积、湖积、洪积平原，如中国新疆的库鲁克塔格高原等。塔里木盆地由于广泛存在古代河床，故而古冲积层更是就地起沙之地。类似的地区还有撒哈拉的阿特拉斯撒哈拉山和塔代德迈特高原的山前平原、伊加加尔盆地、西撒哈拉盆地和费赞盆地等。

根据对我国各个沙漠沙丘下伏地面特征和沙物质成分的分析，可以将我国各个主要沙漠和沙地的沙物质概括为下列几种成因类型。

1）来源于河流的冲积物（干三角洲或冲积扇），即被河流流水挟带并沉积下来的物质，又称淤积物，如塔克拉玛干沙漠的南部、北部，古尔班通古特沙漠的大部分，库布齐沙漠西部，乌兰布和沙漠的西北及西辽河流域的科尔沁沙地等。

2）来源于冲积-湖积物，即由河流携带沉积于湖泊中的物质，如巴丹吉林沙漠、腾格里沙漠、毛乌素沙地、浑善达克沙地的大部分。乌兰布和沙漠的西南与库鲁克库姆沙漠及河西走廊部分沙漠也属于本类型。

3）来源于洪积-冲积物，即暂时性河流（主要是河谷和季节性河流）所挟带、搬运的碎屑物，当水流能量降低时堆积下来的物质。包括塔里木盆地南部阿尔金山、昆仑山北麓、若羌、且末至民丰、于田间山前平原上的沙漠和柴达木盆地昆仑山北麓山前平原上的沙漠等。

4）来源于基岩风化的残积物，即残留在风化地表基岩原地，并与母岩相脱离的碎屑物质，如分布在鄂尔多斯高原中西部的一些沙地，古尔班通古特沙漠北部、库姆塔格沙漠等。此外，巴丹吉林沙漠、腾格里沙漠和浑善达克沙地也有一小部分属于本类型。

1.2.2　沙物质的颗粒特征

沙物质的单颗粒，其性质直接或间接地反映了过去的历史，同时也能够为研究风沙运动的有关内容提供条件。例如，颗粒的大小与移动方式及移动速度有关；颗粒的磨圆度涉及移动距离和移动强度；颗粒的形状和表面组织与移动介质有关；颗粒的矿物成分和化学成分可判断它的来源，等等。根据这些性质，相关研究人员就可以得到沙物质的运动历史及未来发展概况。

1. 沙物质颗粒大小度量　　对于形状规则的颗粒几何体，其大小有一定明确的意义，如球形颗粒的特征尺寸就是它的直径，正方体颗粒的特征尺寸就是它的边长，这种颗粒的测量并无困难。但是，实际中遇到的颗粒，不但大小有别，形状更是千变万化，如何来表示这类颗粒的大小？为统一起见，对于球形颗粒之外的所有颗粒给予如下规定：其特征尺寸定义为具有相

同体积的球体的直径，称为当量直径，用 d 表示，即

$$d = 3\sqrt{\frac{6V}{\pi}} \tag{1-5}$$

式中，V 为非球形颗粒的体积。

这种规定得到的数值虽然与实际大小具有偏差，但是因所研究的颗粒粒径都非常小，而且是大量的，所以还是可行的。值得注意的是，在研究单颗颗粒的特征和运动规律时，就必须考虑形状的差异。

在实际工作中，对于形状不规则的沙物质颗粒，仅仅指出它的大小尚显不足，还必须说明测量所使用的方法及所得大小的定义，这样才有实用价值。

测量沙物质中不同大小颗粒含量的方法称为粒度分析（grain-size analysis），或称为机械组成分析。对于粒径 5mm 以上的颗粒，一般可直接用量具（如千分尺、卡尺等）测量其尺寸，方法是测量 3 个呈正交方向的直径，求出它的平均值，作为该颗粒的特征尺度。对于粒径大于 0.063mm 而小于 5mm 的颗粒，可采用筛分法测量粒径。对于粒径小于 0.063mm 的微小颗粒，常用的方法为鲍氏比重计法、吸管法（见有关土壤学实验），此种方法是利用司笃克定律，通过测量颗粒的沉降速度来计算粒径的大小。目前，沙粒粒径的大小也可采用声波测定法和激光粒度仪等方法测定。

2. 颗粒粒度分级　　由于组成沙物质的粒径和形状变化幅度很大，因此详细地去考察单个颗粒的特征有时是无意义的，也是相当困难的，因而必须采用平均值或统计值。把沙粒划分为不同的粒径组，即粒级（size fraction），对于研究沙粒的特性才有实际意义。虽然这种分类从本质上是有任意性的，但应遵循下列原则：粒级的区分要能反映沙物质的物理-化学性质的差异；粒径的划分在分析技术上具有可能性且具有数学上的一贯性，以便于记忆和应用。因此，粒径的划分仍是一种可行之法。

关于"沙粒"分级标准问题，世界各国不一致。美国把沙的粒径限定为 0.063～2.0mm。苏联是将粒径为 0.05～1.0mm 的颗粒称为物理性沙粒，其中又分 3 个等级，1.0～0.5mm 为粗沙，0.5～0.25mm 为中沙，0.25～0.05mm 为细沙。我国的分类标准更细一些，如表 1-3 所示，粒径大于 2.00mm 为砾石，2.00～1.00mm 为极粗沙，1.00～0.50mm 为粗沙，0.50～0.25mm 为中沙，0.25～0.10mm 为细沙，0.10～0.05mm 为极细沙，0.05～0.01mm 为粉沙，<0.01mm 为黏粒。沙漠沙由于风的长时间吹刮，细微颗粒被带走，沙粒粒径变得越来越接近一致，分选度越来越好。根据我国主要沙漠和沙地风成沙机械组成分析，粒径为 0.25～0.1mm 的细沙占大多数，约占沙物质含量的 66.7%，最高含量可达 99.38%，粗沙和粉沙含量很低，分选性良好。

表 1-3　我国土壤机械组成分级标准　　　　　　　　（单位：mm）

颗粒名称	颗粒直径
砾石	>2.00
极粗沙	2.00～1.00
粗沙	1.00～0.50
中沙	0.50～0.25
细沙	0.25～0.10
极细沙	0.10～0.05
粉沙	0.05～0.01
黏粒	<0.01

3. 颗粒的形状与磨圆度　　　　形状与磨圆度代表颗粒的两种不同性质。沙粒的形状指颗粒整体的几何形态，风成沙以近似圆状带棱角和不规则棱角形状为主。沃德尔（H. Wadell）用球度来表示颗粒的形状，但由于不易测定颗粒的表面积，津格又提出采用颗粒的最大、中及最小直径的值（分别以 a、b 和 c 表示）来表示颗粒的形状，并根据 c/b 及 b/a 的值，把沙物质颗粒分成球状、圆片状、圆棍状及刃状 4 种（图 1-6）。

图 1-6 和图 1-7 为津格颗粒形状分类图与沃德尔（H. Wadell）球度与粒径之间的关系示意图。

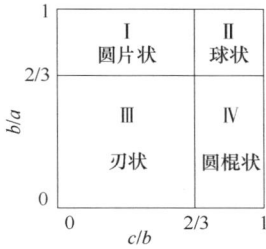

图 1-6　津格颗粒形状分类图

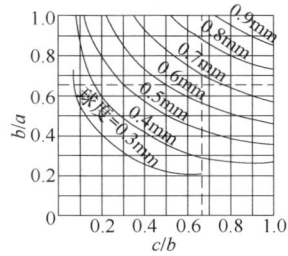

图 1-7　沃德尔球度与粒径之间的关系示意图

颗粒的磨圆度也称圆度（roundness），是表示颗粒棱角尖钝程度的参数。沙粒的磨圆度可用沃德尔等式表示，磨圆度的数值为 0～1，数值越大磨圆度越高，磨圆度的测量方法如图 1-8 所示，但因磨圆度的测量非常麻烦，克伦拜因（W. C. Kfumbhlin，1938）对一些典型的颗粒用沃德尔的方法计算了磨圆度，并分成五级，即棱角状、次棱角状、次圆、圆、极圆，且绘成图（图 1-9）。以此作为标本，根据对比可决定具体颗粒的磨圆度，实际使用情况表明，用这样的图得出的结果与用沃德尔计算的结果是十分近似的。

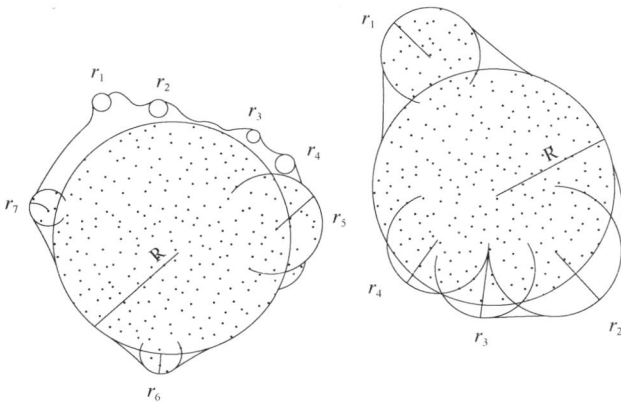

图 1-8　磨圆度的测量方法

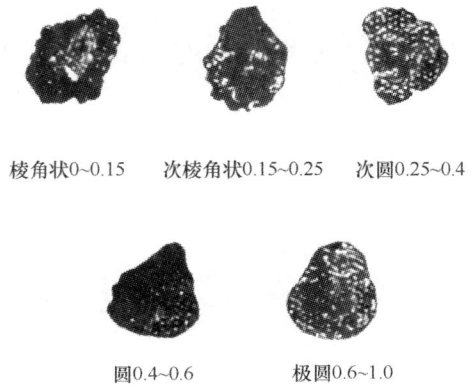

棱角状0～0.15　　次棱角状0.15～0.25　　次圆0.25～0.4

圆0.4～0.6　　极圆0.6～1.0

图 1-9　不同圆度的颗粒外形

颗粒的磨圆度反映了颗粒受磨的历史。颗粒被搬运的距离愈长，受磨的机会愈多，则棱角逐渐磨平，圆度日益接近球体。而颗粒的球度虽然也受磨蚀的影响，但更多地取决于颗粒的原始形状。

沙粒的磨圆度是判断风成沙受风力吹扬作用程度的重要标志。过去对风成沙的磨圆度一直是过分夸大。现在认为它们大多数是次圆的，而次棱角的也不少见。况且，小沙粒比大沙粒棱角多，其原因可能是细微颗粒主要是以悬浮状态运动所致。例如，大于 0.5mm 粒级的颗粒经过长期吹扬以后通常是磨圆度很好的，或具有半磨圆度，而小于 0.05mm 的颗粒几乎没有再磨圆。一般情况下，沙丘的部位对沙粒的形状似乎没有什么影响，在各种不同的风成沙中，因矿物成分的不同和受磨历史长短差异，沙粒的磨圆度变化较大。

1.2.3　沙物质的物理性质

1. 沙物质的水分物理性质

（1）容重（bulk density）　　沙物质的容重是指在自然状态下，单位体积沙物质的干重（kg/m³），用 v_s 表示。容重的大小取决于沙物质的孔隙度和矿物组成，随二者的变化而变化。它是反映沙物质结构特性的重要指标。其计算公式为

$$v_s = (1-\varepsilon)\gamma_s \tag{1-6}$$

式中，ε 为孔隙度；γ_s 为沙粒的重度。

一般来讲，沙物质容重小，表明其比较疏松，孔隙度大；容重大则土体紧实，结构差，孔隙度小。根据环刀法测定，风沙土的容重为 $1.3 \times 10^3 \sim 1.6 \times 10^3 \mathrm{kg/m^3}$。

（2）孔隙度（porosity）　　孔隙度是指自然状态下，单位体积的沙物质颗粒之间空隙体积所占的百分数，用 ε 表示，公式如下：

$$\varepsilon = \left(1 - \frac{v_s}{\gamma_s}\right) \times 100\% \tag{1-7}$$

式中 v_s 为沙物质的容重（N/m³）；γ_s 为沙物质颗粒的重度（N/m³）。

孔隙度因颗粒的大小及均匀度、颗粒的形状、堆积的情况、堆积后受力大小、历时长短而有所不同。

从理论上说，颗粒的大小应该与孔隙度并无关系，这是指均匀颗粒而言。但实际上，细颗粒往往比粗颗粒有更多的孔隙，这是细颗粒的表面积相对较大，颗粒间的摩擦吸附及搭成格架作用增大的缘故。同时，颗粒组成不均匀，会使孔隙度变小，因为粗颗粒间的大孔隙可以被细颗粒填塞。表 1-4 中列出了几种不同机械组成的沙粒孔隙度。

表 1-4　不同机械组成的沙粒孔隙度

粒径名称	粒径/mm	孔隙度
极粗沙	1～2	35～39
粗沙	0.5～1	40～42
中沙	0.25～0.5	42～45
细沙、极细沙	0.05～0.25	47～55

沙物质的沉积方式对其孔隙度有很大影响。拜格诺指出，沿着荒漠沙丘滑动面崩塌下来的沙子含有很大的孔隙度，由此而形成的沉积物具有流沙的性质。相反，流动阻力的增加或地面结构的改变导致挟沙能力减小。颗粒发生沉积时，在沉积面上所有颗粒跃移运动，后者的冲击作用所引起的地面轻微震动使落下的沙粒有选择地嵌入最稳定的位置，这样所形成的沉积结构十分密实。

孔隙度可分为大孔隙度（非毛细管孔隙度）和小孔隙度（毛细管孔隙度）两种。沙物质的颗粒较大，其间的孔隙多以大孔隙度存在，占总孔隙度的 65%～75%，毛细管孔隙只占 25%～35%，而黏土的毛细管孔隙却可占总孔隙的 85%～90%，毛细管作用差，持水性极弱，透水性

极强，水的自由度大。也正是由于毛细管作用差，而对积蓄大气降水非常有利。在沙漠地区，一般没有地表径流，所有的水分很快就能渗透到沙丘深处。同样因为毛细管作用差，在沙区当表层形成干沙层后，可有效减少深层水分的遗失，从而有利于沙区土壤水的保持。

（3）渗透系数和含水率　　沙物质颗粒相互接触，其间有许多间隙，水分可在其间渗透通过。水流的渗透遵循著名的达西定律（Darcy's law）：

$$\frac{Q}{A}=KJ \tag{1-8}$$

式中，Q 为通过截面积为 A 的土柱中水的流量；J 为水力坡降；K 为沙物质的渗透系数。

沙物质的渗透系数 K 与其粒径及级配均有关系。根据克伦拜因和蒙克（G. D. Monk）的实验结果，可有如下的关系：

$$K=d^2e^{-a\sigma} \tag{1-9}$$

式中，σ 为颗粒粒径分布的几何均方差；a 为常数；d 为颗粒粒径。

沙物质的含水率是指沙物质中水分含量的百分比，其表达式为

$$\eta=\frac{G-G'}{G}\times100\% \tag{1-10}$$

式中，η 为含水率；G 为干燥前沙物质的重量；G' 为干燥后沙物质的重量。

沙物质的含水率主要取决于大气降水和它本身的持水性，含水量大的沙物质由于水的黏结作用，可以使起沙风速大大提高。一般情况下，稳定湿沙层的含水率在 2%～3%。

（4）凋萎系数（wilting coefficient）　　凋萎系数又称凋萎含水量，是指植物开始永久凋萎时的土壤含水量，是土壤中植物能利用的水分下限。一般以田间持水量和凋萎含水量之间的水分为有效水。凋萎含水量是重要的土壤水分常数之一。凋萎含水量的大小与土壤质地、土壤中盐分浓度和植物种类有关。用最大吸湿量法和植物生长直接测定法，测得流动风沙土的凋萎含水量为 0.6%左右（小叶锦鸡儿为 0.57%～0.66%，油蒿为 0.59%）。

（5）田间持水量（field moisture capacity）　　田间持水量是指当大量的水分浸透土壤后，过多的重力水流出，而留下来的水分处于一定的平衡状态时土壤所保持的水分含量。根据田间测定，流动风沙土的田间持水量为 3.3%～4.0%。

（6）饱和持水量（saturation moisture capacity）　　饱和持水量是指土壤中的孔隙全部被水充满时所能保持的水分最大量，又称"全蓄水量""最大持水量"。根据不同地区的测定，流动风沙土的饱和持水量为 19.79%～27.40%。根据不同地区流动风沙土的几个水分物理性质测定，所得数字基本上相近。

不同类型风沙土的水分物理性质差异较大（除相对密度外）。在容重上，流动风沙土为 $1.6\times10^3\text{kg/m}^3$ 左右，半固定风沙土表层为 $1.49\times10^3\sim1.55\times10^3\text{kg/m}^3$，固定风沙土上层为 $1.33\times10^3\sim1.49\times10^3\text{kg/m}^3$；在孔隙度上，流动风沙土为 38%～42%，半固定风沙土表层为 43%～46%，固定风沙土上层为 45%～51%；在田间持水量上，流动风沙土为 4%～8%，半固定风沙土表层为 13.02%，固定风沙土上层为 15.99%；在饱和持水量上，流动风沙土为 23%左右，半固定风沙土表层为 27.40%，固定风沙土上层为 29.73%～30.73%；在凋萎含水量上，流动风沙土为 0.7%～0.8%，半固定风沙土表层为 2.22%，固定风沙土上层为 3%～4%。

沙物质的地表有一层干沙层，其下保持着较稳定的湿沙层。干沙层的厚度和湿沙层的含水量因地带不同而有差别，如表 1-5 所示。沙物质的这种特殊的水分状况是在风沙干旱区太阳辐射强烈、气温高、空气湿度低、潜在蒸发量大、风力作用较强等特定的气候条件下，降雨后湿润的流沙表层水分因大气蒸发，很快地转化为蒸发水，扩散到大气中而消耗，这就形

成了地表的干沙层。因而流沙的透水性强、持水性弱，一方面渗入沙地深层的水由于流沙毛管孔隙极不发达，下层的水分很难通过毛管作用失散；另一方面，由于流动风沙土热容量小、导热性差，太阳辐射的热量难以通过干沙层传到下面较湿沙层，水的汽化数量很少，阻止下层水分蒸发而耗失，干沙层达到一定厚度时，流沙表面蒸发几乎停止。因此在干沙层下形成较稳定的湿沙层。流动风沙土形成独特的水分状况，对先锋植物的定居、生长十分有利。但随着植物生长而不断地蒸腾，流沙被固定而变得紧实，在流沙的干沙层下，较好的水分状况也逐渐变差。

表 1-5　不同地带的流动风沙土水分状况

地带	干沙层厚/cm	湿沙层含水率/%
草原带	5～10	2.5～4
半荒漠带	10～40	2～3
荒漠带	30～50	1～1.5

2. 沙物质的热状况　　沙物质表面温度变化剧烈，忽冷忽热，受热升温快，断热冷却快，所以风沙地区温差较大。其外因是在纬度、海拔、地形等影响下，所接受的太阳辐射量有差异，使沙物质的热状况发生变化。但在以上条件相同的情况下，主要与沙物质本身的热特性有直接关系。

（1）热容量（heat capacity）　　又称比热容量，是指物质每升高或降低 1℃时，所吸收或放出的热量。因物质不同而热容量有差异，水的热容量最大，空气的最小，仅为水的 30%，风沙土比黏土热容量小。通常，热容量大的物质，温度变化缓慢，热容量小的物质，温度变化剧烈。特别是干燥的流动风沙土，结构疏松，沙层中水分少而空气多，再加上沙粒本身热容量也较小，这是造成沙区温差大的原因之一。

（2）导热率（thermal conductivity）　　导热率是指物质传导热量的功率值。不同物质传导热量快慢的能力不相同，空气导热率小，仅为水的 3.6%。沙物质本身导热性弱，同时沙层热量传导还受空气和水分的制约，干燥的流沙以石英和空气为主，其导热率更低。白天风沙土表面吸热时，热量向下传递缓慢，滞留于表层较多，表面温度迅速上升，所以上层温度高于下层；夜间沙层表面放热时，热量停留于下层较多，由上而下传递仍然缓慢，对表层热量补充得很少，地表迅速降温，所以上层温度低于下层。这就是沙区昼夜间和沙层上下之间温差大的基本原因。

（3）导温率（temperature conductivity）　　导温率是指单位容积的物质，通过热传导，由垂直方向获得或失去热量时，温度升高或降低的数值。导温率表示物质温度变化速率，反映物质传递温度和消除层次间温度差异的能力。

导热率只表示物质转移热量快慢的能力，并不能完全决定温度的变化。温度的变化不仅取决于热量传递的快慢，还与物体的热容量有关。由于风沙土表层十分干燥，传递热量缓慢，同时沙物质热容量小，因此，导温的性能较差，或者说消除层次间温度差异的能力较低，这就会造成沙区地表温度变化强烈，昼夜温差极大。

3. 休止角　　沙物质在堆积成丘时，斜坡与水平面所能达到的最大角度，称为该沙物质的休止角，用 a 表示。它是表征颗粒静止及运动力学特性的一个物理量。

颗粒粒径越小，则休止角 a 越大，这是微细颗粒相互间黏结性增大的缘故，而且，颗粒越接近球形，休止角 a 越小。在自然充填的情况下，休止角 a 与孔隙度 ε 间具有如下关系：

$$a = 0.05 \times (100\varepsilon + 15)^{1.57} \tag{1-11}$$

有关沙物质休止角的类似实验很多，但其结果有较大的出入，主要是实验所采用的方法及沙样性质不同所致，对于沙漠沙来说，休止角一般为31°～34°。

1.3　风沙运动规律

1.3.1　风沙运动与风力作用过程

风沙运动指的是风力作用于地面，使地面组成物（土或沙粒）被风蚀，进入运动状态，在另一个位置堆积的过程。就整个风沙过程而言，风是形成风沙运动的动力，沙是基础，风力作用过程包括风对土壤（沙）物质的分离、搬运和沉积 3 个过程。当有效风速达到临界值时，某些颗粒开始前后摆动，当风力或运动的颗粒碰撞强度到足以迫使稳定的表面土壤颗粒运动时，分离就发生了。分离之后，土壤颗粒通过风可以在空中或沿着土壤表面输送，直到最后风速降低时沉积。这 3 个过程同时发生，相互联系，不可分割。而且只有当风超过临界风速值后，沙粒才开始起动；只有沙子脱离地表后，才会发生沙子的搬运和堆积。因此，这些阶段共同构成了风力作用（侵蚀）过程。

1. 风力侵蚀作用　风力侵蚀作用指地表沙粒类松散物质在风力作用下脱离地表的迁移过程，是风沙活动和土地沙漠化过程的开始。在近地表风速作用下，凸出于气流中的颗粒受到较强的风力作用。颗粒越大，凸出于气流中的高度越高，受到风的作用力也越大，然而，这些颗粒由于质量较大，需要更大的风力才能被分离。能够被风移动的最大颗粒粒径，取决于颗粒垂直于风向的切面面积及本身的质量。在风力作用下，当平均风速约等于某一临界值时，凸出于松散地表的个别沙粒受湍流流速和风动压力的影响，开始振动或前后摆动，但并不离开原来位置；当风速增大超过临界值后，振动也随之加强，并促使一些最不稳定的沙粒首先沿着沙面滚动或滑动。由于沙粒几何形状和所处的空间位置的多样性及受力状况的多变性，因此在滚动过程中，一部分沙粒当碰到地面凸起沙粒，或被其他运动沙粒冲击时，都会获得巨大的冲量。受到突然的冲击力作用的沙粒，就会在碰撞的瞬间由水平运动急剧地转变为垂直运动，骤然向上（有时几乎是垂直的）起跳进入气流运动。随着沙粒起跳的发生，地表物质开始发生位移，风蚀形成。粒径在 0.05～0.5mm 的颗粒都可以被风分离，以跃移形式运动，其中粒径在 0.1～0.15mm 的颗粒最易被分离侵蚀。风沙流中跃移的颗粒，增加了风对土壤颗粒的侵蚀力。因为这些颗粒不仅将易蚀的土壤颗粒从土壤中分离出来，而且还通过磨蚀，将那些小颗粒从难蚀或粗大的颗粒上分离下来带入气流。

因此，只有当风速超过某个临界值时，才能诱导土壤颗粒从地表中升离出来形成风蚀。因诱导风蚀发生的气流性质的不同，风蚀发生存在两种不同的起动风速，拜格诺称其为流体起动风速和冲击起动风速，对应于两种起动风速而存在吹蚀和磨蚀两种风力侵蚀作用方式。流体起动风速是完全依赖于风力的直接作用而引起土壤颗粒开始运动时的最低速度，由此而引发的风蚀为吹蚀或净风侵蚀；冲击起动风速是挟沙风中跃移沙粒的冲击作用而使土壤颗粒开始运动的最小风速，由此而发生的风蚀为磨蚀或风沙侵蚀。

风对土壤颗粒成团聚体的侵蚀过程是一个复杂的物理过程，特别是当气流中挟带了沙粒而形成风沙流后，侵蚀更复杂。

2. 风的输移作用　当风速大于起动风速时，在风力作用下，土壤和沙粒物质随风运动，其运动方式有悬移、跃移、蠕移三种形式，运动方式主要取决于风力的强弱和搬运颗粒粒径的大小。

风沙运动以跃移运动为主。沙粒在空气中的跳跃高度可达几百或几千个粒径，因其跳跃高，便会从气流中获得更大的能量，下落冲击地面时，不但本身又会反弹跳起，而且还把下落点附近的沙粒也冲击溅起，这些沙粒在落到地面以后，又溅起更多的沙粒。因此，沙粒在气流中的这种跳跃移动具有连锁反应的特性。高速跃移的沙粒通过冲击方式，靠其动能可以推动比它大6倍或重200多倍的表层粗沙粒（＞0.5mm）蠕移运动。蠕移速度较小，每秒仅向前1～2cm；而跃移的速度快，一般可以达到每秒数十到数百厘米。在一定条件下，风的搬动能力主要取决于风速，与被搬动物的粒径关系不密切。同样的风速可搬运大量的小颗粒或较少的大颗粒，其搬动总重量基本不变。

3. 风的沉积作用　　　沉积作用是指风吹沙粒重新返回并停留在地表的现象。它是反映沙丘形成和迁移机制的重要过程。在风沙搬运过程中，当风速变弱或遇到障碍物，如植被、残茬、微地形起伏及地面结构、下垫面性质改变（地表变粗）时，都会引起沙粒从气流中跌落而沉积在障碍物周围。地表障碍物的阻滞使沙粒在障碍物附近堆积形成沙堆，称为遇阻堆积。地表的草木和沙丘本身，也都成为使风速降低和沙粒堆积的障碍。因地表结构、下垫面性质的改变而使风沙流过饱和沉积称为停滞堆积。此外，当风速减弱，紊流漩涡的垂直分速小于重力产生的沉速时，悬移质降落并在地面静止下来，称为降落沉积。

一般地，跃移质多沉积在被蚀地块的附近，在灌丛、土埂的背后堆成沙垄。沙丘沙中的粗粒堆积于沙丘迎风坡，细粒沉积在背风坡。悬移质及受打击崩解而进入气流中的悬浮颗粒搬运距离最长。这部分颗粒数量虽少，但多是含有大量土壤养分的黏粒及腐殖质。

1.3.2　沙粒运动的基本形式

当风速达到并超过起动风速时，地表上的沙粒便开始移动，产生风沙运动，形成风沙流。依据沙粒运动的主要动量来源及风力、颗粒大小和质量的不同，拜格诺最早将沙粒运动划分为蠕移、跃移和悬移3种形式，刘贤万在拜格诺研究的基础上提出沙粒的运动方式有5种：①动而不移为振动；②移而不离地表为滚动；③极短时间极短距离地离开地表为滑移；④较长时间内作较长距离较大高度地离开地表为跃移；⑤超长时间内做超长距离和超高高度地离开地表为悬移。一般将滚动及滑移统称为蠕移。

自然界中松散沙粒在地表上是随机排列的，颗粒在脉动气流作用下产生的振动就有不稳定平衡振动和稳定平衡振动两种状态，但这两种状态都未使沙粒离开地表。当风力进一步提高，处于稳定平衡状态下的颗粒摆脱了束缚，它们就会带着较大的能量或滚动或滑移，以撞击下游的颗粒，从而使它们失去平衡并参加到沙粒传输过程中来。自然界中发生振动的沙粒并不会对沙丘的运动产生影响，相关研究人员更关注的是影响风沙流及沙丘运动的其余3种沙粒运动形式。当风速达到起动风速时，通过风的吹蚀搬运，可将地表疏松的沙粒纳入气流，并携带着一起运动，便形成风沙流。风沙流中运动的沙粒依据主要动量来源及风力、颗粒大小和质量的不同，可分为蠕移（creeption）、跃移（saltation）和悬移（suspension）三种基本形式（图1-10）。

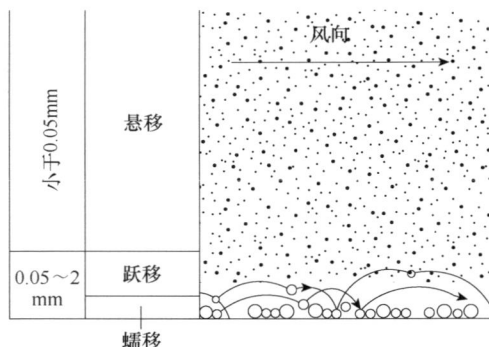

图1-10　风沙运动的三种基本形式

1. 蠕移　　　沙粒受风力推动，沿地表面滚动或滑动称为蠕移运动，进行蠕移运动的沙粒叫作蠕移质。粒径为0.5～1.0mm的沙粒最容易以蠕移的方式运动。蠕移质约占风沙流中总沙量的1/4。从气流中落到床面上的沙粒，由于它们具有相当大的动量，不但能打散一些沙粒，使其跃移，而且还能使一部分床面上的沙粒受到冲击向前推移。在低风速时，可以看到这些沙粒时走时停，每次只走几毫米。但是，风速加大时，走过的距离也随之增长，而且有更多的颗粒在运动，到了较高的风速时，整个表面好像都在缓慢向前蠕动。

如前所述，当风速较高并达到一定强度时，受振动的和原来就不稳定的地表沙粒就不会再处于稳定状态，而出现极低传输的情形，进而会发生滚动甚至滑动。滚动是一种不脱离地表面的接触状运动，因地面的阻力和沙粒的重力，滚动只能逐渐衰减，甚至很快停下来。只有滚动向滑移转化，才能在流体起动条件下发生跃移运动。

沙面沙粒可以在风力作用下发生蠕动，但风不能直接单独移动较大的沙粒，主要是靠跃移质的冲击作用而维持运动。经验证明，高速运动的颗粒在跃移中通过冲击的方式，可以推动 6 倍于它的直径或 200 多倍于它的重量的表层沙粒。凡是粒径为 0.5～2.0mm 的颗粒，一般都属于贴近地表蠕移质的范畴。

表层沙粒的运动和轨迹极低的跃移沙粒的运动之间虽然不可能有严格的区别，但是这两种沙粒运动的原因却明显不同。跃移运动的沙粒升入气流中以后，就通过风对它们的压力直接获得动量；而在表层做蠕移运动的沙粒却并不直接受风的影响，而是从跃移质的冲击过程中获得动量。

2．跃移　　跃移运动是由风压力和颗粒的冲击而引起的，因而可以定义为沙粒受风力作用被弹射到气流中并从气流中获得动量，以单个或连续跳跃的形式向前运动的形式称为跃移。跃移是风沙运动过程的最主要形式，沙粒在受风力作用下脱离地表面以后，就从气流中不断获得动量而加速前进。因空气的密度和沙子的密度比较起来要小得多，所以在运动过程中受到阻力较小，在落到床面时仍然具有相当大的动量。如果床面是由坚硬的材料组成的，则落在床面上的沙粒就像乒乓球一样，又会反弹起来，继续跳跃前进；如果床面由松散的颗粒组成，则不但下落的沙粒本身有可能反弹起来，而且由于它的冲击作用，还能使下落点周围的一部分沙粒进入跳跃运动，这样就会引起一连串的连锁反应，使风沙运动很快达到相当大的强度。凡是以这种跳跃形式运动的沙物质统称为跃移质，它是风沙运动的主体组成部分，约占风沙流中总沙量的 3/4。

粒径为 0.10～0.15mm 的沙粒最容易以跃移的形式运动，当大量沙粒沿着沙表面跳跃前进时，看起来就像在地面上形成了一层沙云，实际上绝大部分的沙粒都是紧贴地表附近运动。许多学者野外实测的结果证明：90%以上的跃移质都在地表附近 30cm 的高程范围内运动。在地表以上 5cm 的范围内，运动的沙粒通常占跃移质的一半左右。

沙粒跳跃的高度虽然不同，但它们落到沙面上的角度变化较小，一般为 100～160，而跃移开始时的起跳角变化较大。凌裕泉和吴正在风洞中通过高速摄影，观察到有 40%的颗粒起跳角为 30°～50°，有 28%为 60°～80°。

跃移沙粒在运动中以高速（200～1000r/s）旋转。贺大良等经研究粗略估计出沙粒跃移的平均移速为风速的 30%～40%。在沙源丰富时，这种宏观上的大规模运动的危害更大。

影响跃移长度和高度的因素主要有地面组成物质及起跳角。一般来讲，地面组成物质越粗糙，跃移的长度和高度值越大。沙粒跃移长度与跃移高度之比与起跳角之间有一定的关系，随着起跳角的增大，跃移长度与高度都相应加大，但是由于后者的增长幅度大于前者，因此，跃移长度与高度的比值随起跳角的增大而减小。

跃移运动是风沙运动中最重要的一种，参与运动的沙粒数量多、速度快，是造成风沙危害的主要方式。

3．悬移　　悬移运动是指沙粒保持一定时间悬浮于空气而不与地面接触，并以与气流相同的速度向前运动的运动形式。呈悬移状态的沙粒就为悬移质。悬移质运动是气流的向上脉动风速必须超过沙土颗粒的沉速。

粒径小于 0.10mm 的沙粒，由于其沉降速度经常小于气流向上的脉动分速度，因此就有可能以悬移的形式运动。悬移质的运动性质完全取决于高空气流结构。有时可以达到几百米的高度，天日也为其变色，这种现象称为"尘埃风暴"，也就是华北及西北地区所谓的"刮黄风"。粒径＜0.05mm 的粉沙和黏土颗粒，体积小、质量轻，在空气中自由沉速低，一旦被风扬起，就不易沉落，能被风悬移很长距离，甚至可远离源地千里以外（表 1-6）。跃移质和蠕移质都在地表附近运动，由于地面风向不断改变，所以它们一般都在本地区内来回流动，自本区外移的速度很慢。但高空的悬移质运动则不然，一次尘埃风暴就可以使大量细颗粒沙土自地面前移。例如，1934 年美国中部和南部久旱无雨，飓风挟带着大量沙土横贯大陆吹入大西洋，风暴过后，两个月内有 47 天不见天日，43%的土地发生了严重的风蚀现象。在风暴中心 65 000km² 的范围内，80%以上的土地因为表土的丧失而失去耕作价值。

表 1-6　沙物质在风力吹扬下能达到的高度和距离

粒径/mm	沉积速度/（cm/s）	空中持续时间	运行距离	悬浮高度
0.001	0.0083	0.95～9.5 年	$4.5×10^5～4.5×10^6$km	7.75～77.5km
0.01	0.824	0.83～8.3h	45～450km	78～775m
0.1	82.4	0.3～3s	4.5～45m	0.78～7.75m

资料来源：玛琳娜，1941；吴正，1987

从表 1-6 中看出，对于粉沙以下的物质，在风力吹扬下可以远走高飞，甚至远渡重洋。正因为如此，在荒漠的沙丘中，往往缺乏小于 0.06mm 的物质，而在大面积的海底，却可以看到风成物质的沉积。

拜格诺经研究指出呈悬浮搬运的沙量尚不到 5%，池田茂（1958）在野外测定，当风速大于 6m/s 时，悬浮搬运的沙量甚至不足 1%。这也说明沙尘暴的尘埃很少来自沙漠。

在风沙运动的几种基本形式中，以跃移运动最为重要，它不但在通常情况下占运动沙粒的主体，而且表层蠕移运动和悬移运动也都与它有关。表层蠕移质直接从跃移质取得动量。悬移质的细沙土，当它们沉积在地面时，因受附面层流层的隐蔽作用和颗粒之间本身具有的黏结性，往往很难为风力所直接扬起，只有当跃移质的冲击作用把它们驱出地面以后，气流中的漩涡才很容易带着它们远走高飞。所以，防止风蚀的主要着眼点应该放在如何制止沙粒以跃移形式运动。有时一个地区的风沙运动常常可以通过跃移运动的连锁反应而引起下风方向大范围内的沙土前移，对于这些容易发生侵蚀的小区域若优先进行保护，往往可以解除或减轻大面积的风蚀。

1.3.3　风沙流的固体流量

当风经过疏松沙质表面时，通过固有的搬运能力，将沙粒吹动或吹起，造成风沙运动，产生风沙流。因而，风沙流即是形成风沙运动的挟沙气流。风沙运动可导致沙粒的蚀积搬运，是塑造各种风沙地貌的前提和基础，也是土地沙漠化及其危害的主要动因。

气流或风沙流在距地面一定高度、在单位时间内通过单位宽度（或单位面积）所实际搬运的沙量，叫作风沙流的固体流量，也称为绝对输沙量，单位是 g/（cm²·min）或 cm³/（cm²·min），绝对输沙量可简称为输沙量、沙量。与之相对应的相对输沙量是指绝对输沙量占总输沙量的百分比（%），相对输沙量简称输沙率。输沙量是衡量沙区沙害程度的主要指标之一，也是防沙工程设计的主要依据。它是风（治）沙工程设计的一个极重要工程参数，因此只有准确地确定输沙量，才能有效地控制风沙危害，从而起到事半功倍的效果。

1. 输沙量的计算　　一定风力下风对颗粒的输运能力是有限的。这是因为风沙流跃移系统会因风场和运动粒子的相互作用力，而建立一种负反馈机制来控制系统输运颗粒的总量，这种负反馈机制就是所谓的"风沙流自平衡机制"或"风沙流自动调节机制"（安德森等，1991）。它的效果是在一定的风力下，如果沙源充分，风中携带的颗粒数量（即输沙量）将维持在某一个特定值（这时称风沙流达到平衡）。20 世纪 30 年代以来，许多学者对气流与沙物质间相互作用的机理进行了研究，提出了数十个理论的和经验的公式用来计算输沙量。

（1）拜格诺的输沙量公式　　拜格诺根据风沙运动中沿程的动量损失及实验结果得出，输沙量与摩阻流速的立方成正比，且蠕移质沙量约占全部输沙量 1/4，跃移质沙量约占全部沙量的 3/4，所以全部输沙量为

$$Q=\frac{4}{3}B\frac{\rho}{g}u_*^3 \tag{1-12}$$

式中，Q 为输沙量；B 为冲击系数；u_* 为摩阻流速。拜格诺从风洞试验的结果中进一步发现：对于与沙丘中沙粒粒径大致相同的沙，即粒径在 0.1～1.0mm 的沙物质，Q 与沙粒粒径的平方根成正比。因此，输沙量公式最终可写成如下形式：

$$Q=C\sqrt{\frac{d}{D}}\frac{\rho}{g}u_*^3 \tag{1-13}$$

式中，D 为 0.25mm 标准沙的粒径；d 为实际的沙粒粒径；C 为经验系数，其具有如下的取值：对于几乎均匀的沙，$C=1.5$；对于天然混合沙（如沙丘沙），$C=1.8$；对于粒径分散很广的沙，$C=2.8$；在极端的情况下，床面颗粒大到不能移动（细石或岩石表面），这时 C 值要大很多，可能超过 3.5。

如果用一定高度上测得的风速来表示输沙量时，还可得

$$Q=AC\sqrt{\frac{d}{D}}\frac{\rho}{g}(u_x-u_t)^3 \tag{1-14}$$

式中，u_x 为某一高度 z 处的实际风速；u_t 为同一高度起沙风速；A 为常数，其值为 $A=\left(\dfrac{0.174}{\lg z/z_0}\right)^3$。

为了更为方便地应用，拜格诺后来对这个公式进行了修改，其形式为

$$Q=\frac{1.0\times10^{-4}}{\lg(100z)^3}t(u_x-16)^3 \tag{1-15}$$

式中，Q 为风在单位时间每米宽度所携带的沙物质量；u_x 为某一高度 z（一般为 10m 高）处的实际风速（km/h）；t 为风速 u_x 的吹刮时间（h）。

（2）河村龙马输沙量公式　　河村龙马认为，沙粒跃移运动由跃移沙粒的冲击作用和风的直接作用而产生，因而在计算沿程缺失损失时，则应用剪切速度 u_* 和始动速度 u_{*_t} 计算，输沙量的公式表述为

$$Q=K_4\frac{\rho}{g}(u_*-u_{*_t})(u_*+u_{*_t})^2 \tag{1-16}$$

式中，K_4 为用实验确定的常数，对于 0.25mm 的沙，河村龙马得出其值为 2.78，式中当 $u_*=u_{*_t}$ 时，输沙量等于零，这是河村龙马公式比拜格诺公式更为合理的地方。

（3）其他输沙量公式　　津格（1953）利用沙丘的级配沙进行风洞实验，推导出了如下输沙量经验公式：

$$Q = C \left(\frac{d}{D}\right)^{\frac{3}{4}} \frac{\rho}{g} u_*^3 \qquad (1-17)$$

式中，经验系数 C 通过实验测得为 0.83。

　　津格由于在确定输沙量时是根据跃移质在垂线上的分布延伸到床面以后进行积分得来的，实际上并没有包括蠕移质在内，因而所得输沙量偏小。

　　刘振兴（1960）则根据贴地面层沙粒跃移和冲击作用，推导了跃移沙粒对输沙量的贡献，并通过假说"跃移输沙量占总输沙量的 75%"，得到总输沙量公式为

$$Q = 2.13 \sqrt{\frac{2}{3C_D}} \frac{\rho}{g} u_*^3 \qquad (1-18)$$

式中，C_D 为单个沙粒的阻力系数。

　　可以看出式（1-28）与拜格诺公式比较接近，只是输沙量随沙粒粒径的变化没有明确地表达出来。

　　扎基罗夫（Р.С.Закиров，1969）在野外实验的基础上，提出了另一个经验关系式：

$$Q = 0.16 (u_{1.0} - 4.1)^3 \qquad (1-19)$$

式中，$u_{1.0}$ 为距地面 1m 高度上的风速；4.1 为起沙风速值，单位是 m/s。

　　以上公式表明，输沙量与摩阻流速 u_* 的 3 次方成正比，或者说与风速超过起动速度部分的 3 次方成正比。堀川和沈学汶（1960）用中值粒径为 0.20mm 的沙进行了输沙测量实验，用以对各家公式作出评估，最后得出在 $u_* < 40cm/s$ 时河村龙马公式比较可靠，而在 u_* 为 40～70cm/s 时，拜格诺公式更为可靠。他们还进一步指出，如果河村龙马公式中的常数 K_4 取 1.02×10^{-3}，则该公式就与实验结果更为符合。而且在风速较大（$u_* > 40cm/s$）时，各家公式计算结果差异不大，但是所得的输沙量与实验结果，特别是野外观测值都有不小差距。

　　2. 影响输沙量的因素　　影响输沙量的因素是相当复杂的，表现在因素的数量多、变化大两个方面。所以要精确地表示风速与输沙量的关系是相当困难的。

　　尽管影响输沙量的因素众多，变化较大，但大体上可以划分为 3 类，即动力因素——风、物质基础——沙及下垫面特征——地表特征。这 3 类不仅是影响输沙量的基本因素，也是影响风沙运动的 3 个主要因素，可以简称为"三要素"。三者在风沙区的存在和分布极不平衡，不仅本身在时间和空间方面发生变化，而且它们相互之间又具有促进和制约的复杂关系，输沙量是在这些因素综合作用下发生变化的。

　　（1）输沙量与风的关系　　风有方向、强弱（或大小）、多少（或频率）之分，这里只谈风的大小对输沙量的影响。很显然，风速越大，气流的输沙能力也越大，对于同一种地质地表，输沙量也显著增大。

　　（2）输沙量与沙的关系　　沙量包括地面可输沙的丰欠和气流中输沙的多寡。地面上沙量的贫富，直接影响气流中的输沙量。一般在相同风速下，若地面沙量丰富，气流的输沙能力极易达到饱和或过饱和；若地面沙量缺乏，气流的输沙能力未达到饱和，仍具有一定的载沙能力，称为非饱和风沙流。非饱和风沙流不但仍具有一定的风蚀能力，而且含沙气流的磨蚀能量惊人，因此对地面的破坏作用自然会很强。

　　（3）输沙量与地表特征的关系　　不同的地表结构具有不同的输沙量和不同的风沙流结构。根据风洞实验和野外观察，沙粒在坚硬的细石床面（如沙砾戈壁）上运动和在疏松的沙床上运动是不相同的。前者，沙粒强烈地向高处弹跳，增加了上层气流中搬运的沙量，并且沙粒在飞行过程中飞得更远，在沿下风方向的一定距离内，和地面冲撞的次数减少了，因而需要气

流补给颗粒动量的场合也就少了，所以，对气流的阻力也因其而减小。而后者，沙粒的跃移高度和水平飞行距离都较小，在搬运过程中向近地面紧贴，下层沙量增加幅度很大，从而增加了近地面气流的能量消耗，减弱了气流搬运沙子的能力，因此，在一定的风力作用下，松散的床面上的输沙量比坚硬细石床面上的输沙量要小得多。正是由于松散的沙质地表上输沙量低（即容量小），气流易被沙子所饱和，人们在野外常会看到，在疏松的沙土平原上一般要比沙砾戈壁上积沙多，易于形成沙堆。当然，沙砾戈壁上在没有障碍物（地形起伏或人为障碍）的情况下，一般不易积沙的原因，还与其沙子的供应不充分（沙子因受细石的掩护，在一般风力下不易起沙）、气流不易被沙子所饱和有关。这种因地面结构改变，或因外在阻力的影响，地表风逐渐变弱，使输沙量减少而产生的堆积，拜格诺称其为停滞堆积。

此外，输沙量还受沙子的湿润程度、地表植被覆盖度等因素的影响。当沙子比较湿润时，沙粒间的黏结力增大，起动风速也随之增大。所以在基本相同的风况条件下，干沙比湿沙的输沙量大；当沙面上长有植被时，首先植被可以削弱地表风力，另外各种沙生植物的根系对沙子也有一定的固结作用。当沙面植被覆盖度较高时，植被可以起到隔离风沙流与沙表面的作用，因此有植被的沙面要比流沙上的输沙量小。

沙粒的粒径和相对密度也会影响输沙量的大小，粒径较小的和相对密度较小的沙粒要比粒径较大的或相对密度稍大的沙粒所需的起动风速小些。所以说，粒径小的细沙要比粒径大的粗沙输沙量大，相对密度小的沙粒也要比相对密度大的沙子输沙量大些，不过一般的沙丘沙绝大多数为石英砂，相对密度对输沙量的影响通常很小。

1.3.4　风沙流结构特征

风沙流结构指的是气流中所搬运的沙子在搬运层内随高度的分布特性，其主要研究内容包括气流中沙量随高度的分布特征，垂直高度层内分布的沙量随风速、下垫面、总输沙量等因素的变化规律。研究方法是既可以在野外实地观测，也可在风洞中进行试验研究，所用仪器主要是风速仪、集沙仪、天平等。通过测定风速、输沙量、粗糙度等分析影响风沙流结构的因素，研究风沙流结构特征及结构指标，从而掌握风沙运动规律和性质。

1. 含沙量的垂直分布　　气流中的含沙量由于沙粒运动方式和沙粒粒径的差异，造成了气流中的含沙量在距地表不同高度的密度不同。许多专家学者在实验室或野外都进行过风沙流结构的研究。拜格诺发现在沙砾地区，沙子最大跃移高度为 2m；在沙面，沙子最大跃移高度为 9cm。切皮尔发现，在土壤表面，90%的风沙高度低于 31cm，0～5cm 高度内搬运的物质占总搬运量的 60%～80%。吴正的野外观测也表明：气流搬运的沙量绝大部分（90%以上）是在离沙质地表 30cm 的高度内。由此可以说明，风沙运动是一种贴近地表的沙子搬运现象。因此采取各种防沙措施改变近地面层风的状况及风沙流结构，就可削弱或减少沙子活动的强度，从而达到防沙的效果。

2. 沙质地区的风沙流结构特征和指标

（1）风沙流结构数　　兹纳门斯基对风沙流结构特征与沙子吹蚀和堆积的关系，进行了比较系统的风洞实验研究。他通过对资料的分析，发现在不同风速条件下，0～10cm 气流层中沙子的分布具有如下重要特点。

1）第一层的输沙量随着风速的增加而相对减少。

2）不管风速如何变化，第二层（1～2cm）的输沙量基本上保持不变，相当于 0～10cm 层总输沙量的 20%。

3）平均沙量（10%）在 3～4cm 层中搬运，这一层的输沙量也基本上保持不变。

4）气流较高层（从第三层开始，2～10cm）中的输沙量随着风速的增大而增大。

根据上述特点，兹纳门斯基提出了采用 $Q_{max}/\bar{Q}_{0\sim10}$ 的值（用 S 表示）作为风沙流结构指标，这个表征风沙流结构指标的参数称为结构数（S），以此来判断地表的蚀积搬运状况。其中 Q_{max} 为 0～10cm 10 层内的最大输沙量，等于 0～1cm 层的输沙量；$\bar{Q}_{0\sim10}$ 为 0～10cm 层内的平均输沙量，等于 0～10cm 层内总输沙量的 10%。

用结构数判断地表的蚀积，就必须确定各种下垫面的蚀积临界值，兹纳门斯基提出的临界值如下：粗糙表面为 3.6，沙质表面为 3.8，平滑表面为 5.6。$S>$临界值为堆积，$S<$临界值为风蚀。在实际工作中，不好确定下垫面的临界值，所以结构数只能作为理论和实验研究的参数，实际应用尚较困难。

（2）风沙流结构特征值　　为了进一步说明风沙流的结构特征与沙子吹蚀、搬运和堆积的关系，吴正、凌裕泉又提出了特征值 λ，以此作为判断蚀积方向的指标。风沙流结构特征值为

$$\lambda=\frac{Q_{2\sim10}}{Q_{0\sim1}} \tag{1-20}$$

式中，$Q_{0\sim1}$ 为 0～1cm 高度气流层内的输沙量，$Q_{2\sim10}$ 为 2～10cm 高度气流层内搬运的沙量。

在平均情况下，λ 值接近于 1，此时表示由沙面进入气流中的沙量和从气流中落入沙面的沙量及气流上下层之间交换的沙量接近相等，沙子在搬运过程中，无吹蚀也就无堆积现象发生。

当 $\lambda>1$ 时，表明下层沙量处于饱和状态，气流尚有较大搬运能力，在沙源丰富时，有利于吹蚀；对于沙源不丰富的光滑坚实下垫面来说，仍则可作为形成非堆积搬运的条件。

当 $\lambda<1$ 时，表明沙物质在搬运过程中向近地表面贴紧，下层沙量增大很快，增加了气流能量的消耗，从而有利于沙粒从气流中跌落堆积。

上述 λ 值与蚀积搬运关系虽然多次为许多学者的野外观测所证实，但是由于自然条件下引起的吹蚀堆积过程的发展和 λ 值的影响因素是极其错综复杂的。因此，它只能用来定性地识别和判断沙子吹蚀、搬运和堆积过程发展的趋势。

（3）风沙流结构式　　马世威与高永在教学与科研中提出了风沙流结构特征与蚀积关系的表达式，此式也称为风沙结构第一定律。

$$\sum \begin{cases} \rightarrow Q_{2\sim10} \rightarrow 40\% \text{ 变动} \\ \rightarrow Q_{1\sim2} \rightarrow 40\% \text{ 略变} \\ \rightarrow Q_{0\sim1} \rightarrow 40\% \text{ 变动} \end{cases}$$

式中，Σ 为垂直于地面 0～10cm 高度内的总沙量，$Q_{0\sim1}$、$Q_{1\sim2}$、$Q_{2\sim10}$ 为 0～10cm 高度层内（2～10cm）、中（1～2cm）、下（0～1cm）三层的绝对输沙量（简称输沙量）；40%变动、20%略变、40%变动为上、中、下三层的相对输沙量（简称输沙率），同时此式也表示 3 层输沙量分布特征及变化规律。此风沙流结构式的上、下两层输沙率之和约为 80%，若上层为 50%，下层则为 30%，此时为非饱和风沙流，地面产生风蚀；若上层为 30%，则下层必然为 50%，此时为过饱和风沙流，地面产生堆积；若上、下两层各为 40%左右，则为饱和风沙流，地面视为无蚀无积。

应用结构式及蚀积搬运表可以很方便地判断地表的蚀积搬运，只用下层的输沙率就可确定风沙流的性质、地表的蚀积状况、沙的起动风速、堆积风速、风蚀风速和非蚀积风速。以上分析还需进一步研究，但起动风速的计算与客观实际是比较吻合的。

1.3.5　沙丘运动

沙丘的移动是相当复杂的，与风况、沙丘高度、水分和植被等很多因素有关。沙丘的移动

主要是在风力作用下沙子从迎风坡吹扬而在背风坡堆积的结果。但并不是所有的风都对沙丘移动起作用，只有大于临界起动风速（称为起沙风）才是有效的。从观测资料统计中可以看出，这种有效的起沙风，仅仅占各个地区全年风的一小部分，而沙丘的移动性质和强度正是取决于这一小部分起沙风的状况。

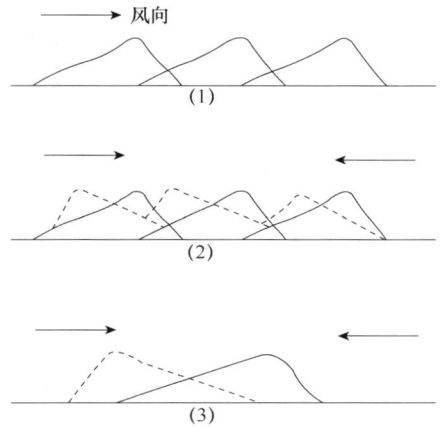

图 1-11　沙丘移动的三种方式

1. 沙丘移动方式　　沙丘移动的方向取决于具有一定延续时间的起沙风的合成风向。在大气环流的影响下，起沙风合成风向不仅因地区而异，也随季节而变。因此，沙丘移动方向也是处于变动状态。各地区主导风向不同，沙丘移动方向不一。沙丘移动方式可以分为以下三种类型（图 1-11）。

第一种是前进式，这是在单一风向作用下产生的。例如，我国塔克拉玛干沙漠的一部分（除托克拉克库姆、于田民丰之间的沙漠南缘和塔里木河北岸与西部之外的其他地区）、柴达木盆地的沙漠、巴丹吉林沙漠和腾格里沙漠的西南部等地区。受单一的西北风或东北风的作用，沙丘均以前进式运动为主。

第二种是往复前进式，它是在两个风向相反而风力大小不等的情况下产生的。在冬、夏季风交替的地区，沙丘移动都具有这种特点。例如，我国东部各沙区，冬季在主导风——西北风的作用下，沙丘由西北向东南移动；到了夏季，受东南季风的影响时，沙丘则产生逆向运动。不过由于东南风的风力一般较弱，还不能完全抵消西北风的作用，故总的说来，沙丘还是缓慢地向东南移动。

第三种是往复式，是在风力大小相等，方向相反的情况下产生的。这种情况一般较少见，苏联卡拉库姆沙漠东南部沙丘的移动方式属于这种类型。

2. 沙丘移动速度　　沙丘移动的速度，主要取决于风速和沙丘本身的高度，如果沙丘在移动过程中，形状和大小保持不变，则迎风坡吹蚀的沙量，应等于背风坡堆积的沙量（图 1-12）。在这种情况下，沙丘在单位时间内前移的距离 D 与背风坡一侧堆积的总沙量 Q 有如下关系：

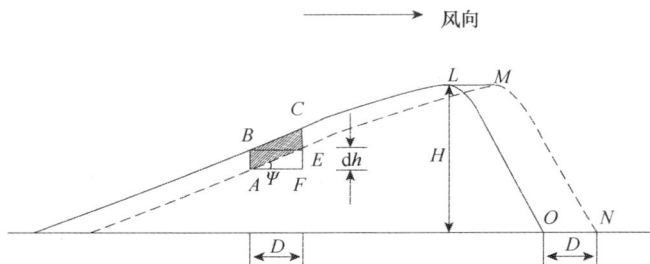

图 1-12　沙丘移动速度的几何图解（拜格诺，1954）

$$Q=\gamma_s DH \quad 或 \quad D=Q/\gamma_s H \tag{1-21}$$

式中，Q 为单位时间内通过的沙粒单位宽度，从迎风坡搬运到背风坡的总沙量 [g/（cm·min）]，D 为单位时间内沙丘前移的距离（cm），H 为沙丘高度（cm），γ_s 为沙子的容重（g/cm³）。由上式可以看出，沙丘移动速度与其高度成反比，而与输沙量成正比。沙丘移动速度除主要与风速和沙丘本身高度有关外,还受到许多其他因素的影响。鉴于影响沙丘移动的因素是相当复杂的,沙丘移动的实际速度是随当地条件而变化的,因此,在实际工作中,通常采用野外定位和半定位观测,以及测量不同时期航空或卫星相片上沙丘形态变动的资料等方法,以求得各个地区沙丘移动的实际速度。

用以上方法,我国绝大部分地区沙漠的沙丘年平均移动速度不到 5m。只有沙漠边缘地区,由于沙丘比较低矮、稀疏,移动速度才较快,一般前移值达 5~10m/年,有的可超过 10m/年。

沙丘移动的总方向随着起沙风风面的变化而变化,移动的总方向和年合成风向大致相同。按照各地沙丘年平均移动速度的大小,我国沙漠地区沙丘移动的强度可以分为以下三种类型。

1)慢速类型,沙丘年平均前移不到 5m。

2)中速类型,沙丘年平均前移 5~10m。

3)快速类型,沙丘年平均前移 10m 以上。

在沙漠边缘地区,由于沙丘一般都比较低矮,移动速度也比较快,因此,经常向外围扩展,掩埋农田,侵袭道路,毁坏各种建筑物,给工农牧业生产和人民生活带来巨大的危害。因此,防止沙丘移动,变流动沙丘为固定沙丘已成为沙漠治理的重要研究项目。

1.4　沙害防治原理

土地沙漠化,风沙流运动和沙丘移动会对农田、牧场、交通(铁路、公路)与居民点造成危害,必须采取各种风沙治理工程技术措施加以防治。长期以来,国内外学者将防治沙害的措施归纳为生物措施、机械措施和化学措施三大类。朱震达在综合了前人工作的基础上,结合自身多年研究,系统地把治理沙害的措施分为降低风速、削弱风沙流强度和工程防治的植物固沙措施,以及固结沙面、控制沙面风蚀过程而发展的化学固沙措施两类,每一类措施再细分为若干种治沙方法。刘贤万认为,风(治)沙工程的科学分类,最好是从根本的力学作用原理上着眼。风(治)沙工程的目的包括防治风沙流的危害和防治沙丘前移压埋造成的危害两个方面。据此,风沙治理的基本作用就在于:①制止沙粒起动;②抑制地表风蚀;③加速风沙流运动;④强制风沙流沉积;⑤转变风沙流运动方向;⑥变整体沙丘运动为分散风沙流运动。因此,从风沙工程的力学作用原理去区分,可归纳为:①隔断气固两相在界面上的接触;②抑削气固两相在界面上的相互作用(相干);③增大风沙流体运动局地阻力;④减少和克服风沙流体的沿程阻力和局部阻力;⑤引导风沙流体改向运动;⑥降低或消除沙丘在推进过程中的各种阻力。结合以上学者的研究及生物、机械和化学三大类措施的实际功能,相关研究人员认为可将其防治原理按其作用功能概括为固定(结)、阻拦(滞)、输移、导改、隔绝和消除六大原理。结合各类措施在生产实践上的应用,可综合地将各工程措施分为三大类工程,即固沙工程措施、阻沙工程措施、输沙工程措施。各类风(治)沙工程的主要作用在于改变地表性质,通过工程控制,滞止、加速风沙运动或改变风沙流的运动方向(表 1-7)。

表 1-7　风(治)沙工程措施类型、作用原理与常用措施

工程措施类型	作用原理	常用措施
固沙工程	固定:抑制气流对沙面的作用,固定流动沙面	设置草方格、黏土沙障,封沙育草,喷洒盐水、土壤凝结剂
	隔绝:封闭活动沙面,隔绝风与沙的直接接触,改变沙丘表面性质	泥土抹、压面,喷洒沥青乳剂及各类高分子化合物,建立防沙明洞、各类平铺式沙障

续表

工程措施类型	作用原理	常用措施
阻沙工程	阻拦：阻滞拦截过境风沙流，增大风沙流运动阻力，促使其减速沉积	设置栅栏，高立式沙障，防护林带，挡沙墙
输沙工程	输移：减少风沙流运动阻力，促进风沙流顺利通过保护地段	设置下导风，输沙桥，不积沙断面，风力加速堤，浅槽
	消除：增大输沙强度，变沙丘整体推移为风沙流分散输移	设置扬沙堤、下导风、风力拉沙
导沙工程	导改：迫使风沙流改向，侧向绕流输送	采用一字排、羽毛排

1.4.1　固沙工程沙害防治原理

固沙工程的理论依据是提高沙粒抗蚀力或沙粒内聚力，抑制气流对沙面的作用，固定流沙表面。无凝聚力的松散沙抗蚀力弱，易为起沙风所吹扬。根据风与沙粒（下垫面）二者相结合产生风沙运动的规律，可人为地采取使二者隔离或半隔离的手段，抑制沙面吹扬，从而控制风沙流的形成。固沙工程防治沙害原理包括固定（结）和隔绝两类，所谓隔绝就是用惰性材料（沙砾石、黏土等）和稻草、麦秆等铺盖沙面，或用喷洒沥青乳剂等化学胶结物质固结流沙表面形成一层硬的保护壳。因此，其实质是在流沙表面设置一切断层或隔断层，切断了风与沙的直接接触，达到风虽过而沙不起的目的。常用措施有泥土抹、压面，喷洒沥青乳剂及各类高分子化合物，建立防沙明洞和各类平铺式沙障等，如卵砾石平铺式沙障、黏土平铺式沙障、草皮砖包被边坡、各类秸秆材料平铺等均可起到隔绝的作用。

固定即是采取不同措施在沙子表面设置切断层或隔断层把气流与松散的沙面隔开，使其抗蚀性能增大而固定流沙的措施。固定可以分为两种类型，一类是采用一些材料将沙子胶结在一块形成整体，增强其抗蚀性能，此时，即使风与沙可接触，但因沙面成为固定的整体使得沙粒不移动，也就不会发生风蚀和风沙危害。若因人为破坏而导致固结面破坏，则会造成沙粒的起动和搬运。另一类是采用沙障等材料设置隐蔽式沙障等半阻断层，此时沙面为半固定的沙面，从力学性质上处于动床与定床之间。该措施在得到充分保护时或在其防护范围内则可固定沙粒，而在保护不足或防护范围之外则又会引起沙粒的移动，直至其从半固定状态稳定下来为止。如在沙面上设置麦草方格沙障后，沙障内中心沙面起初处于风蚀状态，直到在障内形成一个稳定的凹曲面为止，此时沙面由半流动状态转变为固定沙面，才能发挥其固沙作用。

固沙工程的特点是仅对工程设置区域的沙面起固定作用，而对过境风沙流不能发挥作用，因此采取固沙工程时，一般需要配套其他措施，切断上风向的沙源。

1.4.2　阻沙工程沙害防治原理

阻沙工程防治沙害的理论依据是运用风沙蚀积规律，改变风沙蚀积周期，增大风沙流的运动阻力，阻滞消能，人为促进沙粒的堆积。阻沙工程的主要做法是安置障碍物，当起沙风遇到障碍物时，在它前后形成一个风速降低区，从而削弱风沙流的挟沙能力，使沙粒沉积在工程前后。生产实践中常用的阻沙工程有高立式沙障、防沙栅栏、挡沙墙、防护林等。

阻沙工程的特点是降低风速、拦截与阻滞风沙流，促使沙土颗粒的沉积。此外，因其在阻沙工程的一定范围内可将风速降低至起沙风速之下，可使工程设置区一定范围内的沙粒也不易起动，间接发挥了固沙作用。因而阻沙工程实际上同时发挥了阻与固的双重作用。

1.4.3　输沙工程沙害防治原理

输沙工程的作用，一是通过风（治）沙工程的设置，减少风沙流沿程阻力；二是通过工程前后能量的再分配，加强贴地或上扬风沙流的运动能量，克服流体分离而产生的压差阻力等。因此，输沙工程的作用原理就是减少风沙的运动阻力，阻止分离的发生，促进与加速风沙流体顺利通过保护区。其理论依据就是运用风沙与下垫面相互作用的规律与风沙蚀积饱和规律，人为采取减小下垫面粗糙度及改变下垫面形式以加大近地面风速使风沙流通过的措施，使得通过保护区的风沙流为不饱和风沙流。生产上常用的输沙措施有聚风板、过沙路面、不积沙断面、浅槽与风力加速堤等。输沙工程还有另一种类型即消除风沙流运动的沿程阻力，增大输沙强度，变沙丘整体推移为风沙流分散输移，从而确保沙子以不饱和形式通过保护区域。其常用措施如扬沙堤、下导风、风力拉沙等。

输沙工程的特点就是改变了风沙流的蚀积规律，综合运用了风与沙之间的辩证关系，加大了近地表的风速，减弱了沿程的动能损失，从而加强了风沙流的挟沙能力，使其以非堆积搬运状态通过被保护地段。输沙工程在生产实践上往往与固沙、阻沙工程联合运用，为了更好地输沙，常常在其上方向采取固沙与阻沙措施，切断沙源，使通过保护区域的风沙流成为非饱和流。

1.4.4　导沙工程沙害防治原理

导沙工程的理论依据是运用风沙运动的方向性规律，人为地采取导向措施干扰风沙运动方向，将有害的风沙运动方向导到无害方向。生产实践中常用的导沙工程措施主要有一字排、羽毛排等。

思　考　题

1．简述我国沙漠沙地的分布类型及其特征。
2．简述沙漠地区气候干旱的成因。
3．简述沙丘的类型及其成因与特征。
4．简述沙物质的形成及其来源。
5．简述沙物质的水分物理性质及其水分状况的特殊性。
6．简述风力侵蚀作用及沙粒在各作用过程中的表现。
7．简述沙粒运动的形式及其与颗粒机械组成的关系。
8．简述风沙流结构特征及输沙量与高度、风速、沙物质间的关系。
9．简述沙丘移动的三种方式，并分析其原因。
10．简述固沙、阻沙、输沙与导沙工程的原理、区别及联系。

第 2 章　植物治沙基本原理

　　【内容提要】植物治沙是固沙中的最佳措施，是生态环境治理中的必要手段，是生产事业中具有很大开发潜力的领域。因此植物治沙的作用已远远超出了单纯固沙的作用范畴，成为治沙工作中最重要、最有价值、最根本的技术措施。植物治沙是根据不同植物对流沙的不同适应功能，研究在流沙上恢复和建立植被，以取得最佳治理效果的科学。植物治沙具有如下基本内容：①研究流沙环境对植物的影响及植物对流沙环境的适应；②研究流沙上植物的生态功能；③在植被遭受破坏的沙地上，研究植被天然更新和复壮的原理与技术；④植物稀少的流动和半固定沙地上，研究建立人工植被的理论与技术。

　　植物治沙的基本原理，即研究制约植物治沙各项技术措施的普遍性规律，也是研究植物治沙各项技术措施的基本依据。用植物治理流沙，根本的问题是如何使植物在流沙上成活和保存，以及研究植物改造流沙环境的功能。因此植物治沙的基本原理乃是针对流沙上植物的生存和作用而建立的。

　　探讨植物治沙原理，首先是要搞清楚流沙环境的特点，研究流沙环境对植物的影响，根据植物的生物学、生理学、生态学特性，分析植物在流沙上是如何发生、生长、繁衍并扩大自己的种群。流沙环境对植物的影响主要是沙的流动性和沙的干旱性两大方面，我们就从这两大方面分析、总结植物及其群体是如何适应沙的流动性和干旱性的，这是植物治沙的第一原理。植物在适应流沙环境的同时也对流沙环境产生作用，能够阻挡流沙的流动，稳定沙表面，改善流沙的物理、化学性质，使流沙环境得到一定程度的改良，从而实现流沙的治理，这是植物治沙的第二原理。

　　植物个体对流沙环境的适应性和作用性原理很好地解释了为什么用植物治沙和植物是如何治沙的。植物群落对流沙环境同样具有适应性，形成了沙漠植被，在不同的干旱气候条件下和不同的地理环境条件下形成了不同沙漠所具有的独特的植被类型，植被类型对沙漠环境的适应性原理清楚地为我们指明了植物治沙的基本思路，这就是植物治沙的第三原理。在半干旱区的沙地主要的植被是疏林草原植被，我们在这一区域植被的恢复中就必须遵循这一原理，无论是天然植被的恢复还是人工植被的重建必须符合疏林草原模式。在干旱区的植被类型主要是稀树草原植被、疏灌植被，在特殊环境条件下，如在河流两岸、湖泊四周水资源条件良好的地段可形成河（湖）岸胡杨林、柽柳林。在干旱区的植被建设就只能是稀树、疏灌和线状的廊道式植被。最为重要的是植被配置要以水而定，为非均匀式随机格局，局部可以稠密但总体密度要小。

　　国内外治沙历史和现状表明，在各项治沙措施中，植物治沙应用最普遍，是世界各国治沙的主要措施。同机械沙障和化学覆盖物等治沙措施比较，植物治沙具有以下特点。

　　1）用植物固定流沙比较经济，而且更加持久和稳定。

　　2）植物可以改良流沙的理化性质，促进土壤形成过程。

　　3）沙地植被形成后，可以改良附近地段的生态环境。

　　4）植物可提供饲草、燃料、木料、肥料、药材等多种产品。

　　由此可见，植物治沙不仅成本低、效果好，而且还可以产生多种生态效益和经济效益。

　　植物治沙的学科定义是：植物治沙是根据植物对沙地的不同适应功能，研究在沙地上恢复和建立植被，以取得最佳治理效果的科学。上述定义指出植物治沙具有如下基本内容。

1）研究沙地环境对植物的影响，以及植物对沙地环境的适应。

2）研究沙地上植物的生态功能。

3）植被遭受破坏的沙地上，研究其天然更新和复壮的原理与技术。

4）植物稀少的流动和半固定沙地上，研究建立人工植被的理论与技术。

2.1 植物对流沙环境的适应性原理

各地流沙上分布的天然植物种类如表 2-1 所示，虽然其种类和数量很少，但这些植物却在较长时期一代接一代且有规律地分布于一定的流沙环境之中，它们对环境条件有着不同的要求。例如，白梭在年降水量为 100～200mm 的古尔班通古特沙漠中，能够很好地生长发育，而到 400～500mm 的毛乌素、科尔沁沙地却不能成活；黄柳、沙柳常常出现在几米以至十几米高的沙丘顶部，枝繁叶茂，生长健壮，对沙埋的反应是越埋越旺，而一旦遭到风蚀，生长立即衰退，甚至死亡；花棒、沙拐枣、羊柴等植物，能忍耐地表 60℃ 以上的高温和零下 25℃ 的严寒，却不能忍受潮湿。很多沙区苗圃都有这个经验，培育这些沙生植物的苗木，灌水过多不但不能促进生长、提高保苗率，反而招致疾病蔓延，大片苗木死亡。在黏性较重的土壤上培育这些植物，苗木生长矮小，衰弱，远远比不上同时直播在光裸的流沙上的苗木。这些普遍现象说明，流沙中的植物，对不同的环境条件有各自的要求和适应。植物的这些特性，乃是长期自然选择的结果，这便是达尔文在进化论中提出的自然选择规律。

表 2-1   各地流沙上分布的天然植物种类

沙漠名称	年降水量/mm	流沙上的天然植物
塔克拉玛干	40～60	新疆沙拐枣、柽柳、芦苇、骆驼刺、白刺等
腾格里	100～200	沙拐枣、花棒、籽蒿、沙鞭、阿魏、小叶锦鸡儿、沙米、虫实等
乌兰布和	90～150	籽蒿、沙鞭、苦豆子、沙米、虫实、油蒿等
库布齐	150～300	羊柴、小叶锦鸡儿、沙米、虫实、沙拐枣、籽蒿、猫头刺等
毛乌素	300～400	沙米、虫实、羊柴、籽蒿、油蒿、沙柳、芦苇、华北白前等

自然选择规律说明，流沙中的这些植物，同样是长期自然选择的结果，是它们对流沙环境具有一定适应能力的反映。

由于自然界已经产生了能够适应流沙环境的植物，我们便有可能利用这些植物，在那些因某种原因暂时没有或缺乏植物的流沙地区，要去恢复和建立植物，这便是植物治理流沙的物质条件和理论基础。

流沙环境具有多种条件，植物也有多种类型，即便同一流沙环境条件下也有多种植物并存，这一事实表明，植物对环境的适应具有多种方式和途径。这就为人们选择更需要的适应类型提供了依据。

严酷的流沙环境是一般植物难以生存的，其主要影响因素有：干旱、贫瘠、严寒、酷热、病虫兽害及流沙本身的活动性引起的风蚀、沙埋、沙割等，其中干旱和流沙的活动性是影响植物最普遍、最深刻的两个限制因素，它们是制定各项植物治沙技术措施的主要依据。

2.1.1 流沙环境的干旱性与植物个体对干旱的适应特征

1. 流沙环境的干旱性   我国的流沙面积为 44.9 万 km²，分布于北纬 37°～50° 的温带荒漠和草原地区（表 2-2），大陆性气候显著，日照强烈，雨量稀少，年降水量 10~450mm，蒸发量远大于降水量，风大沙多，气候干燥，干燥度多为 1.5~60.0，气候各要素的年变率、月变率、日较差均剧烈，降水相对变率为 60%，其气候情况见表 2-3。

表 2-2　我国流沙的分布

沙漠名称	地理位置	总面积/万 km²	流沙面积/万 km²	所属省（自治区）
塔克拉玛干	37º~42ºN，76º~90ºE	33.76	28.70	新疆
古尔班通古特	44º~48ºN，83º~91ºE	4.88	0.15	新疆
库姆塔格	39º~41ºN，90º~94ºE	2.28	1.43	新疆、甘肃
柴达木盆地	37º~39ºN，90º~96ºE	3.49	2.44	青海
巴丹吉林	39º~42ºN，100º~104ºE	4.43	3.63	内蒙古、甘肃
腾格里	37º54′~39º33′N，103º52′~105º36′E	4.27	3.97	内蒙古、甘肃、宁夏
乌兰布和	39º40′~41ºN，106º~107º20′E	0.99	0.39	内蒙古
库布齐	39º30′~40º41′N，107º~111º30′E	1.61	0.81	内蒙古
毛乌素	37º28′~39º23′N，107º20′~111º30′E	3.21	1.44	内蒙古、陕西、宁夏
浑善达克	42º10′~43º50′N，112º10′~116º31′E	2.14	0.58	内蒙古
科尔沁	43º~45ºN，119º~124ºE	4.23	0.42	内蒙古、吉林、辽宁

表 2-3　我国流沙地区的气候

沙漠名称	年平均气温/℃	年积温/（≥10℃）	年平均降水量/mm	年平均蒸发量/mm	干燥度/%	所处自然地带
塔克拉玛干沙漠	10~14	3800~4500	25~40	1500~3500	24~60	暖温带干旱荒漠
古尔班通古特沙漠	6~10	3000~4000	100~200	1400~2000	2~10	温带干旱荒漠
库姆塔格沙漠	—	—	10~30	2800~3000	29~60	温带干旱荒漠
柴达木盆地沙漠	东部 2~4 西部 1.5~2.5	1300~1850	50~70 10~25	2000~3000	2.1~9 9.0~20.0	高寒干旱荒漠
巴丹吉林沙漠	8~9	3400~3700	30~100	3200~3800	7~12	温带干旱荒漠
腾格里沙漠	7~9.6	3200~3600	100~200	3000~3600	4~7	温带干旱荒漠

沙漠名称	年平均气温/℃	年积温/（≥10℃）	年平均降水量/mm	年平均蒸发量/mm	干燥度	所处自然地带
乌兰布和沙漠	7.8	3000～3200	100～150	2300～2400	4～5	温带干旱荒漠
库布齐沙漠	5～7	3000～3200	150～300	2000～2700	1.5～3.5	绝大部分半荒漠
毛乌素沙地	6～8	2500～3200	250～440	2100～2600	1.6～2.0	半干旱干草原
浑善达克沙地	0～3	2000～2600	250～450	2000～2700	1.2～2.0	半干旱干草原
科尔沁沙地	4～7	2500～3200	300～450	1700～2400	1.2～2.0	半干旱干草原

　　流沙属流动风沙土，粗砂粒较多，粒径多在 0.05mm 以上，小于 0.01mm 的沙粒含量极少，故流沙的透水性强，透水速度每分钟为 12.36mm（沙坡头）或 4.3mm（盐池），为一般土壤的 17～49 倍；其持水力弱，田间持水量为 4%～5%，仅为一般土壤田间持水量的 12%～14%；同时流沙的毛管吸水力也很低，毛管水上升高度多为 48～60cm，仅为一般毛管水上升高度的 10%～60%，地下水的补充范围小。但是我国流沙分布范围广，干旱程度差异很大，其流沙分布面积的多少也随干旱程度而变。年降水量越低，干燥度越高，流沙面积也越大（表 2-4）。

表 2-4　干燥气候对流沙分布的影响

年降水量/mm	干燥度	流沙	
		面积/km²	占流沙总面积的百分率/%
100 以下	7～60	35.25	78.4
100～200	4～7	5.51	12.3
200～300	1.5～3.5	1.74	3.9
300 以上	1～2	2.44	5.4

　　我国西北地区的干旱气候，主要是深居内陆，且距海洋湿空气遥远并受高山阻隔所致，流沙面积也随地理位置由东向西增加。在东经 124° 以东流沙很少，仅零星分布；在东经 112°～124°，流沙面积增至 0.5 万 km²，约占流沙总面积的 1.13%；再往西流沙面积进一步增加，当深入东经 76°～88°我国最西部时，流沙面积最大，达 26 万多平方千米，占全国流沙总面积的 59%以上。可见，我国流沙呈不连续的带状分布，但有一定的经度地带性特点。

　　此外，流沙的分布也受人为因素影响。历史上人类不当的经济活动，导致我国干旱草原和半荒漠地区流沙的产生、发展及荒漠地区流沙面积的扩大。

　　气候干燥程度的不同，使流沙中水分的实际含量也发生变化。在年降水量 300mm 以上的草原地区的流动风沙土，干沙层厚度小于 10cm，干沙层下湿润，含水率为 2%～3%。每年在植物生长季节，即从 4～5 月开始，一次降水量达到 10mm 及以上的超过 10 次，降水能湿润较深的沙层，并多次补充沙层中被消耗的水分，供给植物生长。除被沙层保持的水分外，大部分渗入下层，补给地下水或形成地表水，属于淋溶型的水分状况。在年降水量为 200～300mm 的半荒漠地区的流动风沙土中，干沙层为 10～20cm，干沙层下面含水量同样稳定在 2%～3%，为植物生长期中贮备水分。也有一部分余水通过重力作用下渗，其数量比草原地区少得多，属于通透性最低饱和型。在荒漠地区，流动风沙土的干沙层厚度可达 50cm 以上，其下沙层的水分含量不超过 1.5%，这里降水稀少，虽然有的地区有偶然的降水可渗入沙层较深，但一般很难补充沙层水分，属非通透性的水分类型。在改造利用时，仅仅依靠少量的降水和凝结水是远远不够的，必须人工补充水分。流沙地区的干旱性特征是限制和影响流沙上植物的种类和分布的重要因素。

2. 植物个体对干旱的适应特征　　沙漠地区的植物在地球上历尽沧桑，通过自然界选择，优胜劣汰，在长期的进化演替过程中，形成了适应特殊环境条件的能力，表现出了对沙漠环境的多种适应方式和适应特性。沙漠植物适应沙漠特殊生境的一般规律主要表现在：适应能力强（除对气候干旱，高温、日灼等的适应外，许多植物对土壤贫瘠、盐碱、风蚀、沙打沙割、沙埋等的适应和忍耐性能也很强）；结实量大、易更新繁殖（繁殖材料可大量获得，包括有性繁殖和无性繁殖，或具根茎相互转化的功能、具有克隆或可平茬复壮的特性）；枝叶特化、根系发育特殊（叶片小或退化以同化枝来进行光合作用，或多浆茎、叶储水保水；根系生长迅速，深根性或水平根发达）；生长稳定，长寿或短时间完成生活史（短期生植物，也称短命植物或短生植物）等。流沙上的植物，通常为旱生或超旱生沙生植物，对干旱的一般适应特征如下。

（1）根系发达、生长迅速　　通常流沙表层的干沙层深 30～40cm，以下为湿沙层，植物发芽后，主根具有迅速延伸，以尽快达到稳定湿沙层的能力，各种植物种子发芽后的根系生长情况（根深）见表 2-5。

表 2-5　各种植物种子发芽后的根系生长情况（根深）　　（单位：cm）

植物种	刚出土	出土后 5d	出土后 10d	出土后 20d	出土后 30d	当年生长季末
沙拐枣	13.9	17.7	20.47	24.56	—	130
梭梭	8.3	13.03	21.87	19.7	29.6	—
花棒	14.5	20.6	22.0	31.26	—	140
羊柴	8.8	16.3	18.53	23.43		80
籽蒿	4.4	12.6	20.08	—		41
沙柳	4.8	6.4	10.2			
沙冬青	5.13	10.0	12.6	16.6	18.2	
杠柳	5.5	8.4	12.8	17.7		

同时，沙生植物根系还非常发达，其根幅与冠幅数据、根幅与冠幅之比及地下部分和地上部分所占空间之比见表 2-6、表 2-7。

表 2-6　沙生植物根幅与冠幅数据

植物种	根幅/m	冠幅/m	根幅/冠幅	植物种	根幅/m	冠幅/m	根幅/冠幅
白梭梭	6.0	1.3	4.6	籽蒿	10.2	1.1	9.3
沙拐枣	—	—	5.5	小叶锦鸡儿	3.3	0.4	8.3
花棒	8.0	2.0	4.0	油蒿	3.5	0.5	7.0
梭梭	12.0	3.7	3.2	黄柳	13.2	0.9	14.7

表 2-7　沙生植物地下部分和地上部分所占空间之比

植物种	白梭梭	花棒	小叶锦鸡儿	油蒿	黄柳	梭梭	12年生油松	12年生刺槐
根深（A）/m	4.5	1.5	2.24	2.0	1.4	4.0	4.10	1.2
根幅（B）/m	6×5	4.6×4.6	2.95×2.95	3.5×3.5	13.2×13.2	8.0×8.0	8.4×8.4	3.8×3.8

续表

植物种	白梭梭	花棒	小叶锦鸡儿	油蒿	黄柳	梭梭	12 年生油松	12 年生刺槐
$A \times B = C$	135	31.7	19.5	24.5	243.9	256.0	289.3	17.3
株高（A_1）/m	1.0	0.7	0.6	0.55	0.6	1.65	3.65	5.8
冠幅（B_1）/m	1.3×1.1	1.1×1.1	0.55×0.55	0.65×0.65	0.9×0.9	2.0×1.5	4.5×4.5	5.7×5.7
$A_1 \times B_1 = C_1$	1.4	0.8	0.2	0.2	0.5	5.0	73.9	1.9
C/C_1	94.4	37.5	107.4	105.4	501.8	1.7	3.91	0.1

　　由表 2-7 可见，沙生植物地下部分所控制的范围，大多数为地上部分所占范围的 50 倍以上，而一般树木，地下仅为地上的几倍甚至小于地上，沙生植物就是利用这样庞大的根系网，从广阔的沙层内吸取水分和养分，以供给植物地上部分的蒸腾和生长发育的需要，这是沙生植物能够适应流沙干旱环境的主要特征。

　　但是，对于干旱程度不同的环境，沙生植物在根系的适应特征上也有某些区别，草原地区的流动沙丘，因降水较多，年平均降水量多在 300～400mm，沙生植物为了充分利用降水，以发展水平根系为主，如沙柳、黄柳、羊柴、花棒等，它们的主根不很发达，根系多分布在 1～3m 以内的沙层；而在荒漠、半荒漠地区，因降水稀少，年平均降水量多在 200mm 以下，沙丘上干沙层很厚，这就迫使沙生植物的根系向深层发展，以求利用地下水，因此，深根性植物较多。据调查，梭梭主根深达 5m，而苏联萨姆苏特吉诺夫的材料，黑梭梭（现认为与梭梭同属一种）的根系可深达 16m，又据彼得罗夫的资料，分布于流动沙丘上的白梭梭，根系也可达 4m 多，据中国林科院新疆分院的材料显示为 4.5m；在地下水深 8～10m 的沙丘上分布的细枝盐爪爪，根系主要是垂直方向延伸，可达经常湿润的土层；沙拐枣的根系多半水平分布在 2m 厚的沙层内，但在地下水 3～6m 深的沙地上，沙拐枣的根系多半垂直向下发展，并能深达地下水沿毛细管上升的区域；此外，骆驼刺根深大于 6m；分布于干草原地区的油蒿，主根深约 2m；而在荒漠地区的沙坡头，主根深达 4.5m。

　　沙漠植物的根系在适应干旱环境的特征上有所不同，在荒漠、半荒漠地区，由于降水稀少，年平均降水量多在 200mm 以下，甚至小于 50mm，沙丘上干沙层很厚，这就迫使生物量大的木本植物的根系向深层发展，以求利用地下水，因此，深根性植物较多。例如，白梭梭和梭梭的垂直根深达 5m 以下，深深扎入地下水层，以吸收地下水。柽柳（红柳）的主、侧根都极发达，主根往往伸至地下水层，最深可达 10 余米。在吐鲁番的坎儿井的竖井中发现，骆驼刺的根系在离地表 20m 以下可见。胡杨、沙拐枣属植物的根系多为水平分布，水平根可超过 10m；但在地下水 8～10m 深的吐鲁番沙地上，沙拐枣的根系可垂直向下发展到 5m 左右，能深达地下水沿毛细管上升的区域；银砂槐水平根发达，垂直根深入沙层 2 余米，水平根交错盘结，集中分布在 30～50cm 沙层内，长可达 10m 以上。此外，一年生幼苗主根深扎沙土层 50cm，三年的实生苗垂直根生 90cm，根幅约 1.5m，银砂槐地上部分生长比根系发育缓慢，当年幼苗地下部分垂直方向以高于地上部分近 5 倍的速度生长。而我国东部草原地区降水较多，年平均降水量在 250～400mm，沙漠植物为了充分利用降水，以发展水平根系为主。例如，沙柳主根发育不明显，水平根极发达，密如蛛网，一丛四年生沙柳，株高 3.5m，水平根幅达 20 余米，为地上部分的 5 倍多；黄柳垂直根可达 3.5m，而向水平伸展长达 20m 以上；羊柴为浅根性灌木，主根一般深 1～2m，侧根多分布在深 10～40cm 的土层中，2 年生侧根长达 2.4m，花棒成年植株可达 10 余米；花棒成年植株根幅可达 10 余米，最大根幅可达 20～30m；分布于干草原地区的差巴嘎蒿垂直根下扎 2m 左右，水平根向四周强烈扩展，根幅达 3m 以上。籽蒿无明显垂直根系，水平根极发达，5 年生根幅为冠幅的 7.5 倍；油蒿虽属深根性半灌木，12 龄的植株根深 3.5m，但根幅达 9.2m，侧根密布在 0～130cm 的沙层内；在荒漠地区的沙坡头，油蒿主根深达 4.5m。

（2）旱生形态结构　　沙生植物为了节约用水，减少水分的无益消耗，发展了一系列旱生形态结构，如叶面积较小、具较厚的角质层、具浓密的表皮毛、气孔下陷、栅栏组织发达、机械组织强化、发展贮水组织等。

沙漠植物中的旱生植物是通过特殊的形态结构，从而在干旱条件下保持植物体内适宜的含水量。这些特性中有的是可以减少水分损失的旱生结构，这些特殊的旱生结构在中生植物中也有表现。各种旱生植物并非全具有这些结构特性，而以某种适应方式为主，即使相伴生长在同一干旱生境中的植物也可能各以完全不同的途径避免干旱带来的危害，防止永久萎蔫。

刘家琼等（1982）对河西走廊主要固沙植物的旱生结构研究证明，旱生结构的存在无疑是事实。它的基本特征是：面/体值较小，角质层较厚，气孔下凹，细胞较小，数目较多，栅栏组织发达，海绵组织退化，因而栅栏组织/海绵组织（以下简写成栅/海）值大，机械组织强化等。蒋瑾等（1983）研究沙坡头地区主要固沙植物生物学、生理学特性时也发现，在形态结构方面，旱生型肉质植物红砂（*Reaumuria soongorica*）、沙拐枣（*Calligonum mongolicum*），其叶表皮覆盖有蜡质且细胞壁和角质层较厚，气孔下陷。旱生型的小叶锦鸡儿、猫头刺，叶形变小，叶表面为稠密的灰白色的绒毛所覆盖，借以掩盖气孔，减少蒸腾，使叶肉组织免于灼伤。刘家琼等（1987）对我国沙漠中部地区主要不同生态类型植物的水分关系和旱生结构比较研究再次证明：两类旱生植物均具有角质层厚、气孔下陷、具浓密的表皮毛、栅栏组织发达、海绵组织退化、栅/海值高等面叶明显的旱生结构，多浆旱生植物还具叶片肥厚、贮水组织发达、贮水组织与叶厚比值大、肉质叶等特征。中生植物则为典型的中生结构，如角质层较薄、气孔平置或拱起、栅/海值较低、背腹叶等。

黄振英等（1997）通过对新疆 30 种沙漠植物营养器官的解剖深入研究表明，这 30 种沙漠植物的形态结构为适应沙漠环境而发生相应变化，主要表现在以下几方面。

1）叶片表面积/体积普遍小于中生植物，因此它们将蒸腾作用减少到最低限度。

2）表皮结构出现各种旱生特征。表皮细胞外壁常覆盖有不同厚度的角质膜及发达的毛状体。旱生叶的角化层具纤维素及果胶酶通道（pectinaeeous microchannel），不但能抑制水分散发，而且可以吸收和黏着水分而膨胀，植物只有在蒸发的拉力大于黏着力时才释放水分。

3）气孔器下陷，具有较大的孔下室，在减少光线辐射和水分散失方面有积极的作用。

4）部分植物叶片表皮细胞肥大，肥大的表皮细胞可能有贮水作用。

5）叶表皮上有泡状细胞，如沙生蔗茅（*Erianthus ravennae*）与大赖草（*Leymus racemosus*），泡状细胞能使叶片在水分不足时蜷缩成筒，减少蒸腾。

6）叶肉形成各种类型的形态结构，按其适应沙生环境的形态结构特点，可以分为薄叶植物、多浆植物、肉茎植物及卷叶植物等 4 类。

7）植物的叶片可归为正常型、全栅型、环栅型、不规则型、禾草型、退化型等 6 类。从 6 种类型的叶片中可以看出，旱生叶片的结构向着栅栏组织发达、发展贮水组织及叶片退化等方向发展。由此也可以认为，生长在同一沙漠地区的植物，其叶片对环境可以有多种适应型式。其中，退化型是极端的适应型式，环栅型是高级的适应型式。

8）基本组织（皮层和髓）与中柱的比率较大。旱生植物同化枝茎的皮层与中柱的比率较大，髓较窄；多数的植物具有贮水功能的髓发达，从而保护维管组织免受干旱。

9）轴器官中普遍具有发达的机械组织。植物根和茎内，维管柱周围普遍分布有厚壁组织。

维管组织中，发达的韧皮纤维可增强轴器官的支持力，防止干旱或沙割对轴器官所造成的损伤，木纤维发达，木薄壁组织细胞的细胞壁强烈木质化可进一步增强支持力，从而保证了输导的安全性。

10）根的周皮发达。周皮的木栓层具有重要的保护功能。在夏季，沙地的温度很高，周皮可防止根部被高温灼伤。在冬季，周皮又可防止根部被冻伤，并且木栓层具有很好的不透水性，也可防止根部向沙层反渗透失水。

11）部分植物形成同化枝。同化枝具有发达的栅栏组织及较多的气孔数目，反映它具有较高的光合作用效率，而光合作用效率的提高也是一种抵抗干旱的重要因素。此外，同化枝在结构上与环栅型叶有许多共同点，说明它是一种高光效器官。

12）叶和轴器官中普遍存在黏液细胞与结晶。例如，白梭梭（Haloxylon persicum）同化枝中的一层异细胞的内含物为胶体物质；花棒（Hedysarum scoparium）、骆驼刺（Alhagi sparsifolia）等植物茎叶中存在的黏液物质为树胶，它们通过提高渗透压来提高植物的保水性与吸水力。黏液细胞具有保水能力，从而为其周围的细胞提供一个较湿的小环境。结晶在所研究的沙生植物中普遍存在，可能也是沙、旱生植物的抗旱特征。

13）许多植物形成各种异常结构。胡正海等（1993）曾指出：异常维管组织是一些荒漠植物较普遍的结构特征。木间木栓是这些植物长期生长在干旱缺水的生态条件下形成的一种适应环境的结构。木间木栓把水分的向上运输限制在相当小的木质部小区内，对维持体内的水分平衡极其重要，木间木栓在与外侧的周皮相连时，往往发生在伤口或即将脱落枯死的侧枝附近，这样可延缓水分的散失。木间木栓常常使轴器官分裂成数枝，每个分枝可执行完整的生理功能，即使个别的裂分枝枯竭，植株仍可存活。木间木栓还具有防止动物、病原体或风湿侵害的能力。此外，分散在厚壁结合组织中的韧皮部具有多年的生活力，即使长期干旱使茎外侧的组织干枯死亡，内侧的异常维管组织仍能起到物质运输作用，从而能为芽提供营养，使其在生长季节来临时，能立即发育。诸多学者在对驼绒藜（Ceratoides latens）、骆驼蓬（Peganum harmala）、沙米（Agriophyllum squarrosum）异常结构的研究中，也认为这种结构对长期适应干旱具有重要意义。由此可见，厚壁的结合组织可以使韧皮部能更好地避免高温、强光、干旱所造成的损伤，具有积极的生态学意义。

黄振英等（1997）将所观察的 30 种植物分为 4 类：①薄叶植物，叶片薄，含水量相对少，耐旱力强，在丧失 50%水分时仍能存活，有准噶尔铁线莲（Clematis songarica）、东方铁线莲（C. orientalis）、银砂槐（Ammodendron bifolium）、花棒（Hedysarum scoparium）、弯花黄芪（Astragalus flexus）、茧荚黄芪（A. lehmannianus）、小沙冬青（Ammopiptanthus nanus）、苦豆子（Sophora alopecuroides）、骆驼刺（Alhagi sparsifolia）、苦马豆（Sphaerophysa salsula）、大叶补血草（Limonium gmelinii）、大花蒿（Artemisia macrocephala）、沙地粉苞菊（Chondrilla ambigua）、大苞滨藜（Atriplex centralasiatica var. megalotheca）、倒披针叶虫实（Corispermum lehmannianum）、心叶驼绒藜（Ceratoides ewersmanniana）及 3 种柽柳属（Tamarix）植物。按叶片类型划分属于正常型和全栅型。②多浆植物，茎叶肥厚多浆，属于不同的生理代谢类型，有霸王（Sarcozygium xanthoxylon）、阿克苏牛皮消（Cynanchum kaschgaricum）、河西菊（Launaea polydichotoma）、沙蒿（Artemisia desertorum）、花花柴（Karelinia caspica）、刺沙蓬（Salsola ruthenica）。按叶片类型划分属于环栅型和不规则型。③肉茎植物，茎肉质多浆，叶片则极度退化成鳞片状，有准噶尔无叶豆（Eremosparton songoricum）、梭梭（Haloxylon ammodendron）、粉苞苣（Chondrilla piptocoma）。按叶片类型划分属于退化型。④卷叶植物，指遇到干旱时，叶片能卷曲成筒的一群抗旱较强的旱生禾草，有沙生蔗茅（Erianthus ravennae）、大赖草（Leymus *racemosus*）。按叶片类型划分属于禾草型。

　　旱生植物包括以下几种：①肉质旱生植物，其植物通过薄壁组织储存大量水分（肉质化），并通过减少蒸腾失水来适应严重干旱。形态上具有降低相对表面积、加厚角质层、气孔凹陷等特点，但突出的是具有特殊的光合作用机制。②硬叶旱生植物，该类植物具有典型的旱生结构，但未肉质化。它们的机械组织发达或角质层较厚，在失水较多的情况下能够防止叶片皱缩发生破裂；或者叶子厚度加大，以缩小蒸腾面积减少失水，这些是适应干旱的重要方式。硬叶植物的根系庞大，叶脉较密，叶细胞渗透压很高，以扩大吸水来源，增强吸水能力，改善供水条件，这些是适应干旱的另一重要途径。这类植物一方面可以较多地吸水，另一方面可以忍受较低的含水量。所以，当中生植物因干旱而关闭气孔时，它们能继续开放气孔进行光合作用。③小叶和无叶旱生植物，这类植物在沙漠和沙地中比较普遍。小叶旱生植物叶面积极度缩小，通常不到 $1cm^2$。无叶旱生植物叶子退化，由绿色茎执行光合作用的功能。例如，沙漠中的沙拐枣，在一年生枝条的外面覆盖以闪亮且较厚的角质层，叶子呈极短的线状并且很快脱落，一部分枝条上着生花，共同完成光合作用，果实成熟后一齐脱落，另一部分枝条当年木质化，正常越冬。麻黄属是另一类常见的无叶型旱生植物，它的蒸腾很弱。④软叶旱生植物，界限不甚明确的另一类旱生植物，虽然叶片有不同程度的旱生结构，但较柔软。在土壤水分较多的季节里，它比其他旱生植物蒸腾要更强烈，甚至超过中生植物。然而在严重缺水的季节常常落叶，如旋花属、半日花属的一些种类。这些植物同中生植物在形态和生理上，均有非常明显的差别。⑤窄水旱生植物，这类植物能在水分不足的任何迹象出现时关闭气孔，以阻止细胞液浓度的升高。因气体交换和光合作用受阻，植物处于压抑状态。在长期干旱下这类植物的叶子不干枯，但会变黄而最终脱落。

　　（3）抗旱的生理机能　　抗旱的生理机能如细胞的持水力较强，束缚水含量高，渗透压和吸水力较高，水势较低等。沙漠植物除了借助自身生物学特性和形态上的一些特征在干旱条件下保持植物体内适宜的含水量，在生理、生化上也具有耐旱或抗旱的机能，通过加强植物吸水能力和保水储水能力以适应干旱的环境，如提高细胞液浓度，降低叶细胞水势，提高原生质水合程度等。

　　旱生型植物细胞的原生质黏滞性较强，弹性大，透性强，抗脱水能力强，抗热性好，蒸腾强度小，过氧化氢酶的活性强，可溶性糖的含量高，束缚水含量多，束缚水与自由水的比值大等，从而有了耐旱性。

　　多浆旱生植物以极低的水势，很强的保水力，很高的束缚水及明显的旱生结构（如叶肥厚、角质层厚、气孔下陷、发达的栅栏组织和贮水组织等），构成了其抗旱特征，它们的蒸腾强度很低。中生植物的特征是高水势，低束缚水和束/自值（0.37），弱保水力（遗留水 11.5%，持水时间 50h），旱生结构发育微弱，造成大量蒸腾失水，其蒸腾量比多浆旱生植物高一倍多。少浆旱生植物保水力较强（遗留水 14.76%，持水时间 104.3h），均介于中生植物与多浆旱生植物之间，但它们中有的植物，蒸腾强度都相当高，超过大多数中生植物。这类植物虽具有角质层厚、气孔下陷、栅栏组织发达、表皮毛浓密等旱生结构，但它并未能防止蒸腾失水。

　　中生植物脯氨酸低于少浆旱生植物，多浆旱生植物脯氨酸含量最高，为前两者的 17 倍和 4 倍。两类旱生植物在干旱条件下（非灌溉）脯氨酸含量均高于灌水处理。少浆与多浆旱生植物的光合强度差异不大，而中生植物则高于两类旱生植物 2 倍以上。少浆旱生植物的呼吸强度略高于多浆旱生植物，与中生植物接近。光合/呼吸值，少浆、多浆与中生植物分别为 2.50、3.09 和 4.59，说明中生植物的合成明显大于消耗。季节动态中，中生植物的光合/呼吸值显著高于两类旱生植物，叶绿素总量三类植物差异甚微。沙漠植物的生理功能不仅在物种之间存在差异，在日变化规律上也有区别。

　　水分通常是影响荒漠植物生长的主要限制因子。作为指示水分利用效率的可靠指标，叶片稳定碳同位素组成[碳 13(^{13}C)]可以用来探讨植物适应干旱环境的强弱程度。干旱可使植物叶片 δ13C 升高；年降水量每增加 1mm，叶片 δ^{13}C 则降低 0.01‰～0.015‰。荒漠灌木叶片 δ^{13}C 值明显高于草本，说明灌木可能更适应干旱胁迫。

同属植物的抗旱（耐旱）性也有很大差异区别，沙拐枣属植物抗旱性由强到弱的顺序为：红皮沙拐枣＞头状沙拐枣＞白皮沙拐枣＞心形沙拐枣＞东疆沙拐枣＞小果沙拐枣＞膜果沙拐枣＞蒙古沙拐枣＞乔木状沙拐枣＞精河沙拐枣＞昆仑沙拐枣。12 种柽柳抗旱性能的大小分别为：沙生柽柳＞安氏柽柳＞山川柽柳＞短毛柽柳＞多枝柽柳＞霍氏柽柳＞细穗柽柳＞中国柽柳＞甘蒙柽柳＞长穗柽柳＞刚毛柽柳＞短穗柽柳。

植物的抗旱性是由形态解剖和生理功能两方面对干旱环境的适应性所构成，通常认为生理方面的抗旱性比形态解剖方面的抗旱性更重要，因为环境变化首先引起生理上的反应，而形态解剖不过是遗传表现的长期适应结果。然而，这两方面是互相联系互相制约的统一体，并且始终受到环境的影响，因此不能用片面孤立的观点来认识植物的抗旱性。不同的植物种具有不同的对干旱的适应方式，很难用一个统一的生理指标或形态解剖指标来鉴定植物的抗旱能力。

沙漠植物的初级生产力低下，主要受降水量和土壤湿度的制约。它们虽然都有较高的综合抗旱力，在沙层含水量低于 1%的持续时间过长时，也会趋于衰亡。沙漠植物的氮代谢和糖代谢都因缺水而改变方向，即分解胜于合成，不利于植物的生长。植物之所以受旱害，首先是由于植物体内的水分状况——水胁迫引起蒸腾作用、光合作用、糖代谢和蛋白质代谢等一系列生理生化过程的变化，而植物生长和外形上的种种表现变化则在其后（如叶绿素匮缺导致叶子变黄、脱落，酸的积累导致叶片脱落等）。在自然环境下，植物受旱致死，与其说是"渴死"，不如说是"饿死"。因为旷日持久的水胁迫，细胞因结构发生破裂而死，即使有此可能，也只是到了水分消耗殆尽的时候才会发生。因此，对多年生沙漠植物来说，不要以为地上部一旦出现落叶或枯梢，便是死亡的象征，这往往是植物面对严重干旱的策略，被迫进入休眠或假死状态，脱落部分乃至全部叶子或同化枝，但只要根部尚未坏死，等到降雨、沙地水分条件好转，那些休眠或假死的植物就有可能复苏，重新萌生枝叶。此种现象在荒漠植物中是普遍存在的。上述精辟的陈述不仅反映出沙漠植物适应干旱环境的特殊表现形式，同时也揭示了植物形态解剖特征与生理生化功能在植物适应干旱能力的因果关系。

（4）植物的化学成分发生变化　　苏联夏拉波夫指出："植物界的进化是沿着植物的形态适应与水分不足这个方向进行的。地球上植被的进化过程是植被不断扩大其旱生化的清楚的图像。"他在《关于植物体中物质的化学成分的进化与气候的关系问题》一文中指出："植物旱生化在某些特殊物质的发展方面也有一定的反应，这些物质是用来防止植物丧失水分的，如大戟科、夹竹桃科和萝藦科植物含有乳汁，含橡胶；无患子科和梧桐科叶片和根中含黏性物质；唇形科、芸香科、桃金娘科、鸢尾科植物含有挥发油；豆科含有树脂、树胶及类似物质；十字花科、白花菜科等含有芥子油等。"挥发油的含量与光有密切关系，换而言之，与植物的旱生结构有密切关系。

3. 植物群体适应干旱的地带性　　我国流沙面积大，由草原到荒漠横跨几个地带。各地带流动和半固定沙地上分布的天然植物，其种类的组成、数量等均有不同。例如，在年降水量 150mm 以下的荒漠地带，有白梭梭、梭梭、红杆沙拐枣、银砂槐等超旱生灌木；在年降水量 150～250mm 的半荒漠地带，有花棒、小叶锦鸡儿、沙冬青、木蓼、籽蒿、猫头刺等旱生灌木、半灌木；在年降水量 250～400mm 的草原地带，有沙柳、黄柳、羊柴、山竹子、小叶锦鸡儿、胡枝子、籽蒿、油蒿、差巴嘎蒿等旱生、中旱生灌木、半灌木。这些天然植物的分布，由西向东具有明显的地带性。

　　到目前为止，我国在干旱程度不同的各地带上的植物治沙工作，已经获得了成功的经验。在东部森林草原地带如章古台，建立了以樟子松为主体的乔、灌、草结合的针、阔叶混交林，植被覆盖度可达 70%以上；在干草原地带如科尔沁沙地和毛乌素沙地，已建成大片速生中、旱生灌木林和乔木疏林，植被盖度可达 50%～60%，飞机播种在一定的条件下也已获得成功。在半荒漠地带如宁夏沙坡头，采用旱生、强旱生灌木、半灌木组成的灌丛植被，植被盖度为 30%～40%，随着沙地表层土壤结皮的形成，流沙得到了固定。在荒漠地带如甘肃民勤，在植被可利用到地下水的流沙地上，建立了旱生、强旱生灌木林，灌木林盖度的大小，取决于地下水所能提供的水量，当地下水供应充足，含盐量不大时，也能营造沙枣、胡杨、二白杨等乔木。

　　同时国外多年来的治沙历史也证明：植物治沙的效果因干旱程度而不同。苏联植物治沙的基本模式是：在草原地带，配合尖叶柳等中生灌木营造松树；在半荒漠地带，大面积种草（巨野麦等）并结合种植旱生灌木；在荒漠地带主要是栽植梭梭、沙拐枣等旱生、强旱生灌木。苏联的彼得罗夫把流沙划分为如下类型。

　　1）具有较高大气湿度的沙地（平均年降水量 250mm 以上，年均蒸发量 1600mm），有可能恢复天然林及中生沙生植物。

　　2）大气降水有限的沙地（平均年降水量 100～200mm，年均蒸发量 2300mm），适应生长耐旱灌木和草本植物。

　　3）大气降水很少的荒漠沙地（平均年降水量在 100mm 以下，年均蒸发量 2800～3000mm），基本不能生长草本植物。

　　美国治沙工作主要集中在五大湖周围的沙丘和东西两大洋的海岸沙丘，基本模式是：先栽植海岸草将流沙固定，然后种豆科植物或灌木进一步改良土壤，最后栽植松树。而对气候干旱的内陆沙丘主要是利用雨季播种草本植物。

　　澳大利亚在年降水量大于 500mm 的海岸沙丘，先种草使流沙固定，然后种豆科植物，最后种乔木和灌木。对内陆沙丘的治理，限于年降水量超过 250mm 的地区，主要措施是种草。

　　各个国家的植物治沙技术措施都是随着干旱程度的不同而有不同内容。由此可以归纳出如下规律：干旱具有地带性，这种地带性限制植物的种类、组成、数量和结构，植物治沙也要遵循这一地带性规律，可称为植物治沙的地带性规律。

　　植物治沙的地带性规律反映了干旱程度对植物的不同限制作用，在治沙工作中必须根据不同地带的干旱程度，合理分析和制定各项相应的技术措施。

2.1.2　流沙环境的活动性与植物对风蚀、沙埋的适应及灌丛堆效应

　　1. 流沙环境的活动性　　沙物质在一定风力作用下，形成贴近地表运动的风沙流，使迎风坡上的植物遭受风蚀，背风坡上的植物遭受沙埋及遭受沙割等沙害。沙的活动性主要是通过风蚀沙埋对植物起作用的。

　　（1）风蚀对植物的影响　　植物的风蚀是覆盖植物种子或根系的沙粒被吹蚀而种子裸露的现象。它对植物的危害如下：使种子难以吸水萌发，刚发芽的幼苗会因裸根暴晒而死或幼苗全被吹蚀，较大植株根系裸露后，大量细根被扯断，较粗根会因风蚀而扭曲、劈裂、变形，使植株生长不良或死亡（表 2-8）。大部分遭风蚀的植株，因根系裸露而倒伏，严重阻碍了植株的正常生长发育（表 2-9）。根系裸露后，还会招致根部的鼠害和虫害而造成大量死亡。

　　根据调查，幼年植株受风蚀后，生长能力大大削弱，风蚀对 1 年生羊柴幼苗生长的影响见表 2-10；风蚀对成年植株的生长发育影响也很大。根据我们在吉兰泰对梭梭天然林的调查，风蚀小于 20cm，梭梭生长正常；风蚀为 20～50cm，生长较差，株高和冠幅的平均值下降；风蚀

表 2-8　受风蚀植株根系损伤情况

植物	栽植时间/年	调查株数/株	裸根长/cm	断根率/%	断根条数/条	根扭伤/%	根劈裂/%	根割伤/%	根表皮撕裂/%
花棒	1961	24	22.8	100	12	5.5	4	12	—
花棒	1960	10	29.5	100	—	5.2	—	6	30
木蓼	1960	20	30.0	100	12	4.6	15	10	90

注：调查日期为 1963 年 7 月

表 2-9　裸根倒伏对羊柴幼苗生长的影响

测量日期	裸根倒伏		裸根		对照		备注
	高/cm	叶片数	高/cm	叶片数	高/cm	叶片数	
1963.7.22	3.97	3.8	7.5	3	8	3.8	盆内培育每组4
1963.8.24	8	7.2	9.9	7.7	11.9	10.7	株裸根长3cm
月平均增长	4.03	3.4	2.4	4.7	—	6.9	

表 2-10　风蚀对 1 年生羊柴幼苗生长的影响

沙丘部位	风蚀深/cm	株高/cm		地径/cm		冠幅/cm²		调查株数
		平均值	误差限	平均值	误差限	平均值	误差限	
副梁上	5~10	8.4	1.6	0.19	0.02	138.2	50.4	22
副梁下	无	18.7	4.7	0.27	0.02	439.3	154	18

为 50~200cm 时，生长严重衰退，衰退程度随风蚀深度一同加剧，植株由少数倒伏，到大量倒伏，少数死亡到大量死亡；风蚀为 200cm 时，植株绝大部分死亡，梭梭个别成年植株所忍受的最大风蚀深度为 260cm。

可见，风蚀阻碍种子的萌发，使大量幼苗死亡，部分保存下来的植株，也会因根系裸露和严重损伤而影响水分、养分的供给，使植株生长发育不良。北京林业大学李滨生指出，风蚀植株新陈代谢过程趋向分解，单糖和总糖含量比无风蚀植株多，但总氮和粗蛋白质减少，表明试验测试的两种植物受风蚀植株水解过程加强而合成减弱，生长停滞，风蚀植株叶成分测定见表 2-11。

表 2-11　风蚀植株叶成分测定

植物	成分					
	叶绿素/%	单糖/%	双糖/%	总糖/%	粗蛋白质/%	总氮/%
籽蒿	—	0.234	0.087	0.321	17.690	2.83
风蚀籽蒿	—	0.380	0.864	1.243	13.060	2.09
花棒	24.238	2.252	0.426	2.678	12.750	2.04
风蚀细枝岩黄蓍	13.607	3.394	0.179	3.573	8.125	1.30

（2）沙埋对植物的影响　　沙埋影响种子萌发。根据榆林治沙研究所飞机播种造林实验组飞播组的多年观察，飞播于沙丘上的种子，只有在沙埋以后才能很好地发芽、成苗，未沙埋

的种子，即便有一定降水而发芽也难以成苗，在雨停的太阳暴晒下很快死亡。而迎风坡上的中小粒种子，在几次起沙风后，大部分都能得到沙埋，只是沙埋程度和所需时间因种子而不同，各种植物飞播后自然覆沙与发芽情况见表 2-12。

表 2-12　各种植物飞播后自然覆沙与发芽情况

植物种子	千粒重/g	完成自然覆沙情况	种子发芽所需天数	当年有苗率/%	资料重复情况
羊柴	16.0	需 2～5d，3～4 次起沙风	7～9	35.44	5 年平均
花棒	31.6	需 6～8d，5～8 次起沙风	5～7	25.2	7 年平均
小叶锦鸡儿	74.2	需 8～9d，8～10 次起沙风	3～4	8.1	3 年平均
籽蒿	0.9	需 1～2d，2～3 次起沙风	8～9	51.5	5 年平均
沙打旺	1.8	同籽蒿	2～3	15.9	2 年平均

表 2-12 指出，容易沙埋的籽蒿、羊柴，虽然种子发芽所需时间较长，但当年发芽有苗率都很高；而种子粒大，不宜沙埋的小叶锦鸡儿，虽然种子容易发芽，但当年有苗率却很低，大部分种子发芽后因"闪苗"而死。

沙埋过度对种子萌发出土也十分不利。沙蒿、梭梭等小粒种子，沙埋超过 2～3cm 即难出土，羊柴种子沙埋超过 5cm，花棒超过 7cm，发芽后出土均很困难。

沙埋影响植株生长。我国各地多年治沙经验结果表明，得到一定沙埋厚度的植株，大大促进了生长和萌发，这是很多沙生植物都具有的共同特征（表 2-13、表 2-14），对植物有利的沙埋厚度，一般低于植物高度的 2/3，这一范围称为适度沙埋。

表 2-13　花棒被沙埋后的生长情况

沙埋深度/cm	当年枝生长量/cm	沙埋深度/cm	当年枝生长量/cm
0～2	34.2	4～6	36.3
2～4	35.6	6～8	63.0

表 2-14　沙埋深度对当年羊柴生长的影响

沙埋深度/cm	平均高/cm	平均地径/cm	平均冠幅/cm
4.0	7.9	0.083	56.3
5.5	9.1	0.089	99.8
4.5	12.1	0.095	125.5
10.0	13.6	0.100	169.1
13.0	15.4	0.110	197.0
0.0	8.1	0.095	34.8

因此，沙埋的作用可用沙埋灌木厚度与灌木本身高度之比 A 来衡量，当 $0 < A < 0.7$ 时，为有利于灌木生长发育的适度沙埋；当 $A > 0.7$ 时，为对灌木生长发育不利的过度沙埋。适度沙埋为什么会促进植物生长呢？根据有关文献分析可归结为以下 4 点。

1）植物沙埋后，被埋的茎或枝上因萌发不定根而增加水分养分的吸收，苏联彼得罗夫在《流沙的固定》一书中写道："在春季，沙埋可为植物在覆埋部分生长不定根造成良好条件，有了这种不定根，就可以增加植物的养分供应和促进植物的生长。"据调查，凡能忍受沙埋的植物，沙埋的茎或枝上多能萌发不定根，沙埋后期萌发不定根的植物见表 2-15。

表 2-15　沙埋后期萌发不定根的植物

中国	苏联
沙柳、黄柳、柽柳、花棒、羊柴、沙拐枣、梭梭、白刺、木蓼、小叶锦鸡儿、籽蒿、油蒿、差巴嘎蒿、骆驼刺、沙芥、鸡爪芦苇、小叶杨、胡杨等	沙拐枣、李氏细枝盐爪爪、阿蒙木、里海柳、金叶柳、胡杨、柽柳、沙蒿、克氏马先蒿等

2）产生沙埋的沙粒粒径较细，提高了沙层养分含量和持水能力。

3）有些植物已产生了需要沙埋的某些机制。例如，Janice E. Bowers 认为，欧洲海滩草（*Ammophila arenaria*）需要不断有沙埋才能刺激植株迅速生长，植株周围如果没有积沙，基部分生组织不能延长，植株即死亡。但 D. E. Tsurie 认为，欧洲海滩草成年后之所以没有沙埋便不能成活，大概是缺乏某些养分，特别是缺乏某些微量元素而造成的结果。

4）沙埋可增加植株的稳定，减轻植物在风力作用下不断摇摆程度，从而有利于生长。美国加利福尼亚大学的 P. L. 尼尔和理查德、W. 哈里斯，在 1971 年的报告中说，轻轻地摇摆幼年的枫香树，会大大影响它的生长。1 个月内每天用手轻摇 30s，生长高度仅及没有摇动的树的 1/5，而且侧枝和茎节明显减少。又据美国科罗拉多科技人员试验，一株玉米一旦遭到外力摇动生长立即停止，需要 5～10min 的恢复才能重新开始生长，在有风的生长环境中，玉米的生长高度比无风环境对照植株的高度低 15%，植株鲜重减少 32%，干重减少 27%。

适度沙埋对植物有利，但过度沙埋，则会使植株生长受抑制甚至死亡。据榆林飞播组调查，1977 年飞播的羊柴、花棒，位于背风坡脚的，当年幼苗密度每平方米分别为 76 株和 96 株，次年 8 月调查，羊柴最大沙埋 18cm，死亡苗木高达 73.7%，花棒最大沙埋 8cm，苗木死亡率达 72.9%。榆林飞播组对成年植株调查指出，生长于背风坡上高约 1.4m 的油蒿，当最大沙埋深度为 0.78m 时，覆盖面积增加 20%，最大沙埋深度达 1.18m 时，覆盖面积减少 63.7%；沙埋 1.5m 时，油蒿难以生存，成年籽蒿约能忍受 0.8m 的沙埋，沙鞭约能忍受 1m 的沙埋。

流动沙丘的前移，造成大片植被因过度沙埋而消失的现象也是存在的。1959 年中国科学院地理科学与资源研究所刘华训对塔里木盆地西南部的植被调查指出："和田河和尼雅河沿岸有大面积的胡杨林和红柳包被流沙埋没，成为塔克拉玛干沙漠的一部分。"

风蚀沙埋作用规律的含义如下：风蚀是植物的危害因素，风蚀越深对植物的危害越严重；沙埋适度有利于植物的生长发育和更新，沙埋过度则造成危害。

2. 植物对风蚀、沙埋的适应　　根据流动沙丘上的植物对风蚀、沙埋的适应能力，可将其归纳为 4 种类型，即速生型、稳定型、选择型、多种繁殖型。

（1）速生型　　许多沙丘上的植物都具有迅速生长的能力，以适应沙的活动性，特别是苗期速生更为重要，因为幼苗抗性弱，易受伤害，同时一般认为，植物的自然选择过程，主要在发芽和苗期阶段，像沙拐枣、花棒等植物，种子发芽后一伸出地面，主根已深达 10cm 多，10d 后根可达 20cm 多，地上部分高于 5cm。当年秋，根深大于 60cm，地径粗约 0.2cm，最大植株高于 40cm。主根迅速延伸和增粗，可减轻风蚀危害和风蚀后引起的机械损伤，根越粗固持能力越强，植株越稳定，同时根越粗，风蚀后抵抗风沙流的破坏能力也越强，植株不易受害。而茎的迅速生长，可减少风沙流对叶片的机械损伤危害，以保持光合作用的进行，因为风沙流运动多集中于地表 10cm 以内，同时，植株越高，适应沙埋的能力也就越强。属于苗期速生类型的植株有：沙拐枣、花棒、羊柴、梭梭、木蓼等。植株能否经受沙丘前移的埋压而保存下来，取决于植株的高度生长速度能否超过沙丘背风坡的积沙速度。大于沙丘积沙速度的植物，才能安然保存下来，这些植物有：柽柳、沙柳、花棒、羊柴、小叶锦鸡儿、油蒿、小叶杨、旱柳、沙枣、刺槐等。

Janice E. Bowers 在《北美西部内陆沙丘的植物生态学》一文中指出："植物对流沙的主要适应性在于茎和根的急剧生长，以保持生殖器官和光合器官处于积沙高度以上，流动沙丘上有30 多种植物的生长速度足以超过积沙的速度。"苗期速生程度取决于植物的习性，而成年后能否速生与有无适度沙埋条件及萌发不定根能力有关。

（2）稳定型　有些沙丘植物及其种子，具有稳定自己的形态结构，以适应流沙的流动，如羊柴的种子为扁圆形，表皮上有皱纹，布于沙表不易为风吹失，一有起沙风便能很快自然覆沙，为发芽成苗创造良好条件。种子成熟后为风所传播，其传播距离不远，易群聚于条件较好的母株周围，同时，羊柴幼苗地上部分分枝较多，枝条夹角较大，呈匍匐状斜向生长，对风沙流阻力较强，易积沙而无风蚀，稳定性较好。除洋柴外，籽蒿、油蒿也属此种类型，种子小数量多，易群聚和自然覆沙，种皮内含有角质，遇水与沙粒黏结成沙团，重量增加数十倍，不至为风吹失，有利于发芽生根，植株低矮细叶稠密，丛生较强，容易积沙。

苏联 N. И. 戈尔金科研究了奥列什流动沙丘上的植物以后认为，金雀花种子相对密度大（1.8），形状扁平而且规整，不易为风搬运，也不会随地表流动，从而有利于种子发芽、生根、发展枝叶，是该地的先锋植物。还有一种植物——柳穿鱼，种子相对密度虽不大，但形状扁平，呈肾形，边缘向一面卷曲，窄条纹，当凹面嵌入沙表后，种子边缘被强风压入沙粒之间的缝中，不宜被风搬运，提供了发芽、生根的良好条件，并有发达的深根系，也是当地流动沙丘的先锋植物。

（3）选择型　花棒、沙拐枣、沙柳等植物种子，圆球形，上有绒毛、翅或小冠毛，易被风吹移到弱风处，如背风坡脚，或丘间低地，或植丛周围，通常风蚀少而轻，有一定的沙埋对种子发芽和幼苗的生长有利。这种植物生长迅速，径和枝条萌发不定根能力较强，极耐沙埋，越埋越旺。这种以自身的形态结构，利用流沙中频繁出现的风力，使自己处于条件比较优越的弱风处发芽、生长，也是对沙的活动性的一种巧妙适应，我们称这类适应为选择型适应。

（4）多种繁殖型　很多沙生先锋植物，既能有性繁殖，又能无性繁殖。当环境条件不利，有性繁殖受到限制时，就依靠无性繁殖进行更新，一些处于恶劣的流动沙丘迎风坡上的先锋植物，不仅依靠无性繁殖进行更新，也通过无性繁殖防止风蚀，如流沙上的羊柴，通过无性繁殖在母株周围构成枝叶密集的群体，最终形成没有风蚀的大灌丛堆。在库布齐沙漠中，曾见一灌丛堆占地面积 113.9m²，由 11 株成年羊柴和 19 株小羊柴所构成，丛堆高约 1.5m。属于这一类型的植物，除羊柴外还有沙拐枣、红柳、骆驼刺、沙柳、麻黄、沙蒿、白刺、华北白前、沙旋覆花等。张道远等（2005）对干旱荒漠区几种克隆植物进行初步调查研究发现，沙拐枣属（*Calligonum*）、柽柳属（*Tamarix*）、甘草属（*Glycyrrhiza*）、白刺属（*Nitraria*）、三芒草属（*Aristida*）、芨芨草属（*Achnatherum*）、苜蓿属（*Medicago*）、胡杨（*Populus euphratica*）、红砂（*Reaumuria songarica*）、铃铛刺（*Halimodendron halodendron*）、骆驼刺（*Alhagi sparsifolia*）、准噶尔无叶豆（*Eremosparton songoricum*）、苦豆子（*Sophora alopecuroides*）、苦马豆（*Sphaerophysa salsula*）、顶羽菊（*Acroptilon repens*）、花花柴（*Karelinia caspia*）、芦苇（*Phragmites australis*）、狗牙根（*Cynodon daetylon*）等沙漠植物的克隆方式有区别，其中多年生草本以根茎型和丛生型为主，灌木中多以压条为主，而乔木胡杨属于根茎型克隆植物。许多植物如大叶白麻（*Poacynum hendersonii*）和甘草（*Glycyrrhiza uralensis*）的克隆特性对植物扩繁是极为有利的。另外，我国从欧洲引进的乔木树种刺槐（*Robinia pseudoacacia*）和从美洲引进的火炬树（*Rhus typhina*）都属克隆植物，在我国沙区已经广泛栽植。对蒙古岩黄蓍（*Hedysarum mongolicum*）、沙鞭（*Psammochloa villosa*）、绵刺（*Potaninia mongolica*）、沙地柏（*Sabina vulgaris*）等克隆植物也分别开展过许多专项研究（董鸣，1999；葛颂等，1999；何维明，2000；高润宏等，2001；张称意等，2001），证明了它们分别在生物学、生态学、生理和遗传学等方面都具有特殊的繁殖方式与适应特性。

陈玉福等（2002）在毛乌素沙地的两年的观测实验证明，克隆植物群落内的裸沙斑块显著少于非克隆植物群落内的裸沙斑块，这说明克隆植物的存在加快了群落内裸沙斑块的固定。多年生的克隆植物使得斑块具有冬春季节的防风沙效果，而非克隆植物群落内则以一年生植物为主，冬春季节的防风沙能力较差。因此，多年生克隆植物在沙地景观恢复中的作用优于多年生非克隆植物和一年生植物。同时还认为，生态恢复应该成为环境治理的一个主要途径，适应当地环境的克隆植物，尤其是多年生克隆植物，可以大大提高整个景观的自我恢复能力，因而在实施植树造林和退耕还林还草的恢复重建中，这类植物是一种值得利用的生物资源。宋明华等（2002）在研究群落中克隆植物的重要性中指出，克隆植物是自然生态系统的重要组成部分。克隆植物具有较强的空间扩展能力，它既可以通过无性繁殖的方式迅速占据新生境，又可以通过种子传播的方式入侵新领地。

上述 4 种类型，是沙生植物适应流沙中风蚀沙埋的基本类型（或基本特征）。然而每种沙生先锋植物并非仅仅属于某一适应类型，如花棒，既属选择型又属速生型，而羊柴，既属稳定型、速生型，还属多种繁殖型。但是属于同样适应类型的不同植物种，仍有强弱不同之别，如同属速生型的沙拐枣（乔木状或头状）、梭梭、花棒、羊柴等，苗期速生型最强的是沙拐枣。

3. 灌丛堆效应　　风蚀沙埋作用规律，指出了沙生植物适应流沙环境的一条重要途径——避免风蚀，适度沙埋。流沙中广泛存在的灌丛堆，可以认为是反映了这一适应途径的一种适应方式。

灌丛堆是一种独特的地貌类型，根据资料和调查，灌丛堆的分布是广泛的。在我国的塔克拉玛干、古尔班通古特、腾格里、乌兰布和等沙漠，有柽柳灌丛堆、白刺灌丛堆、沙拐枣灌丛堆、梭梭灌丛堆、小叶锦鸡儿灌丛堆、沙蒿灌丛堆、驼绒藜灌丛堆等；在库布齐沙漠、毛乌素沙地有沙柳灌丛堆、小叶锦鸡儿灌丛堆、羊柴灌丛堆、木蓼灌丛堆、沙蒿灌丛堆、白刺灌丛堆等，这表明植物也能塑造沙地形态。从植物本身考察，形成灌丛堆的植物一般没有风蚀，只有沙埋。各种灌丛堆的沙埋厚度见表 2-16。

表 2-16　各种灌丛堆的沙埋厚度

灌丛堆名称	沙埋厚度/m	调查地点	灌丛堆名称	沙埋厚度/m	调查地点
柽柳灌丛堆	3.60		麻黄灌丛堆	1.32	准噶尔盆地
白刺灌丛堆	0.68		柠条灌丛堆	0.40	
沙拐枣灌丛堆	1.27	准噶尔盆地	沙蒿灌丛堆	0.10	内蒙古乌海
盐爪爪灌丛堆	0.54		沙冬青灌丛堆	0.27	
假木贼灌丛堆	0.23		驼绒藜灌丛堆	0.19	

由表 2-16 可见，不同灌丛堆沙埋厚度不同，柽柳灌丛堆沙埋厚度最大，可达 3.60m，而沙蒿灌丛堆一般沙埋厚度仅为 0.10m。为了确定影响灌丛堆沙埋厚度的因素及其数量关系，对同

一流沙地区的同一植物种驼绒藜灌丛堆（表 2-17）进行回归分析，得出驼绒藜灌丛堆的沙埋厚度 Y 与灌丛本身的高度 X_1 和覆盖面积 X_2 关系密切，其回归方程为

$$Y=0.097+0.035X_1+0.069X_2$$

表 2-17　海勃湾地区驼绒藜灌丛堆调查

名称	丛高/cm	丛幅/cm	堆高/cm	堆幅/cm	名称	丛高/cm	丛幅/cm	堆高/cm	堆幅/cm
驼绒藜	23	25×19	6	17×18	驼绒藜	46	52×50	15	40×36
	24	50×50	6	23×28		20	28×20	15	23×17
	27	20×22	7	12×10		58	51×52	15	43×38
	32	34×33	8	22×19		28	55×59	16	47×45
	48	54×25	8	44×40		43	60×52	17	42×40
	50	100×74	8	54×42		38	70×42	18	34×36
	57	53×50	9	34×28		68	120×90	20	90×78
	28	49×39	9	48×48		74	168×110	25	150×70
	42	37×42	9	30×24		48	106×70	26	72×54
	32	63×44	10	28×26		60	140×130	30	90×70
	53	49×42	11	42×26		71	170×124	40	132×114
	38	40×18	14	22×16		110	240×190	40	200×170
	36	43×36	14	52×40		105	235×210	50	170×120
	70	90×76	15	64×98		120	310×250	65	250×200

注：调查人为李钢铁、邹受益

复相关系数 $R=0.9333$，经 F 检验，$F=94.53$，$F_{0.01}=5.45$，$F<F_{0.01}$，相关性极显著。

为了比较灌丛高度与灌丛覆盖面积对沙埋厚度作用的大小，可作偏相关分析，结果得出了灌丛高度 X 与沙埋厚度 Y 之间的偏相关系数。

$r_{1y\cdot2}=0.0984$，$t=0.5231$，$t_{0.01}=2.763$。$t<t_{0.01}$，偏相关系数在 0.01 水平上不显著。

灌丛覆盖面积 X_2 与 Y 之间的偏相关系数。

$r_{2y\cdot1}=0.7702$，$t=6.3881$，$t_{0.01}=2.763$。$t<t_{0.01}$，$r_{2y\cdot1}$ 在 0.01 水平上不显著。

偏相关分析指出，灌丛本身的覆盖面积对灌丛沙埋厚度的作用比灌丛高度对沙埋厚度的作用大，即灌丛沙埋厚度主要为灌丛覆盖面积所制约，因此，呈单个出现的灌丛，覆盖面积不大，沙埋厚度也有限。

根据调查，几种灌丛堆堆高与灌丛高度的比值见表 2-18。

表 2-18　几种灌丛堆堆高与灌丛高度的比值（A）

灌丛堆名称	A	灌丛堆名称	A
柽柳	0.64	沙蒿	0.45
白刺	0.69	小叶锦鸡儿	0.21
假木贼	0.70	沙冬青	0.25

灌丛堆名称	A	灌丛堆名称	A
梭梭	0.31	驼绒藜	0.36
沙拐枣	0.58	油蒿	0.28
麻黄	0.67		

由表 2-18 可见，各种灌丛堆的堆高与灌丛高度的比值都在 0.70 及以下，属适度沙埋范围，也就是说灌丛堆的这种沙埋厚度，是有利于灌丛本身的生长、发育和保存的，只有在地下水位较高，供水状况良好的沙地上，灌丛互相连接覆盖面积扩大，才有可能形成沙埋深厚的大灌丛堆。一些无性繁殖能力强的灌木，也极易形成大灌丛堆。另外，在灌丛堆发展的后期，由于灌丛本身生长衰退，比值 A 也会偏高。流沙中的灌丛堆一般不相连接，彼此间隔一定距离，这一分布特征不仅制约着沙埋厚度，也便于灌丛根系的生长发芽，对适应持水力低、供水不足的沙地是有利的。

综上所述，流沙中天然分布的灌木、半灌木，由于近地层浓密枝叶覆盖一定的沙面，阻截流沙形成灌丛堆，灌丛堆对灌丛本身有消除风蚀的作用，适度的沙埋有利于适应干旱生境，从而促进了灌丛的生长、发育，提高了灌丛的保存率。灌丛堆的这种作用可称为灌丛堆效应。也就是说，能在流沙上形成灌丛堆的植物，便可产生上述作用以利于自己的生存，可见，灌丛堆是这些植物对流沙环境的一种适应方式或适应特征。

灌丛堆在国外广泛分布并已引起一些学者的注意。例如，Ocborn 和 Robertson 研究了澳大利亚的新南威尔沙漠之后写道："丛生性植物可能残存下来，经过长期风蚀使沙不断堆积于灌丛下部，从而用沙塑造成了高一米或更高的圆形沙堆。"D. C. P. Thalen 写道："伊拉克的柳枝梭梭（Haloxylon salicornicum）一般高 50～75cm，冠幅宽约 1.5cm，而当茎部形成灌丛堆后高度可增加 50cm，冠幅宽可达 2～3m。"1962 年，Yano 在日本研究流动沙丘上由无性繁殖而产生的柳属卵形沙堆时认为："这里重要的是作为动植物结构的模式。这种由无性繁殖而产生的沙堆，具有如此广泛的价值，以至于想成功解释沙丘生态系统的功能的话，它一定具有更广泛的用途。"并认为："无性系柳沙堆具有特殊意义……，对于这一基本形式尚未进行专门研究。"

2.1.3　环境的变异性与植物的适应

流沙是一个不断发生变化的环境，尤其是在生长植物以后，随着植物的增多，流沙活动性减弱，流沙的机械组成、物理性质、水分性质、有机质含量、微生物种类和数量、水分状况及小气候等均发生变化（详见本章 2.2.3）。

流沙环境的变异必然影响其上生长的植物，因此，植物对流沙环境的适应是一个动态过程，随着流沙环境条件的改变，植物的种类组成、数量和结构也会发生相应的变化。根据国内外有关学者的研究，植物适应环境改变而发生的这种变化，也遵循一定的方向、一定的顺序，是具有规律的。植物的这种适应规律，即沙地植被演替规律，也是恢复天然植被和建立人工植被各项技术措施的理论基础（详见第 3 章 3.2）。

2.2　植物对流沙环境的作用原理

2.2.1　植物的固沙作用

根据风沙运动规律，凡是具有下列条件之一的沙地，将处于固定状态：①不受风力的直接作用；②沙地表层所承受的风力，始终低于临界风速；③可提高沙地表层起动风速的临界值，使大于当地地表最大风速平均值。

根据上述条件，固定流沙有三个途径：①排除风对沙的直接冲力；②降低近地层的风速；③增加沙的粒径或黏结力，以提高临界风速值。

流沙上的植物，几乎在上述三个途径都能对流沙起作用。植物以其茂密的枝叶和聚集枯落物庇护沙层表面沙粒，避免风的直接作用；植物作为流沙上一种具柔性结构的障碍物，使地面粗糙度增大，大大降低近地层风速；植物可加速土壤形成过程，提高黏结力。据中国科学院兰州沙漠研究所研究，植被能使沙地表层形成"结皮"，从而大大提高了抗风蚀能力。

在以上三种途径中，降低风速最为明显和重要。根据中国科学院兰州沙漠研究所陈世雄的测定，植物降低近地层风速作用的大小与覆盖度有关，不同植被覆盖度对近地层（20cm）风速的影响见表2-19。

表 2-19　不同植被覆盖度对近地层（20cm）风速的影响

覆盖度/%	近地层风速/（m/s）	风速降低值/%	粗糙度/cm	覆盖度/%	近地层风速/（m/s）	风速降低值/%	粗糙度/cm
40~50	3.1	48.3	3.23	10~20	3.8	36.7	1.69
30~40	3.3	45.0	2.49	流沙（1~10）	6.0	0.0	0.0026

中国科学院新疆生态与地理研究所的测定也得到同样结果：同期种植的头状沙拐枣，当旷野近地层 20cm 高度风速为 10.2m/s 时，覆盖度 40% 的同等高度的风速为 7.3m/s，降低 28%。

根据我们在鄂尔多斯市达拉特旗展旦召和巴彦淖尔市磴口的测定，各种固沙灌木在覆盖度30%以上时，近地层 20cm 高处风速降低值都在 40% 以上，各种植物不同覆盖度对近地层（20cm）风速的影响见表 2-20。

表 2-20　各种植物不同覆盖度对近地层（20cm）风速的影响

植物种	覆盖度/%	近地层风速降低/%	植物种	覆盖度/%	近地层风速降低/%
油蒿	80	85.7	梭梭	34	60.4
小叶锦鸡儿	66	50.2	花棒	75	58.0
沙柳	31	48.6	梭梭（天然林）	31	68.9
沙拐枣	63	41.2			

植物种不同对风速作用也不同，章古台站测定结果表明，胡枝子和山竹子作用较大（表2-21）。

表 2-21　固沙植物对风速的削弱情况（无叶期）

植物种	种植日期与方法	削弱近地层（15cm）风速/%	植物种	种植日期与方法	削弱近地层（15cm）风速/%
黄柳	1955 年插条	50.6	锦鸡儿	1954 年播种	60.1
差巴嘎蒿	1955 年栽条	54.7	山竹子	1957 年播种	62.7
胡枝子	1950 年植苗	68.1			

新疆农业科学院土壤肥料与农业节水研究所的测定结果如下：当空旷地 20cm 高处平均风

速 10～10.2m/s 时，覆盖度 40%的头状沙拐枣相应高度的风速降低 69%；覆盖度 40%～60%的骆驼刺相应高度风速降低 50%；老鼠瓜降低 34%。对单行沙拐枣林粗略推算，其有效防风距离为树高的 5～6 倍。

又据新疆农业科学院土壤肥料与农业节水研究所对老鼠瓜的调查，覆盖度 30%时，风蚀面积约为 56.6%；覆盖度 45%时，风蚀面积占 9.4%；覆盖度达 72%时，完全无风蚀。对沙拐枣植地调查结果指出，覆盖度 20%～25%时，林地常出现槽、丘相间地形，表明地表风蚀强烈，而覆盖度在 40%以上时，沙地平整，地表吹蚀痕迹不明显，林地已开始固定。

当沙地逐渐稳定后，便开始了成土过程。据陈文瑞研究，沙坡头地区在植被覆盖下的成土作用，每年约以 1.73mm 的厚度发展，其上形成的"结皮"，可抵抗 25m/s 的强风（风洞实验）。因此，能起到很好的固沙作用。

2.2.2　植物的阻沙作用

阻沙，即迫使风沙流中所搬运的沙粒下沉堆积，根据风沙运动规律，其原理如下所示。

1）风沙流运动中，风速被削弱后，搬运能力下降，输沙量减少，风沙流中沙粒下沉堆积。即

$$Q = 1.5 \times 10^{-9} (V - V_t)^3$$

式中，Q 为输沙量；V 为近地层风速；V_t 为沙的临界风速。

2）沙流中所搬运的沙粒（即输沙量），超过含沙饱和度时，部分沙粒下沉堆积。植物由于具有降低近地层风速的作用，因此，在固沙的同时，可使风沙流中的沙粒下沉堆积，即植物的阻沙作用。

据中国科学院新疆生态与地理研究所测定，艾比湖沙拐枣和老鼠瓜一般在种植第二年开始积沙（表 2-22）。同半灌木和草本植物比较，灌木单株阻沙量较多，也比较稳定，而半灌木和草本植物积沙量有限且不稳定，全年中蚀积交替出现。

表 2-22　植物积沙量比较

植物种	立地条件	年龄	积沙量/m³
艾比湖沙拐枣	沙地	2	0.79
		4	3.82
		4	3.77
老鼠瓜	风蚀地	2	0.88
		3	1.28
		6	3.33

关于植物的阻沙作用与覆盖度的关系，根据陈世雄的测定结果，当植被覆盖度达 40%～50%时，风沙流中 99%以上沙粒被阻截沉积，植被覆盖度对输沙量的影响见表 2-23。

表 2-23　植被覆盖度对输沙量的影响

覆盖度/%	2m 高处风速/（m/s）	输沙量/（g/min）	输沙量比值
40～50	7.0	0.018	0.95
30～40	6.9	0.410	21.8
10～20	7.3	0.589	31.3
<10	7.2	1.888	100.0

　　由于风沙流是一种贴近地表的运动现象，因此，不同植被固沙和阻沙能力的大小，主要取决于近地层枝叶的分布状况。近地层枝叶浓密、控制范围较大的植物，其固沙和阻沙能力较强。在乔、灌、草三类植物中，灌木多在近地表处丛状分枝，固沙和阻沙能力较强。乔木只有单一主干，固沙和阻沙能力较弱，有些乔木甚至树冠已郁闭，表层沙仍继续流动。多年生草本植物基部丛生也具固沙和阻沙能力，但比灌木植株低矮，固沙范围和积沙数量均较低，加上入冬后地上部分全部干枯，所积沙堆因重新裸露而遭吹蚀，因此不固定。

　　灌木固沙和阻沙能力较强，这是治沙工作中多选用灌木的重要原因之一，但灌木中近地层枝叶分布情况和数量不同，其固沙和阻沙能力也有别，选择时应进一步分析。

　　多年生灌木保护土壤具有两条途径：一是灌木作为地表非活动性障碍物的存在，减少了地表可侵蚀面积，与灌木基部相等数量的地表免遭风蚀；二是灌木阻滞风的流动，这一点尤其重要。

　　为了评价和比较各种灌木的固沙、阻沙（这两种作用往往同时产生）能力，可测定近地层一定高度内枝叶的数量和分布方式。通常用灌木冠幅覆盖面积占总面积的百分数（即冠幅覆盖度）作为衡量指标，冠幅覆盖度并非投影盖度，根据其对风的影响，作为评价灌木固沙、阻沙能力的一个指标是可行的。

2.2.3　植物改善小气候和改良土壤的作用

1. 改善小气候　　小气候是生态环境的重要组成部分，流沙上植被形成以后，小气候将得到很大改善，植物对小气候的影响见表 2-24。

表 2-24　植物对小气候的影响

沙丘及植物林	总辐射量 / (cm² · 日)	反射率 /%	平均气温 /℃	相对湿度/%	地面温度 /℃	2m 高处风速/ (m/s)	日平均蒸发量/mm
流动沙丘	610.2	38.7					
固定沙丘	596.9	18.6	28.1	—	29.5	—	—
樟子松幼林	567.3	13.4					
流动沙丘	—	—	26.6	22	32.6	6.4	17.8
沙拐枣林（覆盖度 40%~60%）	—	—	26.5	34	30.5	3.9	8.6
旷野	367.2	—	22.3	36	27.4	6.8	13.6
梭梭天然林（覆盖度 31%）	216.0（均按 12h 计）	—	23.1	39	27	3.1（高 1.5m 处）	8.3

　　由表 2-24 可见，流沙上植被形成以后，在其覆盖下，反射率、2m 高处风速和日平均蒸发量显著减少，相对湿度提高。中国科学院新疆生态与地理研究所测定了沙拐枣对小气候影响的季节变化（表 2-25）。

表 2-25　沙拐枣对小气候影响的季节变化

月份	测点位置	气温/℃	相对湿度/%	地温/℃					日平均蒸发量/mm
				地面处	5cm 处	10cm 处	15cm 处	20cm 处	
4	流沙	11.1	14.0	14.3	13.1	13.5	11.8	12.8	6.8
	林中	10.9	20.0	19.5	13.9	10.9	12.1	11.8	4.1

续表

月份	测点位置	气温/℃	相对湿度/%	地温/℃					日平均蒸发量/mm
				地面处	5cm处	10cm处	15cm处	20cm处	
7	流沙	35.3	20.0	43.9	40.2	40.3	39.6	39.3	25.7
	林中	33.9	28.0	44.0	39.3	37.0	36.2	33.5	13.2
9	流沙	24.6	28.0	29.5	30.7	30.3	30.9	31.0	14.1
	林中	22.9	37.0	27.8	27.1	27.2	26.4	26.1	5.8

春季相对湿度提高 6%，蒸发量减少近 40%；夏季林中气温约降低 2℃，相对湿度提高 8%，蒸发量减少 48.6%；入秋以后，林中气温约降低 2℃，地面温度降低 2~5℃，相对湿度提高 9%，蒸发量减少 59%。

植被覆盖度不同，对小气候的影响有明显差别，中国科学院新疆生态与地理研究所的测定材料说明（表 2-26），覆盖度为 15%~20% 的沙拐枣林，对沙地小气候影响不大，覆盖度为 40% 以上影响较显著。

表 2-26　不同覆盖度沙拐枣林对小气候的影响

覆盖度/%	气温/℃	相对湿度/%	地温/℃					水面蒸发/mm	风速/(m/s)
			地面处	5cm	10cm	15cm	20cm		
0	31.5	37	47.2	42.3	36.2	33.8	33.4	9.9	2.0
15~20	32.0	39	46.6	43.5	38.2	35.1	34.4	9.5	2.0
40	31.2	44	49.2	36.0	34.1	31.8	30.1	6.2	1.2
30	30.9	46	39.7	34.4	30.9	20.2	28.6	5.8	0.6

另外，中国科学院新疆生态与地理研究所一并测定了覆盖度在 40%~60% 的情况下，不同植物种对小气候的影响，结果表明，沙拐枣作用大于老鼠瓜（表 2-27）。因此，为了有效地发挥植物改善小气候环境的功能，需要建立有一定覆盖度的人工植被，并应深入研究和选择适宜的植物种。

表 2-27　沙拐枣和老鼠瓜对小气候的影响

样地	气温/℃	相对湿度/%	地温/℃					日平均蒸发量/mm	风速/(m/s)
			地面	5cm	10cm	15cm	20cm		
旷野	34.2	30	52.3	45.4	38.7	35.9	33.2	13.0	2.5
老鼠瓜	33.7	34	50.0	43.4	38.1	35.6	33.9	9.2	2.2
沙拐枣	33.7	38	44.5	41.6	35.8	32.5	31.6	7.8	0.2

2. 植物对流沙的改良　　植物固定流沙后，大大加速了风沙土的成土过程。各地测定的资料说明（表 2-28、表 2-29），植物对风沙土的改良体现在以下几个方面。

1）机械组成发生变化，粉、黏粒量增加。
2）物理性质发生变化，相对密度、容重减小，孔隙度增加。
3）水分性质发生变化，田间持水量增加，透水性减慢。

4）有机质含量增加。

5）N、P、K 三要素含量增加。

6）碳酸钙含量增加；pH 提高。

7）土壤微生物数量增加，据中国科学院兰州沙漠研究所陈祝春等测定，沙坡头植物固沙区（25 年生的林地），表面 1cm 厚土层微生物总数为 243.8 万个/g 干土，流沙仅为 7.4 万个/g 干土，约比流沙增加 30 倍。

8）沙层含水率减少，据陈世雄在沙坡头的观测，幼年植株耗水量少，对沙层水分影响不大，随着年龄的增长，对沙层水分产生明显影响。在年降水较多的年份，如 1979 年 4～6 月所消耗的水分，能在雨季得到一定的补偿，沙层内水分可恢复到 2%左右；而在年降水较少的年份，如 1974 年，仅降雨 154mm，补给量少，0～150cm 深的沙层内含水率下降至 1.0%以下，严重影响着植物的生长发育。

表 2-28　各种植物对流沙物理性质的影响

测点	植物种	粉、黏粒量/%	相对密度	容重	孔隙度	持水量	透水性/（cm/s）
章古台	黄柳	7.20	2.61	1.56	36.74	4.09	
	差巴嘎蒿	5.85	2.64	1.60	34.65	4.27	0.08
	胡枝子	10.38	2.61	1.53	35.97	4.35	0.09
	锦鸡儿	4.80	2.61	1.54	36.66	4.55	0.07
	山竹子	12.43	2.61	1.51	40.39	4.81	
	流沙（对照）	1.44	2.66	1.60	34.37	4.04	
榆林	花棒	12.47					
	羊柴	14.13					
	紫穗槐	5.94					
	酸刺	8.80	—	—	—	—	—
	小叶锦鸡儿	5.31					
	沙柳	2.11					
	流沙（对照）	0.98					
沙坡头	花棒	0.33		1.53			
	小叶锦鸡儿	0.24		1.53			
	黄柳	1.00		1.52			
	籽蒿	0.76		1.52			
	油蒿	0.20		1.52			
	流沙（对照）	0.37		1.58			
临泽	乔木带	42.57	—	—	—		
	灌木带	44.46	—	—	—		
	花棒		2.66	1.50	43.60		
	小叶锦鸡儿		2.64	1.48	44.00	—	—
	红柳		2.65	1.45	45.30		
	梭梭		2.65	1.48	44.20		
	流沙（对照）	7.51	2.66	1.56	41.40		
沙坡头	植物固沙区	23.21	2.67	1.45	45.70	15.10	1.85
	流沙区	0.89	2.68	1.64	38.60	4.20	0.02

表 2-29　各种植物对流沙化学性质的影响

植物种	pH	N/%		P/%		K/%		有机质/%	枯落物/(t/ha)
		全 N	水解 N	全 P	速效 P	全 K	速效 K		
黄柳	6.8	0.066				4.913		0.359	0.850
差巴嘎蒿	6.8	0.054				4.076		0.281	0.090
锦鸡儿	6.8	0.053				3.534		0.345	0.176
山竹子	6.8	0.055		—	—	3.742		0.486	0.840
胡枝子	6.9	0.055				3.741		0.370	1.704
流沙（对照）	6.6	0.043				2.860		0.269	
花棒								0.18	27.31
羊柴								0.21	18.71
紫穗槐								0.11	15.41
小叶锦鸡儿	—	—	—	—	—	—	—	0.14	8.70
酸刺								0.14	20.91
沙柳								0.09	15.61
流沙（对照）								0.03	
梭梭		0.066	0.800	0.066	0.120	1.650	8.250	0.199	
花棒		0.015	2.330	0.075	0.620	1.300	29.000	0.357	
红柳		0.010	0.320	0.069	0.120	1.500	19.000	0.265	
紫穗槐		0.010	0.630	0.065	0.052	1.400	8.000	0.225	-
杨树		0.008	0.530	0.064	0.140	1.540	10.000	0.219	
沙枣		0.007	1.600	0.067	0.210	1.650	8.800	0.085	
流沙（对照）		0.006	0.930	0.065	0.128	1.400	13.000	0.196	
花棒								0.013	
小叶锦鸡儿								0.153	
黄柳			—					0.296	
籽蒿								0.135	
油蒿								0.103	
流沙（对照）								0.061	
植物固沙区	7.7	0.022	1.844	0.067				1.105	
流沙区	7.2	0.001	0.435	0.031				0.074	

陈文瑞经多年研究指出：在沙坡头地区，"人工固沙造林下形成的土壤已经发育到明显的结皮层（A_0）和腐殖质层（A_1），剖面分析比较明显，因此，可定名为固定风沙土。它与流沙相比，在物理性质方面具有质地细、容重低、孔隙度高、持水性强、渗透性慢等特征，在化学性质方面，养分含量高，碳酸钙积累显著，易溶盐含量增加等；在抗蚀强度方面，结皮层可以抵抗 11 级大风，其弱点是，土层较薄，粗粉沙含量高，黏性少，较松脆，故应防止人畜践踏"，还报告了 25 年生的人工植被，平均土层厚度 4.33cm，每年平均成土速度为 1.73mm；人工植被中花棒灌丛下，平均土层厚度为 14cm，最厚 31.7cm；小叶锦鸡儿平均土层厚度 7.6cm，最厚14.4cm；油蒿平均土层厚度 6.9cm，最厚 13.5cm。

2.3　植被类型对沙漠环境的适应性原理

2.3.1　干旱半干旱区荒漠植被的类型和特征

1. 干旱区荒漠植被的类型和特征　　从植被角度观察，荒漠植被是指在干旱气候支配下的植被类型，该地以多年生的低矮、稀疏的旱生灌丛构成植被的主体，色调灰暗，除局部地区存在早春短命植物层片外，其余地区缺少葱绿生机，呈现荒凉的景观特色。此区生存的植被称为荒漠植被。荒漠含干荒漠和高寒荒漠。前者以热量充裕而水源匮乏为特征，由于光热有余而水源不足，故水源因素制约生物类群的繁衍；后者即因热量不足而构成根本限制。

干旱荒漠区除存在唯一的真正森林——胡杨林外，植被普遍极其稀疏，很难形成对地表的有效郁闭，甚至完全不存在植物踪影而导致地表裸露。在干旱环境下生存的植物普遍低矮，且由于缺少雨水的洗涤，其在一年中的多数时间总是满布灰尘，使地表与植物都呈现灰暗的色调。荒漠中，多年生低矮的旱生灌丛是其最主要成员，一年到头都能找到这些植物的存在。

丘明新在 2000 年出版的《我国沙漠中部地区植被》一书中将这一地区的植被划分为荒漠、草原、灌丛、草甸、沼泽、河岸落叶阔叶林、山地森林等 7 个类型，包含 59 个主要的植物群系。荒漠植被分为小乔木荒漠、灌木荒漠和半灌木、小半灌木荒漠 3 类，详见表 2-30。

表 2-30　中国荒漠植被类型

小乔木荒漠	灌木荒漠	半灌木、小半灌木荒漠
	泡泡刺群系	红砂群系
	齿叶白刺群系	珍珠群系
	裸果木群系	合头草群系
	木本猪毛菜群系	驼绒藜群系
	膜果麻黄群系	灌木亚菊群系
	木霸王群系	亚菊、灌木亚菊群系
梭梭群系	沙冬青群系	籽蒿、沙鞭群系
	绵刺群系	尖叶盐爪爪群系
	四合木群系	
	半日花群系	
	小叶锦鸡儿群系	
	藏锦鸡儿群系	
	蒙古扁桃群系	
	蒙古沙拐枣群系	

就整个干旱区而言，荒漠植被在空间分布极不均匀，从完全裸露，到极度稀落，进而出现不同程度集结成丛甚或密集的分布格局。通常较稠密的植丛所占面积比例很小，绝大部分处于裸露到不同程度的稀疏变化。大部分地区植被总盖度低于 10%。准噶尔盆地由于冬雪的存在，总盖度平均达 30%，极值为 10%～50%，主要是梭梭林和怪柳灌丛。塔里木盆地的平均盖度小

于 1%，大范围的流沙地段完全裸露，仅在沿河（含古河床和湖沼）地带、地下水溢出带或沙丘间的谷地有数量不等的植物聚生。

以梭梭为建群种的荒漠植被，在空间集结较胡杨、柽柳为主体的植被相对较分散。例如，在玛纳斯湖湖盆区的梭梭林，由于该地交通不便而保持原生状态（表 2-31）。

表 2-31　玛纳斯湖湖盆区梭梭样地统计

活株覆盖度	株高/m		基径/cm		活株总数/hm²	幼株/hm²	僵死株/hm²
	平均	最高	平均	最大			
10%	2.4	4.0	12.6	51.0	165	45	330

注：样点 6 个，样地总面积 4800m²

应当指出，此样区的梭梭均呈散布，绝不呈现冠幅交盖现象。据现场统计，生活植株与未朽解的僵死株植冠的投影盖度达 35%，其中活株 10%～15%。对 65 株树进行随机统计，平均株距 7.2m，折合每公顷约 1400 株。

在降水量低于 100mm 的极干旱地区，植被除在明显平坦区偶有零散的或趋于均匀分布外，多呈紧缩型（contracted type）分布。在环境较为恶劣的地段，植物更经常在极其狭窄的空间拥挤地生长，而其余地段却极少植株存在。这种现象，禾草类的聚丛生长甚为普遍，芨芨草（*Achnatherum splendens*）明显表现为紧缩生长。除禾草外，新疆的野苹果（*Malus sieversii*）林也具类似现象。在伊犁地区的山地，野苹果通常为单株散生，但在较宽的山谷中，干旱程度较显著的坡面，苹果的成株即呈多株簇生，甚至多个主干扭缠呈"麻花"状。在同一坡面，其他灌木也呈现不同程度的簇生现象。现场统计，这一坡面生长的乔、灌植物，簇生率高达 77.88%，每丛至少有两株紧连在一起。簇生现象似加剧了多株植物对有限水分的争夺，但在干旱区极为普遍，尤其对幼苗的保存发现有良好的作用，从而通过簇生现象保持了种群的繁衍。胡杨、柽柳（*Tamarix chinensis*）普遍具有紧缩分布现象。在塔里木河下游阿拉干地区的胡杨林地，除在空间呈不均匀的紧缩分布外，也发现多株集丛生长的同龄植株较单株散生的明显茂盛，在额济纳旗居延绿洲，记录到胡杨多株聚生或 2～5 株融合为一整体的现象，所有这类植株与其邻近的单株相比较，其生势明显较后者旺盛。当干旱程度有所减缓，植被在空间的分布即相对较为分散。北非的干旱区，有报道称，随冬雨量的增加，干旱植被——紧缩植被被扩散分布的植被所替代，从而使植被盖度明显上升。新疆北部的梭梭荒漠似乎符合这一规律，但有关研究表明，梭梭分布从高空观察也具有呈团状集结的现象，植丛具相对分散分布，这与降水条件的改善呈现一致性，但就干旱区的整体格局，仍具有明显的集结或紧缩分布的迹象。

2. 半干旱区荒漠植被的类型和特征　我国半干旱地区的沙地，从生物气候带讲，地处森林与草原的过渡带，即疏林草原带。区内降水差异不大，仅受南北和东西温度差异影响，土壤基质为非地带性风沙土，植被为疏林草原。

疏林草原植被是该区特有植被类型，无论东部沙地还是西部黄土区都有分布，面积 100.29 万 hm²。疏林草原多以榆属、锦鸡儿属和蒿属植物构成群落的优势种，但其东、西部疏林草原在群落构成上有很大差异。在东部，疏林草原主要分布于呼伦贝尔、松嫩、科尔沁三大沙地之中，其中呼伦贝尔沙地以榆树（*Ulmus pumila*）+欧洲赤松（*Pinus sylvestris*）＋小叶锦鸡儿（*Caragana microphylla*）群落为主，科尔沁沙地的疏林草原则主要为大果榆（*Ulmus macrocarpa*）＋山杏（*Armenica sibirica*）＋小叶锦鸡儿＋东北木蓼（*Atraphaxis manshurica*）＋盐蒿（*Artemisia halodendron*）群落，松嫩沙地疏林草原以榆树＋山楂（*Cratagus pinnatifida*）为主。疏林中，其他乔木还有油松（*Pinus tabulaeformis*）、蒙古栎（*Quercus monogolica*）、旱柳（*Salix matsudana*）、山杨（*Populus davidiana*），灌木、半灌木种还有黄柳（*Salix gordejevii*）、山竹子（*Hedysarum flaccidum*）、杠柳（*Periploca sepium*）、麻黄（*Ephedra sinica*）、胡枝子（*Lespedeza bicolor*）、绣线菊（*Spiraea salicifolia*）等。呼伦贝尔沙地和科尔沁沙地结构良好的疏林草原一般由乔木、灌木、半灌木和草本植物构成，乔木层高 4～5m，密度 40～110 棵/hm²，林分郁闭度 0.1～0.2；灌木、半灌木和草本层一般分别高 0.8～1.2m、0.3～0.5m 和 0.2～0.3m。但由于人类活动的强烈干扰，相当一部分疏林草原植被只剩下乔木和草本植物两层，林下灌木半灌木层消失殆尽。部分疏林上层乔木受到破坏后成为沙地灌丛草地。在松嫩沙地，榆树疏林呈"公园式"景观，榆树零星散布于空旷草原上，林下不出现任何温带森林特有的灌木层，其疏林受到破坏后出现大针茅群丛，群丛常占据沙丘顶部，形成具有针茅于沙丘顶部的独特景观。根据典型区调查，东段的疏林草原植被植物种组成达 77 种，种的饱和度为 20 种/m²，宽幅 16～31 种。其植被盖度和生物产量（鲜重）较高，分别为 60%～80% 和 4500～5500kg/hm²。

中段疏林草原主要分布于河北坝缘及坝下山的开阔地带，其中坝缘疏林草原组成以榆树、小叶锦鸡儿为主。近几十年受放牧的强烈干扰，大部分地区林下灌木半灌木层消失。坝下山地中，由于受地形影响，部分地区降水量在 450mm 以上，山地阴坡乔木层出现兴安白桦（*Betula platyphylla*）、山杨（*Populus davidiana*）、黑桦（*Betula dahurica*），林下灌木出现蒙古黄榆（*Ulmus Macrocarpa* var. *mongolica*）、黑果栒子（*Cotoneaster melanocarpa*）、沙梾（*Cornus bretschneideri*），其林分郁闭度和草本植物生长状况明显好于坝缘地区。该区疏林草原植被覆盖度为 60%～80%，生物产量（鲜重）为 3000～4000kg/hm²。

晋西北的疏林草原分布在保德等地，以杨、栎、桦为主，上层林木郁闭度 0.3 左右，系开阔的疏林草原。在毛乌素沙地东部及南部（陕北地区），由于数百年的战乱和大肆砍伐，已经很难见到成片的疏林植被，但依稀可以看到在中间锦鸡儿（*Caragana intermedia*）＋北沙柳（*Salix psammophila*）＋油蒿（*Artemisia otdosica*）＋砾苔草（*Carex stenophylloides*）等灌丛中残留的榆树、杏树，一些村庄周围和山坡地也还零星分布着小片榆树林、杏树林或独木，反映了该区也曾有过疏林景观。

根据对科尔沁沙地地层结构的分析结果（董光荣，1994），第四纪至少晚更新世以来，该区自然环境曾经历过温暖湿润和温凉稍湿的森林草原和疏林草原与干冷多风的干草原至荒漠草原甚至荒漠的多次变化。其中，晚更新世前期与后期分别在暖湿的森林草原与干冷的干草原和荒漠草原之间波动。本区现代处于半湿润温带森林草原与干旱荒漠之间的半干旱典型草原至疏林草原的过渡位置。武吉华、郑新生的研究指出，科尔沁沙地曾有过"蒙古栎杂木林盛期，油松针叶林茂期，榆树疏林茂期"。时至今日，蒙古栎仅在大青沟沟内特殊生境下有一些保存，油松针叶林也只有翁牛特旗的松树山保存一小片，而榆树疏林仍有较大面积分布。主要原因是榆树疏林草原是科尔沁沙地古老的、持续期最长的原生植被，具有极强的适应性、稳定性，有很强的抗干扰能力和恢复能力，而且生物产量高，它是科尔沁沙地植被演替的顶极群落（刘慎谔，1985；刘英心 1982；南寅镐，1990；李胜功，1996）。

1998 年，相关研究人员对科尔沁沙地 12 个旗（县）的榆树疏林草原进行了调查，其中 11 个旗（县）仍有天然榆树疏林草原分布，总面积约达 4139km²（表 2-32）。分布的立地条件包括沙丘、平缓沙地、丘间滩地（即坨、沼地和一些甸子地），而以固定沙丘和固定平缓沙地为主，在流动沙丘和流动平缓沙地上也有分布。可见，榆树疏林草原适生于科尔沁沙地多种气候、土壤、地貌类型等立地条件。

表 2-32　　科尔沁沙地榆树疏林草原分布区的面积和气候特征

地名	经度	纬度	海拔/m	年均温/℃	年降水量/mm	年均蒸发量/mm	面积/hm²
开鲁县	121°	43°50′	320.65	5.9	338.8	2 063.8	1 257
奈曼旗	121°36′	42°47′	480	6.4	362.3	1 935.4	2 880
通辽市	121°59′	43°30′	239.27	6	394.9	1 767.3	3 684
通榆县	122°14′	44°39′	198.12	5.1	405.7	1 897	9 713
库伦旗	121°18′	42°48′	405.69	6.7	444.7	2 199.3	14 100
翁牛特	119°12′	43°02′	625.45	5.8	368.6	2 138.8	15 333
科左中旗	123°24′	43°40′	129.84	5.2	412.6	1 897.4	52 800
科左后旗	122°59′	43°08′	260.3	5.8	446	1 741	67 200
扎鲁特旗	120°53′	44°26′	294.44	5.8	387.4	1 900.8	87 300
科右中旗	121°31′	45°13′	327.96	5.6	372.5	2 297.1	159 609
彰武县	122°46′	42°43′	472.3	7.1	519.5	1 805.5	
合计							413 876

注：中国三北 009 项目（FAO/GCP/CPR/009/BEL）提供数据

　　梁一民的研究表明，黄土区森林草原地带，由于丘陵沟壑地形的影响，水热及空气运动重新分配，南部森林沿着沟谷向北延伸；北部干草原群落顺着干燥的丘顶梁脊向南延展；大面积坡面上是旱中生矮乔木构建起的疏林草原群落，这里的疏林草原带是森林和草原之间复杂的接触空间，植物群落的配置特点，是这里农林牧建设应该遵循的自然规律。但长期以来人们违背这一客观规律，农业上进行反复垦殖，引起水土强烈流失；林业方面一次又一次以中生性速生乔木树种大面积造林都失败了，结果农业、林业都上不去，牧业也不能发展，还造成生态环境恶化。

　　另外，在半干旱区的毛乌素沙地还有柳湾林，主要由沙柳、乌柳、沙棘等适宜在低湿地上生长的灌木组成，主要分布在毛乌素沙地的地下水位较高的沙丘间地，密度较大，生长良好。但从 1980 年开始，由于过度放牧和地下水位下降，柳湾林遭受到严重的破坏，现已残缺不全，所剩无几。在毛乌素沙地和浑善达克沙地还分布天然的沙地柏灌丛，从 20 世纪 80 年代开始受到重视，并对其加以保护，目前保存尚好，固沙作用较好。

2.3.2　干旱半干旱区人工植被存在的问题

　　从 1949 年至今，相关研究人员一直不停地在我国东西部沙区与半干旱干旱沙地（沙漠）进行沙地改良工作，人工植被的面积不断扩大，最为重大的成绩是改造了大片的沙地成为良田和疏林草原，在沙漠中建立了许多新的绿洲，穿越沙地（沙漠）的铁路、公路、村庄、城镇在植被的保护下安然无恙。但是植被的退化也很严重。

　　1.“三北”地区的杨树“小老树”　　杨树人工林遍及三北地区，主要分布在农牧业作业区和沙地、丘陵区，并以杨树丰产林、各种防护林和“四旁林”为主，大多数属于森林结构。至今三北地区杨树人工造林面积达 500 多万 hm²。目前，仍以年新增 20 多万 hm² 的速度在发展，成为三北地区的“当家”树种，地位显赫。但是三北地区杨树人工林也存在很大的问题，主要是病虫害和“小老树”，严重制约着杨树的发展。截至 2010 年，在三北地区有杨树“小老树”近 140

万 hm²，主要分布在半干旱和干旱荒漠草原地带，尤其是在黄土丘陵区和降雨不足 300mm 的风沙区，它们远看是林海，近看不成材，生长十几年，蓄积量只有 7~15m³/hm²，直接效益甚微。

　　"小老树"是人们对三北地区低质低价人工林的一种形象称谓。据统计，全国有低产林面积 3364.2 万 hm²，占林地总面积的 27.4%。自 1950 年以来，内蒙古中部营造了大面积的人工林，主要树种是杨树和白榆，主要分布在年降水量 250~450mm 的地区，有相当一部分成为"小老树"，森林的各种效益不高。1980 年，内蒙古的造林保存面积为 146.7 万 hm²，其中杨树保存面积为 93.3 万 hm²，占 63.6%，小叶杨"小老树"面积为 37.3 万 hm²，占林地总面积的 25.4%。部分地区"小老树"面积达到林地总面积的 60%。余新晓认为"小老树"属于低产林范畴，确切地说是一种低生物产量的林分，它有两个基本特征，一是低矮；二是生长提前衰退。韩蕊莲也认为小老树属于低产林范畴，其特点是个体矮小，到中龄时树高仅 4m 左右，胸径小于 10cm，每亩年生长量小于 0.1m³，渐渐生长衰退并失去经济利用价值。

　　2. 章古台的樟子松林衰退　　地处科尔沁沙地南缘的辽宁省章古台从 1956 年引种开始开启了沙地栽植樟子松的历程。引种地与原产地内蒙古呼伦贝尔地区红花尔基沙地的跨度大，气候条件发生了很大变化（表 2-33），但土壤的理化性质与原分布区差异比较小，两地的樟子松林分生长状况与生长规律却发生很大变化。在章古台地区初期生长较快，很快进入生长高峰，但 30 年后已经进入平缓并开始出现衰退，辽宁省固沙造林研究所的研究员把该地区的樟子松更新期定为 40~45 年，樟子松原产地和引种区的生长规律变化见表 2-34。中国科学院兰州沙漠研究所研究员赵兴梁先生认为，樟子松在红花尔基地区的更新期为 80~100 年。

表 2-33　章古台与红花尔基地面气候资料

地点	纬度	气温/℃	年均降水量/mm	蒸发量/mm	最低气温/℃
红花尔基	47°36′N	1.3	318.9	1156.7	−45.0
章古台	42°43′N	6.2	500.0	1762.0	−30.5

表 2-34　樟子松原产地和引种区的生长规律变化　　（单位：年）

地区	缓慢生长期	生长高峰期	旺盛生长期	平缓生长期	衰退期
章古台		10~21	22~30	31~40	40
红花尔基	1~15	15~30	30~60	60~80	80

资料来源：焦树仁，2001

　　3. 黑河下游地区天然植被严重退化　　自 20 世纪 50 年代初以来，天然植被覆盖度大于 70% 的林灌草甸草地减少了 78.26%，覆盖度为 30%~70% 的湖盆、洼地、沼泽草甸草地及产量较高的草地减少了 40% 左右，草地总面积也减少了近 50%，相反，覆盖度为 10%~30% 和小于 10% 的戈壁、沙漠面积扩大了 67%。20 世纪 60 年代，金塔县的天仓、营盘、夹墩湾、拐坝、双城等地的 667hm² 胡杨（*Populus euphratica*）林，现在只剩下夹墩湾一处，不足 7hm²，金塔县国营拐坝林场几百公顷的沙枣（*Elaeagnus angustifolia*）林已所剩无几，20 世纪 50~60 年代兴建的 60 多个乡村林场的 700hm² 林地，也大都不复存在。与 50 年代相比，分布于河岸的胡杨、沙枣林面积减少了 54%，红柳（*Tamarix ramosissima*）林面积减少了 33%，成片的芨芨（*Achnatherum splendens*）草甸、芦苇沼泽逐步消失，已被旱化的骆驼刺（*Alhag isparsifolia*）、花花柴（*Karelinia caspica*）、黑果枸杞（*Lycium ruthenicum*）群落取代；原绵延

800km 的 $1.13×10^6hm^2$ 梭梭（*Haloxylon ammodendron*）林已减少到目前的 $2.0×10^5hm^2$；胡杨林面积由 $5×10^4hm^2$ 减少到目前的 $2.26×10^4hm^2$。现存林的状况是疏林多、老树多、病腐木多，红柳林由 $1.5×10^5hm^2$ 减少到目前的 $1.0×10^5hm^2$，沿河乔灌木林严重退化，以疏林为主且林木生活力极差。柽柳（*Tamarix chinensis*）林 1987 年生长面积为 $1554hm^2$，到 1996 年减少到 $1411hm^2$，在 9 年间减少了 $143hm^2$，而退化枯死的柽柳林分布面积增加了 $25hm^2$。草本植物从 200 多种减少到目前的 80 余种，可食牧草由 130 多种减少到目前的 20 多种，载畜量也从 0.5 羊单位$/hm^2$ 降到目前的 0.27 羊单位$/hm^2$。20 多年前还可见到的野驴、盘羊、天鹅等珍稀动物已绝迹或迁徙他乡。

4. 石羊河流域下游人工林衰败　　以甘肃石羊河流域下游的民勤地区最为突出。在 1 万年以前，地处石羊河下游的民勤县曾是水波浩渺的地方，但随着绿洲的扩大和人口的增加，环境退化，荒漠化蔓延，使众多民勤人流离失所，背井离乡。新中国成立以来，民勤人民在党和政府的领导下，广泛开展了防风固沙、植树造林。20 世纪 60 年代初梭梭（*Haloxylon ammodendron*）从新疆引入民勤，并开展育苗、造林试验获得成功。至 1977 年，人工梭梭林的保存面积达到 $1654hm^2$，占人工林总面积的 64%。"三北"防护林体系建设期间，营造了大面积的人工梭梭林，到 2002 年，人工梭梭林保存面积已达 3.5 万 hm^2，占到人工林总面积 6.78 万 hm^2 的 51.6%，在绿洲边缘构建了宽 2～5km 的梭梭林防风固沙带，对保护绿洲内工农业生产起到关键性作用。森林覆盖率由 20 世纪 50 年代的 3.4%提高到目前的 6.9%，从根本上改变了民勤的生态环境，极大促进了民勤社会、经济的全面发展，使民勤成为全国治沙的先进县、典型县。但从 70 年代开始，人为活动改变了梭梭林的生存环境，使得大面积的人工梭梭林出现了衰退现象，严重威胁到民勤绿洲的生存与发展。

2.3.3　干旱半干旱区植被退化成因分析

1. 密度问题

（1）杨树"小老树"　　研究结果表明，形成"小老树"的主要原因是土壤水分亏缺、水分利用率低和土壤肥力不足。张提（1999）通过对山西省阳高县大泉山 $64hm^2$ 低产慢生的小叶杨林的研究认为密度大是产生"小老树"的主要原因。

位于科尔沁沙地西南部的赤峰市城郊林场沙丘顶部的杨树，树木营养面积 $1m^2$，树木平均胸径为 7.85cm，同一立地的单株树木营养面积 $100m^2$，树木平均胸径为 22.91cm。沙丘中部的杨树，树木营养面积 $1m^2$，树木平均胸径为 9.19cm；树木营养面积为 $0.25m^2$ 时，树木平均胸径为 7.29cm。另据不同造林密度对杨树生长的影响（表 2-35），减小造林密度，可以大幅度提高林木的生长量。一般在造林初期，林木的生长差异不大；但到后期，林木由于对营养（主要是水）的需求增大，在大密度情况下，得不到充足的营养而使生长受到限制。这些现象说明造林密度过大是造成"小老树"形成的直接原因。

表 2-35　不同造林密度对杨树生长的影响

密度（m×m）	林龄（1 年）		林龄（3 年）		林龄（9 年）	
	平均高/m	平均胸径/cm	平均高/m	平均胸径/cm	平均高/m	平均胸径/cm
1×1	3.56	2.40	8.70	5.60	16.38	11.15
2×2	2.56	2.09	11.10	9.10	18.77	19.40
4×4	2.57	1.95	11.20	12.1	23.38	24.88

众多的研究表明，造成杨树"小老树"的原因主要是立地条件选择不当和密度大，两者归结到了一个问题上——土壤水分亏缺。在科尔沁沙地这样的水分不足的地区试图营造森林植被是不现实的，是不可持续的。科尔沁沙地人工栽植的杨树，其适应性无可非议，杨树造林只要方法得当，成活是没有任何问题的，关键是能否按照相关研究人员设计的要求正常成林、成材。吕文等提出改造杨树小老树，要从抓品种更新和调节林分水分平衡入手，加强抚育、复壮更新，合理疏伐，把林分大划小、片划带，带间种植刺槐、沙棘、松树和优质牧草等，达到以槐（沙棘和草）促杨，多树种并茂发展。只要减小密度，用樟子松和混交林的方式可以改造杨树"小老树"。

（2）梭梭林密度问题　　从 20 世纪 70 年代开始，梭梭林这一优良固沙林种出现了不同程度的退化。梭梭的造林密度大，容易耗尽土壤水分而引起梭梭衰败。除水库及环河周围外，在地下水位较深的区域，要采取平茬复壮、间伐等辅助措施，维持梭梭密度在 525～600 株/hm²，这是民勤降水所能维持的最大密度，可维持梭梭林地水分的收支平衡。梭梭适宜在地下水位浅、降水稀少的干旱荒漠区生长。民勤梭梭的大面积衰败，主要是大量打井消耗水资源使地下水位下降引起的，要恢复梭梭林的原有面貌只有恢复梭梭林地的原有水环境，这是一项漫长且耗资巨大的工程。在控制人口数量，调整产业、种植结构，节约用水的同时，可跨流域调水，减少对地下水资源的开采，延缓地下水位下降，并最终实现地下水位的恢复。1981 年，北京林业大学的张克斌调查了民勤地区的梭梭林，密度过大所造成的土壤干旱是民勤地区梭梭林衰亡的根本原因，民勤沙井子地下水位变化及民勤盆地沙枣年径生长与地下水位相关图见图 2-1 和图 2-2。众所周知，森林是"绿色水库"，但树木也是"抽水机"，在干旱荒漠地区，因降水稀少和由此形成的地表径流极少，造林初期树木主要起着"抽水机"的作用。因此，在干旱荒漠地区造林，必然导致土壤水分状况发生变化。在林分密度过大且缺乏外来水源补给的情况下，由于植物蒸腾消耗，必然造成土壤干旱。调查表明，良好的梭梭林密度为 69 株/亩[①]、土壤含水率为 1.935%，有效含水分量为 1.111%，生长衰退的梭梭林密度为 195 株/亩，土壤含水率为 1.065%，有效水分量仅为 0.241%。

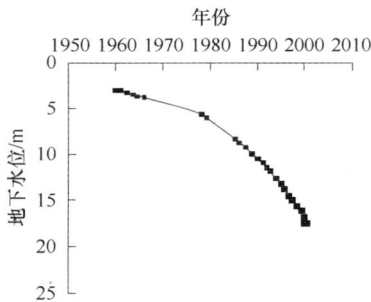

图 2-1　民勤沙井子地下水位变化　　图 2-2　民勤盆地沙枣年径生长与地下水位相关图

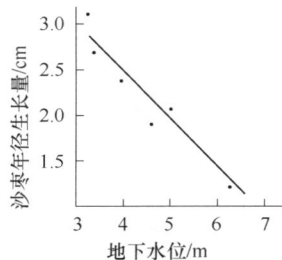

2. 水分问题

（1）杨树"小老树"　　根据相关研究人员在科尔沁沙地钻孔经验，地下水位为 0～1.25m，多为湖边草场，地下水位、立地等级与植物分布的关系见表 2-36，地下水位与植被适宜性的关系见表 2-37。地下水位为 1.25～2.5m 的地段，农耕比较适宜。地下水位为 2.5～4m 的地带宜栽植杨树，而这一过渡地带很窄。而在地下水位大于 4m 的沙丘地，宜植灌木，或营造榆树林地。

---

① 1 亩≈666.7m²

杨树已经不适宜了，典型的例子是内蒙古敖汉旗北部大沙丘上，人工灌木长势非常好。许多人工杨树林在造林过程中并没有考虑杨树根系的吸水能力，在较高的沙丘地上也大面积造林。虽然成活了，长势却很差，形成乔木的灌木化，如内蒙古奈曼旗兴隆沼林场西部有大面积的杨树林具灌木形态。

表 2-36　地下水位、立地等级与植物分布的关系

植被类型	地下水位/m	立地等级
芦苇	0～0.5	1.1
低地草场（甸子）	0.5～1	1.2
低地玉米高粱地	1～2.5	2
柳树	1～3	2
杨树丰产林（长势好）	1～4	2 和 3
杨树防护林（长势差）	>4	4
榆树	>4	4

表 2-37　地下水位与植被适宜性的关系

沙地地下水位/m	适宜的植被	备注
0～1.25	多为湖边草场，牧草长势良好，但雨季多为水淹没	低湿地草甸草原，生物产量居中
1.25～2.5	种植玉米及其他大田作物比较适宜	沙坨甸地中开辟的农田，旱作，中等产量
2.5～4	宜栽植杨树	奈曼旗八仙筒林场的速生丰产林地，林木长势良好
>4	宜植灌木，或营造榆树林地	敖汉旗北部大沙丘上，人工灌木长势非常好

近年来，由于生态建设的需要，造林任务逐年增加，而自然气候却出现连年严重干旱，使得通辽市杨树林分生长参差不齐。生长在地下水位较高、土壤透气性好的造林地上的'白城41号'杨林木，高生长的连年生长量达 1.54m，胸径连年生长量由于密度影响为 1.18～2.26cm；而生长在立地条件差、地下水位低的造林地上高生长的连年生长量为 0.74m，胸径连年生长量为 0.76～1.0cm，与生长在通辽市林研所树木园的情况相差甚远。

中国科学院西北生态环境资源研究院的研究表明，通辽市通过打井抽取地下水，使得潜水位由 1990 年的 3～4m 下降到 2000 年的 6～8m，其直接生态后果一方面是危及已营建的人工林的存在；另一方面，大面积潜水位的下降将波及天然植被的盖度和生物量。据他们在 2002 年 5 月对通辽市的野外调查，目前老哈河和教来河流域的人工杨树林已局部成片死亡；这种恶性循环将进一步加重当地生态危机。西拉木伦河通辽市地段自 1998 年大水之后已经连续 5 年无水，变成干涸河。教来河等河流多年无水，莫力庙水库、奈曼西湖等已经成为历史，原来生长在河床附近靠地下水维持生长的杨树开始出现衰退。本地区的许多人工杨树林在造林过程中并没有考虑杨树根系的吸水能力，在较高的沙丘地上也大面积造林，虽然成活了，长势却很差，形成乔木的灌木化。例如，兴隆沼林场西部有大面积的杨树林具灌木形态，而在地下水位大于 4m 的沙丘地栽植的灌木和榆树长势普遍较好。

（2）"樟子松"林　　常学礼等对科尔沁沙地南部奈曼旗大柳树林场周围的樟子松生长状况与水热条件进行了研究，结果表明，在没有地下水补充的沙丘上部，樟子松高生长在 12 龄以前受环境条件制约程度甚微，12 龄以后明显受到环境条件的制约，高生长速生期趋向结束。而在有地下水补充的丘间低地 15 龄的樟子松仍处于生长旺盛期，不同立地条件下 15 龄樟子松的生长状况见表 2-38。

表 2-38　不同立地条件下 15 龄樟子松的生长状况

立地条件	密度/ （株/hm²）	平均树高 /m	平均胸径 /cm	新梢长 /cm	针叶鲜重/（t/ hm²）	材积/ （m³/hm²）	生物量鲜重/ （t/hm²）
沙丘上部	330	3.10	4.62	23.0	7.14	47.92	11.52
丘间低地	330	4.52	4.84	58.0	14.46	88.06	27.28

樟子松人工林在不同沙丘部位的差异见表 2-39。迎风坡风沙活动强烈，沙面稳定程度差，不利于樟子松的成活和生长。背风坡和丘间低地风沙活动较轻，水分养分状况较好，而且丘间低地属于所谓降水再分配的汇水区，同时地下水位较浅，因而樟子松的成活率、保存率和长势都比较好。此外，科尔沁沙地西缘翁牛特旗乌兰敖都地区，年平均降水量 340.5mm，1970 年营造了樟子松固沙林，初植密度为 4444 株/hm²，1978 年保存株数是 4000 株/hm²，在生长季林分蒸腾耗水量为 565mm。即使初植密度为 2500 株/hm²，1978 年林分在生长季耗水也将达到 353mm，根系分布层的土壤含水量降至凋萎系数。

表 2-39　樟子松人工林在不同沙丘部位的差异

地点	沙丘部位	地下水位/m	林龄/年	密度/（株/hm²）	胸径/cm	树高/m	生物量/（t/hm²）
奈曼旗	丘顶		15	3600	3.40	2.52	
	迎风坡中部		15	3300	4.62	3.10	11.52
	迎风坡上部		15	3300	4.54	3.00	
	丘间低地		15	3300	6.84	4.53	27.78
章古台	沙丘下部	4～5	27	1250	14.5	10.60	81.40
	沙丘上部	8～10	27	1250	12.3	8.60	62.00

资料来源：李胜功，1991

水分状况的恶化主要是樟子松林蒸腾耗水量大所造成，24 年生樟子松人工林（密度 1250 株/hm²），在生长期每公顷耗水量为 348.3mm，林分蒸腾是水分输出的主要途径，占输出水量的 82.8%，导致土壤水分亏缺，生长期内水分亏缺 55.3mm。章古台地区樟子松固沙林在大于 25 年生以后可用于蒸腾的水量为 255mm，在林分郁闭成林后，水分供应将十分紧张，会引起林木死亡。

水分亏缺主要靠地下水和土壤水补给，章古台沙地樟子松人工林在多数年份水量的输出大于输入，土壤中的贮水量趋于减少，地下水位也逐渐降低，1954 年为 0.6m，1962 年为 1.5m，1975 年为 2.7m，1979 年为 3.0m，1985 年已下降到 3.5m，土壤含水量的减少严重限制了樟子松的高生长。在造林初期 2～4 年内，影响樟子松成活和生长的主要因子，首先是风沙流活动强度，其次才是土壤水分状况。但当生长进入高速期后，土壤水分含量成为主要的影响因子。焦树仁等认为，林地土壤的含水率降低，发生水分亏缺，成为樟子松固沙林生长的主要限制性因子。17～25 年生樟子松 0～300cm 土层平均含水率比无林对照区降低 1.0%～1.7%。

（3）黑河下游地区天然植被的水分问题　　黑河流域植被退化的因素很多，中游工农业用水量增大，流入下游的水量减少，造成区域地下水位下降，从而使包气带土壤极度旱化，植被退化。20 世纪 50 年代初，东西居延海水域面积有 $300km^2$ 以上，年产鱼 $5×10^4kg$，现在西居延海已成寸草不生的戈壁滩，东居延海只剩下干涸的湖底，鱼骨遍地，满目凄凉。额济纳旗平原区天然植被覆盖度与地下水位埋深的关系见表 2-40。

表 2-40　额济纳旗平原区天然植被覆盖度与地下水位埋深的关系

地点	植物群落类型	地下水位埋深/m	植被覆盖度/%
额济纳旗天然绿洲区	芦苇群落	<1	50～70
		1.0～2.2	20～30
	芦苇～黄蒿群落	1.1～2.57	5～10
	胡杨～芦苇群落	1.4～2.35	10～20
			5～10
	梭梭～芦苇群落	0.2～2.63	5～10
			<5.0
	白刺、麻黄群落	>3	<5.0
居延海周围地带	胡杨～沙拐枣群落	1.0～2.0	20～70
	红柳～梭梭群落	3.0～5.0	20～50
	红柳群落	>5.0	稀疏

（4）石羊河流域下游人工林　1950～1960 年，曾在地下水位较高的湖盆洼地大面积营造沙枣林，使全县人工林地面积一度达到万亩以上，这些乔木林主要以汲取地下水为生。至 1970 年后期，地下水的不合理开采，引起区域性地下水位下降，一般下降 1m，甚至更多，且下降速率逐年增大，导致土壤包气带疏干，林木生境条件变劣，有近万亩沙枣林枯死。万亩秃顶枯梢，一片残败景象。除渠道两侧和水分条件较好的河网地区外，都受到不同程度的影响，尤其以民勤绿洲的南部问题比较突出。沙枣为浅根性植物，其生长主要取决于地下水位、水质和土壤情况。据对沙枣解析木的年轮分析表明，沙枣年轮生长量与地下水位之间有一定的相关关系，当地下水位深为 5～6m 时，沙枣年轮生长只有 1mm，基本停止生长。在根系周围水分耗尽后，便枯萎死亡，沙枣生长、地下水位与土地沙化关系见表 2-41（陈荷生，1995）。

表 2-41　沙枣生长、地下水位与土地沙化关系（陈荷生，1995）

地下水埋深/m	沙枣生长情况	土地沙化程度	地下水埋深/m	沙枣生长情况	土地沙化程度
2～3	生长正常	不沙化	5～6	大部枯梢、衰败	中度沙化
4～5	生长不良，枯梢少数死亡	轻度沙化	>6	大部林木死亡	强度沙化

近半个世纪以来，石羊河流域内工农业生产的迅速发展，人口的飞速增长，中上游地区对水资源的利用及其控制水平不断提高，使流入下游民勤的水量大幅度减少。20 世纪 50 年代，流入民勤的年石羊河水量约为 5.731 亿 m^3，20 世纪 60 年代减少为 4.402 亿 m^3，20 世纪 70 年代为 3.224 亿 m^3，80 年代为 2.287 亿 m^3，20 世纪 90 年代平均不足 1.5 亿 m^3，目前仅有 8000 多万 m^3。绿洲内部已形成了长期的、与日俱增、不施加积极干预便不可逆转的水荒。面对上游来水锐减的实际，民勤绿洲大量提取地下水，从 20 世纪 70 年代至今，全县共打井 11 000 余眼，年提地下水近 6.0 亿 m^3，

每年净超采地下水已超过 3.0 亿 m^3，导致地下水位以每年 $0.3\sim0.8m$ 的速度下降，绿洲内部地下水位最深已达 30m，较浅的地区也在 15m 以下，外围荒漠地下水位基本维持在 1m 左右。

综上所述，水资源的减少和地下水位的下降与植被的退化及其退化程度有着密切的关系，是造成干旱半干旱区植被退化的根本原因。人类活动和自然环境的波动变化都易使已建立的生态平衡体系遭到破坏，而且它们相伴生，即区域地下水位下降导致天然植被退化，植被退化助长了土壤盐渍化、沙漠化，而土壤盐渍化、沙漠化又进一步迫使植被退化，从而形成了一个互相制约、互相影响的恶性循环系统。

3．沙地人工植被退化的本质 沙地人工植被退化的本质从表面上看是密度、水分等问题，但从实质上分析，是植被的结构和类型这两个根本问题，建立适合于当地气候和土壤条件的植被类型，才能使人工植被达到预期的效果，并长期稳定地发展下去。

焦树仁等的研究表明，章古台地区的樟子松 20 年左右的树龄的林地出现了枯梢、严重的病虫害、生长衰退等现象；林分组成中樟子松相对密度大的林分和纯林发病率比较高，而混交林病害很轻，内蒙古敖汉旗含有樟子松的多树种固沙林没有出现病害。

科尔沁沙地、浑善达克沙地的榆树疏林草原植被，乔木密度小，乔灌草混交，成为该区域的顶极群落，长期稳定存在于沙地上。分布于内蒙古阿拉善荒漠上的天然梭梭林，在 20 世纪 50 年代超过了 1700 万亩，东西延长 800 多千米。天然林的存在说明在干旱半干旱沙区不是不可以构建人工植被，而是要遵循自然规律，不能营造大密度纯林。

2.3.4 人工植被构建原理

1．种类组成、结构多样性原理

（1）适地适林 适地适林是指在造林时既要考虑土壤和树木之间的相互适应关系，同时也要考虑造林地区的生物气候特征与植被类型之间的适应关系。既要选好适宜的树种和土地，也要选好适宜的林型。除防护林和经济林外，原则上选取乡土树种、营造疏林。传统的造林强调适地适树，主要包含 4 个方面的内容：选地适树、选树适地、改树（育种手段进行树种改良）适地和改地（造林整地、土壤改良、灌溉造林、集水造林等）适树，地主要是指土壤，树主要是指树种，这是植物种选择的原理。植被的配置要想上升一个层次，就要依据植被的地带性规律。植被的形成遵循的是地带性规律，一个大的自然区域分布的植被类型，是按照该区域的水（降水）热（温度）的配比关系产生的，土壤也是受水热配比影响的。所以在进行区域性植被恢复时首先从水热配比关系上分析，其次才考虑土壤的特殊性。从这个广阔的意义上说，"地"不仅仅是指土壤，而是一个地理区域，是一个地带性的概念。"树"也不仅仅是指树种，更应该是由各种植物构成的植被，主要是强调植被的结构，也是一个地带性的概念。所以，植被在配置上应该是适地适林。

在探讨适地适林问题时，首先根据地带性确定植被的类型。在草原地带的沙地，由于降水不足不能够形成森林，发育的顶级植被类型是疏林草原，那么在这个地带所建立的人工植被就应该是疏林草原，而不是森林植被。在半干旱的沙地上构建大面积的杨树林、樟子松林注定会衰退，大量树木死亡，灌木和草本植物不断侵入，最终演化成疏林草原。在确定了植被的类型之后再来考虑土壤和树种的问题，才是我们传统的适地适树问题。

（2）植物种类组成的多样性 杨树、樟子松、榆树等乔木在科尔沁沙地造林已经有几十年的历史，也为沙地生态恢复起到了非常重要的作用，当然是比较适宜的树种。几十年的经验告诉我们，乡土树种是最适宜的，也是最稳定的。虽然杨树、樟子松目前出现了诸如"小老树"、衰退等一系列问题，但是原因不在于树种不适宜，而是植被类型有问题。

可持续发展的植被一定是稳定的植被，植被的稳定性必然要求植被的种类组成是复杂和多样的。单一树种的植被对环境变异性的应对和适应能力是有限的，经常会在环境发生改变时遭受毁灭性的破坏；也容易遭受病虫害的侵袭，一旦发生病虫害，植被将遭受灭顶之灾。20 世纪 90 年代发生在西北地区的杨树光肩星天牛虫害，致使宁夏和内蒙古西部地区大面积杨树遭受破坏，大量的杨树被迫砍伐。永登县地处甘肃中部，是甘肃河西走廊的门户，属"三北"防护林重点建设县之一。活立木蓄积 345.1 万 m³，其中造林大部分树种以杨树为主。由于杨树天牛危害，截至 2002 年，该县已砍伐虫源木达 13 万多株，永登县 11 个乡镇的 1.7 万亩共计 300 多万株杨树危在旦夕，并已直接威胁到引大灌区新建防护林体系和天然林区森林安全，且逐步向"三北"防护林重点区域河西走廊传播，杨树天牛防治形势严峻。甘肃像永登县这样遭受杨树天牛危害的地区已经越来越多，目前，全省受灾面积达 50 万亩。兰州以东地区杨树基本已经毁灭，而且呈现出一种由东向西扩散的趋势，河西走廊 100 多万亩、景电灌区 10 多万亩、秦王川灌区的 5 万多亩杨树农田防护林和临夏回族自治州近 80 万亩的杨、柳、榆林木及华家岭林带受到严重威胁。以前没有受到天牛危害的古浪县，如今已成为重灾区之一。古浪县位于腾格里沙漠南缘，是河西走廊有名的风沙要塞。杨树是古浪防风固沙林带和农田林网的主要树种。近 10 年来，天牛危害开始严重，目前被天牛破坏的杨树达 7500 亩。如果天牛危害在杨树中蔓延，缺乏林网保护的古浪县将最终被沙漠吞噬。2001 年，永登县上川镇营造的万亩林带，采用了针阔叶树种及乔、灌、草等多种形式的混交方法。造林树种主要有云杉、山杏、沙枣、新疆杨、玫瑰等，抗虫免疫树种的比例达到 60%以上。实践证明，综合性营林是控制杨树天牛"有虫不成灾"的最有效办法。中国科学院沈阳应用生态研究所曹成有等在科尔沁沙地的研究结果中表明，丘间地植被发育很快，在围封条件下，30 年内经历了一年生草本阶段、多年生草本阶段和灌丛阶段。在组成结构上，物种多样性指数和均匀度呈上升趋势，而生态优势度下降，表明其具有相对稳定的特征。

（3）水平空间结构的多样性　　沙漠沙地的特点是空间异质性强，沙漠地区沙丘、丘间地相间分布，还有河流、湖泊、绿洲等镶嵌其间；科尔沁沙地等沙地上坨（沙丘）、甸（丘间地）相间分布。沙丘上水分条件较差，一般少生植被，主要是沙生先锋植物；丘间地水分条件较好，植被生长较为茂盛，而且在丘间地上部分地段地下水位较浅，可以生长乔灌木，或是较为良好的草甸草原。丘间地上部分地段地下水位出露形成湖泊，湖泊面积有大有小。因此在构建人工植被时，植被的水平空间结构也应该是多样的，构建成疏、中、密相间分布的多样性植被。在沙丘上和地下水埋藏较深的地段植被应该是疏林结构，水分条件尚好的地段，植被的密度可以加大，水分条件特别好的地段可以构建密集的森林植被。在沙漠沙地这样将水分限制作为第一限制因素的环境中构建人工植被，应以疏林地为主，稀疏的乔木间有足够的空间和水分资源供草本植物利用，使得植被的物种多样性变得更加复杂，增强植被的稳定性。

通辽市林业局在总结多年造林经验的基础上推广近自然林业模式，丘顶（沙丘顶部）栽种小叶锦鸡儿、羊柴、胡枝子等，丘坡（沙丘中部）栽植樟子松、山杏、沙地云杉、沙地柏、榆树等，丘间低地育草。造林时要不规则配置种植点，保留原生植被。造林前一年的雨季穴状整地，整地穴直径 100cm，深 30～50cm，穴位选择在植被少，土壤疏松的地段。灌木每亩栽植 50～80 株，阔叶乔木每亩栽植 30～50 株，樟子松每亩栽植 10～30 株，也可在雨季播种小叶锦鸡儿、羊柴等灌木。在沙地上建成的林地是疏密相间的乔灌草混交疏林地。

（4）垂直空间结构的多样性——乔灌草混交林　　为了充分利用沙地充足的光照资源和不同沙层的水分资源，垂直空间上有二至三个层片结构。最高的层片是乔木层，高度 3m 以上，杨树、榆树、樟子松或油松，单一或多树种，主要利用深层土壤水分；中间层片是灌木，高度为 50～200cm，主要是小叶锦鸡儿、羊柴、差巴嘎蒿、胡枝子等，或单一或多树种，主要利用沙层稳定湿沙层水分；最低层片是草本植物，主要利用表层土壤水分，植物组成随降水量而变化，多数是一二年生草本植物。多年的固定沙丘上还有生物结皮层，由藻类、苔藓、地衣等低等植物组成。沙漠沙地植被垂直结构的复杂性也增强了植被的防风固沙能力。根据古尔班通古特沙漠 4 种类型生物结皮的风洞实验表明，其对地表风蚀影响甚大，且随结皮类型及其破损程度不同而呈明显的变化。在 25～30m/s 的风速下，未经扰动的 4 类生物结皮均未发现沙粒起动和地表风蚀现象。中国科学院寒区旱区环境与工程研究所沙漠与沙漠化重点实验室张正偲等的风洞实验结果表明：无论是完好结皮还是自然恢复后的结皮，都可以提高结皮的起动风速、摩阻风速和空气动力学粗糙度长度。结皮的起动风速大于 17m/s。北京林业大学张克斌等在宁夏盐池的研究中表明：北方半干旱区生物结皮对植物生长存在先促进、后抑制的过程。在风蚀环境和不稳定的土壤条件下，生物结皮的出现可创造适合植物生长的微环境，为植物的生长提供条件。

　　疏林草原的林草植被是由乔木和少量灌木（林）与草原植物（草）共同构成的，是乔灌草混交林的最典型代表。以乔木为建群植物，乔木占据生境中水分条件最好的地段，在沙丘上的位置偏低，主要在丘间低地、沙丘下部，有时也可以占据沙丘的中部。乔木是整个景观生态系统中的斑块，但控制着整个群落的景观效果和功能，是群落必备的，也是起主导作用的。在疏林草原景观中正是有了乔木斑块的出现，使得整个景观的性质、功能、结构等发生了深刻的变化，使得系统的结构比草原变得更加复杂，稳定性加强，生产性能提高。从数量和所占据的空间上来说是以草本植物居多，遍布所有的地段，反映了它的地带性特色（典型草原），构成景观的本地或基底。疏林草原类似于农林复合系统中的林草复合系统，但又与其有本质的区别，主要的区别表现在，疏林草原的结构从外观上表现为林草复合性，但从内部结构上是一个统一的整体，林草相互作用，各自占据不同的生态位，充分利用系统内的光、温、水、肥等资源。林草学理论指导下建设的疏林草原植被既不是单纯的疏林植被，也不是单纯的草原植被，而是草原与疏林的有机结合体，一种真正的乔灌草结合的植被类型。

　　2. 种间关系原理　　疏林草原生态系统有整体结构和功能，在其组成成分之间有物质和能量的交流与经济效益上的联系。它不同于单一的林业和牧业生产，而是把取得系统的整体效益作为系统管理的重要目标。沙地的水分状况在植被建设初期相对比较好，树木在个体较小时对水分的消耗量小，只要造林技术得当，完全可以保证乔木树种的成活。随着时间的推移，树木不断长大，水分的消耗增加，大量地消耗土壤水分，使沙地水分条件恶化，也会影响草本植物的采光，不仅制约树木的生长，也会制约草本植物的生长。因此，疏林草原植被对系统结构的要求较高，要求"互惠互利"，疏林草原的"稀疏"乔木结构正好满足这种要求，避免相互制约。从这个层面的意义上来讲，也要求疏林草原中的乔木必须是散生或团块状的，模拟自然分布的"簇生现象"；局部密度可以很大，以求具有较高的木材生产量或其他经济收益，但总体密度要控制在一个较小的范围内。

　　由于自然环境和人为因素的作用，科尔沁沙地榆树疏林草原灌木物种多样性较低，而草本物种多样性较高。在生活型功能群中，一二年生草本处于优势地位，但多年生草本具有稳定群落的维持作用，且环境因子对群落多样性的影响主要是通过影响草本层的多样性而影响群落的物种多样性。在生态型功能群中，旱生和中生植物占有主体优势，对草地群落的生态功能起着主导作用，但同时又有多种功能属性存在，形成了功能互补作用和生态位互补效应。

　　3. 顶极群落原理　　顶极群落是最适合当地气候条件的生态群落，表现在构成群落的树种、群落结构（尤其是空间分布格局）与地带性气候、土壤的高度适应。科尔沁沙地榆树疏林草原是科尔沁沙地地带性气候条件所决定的气候顶极，是植被演替的顶极群落。榆树疏林草原的存在，不仅对当地生态环境具有保护作用，而且在维持和发展当地以牧为主的经济中起着重要的作用，因此对这种生态功能最强、资源价值最高的植被类型的保护对该区可持续发展具有重要意义。同时也为建立、恢复当地植被提供了最好的样板。

4. 限制因子原理　　依据干旱半干旱沙漠（沙地）的限制因子确定人工植被的结构。干旱地区最大的限制因子是水分。非灌溉条件下，由于降水不足，土壤含水量低，不能满足耗水量大的乔木，因此天然植被以灌木为主。在建立人工植被时一般应选择耗水量小的灌木，构成稀疏的群落。

在半干旱地区，地带性土壤由于降水量小、土壤淋溶作用小而形成栗钙土，一方面是土壤含水量低，一方面是钙积层发育，不支持大量乔木的生长。在半干旱地区的沙地环境条件下，土壤为风沙土，没有钙积层，但土壤机械组成中黏粒含量低，土壤田间持水量小，沙层中水分含量低，可以生长乔木。但由于沙层水分补给主要依赖于天然降水，水量供应不足难以满足大量乔木的生长。

2.3.5　干旱半干旱区适宜的人工植被类型

1. 干旱区适宜的人工植被类型——疏灌草地植被　　干旱地区是一个降雨量稀少、大多数植物难以生存的地区。土壤含水量低、土层薄、土壤贫瘠、透水性强、保水性差，只有那些旱生、超旱生的植物才能够在这里生存，长期的植物进化保留了红砂、沙冬青、沙拐枣等一批灌木，他们可以在降水量只有 100mm 左右的干旱地区茁壮生长，并能够正常地繁衍生息。在干旱区建立人工植被应遵循以下两点。

（1）以灌木为主　　我国干旱区的植被以灌木为主体，除在湖泊周边、河流两岸形成以胡杨、沙枣为主的河（湖）岸林外，自然状态下再没有任何乔木生长。在干旱地区，除在道路、村庄、绿洲等特殊地段外，在大面积土地上造林保存较好的也只有梭梭、沙拐枣等灌木。如前所述，在黑河流域、石羊河流域大面积的天然、人工沙枣林退化死亡，成片的天然胡杨林由于河流水量减少而退化死亡，再一次说明，在干旱区由于降雨奇缺不能适应乔木——高耗水的植物生长，乔木的生长必须依赖于地表水或地下水的补充，额济纳旗平原区植被类型与地下水位埋深的关系见表 2-42，胡杨生长、地下水位及沙化关系见表 2-43。干旱区的广大区域由于缺乏乔木生长的必备条件，因此在干旱区不能大面积种植乔木。干旱区的旱生、超旱生灌木由于具备植株矮小、蒸腾耗水量低等耐旱的特征，能够在缺水的环境下正常生长，因此在干旱区的植被建设应以灌木为主。

表 2-42　额济纳旗平原区植被类型与地下水位埋深的关系

地下水位埋深/m	植被类型	生长状况
0.0～3.0	芦苇～芨芨草甸 芦苇草甸、 胡杨～沙枣林	良好
3.0～5.0	红柳～杂类草灌丛 黑果枸杞～白刺灌丛	良好
>5.0	梭梭荒漠、柽柳灌丛	较差

表 2-43　胡杨生长、地下水位及沙化关系表

地下水位/m	胡杨生长状况	林地沙化程度	地下水位/m	胡杨生长状况	林地沙化程度
<4	生长正常	不沙化	6～10	大部枯死	中、重度沙化
4～6	生长不良，秃顶叶枯，少数枯死	轻度沙化	>10	全部植被枯死	强度沙化

（2）低密度稀疏化　　以民勤地区梭梭造林密度的确定为例，干旱地区造林密度的确定应该从以下几个方面考虑。

首先是沙地水分平衡与梭梭林密度。民勤地区地处荒漠地带，外来水源甚少，可供植物利用的水分主要为天然降水，降水量 127mm。根据民勤治沙综合试验站郭普的推算及苏联对中亚沙漠的研究，在民勤地区可供植物利用的有效水分约 90mm。本着水分平衡的原则，根据植物蒸腾耗水量，民勤治沙综合试验站王继和测定并推算出在充分供水情况下，成年单株梭梭年蒸腾耗水量为 1784kg，如以该值的 75%作为生长正常、年龄等各方面因素基本稳定条件下梭梭的年蒸腾耗水量，以民勤地区来说，根据水分平衡，梭梭林成林密度不应超过 750 株/hm²。

其次是按植物固沙要求来确定密度。在风沙危害严重的地区，造林的主要目的是固沙，因此按照植物固沙要求来确定密度也是现实的。在我国，固定沙丘的植被覆盖度一般都在 30%以上，当年龄为 10 年生时一般认为此时群落基本稳定。密度为 750 株/hm²，覆盖度为 36%，因此依其植物固沙对盖度的要求，在民勤地区梭梭林成林密度应为 750 株/hm² 左右。

再次根据民勤地区梭梭林生长及固沙状况来确定密度。这一条在许多地区最为切合实际，民勤地区的梭梭林，由于处于试验推广阶段，其林分密度变化较大。既有 11 年生密度为 33 株/hm² 的疏林，也有 9 年生密度为 300 株/hm² 的密林，还有 2 年生密度为 58 株/hm² 的幼林，就其固沙效果而言，无论是密度大的林分还是密度小的林分，一般都比较好。根据民勤地区梭梭林的生长及固沙状况，梭梭林成林密度原则上不应超过 69 株/hm²。

最后是参照天然林密度来确定密度。天然林在其生长发育过程中，经受了自然界各种因子的考验。基本上达到了生物与环境的统一。因此，天然林可以认为是较为稳定的群落。其林分密度可以认为是在该地区条件下较为合理的密度。为此，我们总结汇集了自 1949 年以来有关西北梭梭荒漠考察的调查资料表，比较了民勤地区与西北梭梭荒漠在气候、土壤、植被、水文等方面的差异。从表 2-44 中可以看出天然梭梭林的密度都是比较小的，除个别地区外，多数在450 株/hm² 以下。另根据民勤治沙综合试验站在内蒙古额济纳的考察结果，当地梭梭林密度多数为 300～450 株/hm²，上述地区除个别地区外，年降水量均比较小。以额济纳为例，年降水量为 50～60mm，而民勤地区年降水量为 127mm 左右，为额济纳的两倍，并根据实地调查结果，在民勤地区梭梭成林密度为 600～900 株/hm²。

表 2-44　干旱区梭梭荒漠调查

调查地点	年降水量/mm	地下水位/m	土壤、地貌	梭梭林			
				密度/（株/m²）	高度/m	丛径/m	郁闭度
内蒙古菩格蒂		1～3		27	3	2.5	0.3
内蒙古白云察汗	30～60～80	1～3	半流动沙地起伏沙地	37	3	3.5	
内蒙古海里		1～2		13～17	1.5	2	<0.2
		2～4					
内蒙古兰太—科布尔		3		20	2.7	3	0.3～0.4
内蒙古古龙纳		1～3		5～13	2	3	0.2～0.3
内蒙古西戈壁				5～7	2		
内蒙古石板井				4～6	2	2	
新疆乌苏甘家湖	100～120		砂壤质	125	5.23	4.4×4	
新疆甘家湖 127 地窝子			盐土质	7	4.17	4.8×4.3	

续表

调查地点	年降水量/mm	地下水位/m	土壤、地貌	梭梭林			
				密度/（株/m²）	高度/m	丛径/m	郁闭度
新疆甘家湖火烧林东			黏质土	208	1.93	1.6×1.3	
甘家湖戈壁滩	100~120		砾质土	111	1.28	1.5×1.4	
甘家湖林场东			沙质土	105	1.74	1.3×0.8	
内蒙古古日乃				>10	2.7~3.5		0.3~0.4
内蒙古拐子湖	30~60			>11	3	5	0.3
内蒙古西戈壁				4~19	1~2		

注：表格数据来源于《胡波——内蒙古西部的梭梭林，1961》《丁声怀、黄子琛——新疆甘家湖梭梭林生态生理，1981》《民勤治沙站——甘肃额济纳旗沙区天然林考察，1987》

甘肃省治沙研究所王继和认为梭梭密度为 525~600 株/hm² 是民勤降水所能维持的最大密度，可维持梭梭林地水分的收支平衡。刘果厚研究显示（表 2-45），内蒙古乌海地区的四合木天然灌木林，群落盖度为 10%~40%，密度为 2200 株/hm²。

表 2-45　干旱区四合木天然分布区内群落与生境类型及其特征

采样地区	土壤类型及性质			种群密度/（株/100m²）	群落类型	群落盖度/%	植物组成
	类型	层次/cm	含水量/%				
乌家庙	灰漠土	0~10	1.184	10	超旱生小半灌木×四合木×灌木荒漠	20~40	绵刺、四合木、长叶红砂、红砂狭叶锦鸡儿、霸王、驼绒藜及针茅等丛生禾草
		10~20	1.853				
		20~30	2.639				
		30~40	3.231				
		40~50	3.135				
桃司兔	沙化灰漠土	0~10	1.057	15	四合木×超旱生灌木×小半灌木荒漠	10~40	四合木、霸王、白刺、绵刺、沙冬青、红砂、珍珠、刺叶柄棘豆及针茅等丛生禾草
		10~20	1.494				
		20~30	1.708				
		30~40	1.973				
		40~50	2.750				
千里山	灰漠土	0~10	0.920	15	四合木×小半灌木荒漠	10~30	四合木、红砂、珍珠、刺叶柄棘豆及针茅等丛生禾草
		10~20	1.148				
		20~30	1.196				
		30~40	1.378				
		40~50	1.483				
乌达	沙化灰漠土	0~10	1.005	8	超旱生小灌木×四合木×小半灌木荒漠	10~20	红砂、珍珠、四合木、霸王、半日花、内蒙古旱蒿、冷蒿及蓝刺头、针茅等丛生禾草
		10~20	0.967				
		20~30	1.241				
		30~40	1.227				
		40~50	1.140				

续表

采样地区	土壤类型及性质			种群密度/（株/100m²）	群落类型	群落盖度/%	植物组成
	类型	层次/cm	含水量/%				
海南	棕钙土	0~10	1.342	22	四合木×盐柴类小半灌木×丛生禾草荒漠	20~40	四合木、珍珠、红砂及隐子草、针茅、银灰旋花等丛生禾草
		10~20	1.914				
		20~30	2.707				
		30~40	2.466				
		40~50	3.022				
棋盘井	棕钙土	0~10	1.387	4	超旱生小灌木×四合木小半灌木荒漠	5~20	红砂、珍珠、四合木、刺叶柄棘豆、沙蒿及草霸王等草本植物
		10~20	2.483				
		20~30	3.360				
		30~40	3.731				
		40~50	4.815				
低山	棕钙土	0~10	0.831	21	四合木×丛生禾草荒漠	20~40	四合木、绵刺、刺叶柄棘豆、狭叶锦鸡儿及草霸王、蒙古葱、隐子草、针茅等丛生禾草
		10~20	3.759				
		20~30	5.338				
		30~40	11.208				
		40~50	9.077				
石嘴山	棕钙土	0~10	2.023	13	四合木×超旱生小灌木×小半灌木荒漠	15~30	四合木、红砂、半日花、珍珠、绵刺、刺旋花、刺叶柄棘豆及草霸王、针茅等丛生禾草
		10~20	2.298				
		20~30	2.150				
		30~40	1.745				
		40~50	2.102				

因此，在干旱区无论是从水分平衡的角度出发，还是从天然植被的密度出发，造林的密度都不能大，应控制在 700 株/hm² 左右，用灌木构建成疏灌格局。

2. 半干旱区适宜的人工植被类型——疏林草原植被　草原地带的沙地是一个独特的土地类型，也是植物的一个特殊生活环境，因而构成一种独特的自然景观。在半干旱地区的草原沙地上，沙土由于具有蒸发弱、透水性强、地下径流循环条件好、水化学性质良好、土体中可给态水分较多的特点，为演替过程中最终形成超地带性的乔灌木植被提供了有利的生态条件。我国北方地区按照生物气候带理论，划分为森林、草原和荒漠。按照《内蒙古植被》对自然地带的划分，在半干旱典型草原栗钙土地带的地带性植被为大针茅、克氏针茅，与其相对应的在固定沙地上发育的沙地植被有榆树疏林、小叶锦鸡儿灌丛、沙地柏、柳叶鼠李灌丛，冰草、隐子草。疏林草原植被往往不能形成真正的森林环境，林冠下缺乏典型的耐阴中生草本和下木，而草原旱生成分却较发达，表现明显的草原化特征，是典型草原地带适应半干旱气候的沙生演替系列的"顶级"性群落。过度放牧和农垦等人类活动的影响，导致其生境的沙漠化和生物多样性的丧失。目前，我国东北地区草甸草原亚地带内的榆树疏林大多已被改造成或人为破坏后再造成人工杨树林或松林（由于密度大构成森林的结构），与原生榆树疏林草原相比，其环境和植物多样性的变化是巨大的，特别是植物多样性呈明显减少趋势，人工林由于阴闭环境导致原生喜光耐旱植物种类无法生存或生存质量下降，进而植物多样性显著降低（王仁中和李建东，1996；杨利民等，2003）。特定地区自然生态系统的形成有必然性，有其更适合于自然特点的结构、功能，自然生态系统可维持着一定的生物多样性。榆树疏林草原特殊的结构特点和植物多样性，为动物区系的生存提供了特有的避难所、栖息地和食物资源，这是人工纯林所无法替代的。因此，在治理沙地环境时，应充分考虑自然规律，考虑系统的短期和长期生态过程的协调统一。

至此我们可以认为，疏林草原是在我国温带干旱和半干旱地区、干草原草群背景上，稀疏地分布着一些耐旱的落叶阔叶小乔木（常常还有旱生灌木），从而共同构成的一类旱生植被类型。疏林草原由耐旱的乔木、旱生草原植物和旱生灌木构成，群落的建群植物是乔木，呈散生或团块生状态，林下由发达的草原旱生植物组成，并点缀有旱生灌木，成为典型草原地带生产性能最高的一种独特的群落。

北方半干旱区农牧交错带植被的恢复重建，从三北防护林建设到现在的退耕还林还草，已有 20 多年的历史，但由于树种选择不当和造林技术存在问题，其成效不十分理想，因而受到了广泛质疑。总结该区多年植树造林的经验教训和对天然植被的研究成果，我们认为：①该区特别是沙区的植被重建要以灌木为主、乔木为辅，草本植物可配合乔灌使用，因为只有建设以灌木为主的疏林植被或灌丛植被才能使农牧交错区真正起到生态屏障作用。②该区不宜大面积营造乔木片林，特别是密集型片林，如果要营造乔木林应以 2~3 行的窄林带为主，株行距不低于 3m，带距不低于 15m，尤其采取乔木带、灌木带和草本带相间的分布形式造林，或直接营造具有散生乔木的带状灌木林或散生灌木林更为适宜。③应选用耗水量少、适应性强的乡土树种，其生长虽比较缓慢，但其耗水量一般低于当地降水量，在干旱年份不会像杨树那样大面积枯梢死亡，适合该区推广种植的植物种主要为杨（大果杨、白杨）、杏（山杏、大偏杏）、松（锥樟子松、落叶松、油松）、山楂、锦鸡儿、沙棘、山竹子、黄柳、油蒿、差巴嘎蒿等。

刘英心等认为科尔沁沙地属典型草原气候型，该地区沙生植被演替的序列为：沙米、黄柳、差巴嘎蒿——多年生草本时期（白草、佛子茅、冰草、羊草）、灌木时期（麻黄、欧李、山杏、胡枝子）、乔木时期（榆树疏林草原）。高尚武等对沙生植被的逆行演替做了描述，认为其演替序列是：榆树疏林——中生灌丛×针茅、冰草、糙隐子草——糙隐子草为主——冰草为主——冷蒿、小叶锦鸡儿——差巴嘎蒿——沙米。前人的一系列研究均倾向于认为典型草原沙地上植被演替的顶极群落为榆树疏林草原，故可将疏林草原作为该地区人工植被建设的一个方向。李进（1994）认为，科尔沁沙地人工植被的建立模式是：人工植被在宏观上表现为疏林草原景观，应以灌木和半灌木为主，乔木为辅，不同的立地条件有不同的人工植被类型；地下水位不低于 4m 的丘间低地中适宜于栽植樟子松，地下水位低于 4m 的丘间低地中应发展小叶锦鸡儿或木岩黄芪植被；在沙丘背风坡坡脚栽植黄柳；在沙丘迎风坡建立差巴嘎蒿、小叶锦鸡儿植被。植被的建立顺序为：先在迎风坡上建立差巴嘎蒿植被，在背风坡脚建立黄柳植被，其后建立小叶锦鸡儿、樟子松植被。

3. 特异环境与适宜的植被类型——廊道式森林植被　　干旱半干旱地区沙漠（沙地）降水不足是影响植被生长的主导因素，从而形成疏灌、疏林草原，成为景观本底。但在这些地区也由于水分分布的特殊性或特殊地形或人工修筑，在一些特殊地段构成了特异环境，水分条件得到改善且较为充足，形成天然的森林廊道，也可以人工构建廊道式森林植被。

（1）河岸林或护岸林　　常年性河流或季节性河流两岸，由于有水分补给，水分充足，地下水埋藏较浅，植物根系可以利用地下水，天然河岸林比较发育。目前保存较好而面积较集中的胡杨林地，如克里雅河下游的大河沿一带，塔里木河中游、黑河下游的居延绿洲，植被盖度通常在 30%~50%，较茂密区可达 80% 以上，林高达 20 多米，这是在水源较优越的有限区域内。其他林区由于受到程度不同的干旱气候胁迫，林木稀疏而林下层也只有一些零星灌木，从而使胡杨林的盖度明显降低。塔里木盆地柽柳灌林通常也呈聚丛分布，灌林面积达 500 万 hm²，其分布空间大大超出胡杨的范围，竟有植丛生于较高的沙丘之顶，成为干旱区植被现象的奇观。在塔克拉玛干沙漠中的塔里木河还分布有尖果沙枣林，古尔班通古特沙漠中的额尔齐斯河杨树林，形成了茫茫沙海中的绿色廊道，赋予沙漠以勃勃生机。

因此在沙漠地带的河岸、湖泊保护林的营造方面可以采用胡杨、沙枣、新疆杨等乔木，构筑密集的防护林带。

（2）农田防护林　　　沙漠中的绿洲是在充足的水分滋养下形成的颗颗绿宝石。绿洲的生命线是水，保护神是植被。绿洲内有良好的灌溉条件，一般的设计是把防护林、道路、灌排渠道统一布局，在灌溉农作物的同时，树木也得以浇灌。所以，绿洲防护林的营造可以选用高大的乔木如新疆杨，一般采用双行，株行距设置成 1m×2m 的密集型林带。

农田防护林中的杨树生长迅速，长势好，材积量大，既有较高的防护效益，又可获取大量的木材，近几年内蒙古自治区在全区广泛推广的两带一行林带模式也是很成功的。在通辽市八仙筒林场、兴隆沼林场等这样的地下水位比较高的平原沙地，由于地下水位普遍为 1～4m，杨树这样的深根乔木可以利用地下水，不完全依赖天然降水，完全可以正常生长发育成林成材。在科尔沁沙地具备这种发展乔木片林的地段还很多，主要分布在河流两岸、低湿地，在整个科尔沁沙地属于一种点缀式的，所占比例较小。四旁绿化、道路防护林等由于条件特殊，也可以栽植乔木树种。

（3）道路防护林　　　一般在修建交通线路时，要在线路两侧开挖排水沟，路面上的雨水全部集中在排水沟内，使线两侧的土壤水分含量大大提高，改善了原来的干旱条件。水量的增加量随着线路宽度的增加在增加，一般可以增加 2～3 倍以上，为营造道路防护林提供了良好的条件。可以采用乔木，并可以构建密集林带，与道路一起构建成茫茫沙海中的绿色走廊。

思 考 题

1. 简述制约流沙上植物生长的主要环境因子。
2. 试述沙的流动对植物的影响。
3. 简述植物对沙流动性的适应方式。
4. 试述沙干旱性的具体表现。
5. 简述植物对干旱环境的适应方式。
6. 简述灌丛堆效应。
7. 简述风蚀沙埋作用原理。
8. 试述植物对流沙环境的作用。
9. 试述植物固定流沙的原理。

第3章 天然植被恢复原理与技术

【内容提要】天然植被恢复发端于种子的萌发，扩展于幼苗的生长，稳定于物种的定居，更迭于物种的演替。种子扩散传播并形成土壤种子库为幼苗的萌发与建植提供了基础，但天然植物的定居受诸多因子的影响，沙漠中的安全岛等微生境为种子萌发提供了适宜的场所，其演替遵循地带性植被生态演替规律，也可调控生态因子促进天然植被恢复。封育和自然保护地建设是促进天然植被恢复的有效措施。

提起沙漠，有人总以为那里荒凉无际，黄沙滚滚，寸草不生。其实，沙漠并不是生命的禁区，在沙漠里依旧生存有诸多天然植被，包括沙生植物和其他植物。这些植物适应了风大沙多、雨水稀少、冷热剧变的严酷环境，并从植物形态、生理特征、繁殖定居特性上形成了各自不同的适应能力。风沙活动频繁、基质不稳、干旱缺水、热量充裕而水源不足、水热因子极不协调，是半干旱、干旱和极端干旱区沙漠沙地天然植被恢复的巨大障碍。但障碍的存在并不能阻碍植被的自我恢复与重建。事实上，从第一株植物的定居到整个沙漠、沙地植被盖度的提高，无不与幼苗的发生、保存、扩展、繁殖与演替相关。

不同的植物种，其种子形态、重量、大小、附属物、黏液皆有差别，其种子雨、种子扩散方式及土壤种子库各有千秋，种子萌发、幼苗建成与拓展方式千差万别。在不同的环境条件胁迫下，天然植物或以有性繁殖方式繁衍后代，或以无性克隆方式扩大种群，更有特殊的短命、类短命植物，在短暂降雨期间迅速生长发育，并在 1~2 月内完成生活史，更长时间则以种子或其他繁殖体在沙土中默默度过干旱季节，蓄势待发，以待来年雨季的光临。

首先定居于沙丘的是一年生先锋植物，其属于旱生的、需光的，耐强烈变温、风蚀沙埋，对立地土壤并不苛求的类型。先锋植物在与风沙环境的不断斗争中扩展空间，稳定沙面，改良土壤，为演替晚期的（二年生及多年生）植物种定居提供了适宜的环境，促进了其他物种移植和生长的可能性。但环境的变异及物种的增多使得各物种对资源的竞争更为激烈，竞争与促进作用加速了先锋植物及演替早期其他物种的退出与消亡。在环境与植物种相互协调适应的过程中，天然植被以其固有的方式进行着演替，并形成适应区域环境的演替序列和演替顶极。一定环境条件下的演替是有规律的、可预测和可控制的，人类可按演替序列，通过适度的人为干扰设计和控制植被的演替。封育即是以成本最低、效果明显的人为干扰（设置围栏、禁止人畜破坏）恢复天然植被的方式。通过封育可给植物以繁衍生息的时间，促进天然植被的逐步恢复。沙区自然保护地则是为了保护沙区珍贵和濒危的动植物资源及典型的沙地生态系统、珍贵的地质剖面而划定的特殊区域，其总体要求是以保护为主，并在不影响保护的前提下，把科学研究、教育、生产和旅游等活动有机地结合起来，使它的生态、社会和经济效益都得到充分展示。因而，自然保护地的建设是更高层次更高意义上的促进恢复与更新的方式。

3.1 流沙环境天然植被的定居过程

定居是指传播体到达新地点后的萌发、生长发育及繁殖的过程。植物在裸地上的定居过程，是对新的生境不断适应的过程，植物传播到裸地上，能够萌发，幼苗能生长发育而且成熟并繁殖后代，这就能够完成定居过程，并有效地形成群落。因而，天然植物的定居包括了种子雨（种子形成后脱落）、种子散布入库或种子运动、种子萌发、幼苗建成（实生苗的生长、发育、存活和死亡）、物种定居等阶段。依赖有性繁殖成功的天然更新必须满足两个条件：①有足够的种子，其通常来源于种子雨和土壤种子库；②种子在适宜的微生境中萌发并形成新的植株。种子成熟后以各种方式进入种群内部，落入适宜生境的部分种子可能迅速萌发成为种群的基株，也可能进入土壤种子库，等待合适时机萌发成幼苗，增加种群数量。

3.1.1　种子雨与种子扩散

1. 种子雨　　种子是植物物种延续、扩大种群空间的生命载体，它既是植物生活史的起点，又是终点。从种子到种子是植物种群生活史的全过程。植物繁殖体（种子和果实）成熟后从母株上降落下来，特定时间和空间内降落的种子量，被 Harper（1977）形象地称为种子雨（seed rain）或种子流（seed flow）。种子雨中既有成熟种子，又有未成熟种子，还有死亡的种子。种子雨的物种组成取决于所在地植被及其附近植被的物种组成，种子雨的大小取决于各种植物的种子产量。

种子雨阶段是群落更新发展的关键环节，植物种群种子雨的扩散增加了进入新分布区的种群大小和分布范围，它可预测土壤种子库的物种组成和大小及植被更新演替的趋势。种子雨和种子库关系密切，种子雨是土壤种子库的主要来源。种子雨的形成是依赖于繁殖体的扩散过程而完成的。

2. 种子扩散过程及其特点　　扩散（dispersal）既是一个过程，也是一种结果，是指植物以各种散布器官——散布体（diaspore）离开母体达到一个安全（适宜于萌发、生长和繁殖）生境的过程（Harper，1977），又称散布。如果散布体离开母体后落到一个不能再生的环境时，则称为无效扩散（ineffective dispersal）；在散布体达到一个虽能再生，但不能繁殖的环境时，则被视为迁移（migration）。植物的任何一部分，在其离开母体后仍然能保持活力并在适宜条件下能形成新植物体时就成为散布体。在高等植物中，绝大多数类群都是以有性散布体来执行散布功能的。但也有许多植物如被子植物中的一些种类在以果实和种子为主要散布体的同时，也能利用无性散布体进行扩散和繁殖，如具有克隆生长的植物常可以在母株（基株）上形成许多无性系分株，当这些无性系分株从母株上断离后，可以扩散到离开母株较远的距离，从而成为散布体。扩散可扩大栖居范围和分布区域，还可促进生物群落的演替，增加物种的多样性。本节内容主要就种子的扩散进行叙述。

种子扩散是植物生活史中的重要阶段，它影响着种子时空尺度上的定居方式、种子密度、种子捕食率、病原体攻击率、种子与母株的距离、种子到达的生境类型及建成的植株将与何种植物竞争，从而影响种子和幼苗的存活，最终影响母株及后代植物的适合度和种群结构。

种子扩散过程主要分为两个阶段：第一扩散阶段是指有萌发力的种子从植物体到地表的运动，结果是使种子到达母树附近的某一位置，即种子雨形成阶段。在此过程中种子的运动形式相对简单，重力是扩散的主要因素，其次是风力、植物自身的扩散结构及哺乳动物、鸟类和昆虫等生物因素对种子的传播等。第一扩散阶段可以降低种子因密度制约而造成的死亡率。在这一阶段中，动物和风都可以将种子传播到很远的地方，唯有种子自身的弹射机构和重力扩散不能将种子扩散到很远的地方。该阶段对随后的种子萌发和幼苗建成并不起重要的作用，而且该阶段扩散后，幼苗建成的可能性相对较低，即使萌发也将面临激烈的竞争（Stephen et al.，2004）。

第二扩散阶段指种子到达地面后的水平或垂直运动，该阶段受非生物因子和生物因子的综合影响，导致种子扩散具有复杂的格局特征，并对随后的种子捕食、种子库形成、更新幼苗的建成及生长等一系列过程有决定性的作用（Duncan and Chapman，1999；Wenny，2000）。第二阶段的扩散效率较高，不仅能使种子扩散到很远的地方，而且风力、水力和动物能把种子扩散到适合萌发的生境，从而增加了幼苗建成与存活率。

通过扩散的大部分种子到达地表后就进入种子库，随后处于活性或休眠状态。具有生理活性的种子可能立即萌发，或保持非休眠状态直至出现适宜的环境条件，或者进入休眠状态。种子库中的种子始终处于动态变化中，可因受到动物、风或其他物理作用而移动；也可因动物取食或病原体侵染而被破坏，失去萌发能力；种子还可因衰老而丧失发芽能力。有些种子最终成功地建成幼苗，成为能够独立进行光合作用的新的植物个体，完成了植物更新的过程。

3. 种子扩散机制　　种子扩散机制是指种子离开母株的方式和方法。种子具有多种多样的扩散机制，主要包括自身弹射、重力传播、水传播、风传播、动物体内传播、动物体外传播、蚁布、人类传播（主动或被动传播）等。自身弹射属于主动扩散方式，是种子仅依赖自身力量，而不需要依赖外界媒介来完成的一种扩散。其他方式的扩散均属被动扩散。重力传播是依靠重力作用扩散的一种方式，但纯粹重力散布在植物中较少见，常常是重力扩散与其他扩散机制如动物扩散、水流扩散等结合在一起，这种双扩散过程是种子与多种外界因素长期适应形成的传播机制。风传播、动物传播、人类传播、水传播等都是不同的传播方式，其中风传播为沙区主要的一种传播方式，如沙区的风滚植物（如藜科、禾本科部分植物）在随风滚动中传播种子或茎等繁殖体。其他如具气囊状的繁殖体（如藜科和苋科的小胞果）、具羽毛或绵毛的种子（如芦苇、银莲花、铁线莲、菊科植物、杨属、柳属等植物）、具翅的种子（榆树、桦、油松、樟子松等）均可通过风力传播。种子风力传播的最大距离与风速的关系很大，而与植被高度的关系较小，风力散布的种子数量与种子散布时期顺风向的风速和风向频率呈正相关（杨允菲和祝玲，1995）。

3.1.2　土壤种子库

1. 土壤种子库类型及其作用　　在天然植被中，各种植物每年生产的种子，除部分被动物采食外，其余的无论通过何种扩散方式，最终总是要落到土壤中，年复一年地在土壤和凋落物中积累，因此，存在于土壤上层凋落物和土壤中的全部存活种子称为土壤种子库（soil seed bank）（Simpson，1989）。Thompson 等依据种子休眠和萌发等特性，将种子库归纳为 4 种主要类型，即短暂土壤种子库（transient soil seed bank，类型Ⅰ和Ⅱ）和持久土壤种子库（persistent soil seed bank/permanent soil seed ban，类型Ⅲ和Ⅳ）。短暂土壤种子库是指种子在土壤中休眠期不足一年的种子库类型，具有利用由可预测的季节性破坏和死亡所造成的植被空隙的作用，而持久土壤种子库是指种子在土壤中的休眠期至少为一年的种子库类型，具有在承受了空间或时间上不可预测的干扰的植被中发挥繁殖能力的潜势。在持久土壤种子库的两种类型中，类型Ⅲ的特点是大多数种子在散落后立即萌发，但一小部分有活力的种子仍不萌发；类型Ⅳ的特点正好相反，其组成成分主要是一些能产生大量休眠种子的植物，其中一些极端类型趋于强烈发展土壤种子库。

土壤种子库为繁殖体的储备库，是植被补充和天然更新的重要物质基础（Moles and Drake，1999）。土壤种子库所含的种子是特定生态系统的潜在植物种群，能够直接参与地上植被的更新和演替，是种群定居、生存、繁衍和扩散的基础。作为植被潜在更新能力的重要组成部分，土壤种子库不仅提供植被建立的物质基础，而且影响植被演替动态过程（Kirkham and Kent，1997；Akinola et al.，1998b）。土壤种子库种类、数量及多样性指数可以携带较多的群落演替潜在趋势的信息，其动态变化对沙地生态系统植被的发生和演替、更新和恢复至关重要。沙地生态环境由于其特殊性及种子本身的生物学特性，使部分种子散落到土壤后暂时处于休眠状态，一旦环境发生改变，水热条件适宜即可萌发出苗，形成优势种群，促进沙地植物群落的更新和演替。而沙地生态系统天然植被恢复成功与否取决于植物繁殖体（包括种子和根茎）能否到达并在这个生态系统定居。

2. 土壤种子库的动态与格局　　土壤种子库是植被天然更新的物质基础，并为随后的种子摄食、后扩散、种子库更新等提供了条件。土壤种子库的动态受种子输入和种子输出两个过程的影响，种子输入由种子雨的散布而来，种子输出主要受萌发、动物捕食和死亡（腐烂、衰老）等原因的影响，土壤种子库动态如图 3-1 所示（Harper，1977）。

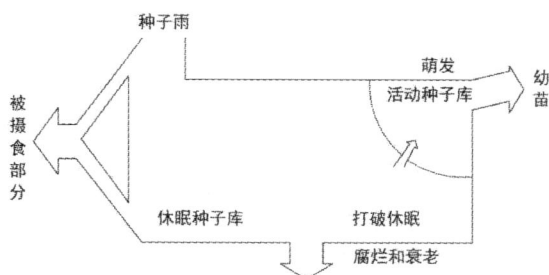

图 3-1　土壤种子库动态

（1）种子的空间分布格局　　土壤种子库中每种植物的种子，在空间上具有水平和垂直分布，这反映了种子在土壤中的初始分布和以后的运动状态。种子水平分布越广，其传播能力越强，越有利于种子迅速找到适宜的生境，促进植被的恢复更新。种子库的水平分布主要有 3 种类型，即随机分布、均匀分布、集群分布。由于受到空间异质性的影响，种子的斑块分布在沙漠土壤种子库中非常普遍（Kemp，1989）。Guo Qinfeng 等在美国的沙漠生态系统中发现，水平分布上，种子密度从灌丛下面到两灌丛之间的开阔地域逐渐减小。但于顺利等发现地中海沿岸沙丘土壤种子库的结论与其相反，开阔区域具有最大的种子密度，而灌丛下具有较小的种子密度，且微生境对总的土壤种子库和各功能群的土壤种子库的分布格局具有显著的影响。窦红霞等（2008）对浑善达克沙地不同沙丘类型土壤种子库的测定表明，种子库的水平分布主要受地形和微环境的影响，沙丘迎风坡及坡顶植被覆盖少，风沙较大，不利于种子存留。半固定沙丘背风坡坡面种子库密度远远大于迎风坡坡面，迎风坡中部种子库密度最小；流动沙丘背风坡坡面与迎风坡坡面种子库密度差异不显著，顶部种子库密度最小；平沙地各样点种子库密度差异显著。万玲玲等（2011）对毛乌素沙地流动沙丘与设置沙障的沙丘不同部位的种子库的研究表明，迎风坡均有植物种子分布，且以迎风坡底部种子库密度最大，顶部最小；背风坡则没有观测到种子库，可能与沙埋迅速有关；而沙障的存在增加了地表的粗糙度，改变了微地形，具有拦截植物种子和补充土壤种子库的作用，沙障内种子库的物种组成与密度在障内空间存在差异，在风速较小的区域种子库密度大，反之则小。

在垂直分布上，土壤种子库的种子主要集中在 0～5cm 的土层，随着土壤的加深而递减。例如，美国西北部和南部的沙漠中绝大部分种子在 0～2cm，5cm 以下的土层很少有种子。但浑善达克沙地不同沙丘类型的测定却显示，半固定沙丘与平沙地土壤种子库密度随深度增加明显减少，但流动沙丘 10～20cm 层种子库密度最大，大于表层和下层的土壤种子库密度，这可能与流动沙丘表面沙土流动性有关，增加了种子进入更深层的机会，这对种子在土壤中的长期保存具有重要意义。万玲玲等（2011）的研究表明，在毛乌素沙地内土壤种子库密度均随着土层深度的增加而明显减少，种子库主要分布在 0～5cm 的空间范围内。

（2）土壤种子库的时间动态　　生长于沙区的植物种子成熟时间可从 5 月持续到 11 月，

每一个时间段都有种子成熟。一般短命植物多在真正夏季来临之前完成种子成熟和散布，种子成熟期多在 5～6 月，有很大一部分植物种子成熟期在秋天，如羊柴，种子成熟期在 9～11 月，梭梭种子成熟期在 10～11 月。在最为炎热的 7～8 月，也有一小部分植物种子成熟，如胡杨。

土壤种子库的组成和大小随着时间呈现有规律的季节变化和年际变化。受种子成熟时间差异的影响，土壤种子库在物种组成和数量上具有明显的季节动态。一般地，土壤种子库在夏季和秋初数量最少，秋末、冬春季最大。如阿根廷蒙特（Monte）沙漠中部，常绿草种子密度在夏末为 2400 粒/m²，早春为 2700 粒/m²，秋冬季为 3000 粒/m²；而一年生植物种子密度为早春 6500 粒/m²，夏末 5500 粒/m²（Marone，1998）。

土壤种子库的年际变化主要受降雨量等气候因子的变化、植被的演替及植物结实的周期性变化等原因的影响。但在干旱区，很多短命植物都有隔年种子库，以此来抵制气候的不稳定性。土壤中的种子有适宜存活的生理、形态、生态上的特征，它们至少能在自然条件下保持 13 个月的活力，如仙人掌种子可以在土壤里至少存活 18 个月，形成了隔年种子库。

（3）不同沙漠化阶段对土壤种子库的影响　　沙漠化发展水平对土壤种子库密度、种数及其多样性均有很大影响。赵丽娅等（2003）对科尔沁沙地固定、半固定、半流动和流动沙地 4 个发展阶段土壤种子库进行了研究。就种子库密度而言，土壤种子库密度随沙漠化程度的增加而下降，但不同沙漠化发展阶段种子库密度的下降速率不同。从固定到半固定沙地是种子库密度衰减最快的时期。这一时期，土壤种子库密度（有效种子数·m⁻²）从 19 022±4054 降至 3408±1027，约下降了 82%；到半流动沙地和流动沙地，土壤种子库密度分别降至 2938±671 和 2609±1243，分别下降了 14% 和 11%。吕世海等（2005）的研究也证实了这一点，即从固定沙地变为半固定沙地是土壤种子库密度变异最大的阶段。

从种子库植物种数看，从固定到半流动沙地，土壤种子库植物种数均为 24，从半流动到流动沙地，土壤种子库植物种数从 24 降至 17，下降了 29%。而吕世海等（2005）对呼伦贝尔草地沙漠化过程中土壤种子库的研究却表明，半固定沙地种子库植物种数最大为 32 种，其次为固定沙地（30 种）＞半流动沙地（26 种）＞流动沙地（14 种）。沙漠化过程中，从半流动到流动沙地，土壤种子库植物种数的衰减速度明显加快，是种子库植物种衰减最快的时期。

从 4 种类型退化沙地土壤种子库的种类组成上，均以一二年生草本植物为主，多年生草本和灌木所占比例很小，且随着草地沙化程度的加重，一年生植物所占的比例不断加大，而多年生草本和灌木类植物比例逐渐减小。

3.1.3　天然植被种子萌发与幼苗建成

1. 种子萌发与幼苗建成　　种子萌发（seed germination）是植物生长周期的开始，是植物进入营养生长阶段的关键一步。种子萌发是种子的胚从相对静止状态变为生理活跃状态，并长成营自养生活的幼苗的过程。伴随着种子萌发，植物的地上、地下部分均已建成，并开始进行光合作用，至此种子萌发与幼苗建成过程完成。

植物能在干旱半干旱区域的沙漠条件下生存、定居，主要依赖于种子特殊的传播和萌发机制。特殊的传播与萌发机制确保了植物在合适的时间与地点下种子的萌发与幼苗的生长发育。在植物的生活史当中，种子对外界极端环境的抵抗力最强，而萌发的幼苗的忍耐程度则最小最弱。为了使幼苗能够顺利度过对外界的最敏感期而成活并能够繁衍出下一代，沙漠地区的植物必须在最适合幼苗生存的环境中萌发，这对于植物的生存具有重要的意义。

沙地种子的萌发，除种子具有活力并解除休眠外，还必须具备水、温度和氧气 3 个条件，同时还需考虑光照、沙埋深度、土壤有机质等因素。土壤水分是影响沙漠地区种子萌发的最关键的因素。土壤水分含量的高低，调节着种子的萌发及幼苗生长速率。种子在土壤含水达到一定范围内可以萌发，土壤含水量过高或过低，都会抑制种子的萌发。温度也是种子萌发的必要条件之一。在萌发时，不同的种子由于生活条件的不同，居所的不同，对温度条件要求也不一样，这是植物对其生存环境长期适应的结果，是对特殊季节周期（夏季～冬季）或昼夜（白天～黑夜）的变化的适应。氧气对于沙地环境来说不是抑制种子萌发的因素，除非是过度沙埋会使种子缺少氧气、光照，较小的温度波动也可抑制种子萌发和出土。

多数种子，无论在黑暗和光照下都能进行种子萌发，光照对种子的萌发并没有显著影响，如梭梭、芨芨草、针茅等。但是对于一部分植物的种子，需要在有光条件下，种子才能萌发良好，这一部分种子称为需光种子，如籽蒿种子，在黑暗条件下萌发率很低，无论在任何温度下，萌发率不超过 1%，而在各种光照条件下都能很好地萌发，甚至在远红外光条件下，种子萌发也比在黑暗条件下好。黑沙蒿种子萌发情况也是如此。

2. 幼苗库分布格局　　　幼苗库（seedling bank）是指一定面积的样地群落中小于某一高度的所有植物幼苗的总和。幼苗可以分为实生苗（sexual seedling）和萌生苗（coppicing）两类。实生苗是种子萌发产生的幼苗，根系独立，和母株的根系没有任何联系。某种植物的种子虽然是其植物种群在群落中存在的一种特殊形式，但必须通过萌发，形成种苗，再生长成幼株，进而发育成成熟植株，才能表现为种群增殖，才能对群落特征产生影响（王明玖，2000）。幼苗是物种经过种子萌发以后，以植物体形式出现的第一个阶段，也是物种天然更新过程中最为关键的一个步骤。在受到干扰的系统中，演替先锋种类对干扰表现最为敏感，恢复能力最强，但群落结构变化趋于单一或微生境的改变，使得现存生境恶劣，不利于幼苗的存活与生长。

在沙漠生态系统，幼苗常常出现于灌丛周围、丘间低地、沙丘背风坡脚地段，然后再以这些地段为基础拓展其生存空间。李红丽（2003）对浑善达克沙地几种植物的研究也表明，幼苗多出现于灌丛、牲畜蹄印、丘间低地、沙丘背风坡脚内，黄柳、小红柳在丘间湿地、积水洼地上最易成苗，且在沙埋后向沙丘挺进；褐沙蒿在平坦沙地分布，而沙米及其他草本植物则多沿落沙坡坡脚呈环状分布，在丘间积沙无风蚀地段、灌丛周围呈聚集分布。这些地段风蚀轻微而光、水、热条件充足，且可为种子提供覆沙条件，是种子萌发和幼苗建植的安全岛。

3.2　天然植被定居的适应机制

3.2.1　影响沙地天然植被定居的因子

植物适应性原理指出，自然界已产生了一些能够适应流沙环境的沙生植物，由于它们具有连续的、巨大的繁殖能力和各种传播方式，因此，裸露的流沙便是它们生存、发展的必然场所，或迟或早会被它们占据，这是十分普遍的、平常的自然现象，就像冬去春来一样自然。影响流沙上植物定居的植物因素可归纳为两种，即环境因素和植物本身的适应性。

在沙地天然植被的恢复与定居周期中，种子扩散是最关键的环节之一，而种子萌发与幼苗建成阶段又是对环境变化最为敏感的阶段之一。种子库和幼苗库是植物定居与更新动态中联系非常紧密的，只有将它们联系起来进行综合分析、系统研究，才有可能较为全面地认识植物种群的动态变化过程，因此，需要对影响种子扩散、萌发与幼苗建成的不同生态因子进行综合分析，以便确定其影响的大小，明确天然植被定居的原理与机制。

1. 种子的质量与大小　　　一般来说，种子粒重、粒大的都是高活力的种子，所以种子的大小与质量将影响种子的萌发与幼苗建成。首先，大种子里贮藏很多的营养为种子萌发与幼苗的建立提供了一定的物质基础，而幼苗的生长必须靠细胞内的碳水化合物和氨基酸，此时大种子里贮藏的营养就尤为重要。其次，种子质量可以通过影响散布距离而影响幼苗建立，因为散布距离越大种子就越有可能到达合适地方萌发生存。但是，大种子也有其负面影响，首先是大的种子不易进入土壤内而增加了被捕食率，即使是种子保留在土壤中，脊椎动物也往往会对大的种子进行捕食，无脊椎动物也往往选择大的种子作为产卵地点；其次是种子质量还会对种皮厚度、耐久性和表面积／体积等产生影响，从而对种子的萌发或持久种子库等产生一定的影响。

此外，种子库中种子的寿命、分布格局也会影响种子库恢复植被功能的发挥，持久种子库比短暂种子库具有更强的更新和恢复植被的能力，在适宜环境如丘间低地、灌丛周围的种子较流沙上更易萌发。

2. 风沙活动　　一般地，沙地的稳定性差，在一定风速条件下沙地的近地表产生风沙流。沙的流动性常常是植物侵占沙地生境的制约因子。风沙活动造成的风蚀沙埋、风沙流移动和沙丘前移等过程，使得沙地基质条件差异明显。沙丘的不同组成部分与不同部位，风沙活动程度、强度与频度不同，基质的组成、结构、稳定性、活动性等均有很大差别。如丘间低地基质与沙丘顶部基质及沙丘不同部位基质的差异明显，丘间低地风沙活动轻微，而沙丘迎风坡风蚀严重，背风坡则沙埋突出；从基质的内部结构差异性分析，不同部位的土壤紧实度、土壤机械组成、土壤含水量、容重、孔隙度、有机质、养分等土壤理化性质均有不同。这些由风沙活动诱发的差异性会对沙地植物种子的扩散、萌发、幼苗生长与定居等各个方面造成影响，从而对沙地植物的定居存活形成选择力。诸多野外观测证实，在沙丘的不同部位，土壤含水量存在差异，土壤紧实度也明显不同，背风坡的植物群落与迎风坡的植物群落差异很大。

沙埋与风蚀是沙漠生态系统中控制植被分布与组成的两个重要影响因子，沙漠生态系统中，植物种子存在的生境、盛行风速、沙粒的运动性质等直接影响着植物种子及其幼苗的沙埋深度，特别地，风沙活动不仅会影响种子扩散及土壤种子库的空间分布，而且与风沙流相伴的风蚀、沙埋、沙割均会对植物造成损害，直接影响幼苗的生长。植物种子常常没有发芽机会，或偶然发芽了也由于沙的流动性而不能正常扎根，对能在沙地中萌发的植物种子的存活进化造成影响。风蚀由于其破坏植物的根系而对沙地植物形成生存压力，并成为沙地、沙漠植物进化过程中重要的选择因素。沙埋是控制沙地群落植被分布和组成的重要因素，对种子进行浅层沙埋比种子暴露在沙面更容易刺激种子的萌发。然而，沙埋超过一定厚度就会阻止幼苗出土，降低了种子的成活率。这可归因于沙埋可改变植物周围生物和非生物环境条件，如光照、湿度、温度、通风、土壤有机质、病原菌的活动，从而影响植物的种子萌发、生理、形态反应及生长和存活。研究结果表明：低于一定阈值水平（适度沙埋深度）的沙埋，最有利于种子萌发出苗和以后的生长，且耐沙埋的植物种子在高生长和生物量累积时会受到刺激而促进其生长；然而，随沙埋深度增大到超过这一阈值，就会影响种子的萌发和幼苗的生长，并会影响植物的活力及其生理过程。甚至当沙埋深度超过阈值时，植物趋于死亡。

流沙的活动性限制着植物的定居，活动性愈大，植物定居愈困难。一般风沙活动强烈，风成地形起伏很大的流动沙丘，植物定居困难，而风沙活动较小风成地形不很显著的平缓沙地，植物较易定居。彼得罗夫在《流沙的固定》中指出："吹扬到农耕地上的流沙，其自然生草过程就很迅速。经过 5~6 年以后，这些流沙就会被灌木植物所覆盖……而在底层母质不透水的大新月形沙丘上，沙地生草过程就比较缓慢，需要 15~20 年，甚至更长时间。"

3. 水分　　水分是限制种子萌发和幼苗生长的重要因素，土壤水分的异质性是影响种子萌发与幼苗建立空间格局的重要因子。首先，适度水分是种子萌发的必要条件之一，水分不足不能满足萌发时物质代谢的需求而使种子不能萌发，水分过多又间接造成氧气的不足，使发芽率降低。其次，水分的胁迫，尤其是干湿季分明的地区，往往很容易成为幼苗生存和生长的限制因子之一。天然植被种子的萌发与幼苗的生长，均需要适宜的土壤水分。例如，流动沙丘上生长的籽蒿，在土壤含水量为 1.7%～14.7% 时，种子萌发率和萌发速度随着土壤含水量的增加而升高，当种子含水率低于 1.7% 或高于 19.4% 时，种子的萌发和幼苗的生长就会受到抑制。黑沙蒿萌发率最高的土壤湿度为 4.9%（Huang and Gutterman，2000），低于或高于此值均会引起油蒿种子萌发的下降。此外，土壤水分的下降会导致种子产生次生休眠，使得植物能以种子的方式渡过难关。如红砂和霸王分别在 1cm 土层平均土壤含水量下降至 0.11% 和 2.62%，就会引发种子产生次生休眠而不萌发。

在干旱区植物生存最大的威胁就是水资源的缺乏，植物种子必须在相对较为湿润的时间内萌发，这个湿润条件不仅要保证植物种子自身萌发所需要的水分，而且还要使得部分幼苗可以成活下来。沙漠中时空分布不规律的降水是种子萌发的主要限制条件之一。在沙地生态系统中，降水稀少且年变率大，植物的恢复更新主要依赖降水，尤其是春季的降水对植物的生繁影响极大。沙地环境中，多数水分通过降雨后的迅速下渗而保存在沙丘的深层土壤，一些水分通过从土壤表层直接蒸发和受干燥的表层沙质覆盖物的影响散失。对于流动沙丘，由于沙丘的流动性及土壤的蒸发，其表面往往形成较厚的干沙层，虽然干沙层的存在对土壤种子库的保存及种子的后熟具有一定作用，但含水量低及流动性强成为种子萌发的障碍，只有在降水后，一些一年生种子如沙米可迅速萌发。对于有植被覆盖的沙丘，特别是固定沙丘，水分除蒸发、蒸腾、下渗以外，因其表面覆盖有富含微生物结皮的残渣和黏土，也很可能通过地表径流及通过具有很高保水能力结皮的截留而蒸发散失水分，使得土壤表皮下面的沙层水分会变得很缺乏。不同类型的沙丘土壤表层的干旱性，抑制了种子的萌发和幼苗的定居，即使在一次降雨过后，沙地的表层也会很快变干，从而抑制种子萌发和幼苗定居。此外，固定沙丘表面的土壤结皮是繁殖体埋入土壤的物理障碍，可阻碍繁殖体和土壤颗粒的直接接触，使种子缺乏吸水膨胀和萌发所必需的水分，进而影响种子萌发。

在干旱半干旱区，土壤水分不仅影响植物种的萌发与更新，而且还会决定各个植物种的分布格局，并成为植物产量的重要限制因素。由于土壤含水量的时空变化，幼苗存活率不仅在时间上而且在空间分布上存在差异。常学礼等（2000）对科尔沁沙地固定沙丘植被物种多样性的研究发现，植物种丰富度对降水量变化的响应比较强烈，一个干旱年份可减少固定沙丘植物种丰富度，而随后的恢复却需要 3 年以上的时间。物种多样性指数随降水量变化而变化，二者呈正相关。一年生植物种丰富度对降水量变化的反应最大，其次为多年生草本植物。

植物的定居受干旱程度制约，水分条件较好的地区植物易于定居。在年降水量 300mm 以上的草原地区，植物定居效果明显好于年降水量 300mm 以下的半荒漠和荒漠地区。科尔沁沙地、浑善达克沙地和毛乌素沙地植被的恢复工作较易见成效。此外，地下水位较浅，土壤水分条件较好的地区，植物也比较容易定居。同时，在同一地区，降水量较大的年份，有利于植物定居。根据榆林飞播组观测，1978 年降水量 529.5mm，天然植被增加 2%，而在 1979 年，年降水量 314.6mm 的天然植被覆盖度仅增加 0.6%。绿洲地区及其边缘天然植被的定居及迅速恢复主要依赖于绿洲区的地下水位较高，经常有灌溉侧渗补给等因素。例如，我国 20 世纪 50 年代的磴口封育工作，甘肃民勤历史较长的"护柴湾"，以及新疆防护林体系中的封沙育草，都是通过选择和促进土壤水分条件改善的措施而取得显著成效的。

彼得罗夫也曾指出："在地下水位很深的地区，流沙地的生草过程需要几十年，甚至几百年这样的长时期才能完成，地下水浅的新月形沙丘地的生草过程比较迅速。这里灌木树种更加增多，草本植物的种类和数量也增多。"

显然在年降水量较大、地下水位较浅，同时风沙活动又很小的地区，植物定居条件最优越，定居植物的种类和数量多，定居速度也很快，天然植被的恢复工作易生效。我国草原地区封育成效显著的，多是这类地区。相反，即使在年均降水量 400mm 以上的榆林地区，在地下水位较深，风沙活动较强烈的中等新月形沙丘链上，自然植被的恢复平均每年也仅约增加盖度 0.74%，需要几十年的时间才能达到固定。

4. 温度变化　　种子休眠的打破、种子萌发与幼苗的建成对温度与湿度很敏感。温度调节发芽和控制以后的生长，决定了一个种一年内的萌发时间，而且，种子萌发与幼苗的建立往往集中在一定的时期。很多生活在沙漠地区的植物具有在低温下萌发的性质，并不是因为种子可以在低温下很好地萌发，而是水分条件好的时间往往温度很低。当然也有些种子萌发需要高温。研究表明，在温带的荒漠植物梭梭种子萌发最适温度是 10℃，温度达到 30℃时，种子萌发就受到严重的抑制。高温也会引起沙地生境下红砂和霸王种子的次生休眠，成为二者不能萌发的主要原因。

虽然中国沙漠分布的纬度较高，受不到太阳光的垂直照射，但因云量少，空气干燥，与同经度地区相比，相对日照百分率最高，一般在 70% 以上，因而其热量资源丰富，但冷热剧变，素有"早穿皮袄午穿纱"的说法。例如，吐鲁番盆地夏季的平均气温可达 33℃，极端最高气温曾达 48.9℃，极端沙面最高温度高达 82.3℃，气温的年较差高达 41.3℃。即使是日较差，沙漠各地昼夜温差一般都在 10~20℃，最高可达 35~40℃。温度的剧烈变化使尚未完成适旱结构发育的幼苗，或因沙土升温而造成灼伤致死；或因温度升高，蒸发加快，沙表干燥，部分幼苗因根系未及时深入能提供水分的土层而夭折。幼苗只有在温度变化缓和且能持续一段时期，并在这段时期内，土壤含水量较充裕且变化较缓和的情况下，才能完成这一渐进过程。

5. 地形与景观　　不同的地形（地理景观）、地貌和驱动种子传播的动力不同，从而影响种子的分布和幼苗的定居，决定了植被的自然更新，形成不同外形的群落。刘虎俊等（2005）对腾格里沙漠西缘至库姆塔格沙漠东部地区的不同景观区植被自然更新机制的研究认为，地形地貌决定了幼苗的分布格局与群落外形，干旱区不同地形的植物群落内幼苗分布位置及其分布形态见表 3-1，在山前洪积扇，水力和风力是主要的种子传播动力，又因流水地貌的存在，幼苗主要分布在冲沟缘，形成条带状的群落分布型。山坡上，在重力的作用下，植物种子主要沿山坡下落，同时因植物种的不同及动物对种子采食等的影响，形成不同扇形等形状群落。在沙地，风力是种子传播的主要动力，植物的更新以母株为中心，沿风向在风影下幼苗距母株的一定距离定居。但不同植物种子形态影响其传播距离，沙拐枣的翅果有利于种子借风力传播，其幼苗距母株位置大于膜果麻黄与母株之间的距离。

表 3-1　干旱区不同地形的植物群落内幼苗分布位置及其分布形态

景观类型	建群种	繁殖方式	幼苗位置	幼苗与成年植株间距 cm	分布形态	种子传播动力	调查地点
山前洪积扇	梭梭	种子	沟沿、滩、灌丛下	20~500	条带状	风、动物、水	阿尔金山山前
陡山坡	沙冬青	种子	草丛、台地、石缝	30~280	长扇形	重力、动物、水	景泰北砸山
缓山坡	蒙古扁桃	种子	草丛、台地、石缝	50~240	短阔扇形	重力、动物、水	景泰北砸山
平沙地	膜果麻黄	种子、萌蘖	灌丛周围	10~50	放射状	风、动物	民勤西沙窝
丘间低地	沙拐枣	种子、萌蘖	灌丛下、沙丘脚	10~2000	舌状	风、动物	民勤西沙窝

资料来源：刘虎俊，2005

　　不同的景观斑块镶嵌分布，有利于植被自然更新，而且小面积的斑块较大面积的斑块更容易获得繁殖体而使植物定居。特别对于那些斑块较小的流沙裸地，往往处于周围固定、半固定沙地植物种子或营养体传播的覆盖范围内，因此能够较快地得到恢复。

　　6. 风　　风主要通过影响种子扩散与萌发来影响群落的更新。在种子成熟扩散期，主风方向明显且稳定时，顶风方向的干扰边缘区扩散的种子很多，背风边缘区落种少，减少了形成更新个体的机会。像黄柳、沙柳等的种子，具有絮状结构，扩大了扩散表面积，它们漂浮能力强，风可把这些种子吹到几千米以外的地方，从而增加其繁衍的机会和空间。另外，风还可以使沙地土壤发生风蚀沙埋，使得基质的物理化学性状发生变化，从而影响土壤种子库中休眠的种子萌发，也可影响幼苗的生长。

　　虽然地形、风都可以影响种子扩散与萌发，但它们之间或它们和其他因素之间并不是相互独立的。例如，不同的地形（沙丘）可能会影响风向、风速及风沙状况，并且立地上的不同景观也可能会影响扩散或萌发等过程。

　　7. 动物　　在沙地环境下，生物尤其是哺乳动物、啮齿类动物、鸟类和昆虫等在沙区植物种子扩散、幼苗建成、植被更新恢复中具有十分重要的作用。在种子扩散过程中，脊椎动物如鸟类、哺乳动物、啮齿动物是种子扩散的主要媒介。毛乌素沙地臭柏种子的传播与萌发就与鸟类有关，其果实经鸟类捕食而排出体外后易萌发（王林和等，1998）。在沙区，羊、牛等哺乳动物也是传播种子的媒介，特别是一些带刺、钩的种子易随牲畜的采食过程而四处传播，如针茅、大果琉璃草、鹤虱、蒺藜、苍耳等。但动物对种子还有捕食，会影响种子的数量和质量。最重要的是，在幼苗建成与生长过程中，鼠类及鸟类的危害相当严重。在天然更新中，鼠类往往以新发芽的幼苗为危害对象，特别是刚出土带种壳的幼苗常被咬掉子叶，鼠类危害主要集中在当年生的小苗上，而鸟类对幼苗也能构成一定危害，有的在发芽后刚长出胚根时，子叶就被鸟类啄掉。除上述直接啃食造成幼苗死亡之外，动物踏死、踩断等也时有发生。

　　8. 植物病原菌　　植物病原菌对种子散布、萌发与幼苗建成的影响主要表现在以下方面：①感染散布前的种子，使种子提前脱落，降低种子的品质，影响散布种子的数量和质量，从而影响种子的散布格局。②通过浸染种子，影响动物对种子的选择，进而影响种子的二次散布。③浸染散布后的种子，导致种子死亡或降低种子的活力，影响种子的萌发率，从而影响植物种群的增补格局。④浸染幼苗，造成幼苗死亡或降低幼苗的竞争能力，从而影响增补幼苗的种类、数量和分布格局。病原菌对土壤种子库的影响主要表现为：①感染种子直接造成种子坏死（如破坏种子的组织结构或生理生化过程）。②产生有毒代谢产物（如游离脂肪酸等）影响种子活力。③加快种子的代谢过程，缩短其存活时间。

　　需要特别指出的是不同因子对不同过程的影响不是孤立的，一个因子可能影响几个过程，一个过程也可能受几个因子的综合作用。因此，生物因素和非生物因素，常常相互影响、相互组合，进而影响更新格局和过程。但在诸多影响因子中，影响最为深刻和主要的限制因素依然是沙的流动性和干旱性，它们可通过影响其他生物和非生物因素而影响植被的天然恢复更新。

3.2.2　天然植被的定居原理与机制

1. 种子对沙漠环境的适应机制

　　（1）种子扩散机制对沙漠环境的适应　　沙地环境中的很多植物种子小，产量大，可增强自身的传播力，占据更多的生存空间。而另一些植物种子可凭借无远距离传播适应、重量大等机制降低位移，在母株周围分布以维持对最佳生境的侵占。为了适应沙丘流动干扰，沙地环境中的植物一般具有持久土壤种子库机制，从而更适应干旱环境的不确定性和频繁干扰，在沙漠地区广泛分布。此外，一些植物如蒿类还具有植冠种子库，这种特有的植冠种子库策略可避免种子在秋季萌发而幼苗不能过冬的危险，保证了天然更新的延续性。

沙地环境植物的果实或种子具有不同的扩散方式与机制，主要通过与扩散相关的果实和种子的特征，如形状、大小、果皮或果实结构、果实开裂方式及一些附属物结构对扩散起决定作用。其中，具果翅和绵毛等附属扩散结构的果实，能借风力和荒漠地表径流漂浮扩散，绵毛吸水后还能将果实固着在地表从而增大其定居和种子萌发的机会，并保护种子不受蚂蚁的侵害，具坚硬钩状果喙的果实有利于荒漠动物的传播。如梭梭、木蓼、假木贼、沙米、猪毛菜等植物种子具翅，种子成熟后即离开枝条，借助风力传播到很远的地方。胡杨、红柳、三芒草、花花柴等种子具毛或被覆绒毛可随风传播。塔里木的胡杨，天然下种后每公顷出苗数可达 15 万多株。沙拐枣、红花苦豆子等果实灯笼状，质轻而圆，种子熟后，随风滚动、跳跃，甚至浮游，不易被流沙埋，但一遇机会便能发芽生根出土，成为独特的植株。还有一些沙漠地区的风可吹折枯立的草本植株，随风滚动而在沿途撒下种子，繁衍后代，虫实、猪毛菜、糙隐子草等即是风滚传播的典型。沙拐枣、针茅、鹤虱等具有钩、刺，可通过附着的散布方式传播到各处，也可钻入土壤。一些肉质果实，可通过沙漠动物传播种子。以种子为扩散单元的植物，微尘状种子在风力作用下落入荒漠地表的裂缝中，并很快被地表粉尘所覆盖，从而避免了种子被蚂蚁捕食，是一种"逃逸"扩散对策（Gutterman，2002）；种皮具黏液物质的种子能随荒漠地表径流漂浮、扩散，地表干燥后黏附在土壤表面，阻止了被雨水或风力进一步扩散，有利于种子定居，同时种子与沙土表面紧密结合还可使种子大粒化，从而阻止蚂蚁和其他食种子动物采集种子，如籽蒿种子遇水分泌黏液所形成沙团是其种子干重的 589 倍。具有黏液的种子可增大发芽和定居的成功率，并在抵御捕食和风力摩擦方面发挥作用。上述各种种子或果实的特征，使其更有利于在沙地环境定居。

（2）种子萌发机制对沙漠环境的适应　　对于在沙丘上定居的植物来说，其种子萌发机制，特别是对水分的适应机制使其能良好地适应沙漠环境。我国干旱区降水主要集中在夏秋季节，而这一时期是大多数植物的种子成熟期，种子成熟期与降水季节的相互吻合，有利于种子萌发。

一些一年生植物具有机遇型萌发策略，通过适宜环境下迅速萌发并完成生活史而广泛分布。例如，金狗尾草、碱地肤、雾冰藜和刺藜等植物以种子休眠形式来逃避冬春季的低温干旱，但在雨季开始后的适宜条件下可以大量萌发，迅速完成生活史。

沙漠环境中植被的天然定居主要依赖降水，沙漠的降水会对植物种子萌发产生强烈的影响，但沙漠植物种子往往具备分摊萌发风险的机制。沙漠植物的种子不会在一次降水后全部萌发，因为早期的降水也许并不能使植物完成生活史周期，这会在随之而来的干旱中造成种群的全部灭绝。只有在降雨持续进行至某一阶段有充足的水量使实生苗以较大概率存活至产生新种子时，植物种才大量萌发，但在前期和后期都只有较小的萌发比例，这是一种风险扩散的办法。一些植物的萌发，不但依赖雨量，还依赖降雨的次数，加利福尼亚沙漠中生长的一年生沙漠植物，其苗的数量由雨水的次数控制，种子在第一场雨后不萌发，而萌发出现在第二场雨后（Gutterman，1993）。在温带沙漠中，一年生植物种子萌发适应性表现为在生长季节的条件适宜时段持续萌发，但当水分条件不足时即进入休眠状态。流沙上的一年生植物沙米的萌发过程是单峰连续过程，这种萌发格局降低了同期发芽而又因降水量低后在具备繁殖能力前就全部死亡的风险。此外，干旱（半干旱）地区植物可以通过将种子滞留在植冠上、保持长时间连续萌发、综合依赖各种要素等延缓萌发而降低风险。沙地环境下，沙丘上冬季的积雪资源在春季的消融，也会使土壤水分增大，可以保护和滋养幼苗，提高幼苗存活的概率，增加植被更新的概率。生长于中亚荒漠及准噶尔盆地的早春短命植物多在早春季节萌发，主要依赖于冬季积雪消融对地表的湿润及地表湿润层可保持很长一段时间。多年观察表明，只有在正常和偏湿的年份，因沙漠上存在积雪，早春短命植物种子可以大量萌发，植物生长旺盛。干旱年份，仅有少数种子可以萌发（黄培祐，2002）。此外，沙地中存在的凝结水，也可为一些植物的幼苗生长和植株拓繁提供水分条件。

对于许多沙地中生长的植物而言，其天然更新不仅通过种子繁殖进行，而且也可依赖无性繁殖的方式降低风险，即通过不定根、不定芽、根蘖、劈根等方式为植物的天然更新创造条件。有性繁殖与无性繁殖的地位则受支配于环境条件。

2. 天然植物定居的安全岛效应与机制　　　天然植被定居是群落通过增加新的植物体，以维持或改善原有群落结构、形态和功能的生物学过程。对于沙地中分布的天然植物，其结实量大，但在自然条件下，植物种子散布进入地表裸露的戈壁、沙丘、平沙地及潜在的沙化土地后，有些丧失了发芽能力，有些以休眠状态埋藏在土壤中构成种子库，有些立即发芽。因而，沙地中天然植物的定居不仅取决于非生物的物理环境因素能否满足种群生存的需要，也取决于种子传播后的命运，即能否寻找到适宜的能使定居得以实现的微生境或安全岛（safety island）。适合种子发芽和幼苗生长的微环境称为安全岛，只有落到安全岛内的种子才能得以萌发，幼苗得以生长，并完成其繁殖过程。繁殖是植物能否定居成功的关键，只有在新环境中能够繁殖，群落的个体才会不断增加，直至完全适应其生长环境；而繁殖的前提则是种子在沙地环境必须实现萌发和正常生长。对于沙地植物种子而言，寻找适宜的安全岛至关重要，这一过程是种子扩散机制与沙地环境效应相互耦合的过程，主要表现为种子通过传播扩大适宜生境的搜寻范围，在遇到具有保种蓄种的安全岛后种子聚集，并在安全岛发生种子萌发和幼苗生长。

种子扩散后便通过种子自身的适应沙地环境的机制寻找适宜的生境并停泊下来。李红丽（2003）等在浑善达克沙地对沙地榆、黄柳和蒿类种子的扩散进行研究表明，沙地榆种子借风力传播距离可达 32m 之远，而幼苗则多聚集出现于灌丛、牲畜蹄印、丘间低地、沙丘背风坡脚内；黄柳、小红柳种子传播距离更远，在丘间湿地、积水洼地上最易成苗，且在沙埋后向沙丘挺进；沙米及其他草本植物则多沿落沙坡坡脚成环状分布，在丘间积沙无风蚀地段、灌丛周围呈聚集分布。这说明沙地中植物果实和种子可随风沙运动而传播至母体以外的灌丛、低地、洼地、北风坡脚、畜迹等背风处聚集，这些区域一般具有风力小、风蚀轻微、沙物质移动弱、地表有障碍物、坑坎或地表较为湿润的特点，并能提供覆沙、光、水、热和营养物质等非生物环境条件，是具有蓄种保种效应和促进种子萌发与幼苗生繁的安全场所。沙地中不仅具有自然形成的安全岛可为种子的停泊、萌发和幼苗生长提供有利场所，而且人工建立的沙障周围、人工种植的灌草周围均可通过截留上风向吹来的种子和富含营养物质的细粒土壤，从而成为种子萌发和生长的适宜的安全生境。当先锋植物在沙漠裸地生境上实现第一株植物的成功定居后，不仅意味着其自身定居的可能性，而且先期定居者可以减小风速，促使土壤结皮，固定风沙，截留少量降水，增加土壤营养和截留细粒物质，减缓贮存于土壤中的水分散失，缓和温度变化，促进微生物再生，创建灌丛的"沃岛（island fertility）"和安全岛效应，为后继者的定居创造更多的条件。

沙地环境中先期生存灌丛的安全岛效应非常明显，它不仅可以截获其他植物种子在灌丛周围汇集，而且可为种子的萌发提供适宜萌发的生境，并为幼苗的生长提供庇护场所。以新疆北部荒漠区为例，稀疏灌丛的存在可形成以其为中心的融雪漏斗，促使水分向灌丛集聚。融雪期间，灌丛周围的沙层含水量为裸沙区的 152.9%～228.2%，这不仅提高了对融雪水的利用率及灌丛自身的供水条件，同时为灌丛效应区内其他物种的萌发、生长提供了适宜场所；而且，灌丛可延缓积雪融化，延长了种子萌发和幼苗生长期的水分供应。另外，灌丛可以提供荫蔽场所和改善空间的温湿条件，也促进微生物在此区生长，由微生物作用而形成的腐殖质具有"氮岛"效应，有助于改变土壤水分与养分状况。黄培祐对准噶尔盆地灌丛下与裸地的微生境和微气候的观察表明，二者迥然不同，裸地温度较灌丛周围偏高，而湿度偏小，这为天然植物的建立奠定了良好的基础。灌丛的"安全岛"效应除表现在对种子的聚集和幼苗的营养外，灌丛的存在，也可以减少种子被其他动物猎食，避免幼苗被流沙掩埋及强光灼伤，还可以阻碍人和动物对其践踏，保护幼苗渡过难关，形成稳定的植株。

此外，流沙环境中的丘间低地也是水热条件较好、风沙活动较弱的安全岛，适宜于天然植物种子的萌发及幼苗的扩张。赵哈林等（1994）对科尔沁沙漠化草场植被恢复过程的研究表明，天然植物种具有从丘间洼地（低地）向四周、从沙丘阴坡向阳坡、从背风坡向迎风坡、从灌木丛内或植物种的中心分布区向外扩散的趋向。这充分说明丘间地、沙丘阴坡、背风坡及灌丛内避风、夏季地面温度低、土壤含水量高，可以保证种子的安全萌发和幼苗的扩张。

总之，不论是裸地还是灌丛周围进行的天然植物定居，必须要具有种子萌发的安全岛。若人工干预天然植物定居，则需创建安全岛或利用自然的安全岛，尽力促使先锋植物在裸地上先行定居，这对于后续植物的定居和实现天然植被的生态恢复具有重要意义。

3.3　天然植被的演替规律

演替（succession）是一个植物群落类型为另一群落类型所替代的过程。演替是群落本身和环境条件共同作用的结果，任何一个群落从它的形成开始就一直随着时间进程而处于不断变更之中。沙地环境中，一个新植物群落的形成，可以从裸露的流沙地开始，也可以从退化至某一阶段的沙地开始，一般都要经过入侵、定居和演替3个步骤。植物在侵占某立地及其发展过程中，不可避免地将改变立地条件，而这种改变往往不利于该植物长期占据该立地，结果使得这个种群被另一个种群取代。例如，不耐阴的先锋植物，随群落演替而形成相对萌蔽环境时，其自身繁殖、存活将受到限制，终被淘汰，而耐阴植物则侵入并逐渐繁荣起来。事实上，每一个群落本身都要经历发育初期、发育盛期到发育末期的发展过程，最终又被另一个群落所取代。

3.3.1　初始入侵阶段

在该阶段，植被的初始构建始于植物繁殖体与立地、气候条件之间的相互作用，主要包括种子生产、种子扩散及种子库变化、种子萌发和幼苗的建成等阶段。在这些阶段中种子散布、种子萌发和幼苗的建成阶段最关键，是生死过程和动态特性变化最大的一个阶段，因为这2个时期植物生命体的死亡率最高，并且许多植物的种子和幼苗往往能够形成种子库和幼苗库，构成植物群落内的潜在种群，对植物群落的更新、结构和动态具有重要影响。关于此部分内容见本章3.1。

3.3.2　定居阶段

定居阶段是植物对流沙环境不断适应的过程，其实质是入侵到流沙环境中的种子能够萌发并成长为幼苗，幼苗能生长发育而且成熟并繁殖后代，从而完成其定居。植物在流沙环境中的定居是演替的基础，通过先锋植物的先期入侵，占据流沙生境，不断地改善环境，促进后来物种的入侵与幼苗建植和生长。该阶段植物种定居数量的增加，致使不同的物种为生存资源而展开竞争，在资源竞争中，一些物种不能忍耐资源的贫乏或环境的变异而数量减少直至最终被淘汰出局，让位于那些更能忍耐资源的贫乏或环境变异的植物种，因而，演替便开始发生。沙地环境的光、热、水、气、风沙等因子均可能影响甚至决定植物能否定居及定居者能否在环境中继续生存。

3.3.3　演替阶段

流沙上先锋植物定居以后，就为定居植物的繁殖和新种的迁入创造较为有利的条件。在没有强烈外力干扰的条件下，随着时间的推移，植物个体和种类增加，流沙上可依次出现不同的群落，出现不同的发展变化过程——植被群落的演替及演替阶段，即群落发生的先锋阶段，发展强化阶段，相对稳定的亚顶极阶段和成熟稳定的顶极阶段。演替通常是在裸地上开始（苏卡乔夫把植物在原始生境定居的过程，称为群落发生演替），而以在该自然地理条件下最稳定的植物群落定居结束。它通常由一系列顺序性阶段组成。所有演替阶段的总和称为演替系列。在流沙植被演替过程中，不同的演替阶段通常伴随着物种更替和组成变化。

随着流沙上植物的定居，其便开始对环境发生影响。初期，因定居植物数量少，对环境影响不大，但当定居的植物数量增加到彼此发生接触形成群落之后，对环境的影响也就逐渐增大，构成了群落本身特有的生物环境。环境这一质的改变，又反作用于群落，引起群落中植物种类、组成、结构等发生变化，从而形成新的群落，新群落产生新环境，又继续发展、演替，导致群落一个又一个取代序列，即为演替。

在演替过程中，演替主要受两个方面的影响：一是在受干扰的立地上，最先定居的物种；二是先来的建群种及后来演替过程中的建群种对随后环境条件的影响。关于演替模型，目前主要有 3 种可能的和可检验的模型：促进模型、抑制模型和忍耐模型。

对沙生植被演替而言，相应地有三种演替原因及情况：其一，先来物种改变了环境物理条件，促进了后来物种的生长，后来物种替代原有物种而在流沙生境中各自定居，如籽蒿在流沙上定居后沙的流动性减小，为对环境条件要求高、竞争力强的油蒿定居创造了条件，并最终为油蒿替代。其二，资源竞争中，一些物种不能忍耐资源的贫乏或环境的变异，退出竞争而为其他物种替代；其三，资源竞争中，一些物种能忍耐资源的贫乏，因其竞争能力强而逐渐形成新的建群种。沙地天然植被更新演替全过程如图 3-2 所示。不管哪种方式，最终使得新物种定居并继续生长成熟，能实现自我更新，并能阻止其他物种的入侵、生长繁荣，进一步演替至沙地顶极群落。当然在一系列的演替过程中，植物的存活与生长的控制是十分复杂的。在此过程中，资源的可利用性、气候条件、动物、病原体、菌根、微生物及它们之间随时空的变化都影响到演替过程。

1. 苏联流沙上的植被演替过程

（1）卡拉哈里沙漠、克兹尔库姆沙漠植被演替过程　　流沙上的植被演替有明显的顺序性，据苏联彼得罗夫研究，在地下水位很深，下层为古河冲积物或第三纪基岩的流沙上，其演替过程如下。

第一阶段：流沙上首先出现三芒草，在三芒草下面，形成了阻留细枝盐爪爪及沙拐枣等灌木种子，并促进其幼苗迅速生根的良好条件。

第二阶段：在灌木周围聚集成大圆形沙丘，并逐渐固定，在其作用下沙丘链变低，入侵植物增加，流沙逐渐固定，形成新月形、圆形沙丘，并开始盐渍化。

第三阶段：沙地继续坚实，通气性减低，毛细管作用增大，水分蒸发力增强，先锋植物遭受压抑，逐渐"让位于较耐旱的植物"，如梭梭、小三芒草、沙拐枣等，新月形沙丘完全变成圆形沙丘。

在自然条件下，这一演替过程需要几十年，甚至几百年才能完成。

（2）阿斯特拉罕沙地植被演替过程　　据苏联托马舍夫斯基 1931 年的研究，苏联阿斯特拉罕沙地植被演替过程如下。

第一阶段：生长固沙先锋植物。根茎性禾本科植物——巨燕麦和沙米。

第二阶段：出现旱生猪毛菜、虫实和沙蒿，覆盖面积达 50%～60%，流沙停止流动。

第三阶段：出现扫帚蒿并生长沙蒿，巨野麦和猪毛菜遭沙蒿排挤，沙丘完全停止流动并且更坚实。

```
┌─────────────────────────────────────────────┐
│      受到干扰形成裸沙地或退化沙地              │
└─────────────────────────────────────────────┘
              │
        ┌───────────┐
        │  种子扩散  │          初
        └───────────┘          始
              │                入
        ┌───────────┐          侵
        │  种子库    │          阶
        └───────────┘          段
              │
        ┌───────────┐
        │  种子萌发  │
        └───────────┘
              │
        ┌───────────┐
        │幼苗建成与生长│
        └───────────┘
```

┌─────────────────────────────┐
│   幼苗的生长发育与成熟繁殖   │ ⇒ 定居阶段
└─────────────────────────────┘

┌──────────────┬──────────────┬──────────────┐
│先来物种改变环│资源竞争中，一│资源竞争中，一│
│境，促进后来物│些物种不能忍耐│些物种能忍耐资│
│种的生长   │资源的贫乏或环│源的贫乏   │
│   │境的变异   │   │
└──────────────┴──────────────┴──────────────┘

┌──────────────┬──────────────┬──────────────┐
│后来物种代替原│退出竞争而为其│竞争能力强的形│   演
│有物种   │他物种替代   │成新的建群种 │   替
│   │   │   │   阶
└──────────────┴──────────────┴──────────────┘   段

┌───┐
│新物种定居并继续生长成熟，能实现自我更新，并能阻止其他│
│物种的入侵、生长繁荣，进一步演替至沙地顶极群落 │
└───┘

┌───┐
│   受到严重干扰后，群落结构与功能失调   │
└───┘

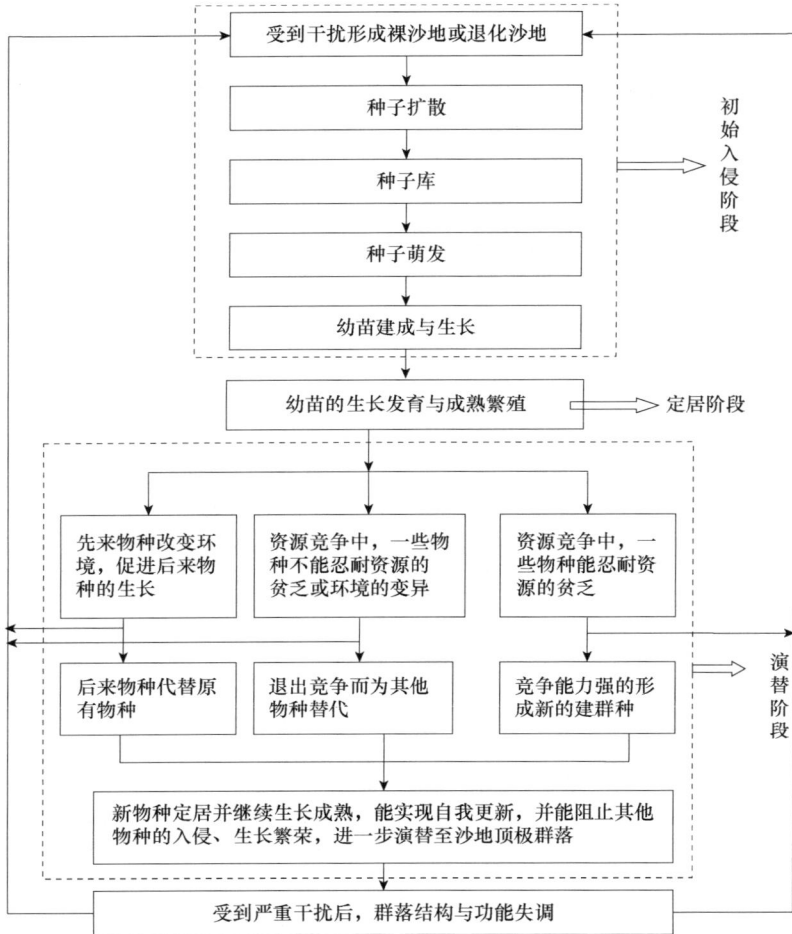

图 3-2　沙地天然植被更新演替全过程示意图

　　第四阶段：出现白木蒿和灰毛驱蛔蒿，沙地变得非常坚实。在蒿属中开始逐渐混生旱生的禾本科植物——棱狐茅、西伯利亚冰草和短生植物。

2. 中国流沙地区植被演替过程

（1）东部草原地带的章古台沙地植被演替

1）流动沙丘植被类型背风坡出现少数沙米，在其植丛下为差巴嘎蒿与黄柳创造了定居条件。

2）半固定沙丘植被类型随着差巴嘎蒿及黄柳的繁殖，流沙形成半固定沙丘。

3）固定沙丘植被类型。

草本时期：黄柳、差巴嘎蒿覆盖度扩大到50%时，在坚实而干燥的沙丘上，种子得不到发芽，被耐旱的草原草本植物所代替。一年生草本植物如狗尾草，首先在差巴嘎蒿和黄柳中定居下来，接着多年生草本植物侵入，如冰草、碱草，当其占有主要成分时，沙地已发育成含养分较高的黑土型土壤。

灌木时期：草本植被再经人工保护，可以出现多种灌木，如欧李、山杏等。

乔木时期：灌木进一步发展就会出现榆树丛林，在丘间低地长着稀疏矮生榆树，伴生沙生灌木及耐阴草本植物。

与章古台沙地相似，科尔沁沙地植被演替的总体模式是：沙米群落→差巴嘎蒿群落或黄柳群落→冰草草原或糙隐子草草原或羊草草原→灌丛化草原→榆树疏林草原。凡起始于丘间低地潮湿生境、碱斑和撂荒地的进展演替及放牧逆行演替与恢复演替，其趋势基本服从上述模式。与此相对应，沙丘也相应地从流动沙丘到半流动或半固定沙丘，再到固定沙丘。

（2）浑善达克沙地植被演替　　据李红丽（2003）研究表明，浑善达克沙地沙漠化过程及其逆转过程中，自然植被的恢复与破坏遵循以下演替规律：一年生沙生先锋植物→根茎禾草→小半灌木多年生杂类草→柳灌多年生禾草→沙地榆疏林。

1）一年生沙生先锋植物阶段是植被进展演替的起点。沙生先锋植物如沙米首先在流动沙丘出现。在丰水年份，沙米生长旺盛，在流沙上常常形成单优群聚，覆盖度可达 80%左右；而在干旱年份，沙米长势较差，群落较为稀疏。后期，沙地上其他一年生植物如虫实属的雾冰藜、猪毛菜等植物也相继侵入，经过不断地繁衍形成较为密集的群落。

2）在一年生植物的基础上，沙鞭、苔草等多年生根茎禾草开始侵入，沙米及一年生植被开始退出或作为伴生种出现于群落中。随着植被的恢复和覆盖度的加大，流动沙丘趋向于半固定沙丘。小半灌木褐沙蒿已开始入侵，灌木先锋植物种黄柳在沙埋条件下得以发育。

3）随着沙丘条件的进一步改善，在沙丘顶部和落沙坡，形成了以褐沙蒿为建群种的小半灌木优势群落。除建群种褐沙蒿外，以叉分蓼为代表的轴根性杂类草层片起着显著作用，豆科植物也占据了较大的空间。此外，冰草、糙隐子草等禾草类也起到一定的作用，先锋阶段的根茎禾草——沙鞭依然残存，黄柳灌丛进一步壮大群丛。从伴生种的分布上来看，褐沙蒿群落可分为 3 个时期，即褐沙蒿单优群落、褐沙蒿+叉分蓼群落、褐沙蒿多年生杂类草群落。随着演替阶段的深入，褐沙蒿群落减弱，叉分蓼退居为亚优势种，禾草类植物种增加并发展起来。小半灌木阶段植被盖度较大，可达 30%左右，褐沙蒿单优群落可达 40%左右。这一阶段是最为敏感的阶段，如果保护得当，便可进一步恢复到柳灌禾草类阶段，但若过度利用，则极易引起沙化，使得植被再次向逆向演替发展。

4）小半灌木杂类草进一步正向演替，黄柳、茶藨子、绣线菊、小叶锦鸡儿、枸子、山刺玫等灌木种类增多，同时群落中丛生性禾草种类增加，如沙生冰草、冰草、沙芦草、糙隐子草、羊草等，而且其他轴根性植物种类也会增加，如麻花头、阿尔泰狗娃花、兴安石竹、砂蓝刺头、驼绒藜、木地肤、沙茴香等。灌木、小半灌木和草本层的丰富，使得沙地进一步得到固定，由半固定沙地转为固定沙地。

5）固定沙地，生境的改变使一部分植物消退，多数植物侵入，植物种类增加，多年生禾草作用增强并逐渐占据优势，成为群落的建群种。乔木树种沙地榆或散生或丛生于群落中，与黄柳、绣线菊、茶藨子等柳灌及多年生禾草共同构成乔灌草混生的沙地榆疏林。该阶段为研究区最为稳定的一种类型，也是沙地植被恢复的终点。以上植被演替可用图 3-3 描述，其逆行演替即为沙漠过程，沙漠化过程中植被处于退化状态，从沙地榆树疏林向流沙退化。

（3）干草原地带的毛乌素沙地植被演替　　据北京大学地理系等单位研究，沙生植被演替过程分为 3 个阶段。

1）一年生植物阶段主要是沙米、多枝棘豆、虫实等，有时也存在少数多年生植物个体，如：沙茴香、籽蒿、沙蒿等。

2）根茎植物阶段　主要由沙鞭、鸡爪芦苇等组成，群落出现籽蒿、沙蒿、沙芥、沙米等伴生植物，它们可以从一年生群落发展而来，也可在裸露流沙上直接产生。

3）半小灌木阶段　沙基质紧实化和趋于固定以后，取代根茎植物而起的是以籽蒿、沙蒿等半小灌木占优势的群落。它又可划分为 3 个时期。

流动沙丘　　　　　　沙米等一年生先锋植物（起点）
　↓ ↑　　　　　　　　　　　　↓ ↑
半流动沙丘　　　　　根茎性禾草群落（沙鞭）
　↓ ↑　　　　　　　　　　　　↓ ↑
半固定沙丘　　　　　褐沙蒿＋叉分蓼＋黄柳
　↓ ↑　　　　　　　　　　　　↓ ↑
半固定沙丘　　　　　黄柳＋褐沙蒿＋糙隐子草杂类草
　↓ ↑　　　　　　　　　　　　↓ ↑
固定沙丘　　　　　　柳灌多年生禾草
　↓ ↑　　　　　　　　　　　　↓ ↑
稳定固定沙丘　　　　沙地榆疏林（终点）

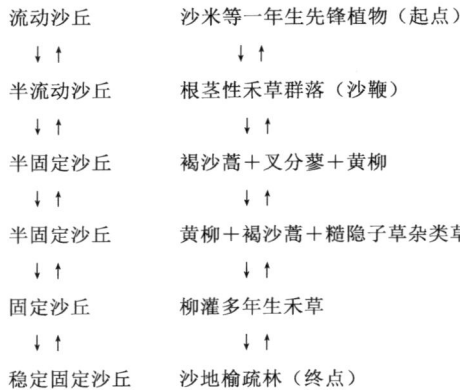

图 3-3　沙丘植被进展演替序列图

（↓为进展演替，↑为逆行演替）（李红丽，2003）

籽蒿群落时期：籽蒿枝叶稀疏，群落盖度小（20%～27%），有机质积累也低，是向沙蒿群落发展的过渡阶段。

稀疏沙蒿群落时期：沙蒿地在籽蒿群落生长下，流动性减小，肥力增高，坚实性加大，从而为那些对环境条件要求较高，竞争能力较强的沙蒿的定居提供了可能性。初期，沙蒿密度不大，盖度25%左右，地面大部分裸露，出现于稀疏群落中的植物种类较多，有小叶锦鸡儿、胡枝子、羊柴、草木樨状黄耆等，沙丘固定程度进一步加强，有机质增多，土壤物理性质得到改善，建成沙蒿群落时期，群落投影密度增大。由比较固定的种类组成，地面固定，有机质增加，土壤剖面分化明显，坚实性加强，土壤湿度减低，对沙蒿本身的生长起了不利影响。

灌木阶段：沙蒿群落衰亡之后，下一阶段可能是几种灌木群落，其中主要是以黑格兰、沙樱桃、小叶鼠李、丝棉木等组成的中旱生杂灌木林，部分地区还有臭柏灌丛、小叶锦鸡儿灌丛、麻黄群落和柳湾林等。

他们认为，建成沙蒿群落时，如无外界干扰，会被上述几种灌木群落中的一种或几种所代替，它们可相对稳定地维持较长时间，有可能是毛乌素沙地植被演替的顶极群落。

（4）半荒漠地带的腾格里沙漠植被演替　据中国科学院原兰州沙漠研究所刘媖心研究，在沙坡头地区，植被演变过程为：

流动沙丘上，雨后一二年生的沙米、虫实、臭蒿很快滋长，为籽蒿、花棒创造了稍微安定的条件。在籽蒿保护下，油蒿得以繁殖成为群落，并伴生小叶锦鸡儿。随着小叶锦鸡儿的发展和根层的加深，油蒿开始衰退，出现驼绒藜和狭叶锦鸡儿，这时沙地坚实，植株矮小。最后出现地带性植被——红砂＋珍珠群落，植被演替图式为：沙米、虫实→籽蒿、花棒→油蒿群落→小叶锦鸡儿群落→驼绒藜、狭叶锦鸡儿→珍珠＋红砂群落。

（5）寒温带共和盆地植被演替　据邵立业等（1988）对青藏高原东北部的共和盆地沙漠化逆转过程中的植被演替的研究，共和盆地植被演替分为一年生草本阶段→根茎禾草阶段→小半灌木阶段→丛生禾草阶段。一年生草本阶段，沙丘上首先出现沙米等一年生植物，且在盖度变化上可分为稀疏、密集和衰落3个时期。在一年生植物的基础上，多年生根茎禾草如赖草开始侵入，并在适宜的条件下，逐步向丘顶扩展，并发展成建群种。随着成土作用加强，沙丘趋于紧实，赖草不适应环境变化而退出，代之以沙蒿逐步形成优势群落。沙蒿群落衰亡之后，植被演替的趋势是以短花针茅为代表的多年生丛生禾草草原。

（6）半湿润区沙地与海岸沙地植被演替　　赵雪等（1993）对豫北沙地次生植被演替的研究结果表明，不同基质的沙地具有不同的演替规律。流沙-固定沙地草本植物演替过程如下：流沙地的先锋植物是香附子，然后是一年生的藜科植物为主的阶段。随着沙面的进一步稳定，白茅等多年生植物开始进入并逐步上升为群落的主体，而香附子、沙米等相继退出，豫北沙地次生植被演替序列如图 3-4 所示。

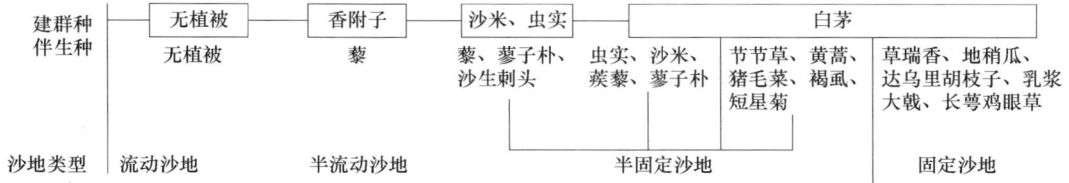

建群种	无植被	香附子	沙米、虫实	白茅		
伴生种	无植被	藜	藜、蓼子朴、沙生刺头	虫实、沙米、蒺藜、蓼子朴	节节草、黄蒿、猪毛菜、褐虱、短星菊	草瑞香、地稍瓜、达乌里胡枝子、乳浆大戟、长萼鸡眼草
沙地类型	流动沙地	半流动沙地	半固定沙地			固定沙地

图 3-4　豫北沙地次生植被演替序列

江苏海岸沙生植被的演替初始为一年生沙生植物沙引草群落和刺蓬群落等先锋植物为主的群落，随着流动沙丘被固定，植被为多年生沙生植物所代替，主要有筛草＋珊瑚菜群落、矮生苔草＋肾叶天剑＋葡萄苦荬菜群落和白茅群落。此群落进一步发展，即为灌木群落等代替，最后发展成为森林群落（刘昉勋等，1986）。

3. 沙地自然植被演替的一般规律

1）不同气候区的沙地具有不同的演替过程及顶极群落。植物种的多样性与植物适应气候范围的不同，使得位于不同气候区的沙漠植被演替过程中先锋植物、顶级植物群落不尽相同。对北方不同自然地带沙地植被演替的研究表明，一般正向演替序列为：一年生草本短命先锋植物→一二年生草本植物→多年生草本植物→多年生半灌木、灌木。在较湿润的半干旱区和半湿润地区沙地，还可以进一步演替为小乔木、疏林草原等。逆向演替一般与正向演替序列相反。

2）具有不同繁殖特点的植物适应于不同演替过程中，即适应于不同类型的沙地，具有多种繁殖方式的植物具有相对广泛的适应性。由于每种植物都有其适宜的生境类型，随着植物的生长与群落的发育，其生境也随之变化。当生境变化到不适宜该植物生长，影响到植物的正常发育时，该植物就衰退甚至死亡从而退出群落，被其他植物种替代，这是植物群落演替的必然规律。

3）从单一繁殖方式向多种繁殖方式，从有性繁殖到营养繁殖兼有性繁殖发展。例如，沙米只能进行单一有性繁殖，差巴嘎蒿既可通过根蘖进行营养繁殖又能行有性繁殖；白草在极为干旱时可通过根茎进行营养繁殖，在水分充足条件下进行有性繁殖。

4）从抗风沙型向抗旱型发展。流动沙地沙米具有较强的抗风沙能力、较弱的抗旱能力；半流动沙地优势植物差巴嘎蒿既具抗沙埋能力，又具抗风沙和抗旱能力；固定沙地的白草、狗尾草生长点位于地表，沙埋后新长出的幼枝因得不到光照而枯死，抗风沙性差，抗旱性极强。

5）沙漠化逆转与进展演替。以上由定居开始的演替序列，是在植物正常生长发育条件下的发展过程，称为正向演替，该过程也是沙漠化不断逆转的过程。但当植物遭到外来干扰，而且干扰大于本身调节能力时，演替将反向而行，称为逆向演替，该过程也是沙漠化不断扩张的过程。干扰愈大，逆向演替愈快，直至植物完全消失，只有当干扰解除以后，才有可能再次转入正向演替。

在遭受人畜严重破坏的地区实行封禁是消除干扰使植物得以正向演替的措施，而正向演替必然会使植被得到恢复，尽管演替是缓慢的，逐步进行的，但适宜的条件会大大加速这一过程。

3.4　天然植被恢复的调控途径

天然植被的恢复，是各种影响因子综合作用的结果，对这些影响因子实行调控，便可调节植被恢复的效果和速度，当然，控制全部影响因子是不可能的，但有些因子是可控的。由于各影响因子对植物的恢复作用不尽相同，因此，调控某些作用较大的影响因子，效果会很好。而且，生态因子通过一个又一个限制因子起作用，是各种因子综合作用的方式之一，如能针对限制因子进行调控，效果会更显著。所谓调控，就是通过对影响植被恢复的可控因子进行调节、控制，使其向有利于天然植被恢复的方向发展，进而达到促进天然植被恢复的途径。

3.4.1　降低沙的流动性促进天然植被恢复

风蚀、沙埋和干旱对流沙上植被的恢复影响很大，控制风蚀沙埋可以减轻风沙危害，在一定程度上给天然植物提供稳定的环境，有利于其种子的萌发与繁殖。因而，可以采取一些减轻风蚀、沙埋和干旱的措施来帮助天然植被的恢复。例如，内蒙古磴口县在 20 世纪 50 年代进行封育的同时，结合设置沙障，以减轻沙的流动性危害，促进天然植被恢复。万玲玲（2011）等的研究也表明，在流动沙丘表面设置沙柳方格沙障，可有效增加土壤种子库中物种的种类、数量和多样性，流动沙丘不同部位仅有 2 个植物种，而设障二年、七年的沙丘不同部位的物种分别为 6 种和 9 种。这些事实都说明，降低沙的流动性，可以实现种子的稳定定居与扩繁，在很大程度上促进天然植被恢复。

在流沙上设置沙障后，一方面可以增大地表粗糙度，减小近地面风速，降低沙的流动性和减小风沙流对地表的风蚀；另一方面，沙障可以拦截从其他地段传播过来的种子、繁殖体，在沙障内形成数量较大的土壤种子库，为种子的萌发、繁殖提供良好的微生境，并在天然植被建成后进一步有利于多种生物的活动和繁衍，可以促进土壤表面形成结皮，促进土壤的形成，增加土壤的有机质含量，改善土壤肥力状况，进而增加地表物质的胶结性，最终增强地表抗风蚀能力。而天然恢复的植被在萌发定居后也具有自行繁殖和再生的能力，通过植被演替，能够形成适应当地环境的，具有自我调节能力的可持续的稳定生态系统，可以实现长期固定流沙和防止风沙危害的目的。

3.4.2　降低沙的干旱性促进天然植被恢复

沙的干旱性使得土壤种子萌发缺少充足的水分，如果在种子萌发的时候，能结合灌溉，施以控制和缓减干旱的增雨、灌溉措施，则可以在很大程度上提高种子萌发的概率。例如，甘肃民勤结合封育，利用引洪漫灌、引农田余水浇灌等措施促进了植被的恢复；新疆吐鲁番在封沙育草带结合引冬水灌溉补播等都取得了很好的效果。

赵兴梁在《治沙造林学》一书中指出：吐鲁番、乌兰布和等地封育区，"凡引水灌溉所影响的地区，封育了 3～4 年后，骆驼刺、油蒿、沙鞭、芦苇、苦豆子、甘草、黄喇嘛等天然植被的覆盖度，由原来的 20%～30% 可增加到 50%～60%，流沙趋于固定。引水灌沙，即使每年进行 1～2 次，不仅有利于增加封育区的人工乔木林，而且可促进沙生植物天然下种、萌生、蔓延和复壮，防止或延缓沙生植物特别是灌木、半灌木衰老、退化和死亡。在民勤地区，灌水后，在丘间低地天然下种的柽柳每公顷达 1050 丛以上，8 年生时高达 1.2～1.7m，冠幅直径 1～2m。"

以上情况表明，采用灌溉等措施效果显著，因为这些措施对主要限制因子——水分起到了控制作用。

3.4.3　降低人为干扰促进天然植被恢复

在干旱、半干旱和亚湿润干旱地区的气候条件下,本应该生长有较好的地带性植被典型草原、森林草原、草甸草原或森林植被,或是受到保护的人工林、草、作物植被,但人类长期不合理的经济活动严重地破坏了植被,从而导致了沙漠化土地的形成与扩张。各种原因造成的植被的严重破坏或彻底丧失,是土地沙漠化最明显的表现和最直接的原因。在沙漠地区进行植被恢复和重建主要通过自然植被恢复与人工植被定向恢复两种方式实现。自然植被恢复即是在消除人为干扰后,依赖种子雨或土壤种子库恢复自然植被,封育即是消除人为干扰和压力,利用自然力恢复天然植被的最主要的方式,特别是具有天然下种、固定沙丘活化等地段,封育是经常采取且简单易行的恢复措施,其恢复效果也很显著。呼伦贝尔沙化草地恢复的研究表明,草地植被覆盖度、草群的密度及净初级生产力会随着围封年限的增加而增加,且适口性较好的牧草比例也会随之增加。闫玉春等的研究表明,对内蒙古典型退化草原在围封 18 年后,其植被和土壤特征已经得到明显恢复。科尔沁退化草原的围栏封育措施加快了草地恢复的速度,提高了草原植被的正向演替速度,并得出当封育 130 天时恢复效果最为显著。诸多研究表明,围栏封育能显著增加牧草产量,加快草原植被的恢复,改善牧草质量,是一项既投资少,又见效快,而且简单易行的有效恢复技术措施。在中国防沙治沙工程十年规划中,有一项重要措施就是封沙育林育草治沙。规划要求全国封育治沙面积达 266.7 万 hm^2,占治沙面积的 40%,比人工造林（占 20%）和飞机播种（占 10%）两项之和还多。可见封育措施已成为重要的治沙方法,并得到了广泛的应用。

3.5　封沙育草育林恢复天然植被

3.5.1　封育概念与方式

1. 封育的概念与地段选择　　在干旱半干旱地区,对原有植被遭到破坏但尚有自然恢复能力或有条件生长植被的地段实行一定的保护措施（设置围栏）,建立必要的保护组织（护林站）,严禁人畜破坏,给植物以繁衍生息的时间,以逐步恢复天然植被的一种途径,称为封育。在中国干旱半干旱风沙地区,封育是常用的措施,几年内便可使流沙地达到固定、半固定状态。

就封育而言,选择适宜封育的地点是封育成功的关键一步。封育区域的选择需要满足以下条件:①植被遭到破坏但有自我恢复能力或具备天然下种或萌蘖能力的地段,如疏林地、采伐迹地、灌丛、疏林草地、草地及沙荒地;②水热条件能满足自然恢复植被的需要,或者通过配合封育采取其他相应的生物或工程措施,能够为迅速恢复林草发展创造条件的地段;③有封禁条件,封禁后不影响当地人们正常生活地段。

从封育的内涵看,主要应用在有一定恢复基础的植被类型范围。就沙地类型的封育而言,主要应用于半固定沙地、固定沙地、潜在沙化土地、沙质退化草地上,且一般不采取其他干预措施。但在现实植被恢复中,以围栏封育为主的技术常常作为基础措施应用于各项植被恢复工程中,甚至在流动沙地的植被恢复过程中也广泛应用。

2. 封育的方式

（1）全封　　全封又叫死封,指在封育期间,禁止采伐、开垦、放牧、砍柴、割草和一切不利于林草生长繁育的人为活动的封育方式。封禁期限可根据成林年限和沙地土壤改良的标准确定，一般 3～5 年，有的可达 8～10 年。全封是防沙治沙和退化草场恢复植被的主要措施。

（2）半封　　半封又叫活封，分为按季节封和按植物种封两类。按季节封即是在植被主要生长季节实施禁封期，其他季节，在不影响植被恢复和严格保护目的植被的前提下，可组织群众有计划地放牧、割草、打柴和开展多种经营活动。退化沙化草地的季节性禁牧即属此种类型。沙地植被恢复后，开展适度利用时可采取半封闭的方式。按植物种封育，就是把有发展前途的植物种都留下来，常年允许人们割草、打柴。东部森林草原带沙地樟子松的封育可采用此法。

（3）轮封　　轮封是根据封育区的具体情况，将封育区划片分段，轮流实行全封或半封的方式。在不影响育林育草固沙的前提下，划出一定范围暂时供群众樵采、放牧，其余地区实行封禁。轮封可使整个封育区都达到植被恢复的目的。这种办法能较好地照顾和解决目前生产和生活上的实际需要，特别适于草场轮牧。

3. 封育的设计内容　　封育的设计内容包括封禁、培育和管护设施建设几个方面。封禁就是建立行政管理与经营管理相结合的封禁制度，分别采用全封、半封和轮封的方式，为沙地林草的生长繁育创造休养生息的条件。培育就是利用林草资源本身具有的自然繁殖能力，通过人为管理改善生态环境，促其生长发育；还包括通过人为的必要措施，即封育期的改造工作，不断提高林草的质量。管护设施建设主要有建设防护哨所、瞭望台、标牌及修建道路等。

3.5.2　封育规划设计

设计内容包括封育规模、范围、起止界限及面积、封育类型、封育条件、经营目的、封育方式、封育年限、封育措施、管护人员的配备、投资数量和来源及封育成效的分析、收益分配办法等。封育规划成果报请上级林业主管部门和所在县人民政府审批后，作为封育调查设计的依据。

封育的规模，应根据当地的实际情况，相对集中连片，以方便管护。封育的组织形式，要从实际出发，尊重群众的意愿，可以乡、村或村民小组为单位，也可由乡与乡、村与村、组与组及由自然村联合起来进行。在目前群众多以家庭为单位经营的形势下，应注意提倡自愿组合，实行联户封育的办法。

封育的外业调查需要全面了解封育范围的自然、社会经济条件和植被状况，为封育措施设计提供依据。自然条件调查内容包括封育范围的地形、地势、气候、土壤、植被及病、虫、鼠害等。社会经济调查包括当地人口分布，交通条件，农业生产状况，人均收入水平，农村生产生活用材、能源和饲料供需条件及今后当地发展前景等。调查时采用小班调查，在小班调查的基础上，根据立地条件和封育主要目的的不同，分别划分乔木型、乔灌型、灌木型、灌草型等封育类型，并按封育类型以小班为单位统计封育面积。封育方式依据实际情况划分，封育年限根据当地的封育条件和封育目的，因地制宜地确定。

根据封禁范围大小和人、畜危害程度，设专职或兼职护林员进行巡护。在牲畜活动频繁地区，可采用刺丝、石料垒墙、开沟挖壕、垒筑土墙等设置机械围栏，或栽植有刺乔、灌木设置生物围栏进行围封。在封育区周界明显处，如主要山口、沟口、河流交叉点、主要交通路口等竖立坚固的标牌。

此外，可在封禁的同时，结合当地的林业经营水平，设计必要的育林措施，如人工促进天然更新、人工补植、平茬复壮、培育管理等。人工促进天然更新是对有较充足下种能力，因植被覆盖度较大而影响种子出土的地块，进行带状或块状除草、破土整地，或采用有计划、有组织的炼山，实行人工促进更新。人工补植是对自然繁育能力不足或幼苗、幼树分布不均的间隙地块，按封育类型成效要求进行补植或被播。平茬复壮是对有萌蘖能力的乔木、灌木，根据需要进行平茬复壮，以增强萌蘖能力。培育管理是指在封育期间，根据当地条件和经营强度，对经营价值较高的树种，可重点采取除草松土、除蘖、间苗、抗旱等培育措施。

投资概算应根据封山育林设施建设规模和管护、育林工作量进行，并提出资金来源和筹措办法。效益估测则按封育目的，估测其生态效益、社会效益和经济效益。

3.5.3　封育制度建立

建立封育制度是关系封育成效好坏的重要内容之一。但是，由于地区间差异较大，加上各种原因，目前还没有统一的形式和制度。一般包括以下内容。

1）宣传工作。在开展工作之初，要进行广泛深入的动员宣传工作，使封育的内容和意义家喻户晓，成为广大群众的自觉行动。同时，要逐步落实封育的范围、面积、办法和管护设施等。

2）建立组织，加强管理封育地区，从县到乡都要层层有人负责，重点乡、村要成立以乡长、村长为主的乡村封育委员会，或成立领导小组。村配备专职或兼职管护人员，认真落实封育有关政策，实行多种形式的责任制，把封育工作的管护好坏与管护人员（户、组）的经济利益结合起来。

3）制定管护公约。各地在认真贯彻《中华人民共和国森林法》《中华人民共和国草原法》《中华人民共和国防沙治沙法》等有关法令的前提下，制定和执行封沙育林育草公约。公约内容一般包括：第一，封禁地区不准用火，不准砍柴割草，不准放牧，不准砍伐树木，不准铲草积肥，不准开荒种地等；第二，对违反规定的具体处罚办法；第三，对检举揭发人的奖励办法。

4）建立联防制度。以往在村、乡和县（旗）交界地区，相互联系不够，管理办法不一，存在不少漏洞，使林草遭受破坏，封育成效不好。应该在这些地区制定联防组织和制度，加强联防活动，及时处理违约案件，堵住漏洞。

3.5.4　封育的技术管理

1. 检查验收　为了达到封育一片，成林一片，收效一片，应在每年秋末冬初，由林业部门组织力量按照封育计划和承包合同，对当年计划完成情况和按封育期限达到封育成林成效的面积进行检查验收，并写出报告，逐级上报备查。

（1）封育计划完成情况检查　检查内容包括：封育范围、四周面积、类型、林种；树种、林草生长情况、组织机构、承包合同；护林队伍、乡规民约；林木保护和管护设施等方面的完成情况。检查中发现的问题，要责成有关单位或个人及时予以纠正或解决。

（2）封育成林成效检查　按封育计划完成年限，对封育成林成效面积进行验收。就是对已郁闭成林符合标准的，按有关规定，计算为有林面积，列入森林资源档案。同时采用随机抽样调查方法分别类型抽取 10% 小班作为调查对象进行成效调查。在抽取的小班中随机设置调查样地。$4hm^2$ 以下小班设置样地 2~4 个，4~10hm^2 小班设置 5~7 个，10hm^2 以上小班设置样地不得低于 8 个。样地面积为 0.08hm^2，在样地四角和中心位置分别设置样方，进行实测，样方面积为 1m×1m 或 2m×2m。封育小班成效调查登记表见表 3-2。

表 3-2　封育小班成效调查登记表

封育单位	林班号	小班号	小班面积/hm²	林分调查									灌木调查	草本调查	
				目的树种							主要种类	覆盖度/%	灌木	主要种类	覆盖度/%
				树种组成	郁闭度	树种	起源	株数	平均高/m	平均胸径/cm	平均年龄/年				

填表人＿＿＿＿＿＿＿　填表时间＿＿＿＿＿＿＿

（3）封育成林成效合格标准　　由于各地封育区立地条件、林种、树种和封育类型不同，合格标准也不相同。据国家林业和草原局调查规划设计院 2018 年 12 月 28 日发布并实施的《封山（沙）育林技术规程》（GB/T 15163—2018）规定，乔木型封育标准：在极干旱区小班郁闭度≥0.10，干旱区、半干旱区、高寒区小班郁闭度≥0.15 为疏林地有效封育小班；郁闭度达到 0.5，或比原来封育前增加 0.2 为有效封育小班。乔灌型：在极干旱区乔木郁闭度≥0.05、乔木和灌木覆盖度≥20%；干旱区乔木郁闭度≥0.08、乔木和灌木覆盖度≥20%；半干旱、高寒区乔木郁闭度≥0.08、乔木和灌木覆盖度≥25%为有效封育小班。灌木型：在极干旱区小班覆盖度≥20%；干旱区小班覆盖度≥25%为疏林地有效封育小班，覆盖度提高 10 个百分点以上的为灌木林有效封育小班。灌草型：灌木盖度达不到覆盖度提高 10 个百分点以上标准、灌草盖度在 40%以上；草本盖度增加 20 个百分点以上的小班均为灌草型有效封育小班。对于合格小班，应继续加强经营管理；对于不合格小班，应视不同情况采取继续封育或人工补植等措施，直至达到封育合格标准。

2．建立固定标地观测记录　　为了积累资料，检验成效，探索封育规律，应在封育区内设置固定标地，观测植被演变及生长情况，观测项目有：树种及植被类型、树种平均高、地径或胸径、密度、郁闭度及其他环境因子的变化，标地设置数量应根据封育区及其不同类型的面积大小确定。一般每个封育类型选设 3～5 块，同时设置对照标准地 2～3 块；标准地面积不小于 0.1hm²，标准地四角埋设固定性标桩。绘制标准地位置图，并对标准地现状进行全面立地条件调查，详细记载标准地周围情况、小气候特征、地形地势、土壤、植被等各项调查因子及人为活动、自然灾害及设计的封育措施等。

3．建立技术管理档案　　在封育调查设计的基础上，以封育区为单位建立技术管理档案。封育调查规划设计文件、成效调查及各类审批文件等均需归档，并分别封育类型，按小班及时记载封育措施和经营活动等情况。档案由专人负责管理。

3.5.5　封育效果

在我国半干旱风沙地区，封育是常用的措施，在几年内可使流沙地达到固定、半固定状态。以内蒙古为例，在 20 世纪 50 年代，全区封沙育草 260 万 hm²，使大面积流沙基本得到固定。在半干旱地区，辽宁的建平、台安、锦县、盖平等地，通过封育使 35km 长的大凌河两岸沙地长满了各种乔灌草植物，很快覆盖了沙面。内蒙古鄂尔多斯市伊金霍洛旗毛乌聚盖村从 1952 年起封沙育草 17 300 多 hm²，至 1960 年已由流沙变成以沙蒿为主的固定沙地。据调查，鄂托克旗开垦的荒漠化草原，一经弃耕封禁，天然植被很快繁生，1～2 年以星星草、狗尾草、灰藜、蒺藜为主，总盖度达 70%，3～5 年以赖草、白草等根茎植物繁生，6～10 年恢复到接近当地的稳定植被。下面介绍中国东北沙区和西北干旱区重点植被的封育措施。

1. 沙地樟子松封育　　在呼伦贝尔草原沙地，分布着大片天然樟子松林。解放前修建中东铁路，樟子松林遭到严重破坏。1949 年后在红花尔基等地建立了林业机构，通过封育，使这片濒临灭绝的松林得到了迅速恢复和发展。红花尔基属森林草原地带，年均气温为 −2.4℃，一月均温 −28.3℃，绝对最低气温 −49.3℃，7 月均温 20.5℃，年均降水 322.8mm，年蒸发量 1403.8mm，无霜期 110 天。樟子松天然更新能力强，林带两侧和单株、团块母树周围都有更新幼苗，封育后效果显著。1956 年，第一次清查时，林地面积为 0.88 万 hm^2；1974 年再次清查时，林地面积已发展到 11.15 万 hm^2，平均每年纯增林地 0.577 万 hm^2。其防护措施主要是，严禁滥砍、滥伐、滥牧，加强防火防虫工作，分道设卡，严格检查。该地樟子松林的迅速恢复，反映了森林、草原之间的变化规律。

2. 梭梭林的封育　　梭梭在亚非荒漠区有大面积分布，形成独特的荒漠林景观，是亚洲荒漠区分布最广泛的荒漠植被类型，西至里海东岸，东至蒙古赛音素，北抵俄罗斯斋桑盆地，南至柴达木盆地东部。中亚和哈萨克斯坦梭梭林面积达 1050 万 hm^2，中国梭梭林面积有 200 多万 hm^2。梭梭林是荒漠无价之宝，有良好的防风固沙改善小气候环境的生态效益，其嫩枝又是驼、羊春秋冬季饲料。梭梭有"沙漠活煤"之称，是极好的生物能源，其根上寄生的肉苁蓉是名贵药材。梭梭植株生长迅速，恢复能力强。据阿拉善畜牧处资料，围栏封育 3 年的梭梭，盖度由 8%上升到 20.3%，有多种植物侵入。

3. 干旱区绿洲边缘天然植被封育　　灌溉绿洲是荒漠地区农业及经济的精华，因多与沙漠、戈壁毗连，有的则位于沙漠之中。由于长期樵采与过度放牧，老绿洲边缘和内部分布着流动和半流动沙丘。新绿洲由于对沙生植物保护不够，绿色屏障遭到破坏，以致风沙危害比较严重。中国在治理绿洲沙害营造林带林网的同时，绿洲边缘封沙育草，保护天然植被已成为绿洲防护体系重要的内容之一。由于封育，形成了一定宽度的固沙植物带，特别是结合引水灌溉，经 3～5 年后，植被盖度均可达到 40%～50%及以上。灌丛堆上着生柽柳、白刺等植物，丘间低地和平沙地生长甘草、苦豆子、油蒿、籽蒿、芦苇、骆驼刺、芨芨草、花花柴等植物，起到控制流沙和阻积外来风沙流的作用。由于大气落尘、植物枯枝落叶、植株分泌物、苔藓地衣及微生物的作用，沙表形成结皮，成土过程加速，沙层变得紧实，抗风蚀能力大大提高。吐鲁番四周 300 多千米风沙线及绿洲内部封沙育草面积为 13.3 多公顷。乌兰布和沙漠北部与后套绿洲接壤地带，结合营造防沙林带建立的封沙育草区，长达 135km，宽 1～2km，植被盖度已恢复到 40%～50%及以上，有的达 70%～80%，成为保护绿洲的生态屏障。不同区域绿洲封育后的植被恢复效果见表 3-3。

表 3-3　不同区域绿洲封育后的植被恢复效果

地区	封育年限/年	主要植物种	植被覆盖度/%
内蒙古乌兰布和沙漠北部新垦边缘	5	油蒿、籽蒿、沙鞭等	40～50
甘肃金塔绿洲中部零星沙丘	3～4	骆驼刺、芦苇、芨芨草、花花柴	45
新疆吐鲁番盆地绿洲边缘	3	骆驼刺及芦苇等	60

实践证明，封育恢复植被是一种非常有效且成本最低的措施。据计算，封育成本仅为人工

造林的 1/40（旱植）～1/20（灌溉），为飞播造林的 1/3。敦煌市综合封育成本为 45 元/hm²，其做法可在干旱、半干旱、亚湿润地区推广。封育的同时还可以进行人工补种、补植、移植并加强管理，加速生态逆转。植被恢复到一定程度可进行适当利用。

封沙育林草的面积大小与位置要考虑其需要与可能性，封育时间的长短要看植被恢复的情况。封育要重视时效性，封育区必须存在植物生长的条件，可种子传播，有残存植株、幼苗、萌芽、根蘗植物的存在，南疆要有夏洪与种子同步的条件等。确实不具备植物生长条件，则植物难以恢复。在以往植被遭到大面积破坏，或存在植物生长条件，附近有种子传播的广大地区，都可以考虑采取封育恢复植被的措施以改善生态环境。封育不仅可以固定部分流沙地，更可以恢复大面积因植被破坏而衰退的林草地，尤其是因过牧而沙化退化的牧场。因此这一技术在恢复建设植被方面有重要意义。

3.6　自然保护地建设与管理

3.6.1　自然保护地的概念

建设自然保护地是生物多样性保护和生态环境修复的重要手段。世界自然保护联盟（IUCN）对自然保护地的定义是"一个明确界定的地理空间，通过法律或其他有效方式获得认可、得到承诺和进行管理，以实现对自然及其所拥有的生态系统服务和文化价值的长期保护"。结合我国实际，自然保护地就是由各级政府依法划定或确认，对重要的自然生态系统、自然遗迹、自然景观及其所承载的自然资源、生态功能和文化价值实施长期保护的陆域或海域。建设自然保护地的目的是守护自然生态，保育自然资源，保护生物多样性与地质地貌景观多样性，维护自然生态系统健康稳定，提高生态系统服务功能；服务社会，为人民提供优质生态产品，为全社会提供科研、教育、体验、游憩等公共服务；维持人与自然和谐共生和永续发展。

从自然保护地的定义可以看出，在沙区设立各种类型的自然保护地，是一项具有深远意义的工作，对保护沙区植物资源，恢复生态系统的稳定平衡，防止沙漠化，巩固和发展治沙成果，促进治沙科学事业的发展等各方面都具有重大作用。

3.6.2　自然保护地的类型划分

自然保护地类型划分的目的是保护管理的需要。目前国际上主要存在两种分类方法：一种是根据保护对象进行的分类，另一种是根据保护管理的目标进行的分类。为了规范管理，便于各国进行信息交流，世界自然保护联盟（IUCN）曾在 1978 年提出按保护区管理目标进行分类的分类系统，后来又于 1994 年对该分类系统进行了调整。

1. IUCN 的分类系统　　1978 年世界自然保护联盟（IUCN）的分类系统将世界上的保护区统一划分为绝对保护区、自然保护地或受控自然保护地、生物圈保护区、国家公园或省立公园、自然纪念物保护区、保护性景观、世界自然历史遗产保护地、自然资源保护区、人类学保护区、多种经营管理区或资源经营管理区等 10 个类型。以上 10 类保护区从保护的严格程度看是依次递减的，而在资源的利用方面则依次递增。事实上这个分类系统也有不足之处，它无法解决一区多目标的问题。另外，在分类标准、名称和概念上也有含混不清的情况。

1994 年调整后的新的分类系统提出，"保护区主要是致力于生物多样性、自然和有关文化资源的管护，并通过法律或其他有效的手段来管理的陆地或海域"（CNPPA/IUCN，1994）。同时将世界上的保护区划分为以下 7 个类型（表 3-4）。

表 3-4　保护地管理类别

类别代码	类别名称	主要目标
类别 I a	严格自然保护地	主要用于科研的保护地
类别 I b	自然荒野区	主要用于保护自然荒野面貌的保护地
类别 II	国家公园	主要用于生态系统保护及娱乐活动的保护地
类别III	自然纪念地	主要用于保护某些具有自然特色的保护地
类别IV	栖息地/物种管理区	主要用于通过干预进行管理以达到保护目的的保护地
类别 V	陆地/海洋景观保护地	主要用于陆地/海洋景观保护及娱乐的保护地
类别VI	资源管理保护地	主要用于自然生态系统持续性利用的保护地

资料来源：IUCN，1994

（1）严格自然保护地

1）严格自然保护地（strict nature reserve）拥有一些突出的或有代表性的生态系统、地质或自然景观和物种的陆地或海域，主要用来进行科学研究和环境监测。

2）自然荒野区（wilderness area）或未受破坏的区域，即大面积未经破坏或破坏较轻的陆地和海域，保持其自然特点和影响，没有永久的或大片的聚居地，保护和管理它就是为了保存其自然特色。

（2）国家公园（national park）　　为现代和长远的利益而划定自然陆地和海域，以达到下列目的：①保护各种生态系统的生态完整性；②排除不利于它的开发和占用因素；③提供科学、教育、精神修养、娱乐和旅游，并保证所有活动与环境和文化相协调。

（3）自然纪念地（natural monument reserve）　　自然纪念地包括若干特殊的自然或具有文化特征的自然景观区。它的稀有性、代表性、美学性或文化意义，使其具有突出的或独特的价值。建立这类保护区的主要目的是为管护特殊的自然景观。

（4）栖息地/物种管理区（habitat/species management area）　　按照管理目标的要求进行积极干预，以确保栖息地满足特殊物种的需要。这类保护区主要通过管理途径进行管护。

（5）陆地/海洋景观保护地（protected landscape/seascape）　　人和自然长期相互影响形成具有重要美学、文化和生态价值、生物多样性极其丰富的陆地、海崖和海域。维护这种传统相互关系的整体性具有重要的意义。

（6）资源管理保护地（managed resource protected area）　　资源管理保护地包括大面积未经改变的自然生态系统。通过管理，使生物多样性得到长期管护和保持，同时确保自然产品和效益的持续流动，以满足社区的需求。这类保护区主要是为确保自然生态系统的持续利用而建立的。

2. 中国自然保护地的分类系统　　中国自然保护地制度起步于 1956 年广东鼎湖山国家级自然保护区建立时。党的十八大以来，自然保护地体系建设已经成为中国生态文明体制建设的重要内容。2013 年 11 月，党的十八届三中全会决定首次提出要建立国家公园体制。党的十九大报告从顶层设计的高度提出要建立以国家公园为主体的自然保护地体系，有意以国家公园体制建设为依托，理顺管理体制，建立具有中国特色的自然保护地体系。自 2015 年以后我国陆续颁布了《生态文明体制改革总体方案（2015）》《建立国家公园体制总体方案（2017）》和《关于建立以国家公园为主体的自然保护地体系的指导意见（2019）》等促进国家公园体制建设的重大政策文件。

经过多年努力，我国已建立了数量众多、类型丰富、功能多样的各类自然保护地，但与过去的保护措施不同，国家公园体制破除的是传统生态保护的难点与盲区。国家公园强调的是整个生态系统和整个生态过程的完整性保护，与过去强调保护单个对象不同，它要求对山水林田湖草进行系统化、一体化的保护。在国家公园的整体架构之下，将行政区划、部门职能围绕着的自然规律进行重新梳理，着力解决交叉重叠、多头管理的碎片化问题，使国家重要自然生态系统的原真性、完整性得到有效保护，形成自然生态系统保护的新体制新模式。2020 年 2 月，我国正式启动了全国自然保护地整合优化工作。随着试点的推进，中国国家公园体制逐步确立。2021 年底，中国正式设立了 5 个国家公园。

按照自然生态系统原真性、整体性、系统性及其内在规律，依据管理目标与效能并借鉴国际经验，我国将自然保护地按生态价值和保护强度的高低依次分为 3 类。

（1）国家公园　　国家公园是指以保护具有国家代表性的自然生态系统为主要目的，实现自然资源科学保护和合理利用的特定陆域或海域，它是中国自然生态系统中最重要、自然景观最独特、自然遗产最精华、生物多样性最富集的部分，保护范围大，生态过程完整，具有全球价值、国家象征，国民认同度高。目前已开展三江源、大熊猫、东北虎豹、祁连山、海南热带雨林等 10 处国家公园体制试点。

（2）自然保护地　　自然保护地是指保护典型的自然生态系统、珍稀濒危野生动植物种的天然集中分布区、有特殊意义的自然遗迹的区域。其具有较大面积，可确保主要保护对象安全，以维持和恢复珍稀濒危野生动植物种群数量及赖以生存的栖息环境。

（3）自然公园　　自然公园是指保护重要的自然生态系统、自然遗迹和自然景观，具有生态、观赏、文化和科学价值，可持续利用的区域。确保森林、海洋、湿地、水域、冰川、草原、生物等珍贵自然资源，以及所承载的景观、地质地貌和文化多样性得到有效保护，包括森林公园、地质公园、海洋公园、湿地公园、沙漠公园、草原公园等各类自然公园。

3.6.3　设立自然保护地的目的和意义

1. 设立自然保护地的目的

1）作为科研和教育的基地，为人类提供研究自然生态系统的场所，如日本设有"自然遗迹区""学术参考保护林""自然教育园"等。在美国，这种保护区面积平均为 $400 \sim 500 hm^2$，其中不仅包括森林和河流。在保护地内设置各种观测仪器，进行长期观测，以监测原始景观，并与其他自然景观比较。

2）作为休养和旅游区。

3）作为基因库。

4）作为宣传教育的活的自然博物馆或教育平台。

5）作为各种研究的天然实验室，便于进行连续、系统的长期观测及珍稀物种的繁殖、驯化的研究等。

6）作为固沙或保持水土实验区，能在涵养水源、保持水土、改善环境和保持生态平衡等方面发挥重要作用。

2. 设立自然保护地的意义

（1）保护自然本底　　许多自然资源是长期演化的产物（有的生物资源达几万年以上），自然保护地保留了一定面积的各种类型的生态系统，可以为子孙后代留下天然的"本底"。这个天然的"本底"是今后在利用、改造自然时应遵循的途径，为人们提供评价标准，可预计人类活动将会引起的后果。

（2）贮备物种　　　人们对许多植物、动物、矿物、岩石迄今还不懂得如何利用，必须对其加以保护，以免灭绝。保护地是生物物种的贮备地，又可以称为贮备库。它也是拯救濒危生物物种的庇护所。

（3）开辟科研、教育基地　　　自然保护地是研究各类生态系统自然过程的基本规律、研究物种的生态特性的重要基地，也是环境保护工作中观察生态系统动态平衡、取得监测基准的地方。当然它也是教育实验的好场所。

（4）保留自然界的历史价值和美学价值　　　稀有的或特殊的自然资源或自然景观，作为自然遗迹应加以保护，其具有历史意义。而且自然界的美景能令人心旷神怡，精神焕发，燃起生活和创造的热情，是人类健康、灵感和创作的源泉，因而具有美学价值。

（5）为改造和防止环境退化提供研究和检验基地　　　作用如下：①使大自然保留良好状态，如自然地域的保存、顶极群落或群落演替的特定中间阶段的保留等。②使自然资源不致荒废，如草地的适当利用、限定某地捕鱼量和某一动物数量、梯田耕种等。③不令自然恶化，如防止污染、制止沙漠化等。④促使环境向良好的方向发展，如城市绿化、荒山造林、沙漠治理等。

3.6.4　国内外自然保护地设置概况

1. 国外自然保护地设置概况　　　世界上很多国家重视设立自然保护地。据俄罗斯尤·依·彼尔谢涅夫等（2007）介绍，俄罗斯早在 1916 年即建立第一批自然保护地，目前的自然保护地包括国家级自然保护地、全国和地方性的国家自然禁猎区、国家公园、自然公园、自然遗迹地、植物园、树木公园、医疗保健地等区域。全国共有 13 000 多个保护区，占国土总面积的 10.5%，低于全球 12% 的平均值。截至 2007 年，俄罗斯有 100 个自然保护地，总面积 3374 万 hm^2（陆地占 2724 万 hm^2），占国土面积的 1.58%。截至 2005 年，俄罗斯共有 50 个自然公园，占地面积 1530 万 hm^2，占国土面积的 0.8%；联邦级禁猎区 69 个，地方级禁猎区 2831 个，总计面积 8492 万 hm^2，占总面积的 4.97%；俄罗斯有 39 个联邦级和 9897 个地方级自然遗迹，总面积 417.8 万 hm^2，占国土面积的 0.3%。

美国是世界上设立保护区最早的国家之一，1872 年创建黄石公园，面积 89.56 万 hm^2；1924 年，美国划定了世界上第一个自然保护地——新墨西哥州希拉国家森林。美国是自然保护地面积最大的国家，截至 2003 年，美国共有自然保护地 3481 个，面积占美国国土总面积的 25.9%。1879 年，澳大利亚建立了 6 处国家公园，新西兰也划立了 2 处国家公园，截至 2003 年，澳大利亚和新西兰的自然保护地数目分别为 4071 和 3515 个，分别占其国土总面积的 13.4% 和 29.6%。1898 年，南非设立了萨比森私人保护区(Sabi sand game reserve)；同期，英国在其殖民地印度建立了阿萨姆卡齐兰加国家公园保护区。到了 20 世纪，自然保护地建设工作得到迅速发展。1909 年，瑞典划定一批自然保护地，欧洲其他国家跟着效仿。1925 年，比利时在刚果设立了阿尔贝尔国家公园(Arbel national park)；1926 年，意大利在索马里设立国家公园。同期，法国、荷兰等国分别在马达加斯加和印度尼西亚开展自然保护地建设工作。

根据世界自然保护联盟（IUCN）1992~2003 年的统计数字，目前全世界拥有的国家保护区总数为 63 478 处，占陆地总面积的 11.3%，其中：亚洲（中亚除外）3655 处、欧洲 39 432 处、中亚和北非 561 处、撒哈拉以南非洲 1486 处、北美洲 7412 处、中美洲和加勒比地区 1476 处、南美洲 1697 处、大洋洲 7759 处；发达国家为 55 408 处、发展中国家 8070 处。世界各洲自然保护地分布概况见表 3-5。2021 年联合国环境规划署与世界自然保护联盟联合发布最新版《保护地球报告》称，全球自然保护地和保留地中，陆地和内陆水域生态系统占地达 2250 万 km^2，沿海水域和海洋达 2810 万 km^2。

表 3-5　世界各洲自然保护地分布概况

国家/地区	国家保护区			
	IUCN 管理目录的国家级保护区		湿地保护面积/hm²	生物圈保护面积/hm²
	总数	占陆地总面积比例/%		
世界	63478	11.3	102283	439000
亚洲（中亚除外）	3655	7.6	5641	
欧洲	39432	8.3	19248	128034
中亚和北非	561	9.2		
撒哈拉以南非洲	1486	8.8		
北美洲	7412	23.4	14241	35943
中美洲和加勒比地区	1476	15.1	3186	15729
南美洲	1697	10.6	23360	163832
大洋洲	7759	13.2	5944	5478

2. 国内自然保护地的设置概况　　新中国成立以后对自然保护工作也十分重视。1950 年以来执行了"封山育林""封沙育草"等具有保护意义的政策，取得了很大成效。1956 年中国建立了第一个具有现代意义的自然保护地——鼎湖山国家级自然保护区。1957 年根据全国人民代表大会建议，林业部曾通知各省设立森林保护区，同年，在福建省建瓯县建立了万木林亚热带常绿阔叶林自然保护地；1958 年，在云南省西双版纳建立了勐仑、小勐养和勐腊 3 处生态系统自然保护地，在黑龙江伊春市建立了丰林红松树林自然保护地；1960 年在吉林建立了长白山温带生态系统自然保护地；1961 年，在广西壮族自治区龙胜与临桂县交界处建立了花坪国家级自然保护区。到 1965 年，全国有自然保护区 19 处。1980 年 9 月，在成都举行了全国首次自然保护地划工作会议，提出要在全国设立 900 万 hm² 自然保护地，约占国土总面积的 1.3%。到 1982 年底，全国已有 21 个省（自治区）建立了自然保护地 106 个，总面积约 390 万 hm²，约占国土总面积的 0.4%。随着中国政府对生态建设和生物多样性保护的日益重视，中国自然保护地得以蓬勃发展。截至 2019 年，我国已建立各类自然保护地 1.8 万处，占国土陆域面积的 18%、领海面积的 4.6%。

3.6.5　沙漠地区自然保护地的设置和任务

1. 沙漠地区的自然保护地　　地球上大面积沙漠的存在和各国沙漠化土地面积的迅速发展，使沙漠成为国际上环境保护的重大课题。联合国环境规划署主任穆斯塔法·托尔巴博士指出："因沙漠化而失去生产性土地，是当今世界面临的环境退化的严重实例之一……沙漠化确是一个全球性题，它影响到千百万人民乃至子孙后代的生存和生活。"因此，沙区是设置自然保护地重点地区之一。

各国沙漠地区的一些自然保护地如表 3-6 所示。随着世界各国对沙漠化土地的认识及其防治，越来越多的国家在沙漠地区开始建立自然保护地，以此保护荒漠生态系统中的动植物资源、地质遗产等。但就整体而言，沙漠化地区的自然保护地依然偏少，需要大大加强。我国近年来自然保护地建设速度加快，现有 21 个国家级自然保护区。此外，还有很多省、市（自治区）级、地市级和县级自然保护地。中国还有很多设置在沙漠沙地的省级、地市级和县级自然保护地，如陕西神木臭柏自然保护区（面积 7666hm²）、内蒙古鄂托克旗巴音敖包荒漠草原自然保护区、阿拉善盟阿拉善右旗塔木素梭梭林自然保护区、鄂尔多斯市乌审旗毛乌素沙地柏自然保护等。

表 3-6　各国沙漠地区的一些自然保护地

保护区名称（成立时间）	国家	面积/万 hm²	主要保护对象及生境
鲁休努公园（1937 年）	斯里兰卡	2.3	沿海平原沙丘、旱生植物林
维尔帕图公园（1938 年）	斯里兰卡	10.9	多沙平原分散的湖泊，旱生植物次生林
卡拉哈里大羚羊公园（1931 年）	南非	89.6	沙漠和副沙漠带群落生境
埃托沙公园	纳米比亚	958.0	大部分由纳米布沙漠组成，缺乏植被
扎库马国家公园（1958 年）	乍得	29.7	热带草原半沙漠（直立型和灌木型）
亚利桑那州国立大峡谷公园（1919 年）	美国	28.4	北极群落生境直达新热带沙漠生境
新墨西哥州萨瓜洛仙人掌公园	美国	13.2	索诺拉热带沙漠
皇家公园（1886 年）	澳大利亚	1.5	覆盖灌木的沙丘
威佩贝拉公园（1921 年）	澳大利亚	5.8	有多沙山丘的半沙漠带，旱生植被
迪拜沙漠自然保护地	阿联酋	0.25	沙漠濒危动植物保护区
列别捷克保护区（1928 年）	苏联中亚	3.5	梭梭林、沙丘
宁夏贺兰山国家级自然保护地（1988 年）	中国宁夏	15.7	干旱风沙区森林生态系及珍稀动植物
达赉湖国家级自然保护地（1992 年）	中国内蒙古	74	湿地生态系统和以鸟类为主的珍稀濒危野生动物
甘肃安西极旱荒漠国家级自然保护地（1992 年）	中国甘肃	80 万	极旱荒漠生态系统，红砂、珍珠、泡泡刺、合头草等四大荒漠植被类型
沙坡头国家级自然保护地（1994 年）	中国宁夏	1.37	沙漠自然生态系统，沙地特有野生动、植物，如裸果木、沙冬青等
科尔沁国家级自然保护地（1995 年）	中国内蒙古	12.7	湿地珍禽及典型的科尔沁草原自然景观
西鄂尔多斯国家级自然保护地（1997 年）	中国内蒙古	55.6	四合木、半日花等古老孑遗濒危植物和荒漠生态系统
内蒙古锡林郭勒草原国家级自然保护地（1997 年）	中国内蒙古	58.0	草甸草原、典型草原、沙地疏林草原和河谷湿地生态系统。联合国教科文组织"国际生物圈保护区"网络成员
内蒙古达里诺尔国家级自然保护地（1997 年）	中国内蒙古	11.94	保护珍稀鸟类及草原、湖泊、湿地、林地等多种生态系统
内蒙古乌拉特梭梭林——蒙古野驴国家级自然保护地（2000 年）	中国内蒙古	13.18	梭梭等荒漠植被类型与野生动物
艾比湖湿地国家级自然保护地（2000 年）	中国新疆	26.7	湿地与荒漠生态系统
灵武白芨滩国家级自然保护地（2000 年）	中国宁夏	7.48	以小叶锦鸡儿与猫头刺为主的荒漠类型生态系统自然保护地
内蒙古白音敖包国家级自然保护地（2000 年）	中国内蒙古	1.38	沙地云杉林生态系统

保护区名称（成立时间）	国家	面积/万 hm²	主要保护对象及生境
青海三江源国家级自然保护地（2000 年）	中国青海	1523	高原湿地生态系统、高寒草甸及野生动植物
新疆甘家湖梭梭林国家级自然保护地（2001 年）	中国新疆	5.47	以珍稀荒漠树种白梭梭母树林、梭梭为代表的荒漠植被与野生动物荒漠生态系统保护区
甘肃民勤连古城国家级自然保护地（2002）	中国甘肃	38.98	重要荒漠生态系统和典型荒漠野生动植物保护区，全国面积最大的荒漠生态类型国家级自然保护地
额济纳胡杨林国家级自然保护地（2003 年）	中国内蒙古	2.62	野生植物类型自然保护地
红花尔基樟子松林国家级自然保护地（2003 年）	中国内蒙古	2.0	沙地樟子松森林生态系统保护区
敦煌西湖国家级自然保护地（2003 年）	中国甘肃	66.34	极为典型的内陆湿地、荒漠生态系统和野生动植物类型自然保护地
罗布泊野骆驼国家级自然保护地（2003 年）	中国新疆	7.8	以保护罗布泊地区特有的荒漠生态系统和自然地貌及极度濒危动物野骆驼的极旱荒漠类型保护区
甘肃盐池湾国家级自然保护地（2006 年）	中国甘肃	136	以高山寒漠、高山草甸草原、温带暖温带荒漠和湿地生态系统为主的荒漠类型自然保护地
新疆塔里木胡杨国家级自然保护地（2006 年）	中国新疆	40	塔里木河湿地和塔里木盆地内陆干旱区胡杨林荒漠生态系统

2. 沙漠地区自然保护地设置的原则

（1）沙地自然保护地设置的原则

1）稀有性，即珍稀、濒危野生动植物物种的天然集中分布区域，如古代残遗种类，古地中海残遗植物——沙冬青、麻黄、霸王、白刺、绵刺等的分布区；特有种类，如宽叶水柏枝、文冠果、油蒿等的分布区；处于纵横分布边界的有限种类与群落及稀少的种类与群落，如沙地油松、沙地柏、沙地红皮云杉等的分布区。

2）典型的自然地理区域、有代表性的自然生态系统区域及已经遭受破坏但经保护能够恢复的同类自然生态系统区域；典型性常见种类与群落如沙棘、榆树疏林景观、沙柳灌丛植被等的分布区。

3）具有特殊保护价值与科学价值的区域，如呼伦贝尔沙地樟子松林、沙地各种典型植物群落等，沙地野生动物资源分布地等。

4）区域具有实用价值，如荒漠胡杨林、灰杨林、梭梭林、沙枣林、花棒灌丛、羊柴灌丛及各种有代表性的沙地人工植被类型，它们显然均具有一定的实用价值。

5）具有重大科学文化价值的地质构造、化石分布区、火山、温泉等自然遗迹。

（2）对所选对象的要求

1）未受或少受破坏，保持了原有景观本色。

2）具有广泛代表性，面积不宜过小，至少能包括主要生物群落类型。国外自然保护地一般面积如下：美国：面积最小为 12hm²，最大 3500hm²；英国：最小 16hm²，最大 26 000hm²，日本：最小 770hm²，最大 231 929hm²。

3）交通比较方便。

4）能够长期保护。在保护自然的任何成分时，必须同时保护所处的生态系统环境。

5）有必要的管理人员和技术人员。

6）有长期研究规划。

3. 沙地自然保护地的结构和功能区划

（1）自然保护地的结构　　自然保护地的结构由核心区、缓冲区和实验区构成。核心区应是最具保护价值或在生态进化中起到关键作用的保护地区，所占面积不得低于该自然保护地总面积的 1/3，实验区所占面积不得超过总面积的 1/3。三区的划分不应人为割断自然生态的连续性，可尽量利用山脊、河流、道路等地形地物作为区划界线。

（2）自然保护地的功能区划　　自然保护地的结构具有不同的功能，如何按照不同的功能来划分自然保护地的内部结构，叫作自然保护地的功能区划。

1）核心区功能要求，自然保护地内保存完好的天然状态的生态系统及珍稀、濒危动植物的集中分布地，应当划为核心区。核心区具有以下特点。

A. 自然环境保存完好，自然景观十分优美。

B. 生态系统内部结构稳定，演替过程能够自然进行。

C. 集中了本自然保护地特殊的、稀有的野生生物物种。

核心区的面积一般不得小于自然保护地总面积的 1/3。它是自然保护地的精华所在，是被保护物种和环境的核心，需要加以绝对严格保护。禁止任何单位和个人进入核心区并采取人为的干预措施。除拟订国家自然保护地发展规划的需要，经有关部门批准进行的全国自然环境和自然资源状况调查和评价活动外，不允许进入从事科学研究活动；更不允许修建人工设施和进入机动车辆；禁止参观和游览人员进入。

2）缓冲区功能要求，缓冲区是指在核心区外围为保护、防止和减缓外界对核心区造成影响和干扰所划出的区域，它有两方面的作用。

A. 进一步保护和减缓核心区不受侵害。

B. 可允许进行经过管理机构批准的非破坏性科学研究活动。

3）实验区功能要求，是指自然保护地内可进行多种科学实验的地区。实验区具有保护与发展的双重任务，在保护好物种资源和自然景观的原则下，可进行以下活动和实验。

A. 有计划地发展本地所特有的植物和动物资源，建立栽培和驯化试验的苗圃、种子繁育基地、树木园、植物园和野生动物饲养场。

B. 建立科学研究的生态系统观测站、标准地、实验室、气象站、水文观测点、物候观测站，用收集到的数据和资料对生态系统进行对比与研究。

C. 进行大专院校的教学实习，设立科学普及教育的标本室和展览馆及陈列室、野外标本采集地。

D. 进行生物资源的永续利用和再循环方面的实验研究。

E. 具有旅游资源和景点的自然保护地，在经过调查和论证后在实验区内可划出一定的点、线或范围，建立生态旅游区，开展旅游活动。

总体上，核心区、缓冲区和实验区的功能有所不同，核心区重点在保护，缓冲区提供研究基地，实验区为地区发展做示范作用。无论是核心区、缓冲区，还是实验区，保护目标应是统一的，都必须有利于保护对象的持续生存。

4. 自然保护地的任务　　自然保护地的保护程度，根据设置目的，分为绝对保护区、部分自然保护地和相对严格保护区。绝对保护区内严禁一切人为干扰；部分自然保护地，可允许旨在改善保护区状况的人为措施，相对严格保护区要求介于以上二者之间。

1）根据保护程度，制定以下措施。①确定保护珍贵对象的规范制度；②把自然保护地按不同作用划分地段，并确定每一地段的必要措施；③确定对保护地段可容许的改造内容，规定在当前和远景期间自然保护地及资源的经济利用方向与强度；④拟定巡视调查路线观察站图；⑤确定每个单位面积的各季度可能容纳的参观访问人数。

2）编制自然保护地内图面资料，如地形图、地质图、地貌图、气候图、植被图、珍贵植物种群成分分布图（包括孑遗种、特有种、将消失的种、有经济价值的种类等）、土壤图、动物地理图等及有关文字资料。

3）建立自然年代记事册，观察记载保护对象的生活史及其变化情况。包括各地所发生的情况、在各种自然现象中（如霜冻、大风、特殊高温等）各种植物的生活与反应及专题观察项目等（如某一植物的物候、特殊品种类型、不同繁殖方式等）。

4）同有关大学或科研单位商定研究协作事宜。

5）配备一定的科研设备，包括有关测试仪器、实验室、表册、图片等。

思 考 题

1. 简述种子发育过程及机制。
2. 简述土壤种子库的动态与格局。
3. 试述影响沙地天然植被定居的因子及其作用。
4. 试述沙种子对沙漠环境的适应机制。
5. 试述天然植被的演替规律。
6. 试述天然植被恢复的主要调控措施。
7. 试述封育对天然植被恢复的作用。
8. 试述封育的技术环节。
9. 简述我国自然保护地的类别及其保护内涵。

第4章 沙地人工植被建设

【内容提要】沙地人工植被建设不仅是改善沙地生态环境的重要手段,还对周边社会与经济的发展具有积极意义。本章内容基于沙区特殊的自然条件,围绕干旱区植被建设的重点内容,结合防沙治沙基本原理,讲解了沙地人工植被建设工作中应该掌握的专业知识,具体涵盖了沙地人工植被的植物种选择、沙地人工植被的配置、沙地人工植被的种植方法、飞机播种固沙造林种草技术及沙地人工林的抚育管理。通过本章内容的学习,同学们能够充分了解沙地人工植被建设的发展历史,掌握沙地植被建设过程中物种选择、植被配置、种植方法的科学知识。

4.1 沙地人工植被的植物种选择

在充分考虑人们的需要和立地条件等因素,确定人工植被的经营目的后,选择人工植被植物种是沙地植被建设工作中十分关键的技术措施之一。

4.1.1 植物种选择的意义和原则

各种人工植被的特定功能与价值,是通过调节与立地条件相适应的植物种类和结构来实现的。植物种的选择工作,也就是确定该种植被的主体——植物种类的工作。这是决定人工植被能否形成,即植物能否成活和保存、能否正常生长发育及能否发挥应有作用的基本工作。植物种选择不当而造成的损失是根本性的、无法弥补的,其损失之大往往也是无法估计的。例如,国外 14 世纪初开始海岸沙地造林,到 18 世纪末才认识到失败的原因是树种选择不当。这样长达 400 多年的损失,确实无法估计。又如我国早期沙地造林过程中,树种选择不当形成了大面积的“小老树”,使工作陷入进退维谷之境地,其损失之大也是难以估计的。因此,植物种选择必须要充分重视并予以深入研究,选择植物种主要有以下 4 条基本原则。

1)有利于满足目的要求。如主要目的是固沙,就应选择近地层枝叶浓密,对保护地表和降低地表风速作用大的植物。

2)能适应当地的立地条件,即适地适树。由于任何植物只有在一定的条件下才能生存和发展,因此,植物和环境相适应是生物学、生态学的基本原理。使植物和环境条件相适应的主要途径是选树适地、选地适树、改树适地和改地适树。在植物治沙中主要是选树适地。

3)要满足植物种在造林地的可行性。应考虑种苗来源是否充分,培育技术有无困难,造林的技术难易,病虫害及林地的劳力条件,林农的技术水平、文化素质、劳作习惯等,通常情况下要选择造林地区繁殖容易、易获得种苗的树种。

4)要保证造林的经济性。除要满足上述条件外,还要合理控制造林的经济投入,如造林地的资金状况及种苗的成本高低等,选择固沙的生态效益和经济效益显著的树种。以生态效益为主,兼顾经济效益。造林的经济成本与经济效益是评价一项技术措施有无价值及价值大小的重要指标之一。

4.1.2 植物种选择的依据和要求

植物种选择基本原则确定以后,应进一步探讨选择的理论依据,也就是找出决定或支配选择的一些主要因素或规律，以便在规律的影响范围内选择那些更能满足人们需要的植物种。

1. 植物种选择的依据　　植物治沙地带性规律指出，为干旱所制约的不同地带，限制着植物的种类、组成、数量和结构。也就是说，一定的自然地带具有一定的植物种类组成。因此，沙地人工植物种选择，必须遵循这一地带性规律，即首先必须根据不同地带来选择植物种。

中国各地的治沙研究工作，均以植物种选择作为主要研究内容之一。30多年来的试验结果表明，选用同一地带内适应性较强的植物能获得很好的成效。

1）东部草原地带的沙地，试验种植过黄柳、胡枝子、差巴嘎蒿、小叶锦鸡儿、紫穗槐、花棒、梭梭、杨、柳、榆、胡杨、樟子松、油松、赤松等植物，其中本地带的黄柳、胡枝子、小叶锦鸡儿、差巴嘎蒿、樟子松、油松等效果很好，而荒漠地带的植物如花棒、梭梭、胡杨等效果不好。

2）干旱草原地带的毛乌素，试验种植过多种植物，其中乡土植物如沙柳、沙蒿、羊柴、酸刺及相邻地带引进的花棒等效果很好，樟子松、油蒿也有很大潜力；荒漠地带引进的梭梭、沙拐枣、霸王、沙冬青等很少成活。

3）半荒漠地带的沙坡头曾试验过50多种植物，效果较好的是乡土植物花棒、沙蒿、小叶锦鸡儿及由苏联引进的两种沙拐枣；草原地带引进的差巴嘎蒿、山竹子等效果不好，黄柳只能适应特定地区。

4）荒漠地带的民勤，选用乡土植物梭梭、毛条、花棒等效果很好，而由草原地带引进的黄柳、沙柳、小叶锦鸡儿、山竹子、紫穗槐、酸刺、臭柏等效果不好。新疆吐鲁番在灌溉的沙地上，由半荒漠地带引进的花棒、小叶锦鸡儿等植物效果不如本地带的沙拐枣、白梭梭、梭梭、柽柳等植物。

郭普等在《治沙造林学》一书中提出各地带的造林树种如下。

草原带：选用差巴嘎蒿、油蒿、籽蒿、羊柴、胡枝子、小叶锦鸡儿等营造固沙林来固定流沙较为可靠而且见效快，乔木树种可选用白榆、桑、小青杨、小叶杨、油松和樟子松等。

半荒漠带：选用油蒿、籽蒿、小叶锦鸡儿、花棒、沙拐枣、紫穗槐、杨柳、黄柳、沙柳、沙枣、旱柳、小叶杨、钻天杨、新疆杨、二白杨等。

荒漠地带：选用沙枣、胡杨、梭梭、沙拐枣、小叶锦鸡儿、花棒、柽柳、白刺、白榆、旱柳、小叶杨、二白杨、新疆杨、箭杆杨等。

在各地带内的流动沙丘上，由于沙的活动性成为又一个限制因子，因此，在地带性选择的基础上，还必须根据反映活动性特征的风蚀沙埋作用规律，对植物种做再次选择。根据一般沙生植物对风蚀沙埋作用的反应，可将流动沙丘做以下分区。

1）弱度风蚀区：年风蚀深度小于15cm。

2）中度风蚀区：年风蚀深度为15～30cm。

3）强度风蚀区：年风蚀深度大于30cm。

4）弱度沙埋区：沙埋厚度在植株高度的1/2以内。

5）中度沙埋区：沙埋厚度为植株高度的1/2～2/3。

6）强度沙埋区：沙埋厚度大于植株高度的2/3。

在弱度风蚀区，选择抗风蚀能力较强的植物种，如羊柴、花棒、沙拐枣等可获得一定成效；在中度风蚀区，通过选择抗风蚀能力较强的植物种并结合一定的造林技术如深栽、丛植等可以获得一定成效；在强度风蚀区，必须结合设置沙障或化学覆盖物；在弱度沙埋区，对一般植物的生长发育均有促进作用，因此，植物种选择的面较宽。在中度沙埋区，应选择生长迅速，沙埋后萌发不定根能力较强的植物种。在强度沙埋区，一般不适合植物生存。

由于沙埋程度是根据植物高度进行划分的，因此，生长愈迅速，植株愈高大，抗沙埋能力也就愈强，如无性繁殖的黄柳、沙柳、柽柳、沙拐枣及花棒等抗沙埋能力都较强。

在同一地带的同一地段上，植物和环境相互间的不断作用，必然会使植物向一定方向有顺序地更替。植被演替的规律性，也是植物种选择的依据之一。

K. Lehotsky 在《密执安沙丘的固定》一文中指出："在流沙上建立植被理论上的生态过程应当是仿效自然，即首先栽植流沙上的先锋草本植物和灌木，长满植物后再栽植杨树和柳树等先锋乔木，最后形成顶级森林类型。" L. M. Jensen 在《沙丘造林评价》一文中指出："初期应当考虑先锋树种的更替。混植先锋树种和较有价值的树种在某种情况下是正确的决定。"

根据 A. M. Tehll 的材料，澳大利亚用于改造沙丘的植物，通常根据以下原则："第一期稳定沙地的植物，改变环境，接着第二期过程开始，然后才是第三期的植被演替"。对沿海沙丘的治理，"研究工作集中于第一期和第二期固沙植物的选择……"，对内陆沙丘，"现代的研究集中在非农业区域的第二期和第三期固沙植物的选择……"。

在中国治沙工作中，对第一期即先锋植物选择的试验研究较多，对第二、三期植物的选择较少，刘瑛心曾经指出，"人工治沙植物种的选择也应根据演替阶段而有不同。固沙初期要促进沙面稳定，稍达固定，则应阻止其不向地带性植被发展。人工固沙前期必须把先锋植物与中期植物互相配合"。

2. 各种人工植被对植物种选择的要求　　各种沙地人工植被对植物种选择的要求既有不同点，也有相同点。由于沙漠地区自然条件严酷，因此，选择的首要条件和基本条件是适应性强，即抗旱、抗风蚀沙埋能力强，耐沙割，成活率高，生长发育正常，在较长时间内，对各种有利、不利条件具有较好的稳定性，这是对各种沙地人工植被的共同要求。此外，成本低也是共同要求之一。因为各种技术活动都是建立在一定的经济基础之上的，只有那些功能愈大成本愈低的技术措施，才更有推广价值，更能发挥更大作用。

选择的不同要求则是，必须发挥各种人工植被的最大功能。所谓最大功能包括作用范围的大小、程度的高低、速度的快慢及时间的长短。例如，若选择具有最大固沙功能的植物种，也就是选择在相同条件下，固沙范围最大、固沙效果最好、固沙速度最快、固沙作用保持时间最长的植物种。显然，各种植物某一功能的大小也会因环境条件不同而发生变化。因此，选择工作必须建立在相同条件下，对各种植物调查、分析、比较的基础上。下面简单介绍一下各种人工植被对植物种选择的一般要求。

（1）固沙植被　　对植物种选择的一般要求是：适应性强、固沙功能强、成本低。通常以选择灌木为主，因为灌木能更好地适应上述要求。在灌木中应选择抗风蚀能力强、萌蘖能力强、生长迅速、冠幅较大、近地层枝叶较浓密和寿命较长的植物种。在草原地区及在一些地下水位较浅、水分供应比较充足的荒漠、半荒漠地区，除选择灌木外，还应该选择一些适应性较强、耗水量较少、较耐贫瘠的乔木树种，形成乔灌混交的固沙林，从而可以大大提高植被的防风固沙能力，提高植被的稳定性和经济价值。

（2）防风阻沙植被　　防风阻沙植被因多设置在农田、绿洲、草牧场边缘等条件较为优越的地带，因此以乔灌混交为主，形成防风阻沙林或防风阻沙林带。除适应性强、成本低的共同要求外，对灌木还要求其有较强的阻沙功能，对水分消耗较少，改良土壤作用较大，有利于满足乔木对水、肥的较高需求，更好地与乔木混交。而乔木则应选择植株高大、防风作用和改善小气候环境作用较强，并能很好地与灌木混交的树种。

（3）适沙经济植被　　适沙经济植被主要包括薪炭林、饲料植被、用材林、肥料植被等。薪炭林的主要功能是固沙和提供燃料。因此，对植物种功能的要求是：生长快、固沙作用大、地上生物产量高、发热量大、含水率低、萌发力强、耐平茬、轮伐期短、寿命长及适于密植。饲料植被的主要功能是固沙和提供饲料。因此，对植物种的具体要求是：固沙作用大、可食性部分产量高、适口性强、营养价值高、耐啃食、耐割和耐践踏。用材林主要布设在局部水分条件较好的地区，对树种的具体要求是：抗旱、耐盐碱、耐贫瘠、耗水量少、生长迅速、植株高大、材积生长的速生期长、适于密植、树干通直、圆满、分枝细小、整枝性能良好、材质坚韧、纹理通直均匀、不易变形、容易加工和耐腐抗蛀等。

4.1.3　植物种选择的方法

植物种选择，除了解其意义、原则、要求等外，更重要的是掌握一套行之有效的科学方法。植物种的选择方法，可归纳为两大类：一般选择方法和数学分析方法。

1．一般选择方法

（1）资料分析法　　根据该地立地条件和所确定的植被种类，查阅有关图书、资料和文献，把那些能适应该地条件的植物种记录下来，并按适应性强弱、功能大小、价值高低及种苗、技术、成本等问题进行分析比较，逐级筛选后得出所需植物种。

（2）调查法　　根据调查对象的不同又可分为两种：①天然植被情况调查。对类似地区的天然植物进行调查的内容有植物种、生活型、生长发育状况、生境特征、密度及盖度等。对那些有可能成为选择对象的植物种，要着重调查它与环境之间的相互关系，找出适应范围和最佳生境，并要着重调查抗风蚀、沙埋能力、更新情况、病虫害情况等。②人工植被历史和现状调查。了解该地曾经使用过哪些植物种、种苗来源、培育方法、各植物种的成活情况、保存情况、生长发育状况、更新情况等，通过调查、分析和研究，明确哪些应该肯定，哪些应该否定，哪些暂时还不能作结论，然后决定取舍。

（3）定位试验法　　对一些外来或某方面的特征或功能需要进一步认识的一些植物种，可通过定位试验法加以解决。定位试验法要求目的明确，试验地要具有代表性，有一定的面积、数量和重复，有详细的观测内容和确定的观测时间。

在植物种选择中，定位试验是通过对供试植物连续、不间断的观测与记载，以掌握事物的全过程。定位试验所要解决的不仅是这些植物能否适应、是否有效的问题，而更重要的是要解决这些植物为什么能适应（或不能适应）、为什么有效（或无效）的问题，是探索事物发展变化规律和本质的问题，也是植物种选择及整个治沙工作中最有价值的研究方法。

2．数学分析方法　　数学分析方法是把系统分析与数理统计、运筹学等结合起来，以微型计算机为工具，使植物种选择等问题数学化、模型化、定量化。这种科学方法，在治沙工作中已开始受到重视，现就单目标植物种的优化、多目标植物种的优化两方面作简单介绍。

（1）单目标植物种的优化　　单目标植物种的优化，也就是根据某一个有代表性的指标来选择最佳植物种，其所采用的数学方法因指标性质而不同，现举实例加以说明。

实例：沙坡头试验站自 1956 年以来共试验 37 种固沙植物，现在选出其中适应性较强的一些植物。

分析：根据资料介绍，在 37 种植物中，除 14 种没有存活，8 种刚开始试验外，还有 15 种植物可供选择，现以成活率、保存率、新枝生长量作为选择的依据。用保存系数 M 来反映各种植物在该地条件下，在一段时间内的成活方面的稳定情况，列式如下：

$$M = 1 - \frac{成活率 - 保存率}{成活率}$$

用生长系数 N 来反映各种植物在生长方面的稳定情况，列式如下：

$$N = 1 - \frac{最高生长量 - 最后一年生长量}{最高生长量}$$

用适应系数 K 来反映各种植物的适应情况，K 值愈大，适应能力愈强。

$$K = M + N$$

固沙植物的成活率、保存率、新枝生长量情况见表 4-1，由表算出各种植物的保存系数 M，其大小排列如下：花棒 0.87＞籽蒿 0.67＞黄柳 0.65，尖叶花曲柳 0.65＞油蒿 0.56，小叶锦鸡儿 0.55＞乔木状沙拐枣 0.52＞紫穗槐 0.50＞沙枣 0.49＞柽柳 0.46＞小叶杨 0.43＞头状沙拐枣 0.27＞箭杆杨 0.22＞差巴嘎蒿 0.21＞李氏细枝盐爪爪 0.12。各种植物生长系数 N 大小排列如下：小叶锦鸡儿 0.96＞柽柳 0.92＞花棒 0.66＞沙枣 0.57＞油蒿 0.55＞李氏细枝盐爪爪 0.38＞箭杆杨 0.32＞籽蒿 0.30＞黄柳 0.28＞小叶杨 0.24＞乔木状沙拐枣 0.18＞尖叶花曲柳 0.11。各种植物适应系数 K 值大小排列如下：花棒 1.53＞小叶锦鸡儿 1.51＞柽柳 1.38＞油蒿 1.11＞沙枣 1.06＞籽蒿 0.97＞黄柳 0.93＞尖叶花曲柳 0.76＞乔木状沙拐枣 0.70＞小叶杨 0.67＞箭杆杨 0.54＞李氏细枝盐爪爪 0.50。

表 4-1　固沙植物的成活率、保存率、新枝生长量情况

固沙植物	栽植年份	成活率/%	1963 年的保存率/%	新枝生长量/cm		备注
				历年最大	1962 年	
小叶杨	1956 年春	82.5	35.7	68.0	16.0	
沙枣	1956 年秋	60.8	29.9	86.0	49.0	
箭杆杨	1957 年秋	85.8	18.6	22.0	7.6	
花棒	1957 年秋	84.7	73.7	70.0	46.0	
籽蒿	1957 年秋	67.2	44.8	57.0	17.0	
黄柳	1957 年秋	23.6	15.4	97.0	27.0	表内资料摘自中科院沙漠所《流沙治理研究》61～64 页，唯一不同是将原表 1963 年的相对保存率改为实际保存率
油蒿	1957 年秋	43.5	24.4	33.0	10.0	
小叶锦鸡儿	1957 年秋	44.2	24.4	22.8	22.0	
柽柳	1957 年秋	50.9	23.6	58.2	63.0	
差巴嘎蒿	1957 年秋	9.5	20.0	—	—	
尖叶花曲柳	1958 年秋	91.0	59.5	8.7	1.0	
乔木状沙拐枣	1959 年春	80.9	41.9	143.0	26.0	
头状沙拐枣	1959 年春	73.5	19.5	—	—	
李氏碱蓬	1959 年春	16.0	1.9	73.0	28.0	
紫穗槐	1961 年春	83.9	42.1	—	—	

可见在沙坡头地区花棒适应性表现最强，同时 K 值较大的 6 种植物均为乡土植物，成活率和新枝生长量都比较稳定，后 6 种植物多为外地引进植物，如乔木状沙拐枣，存活情况和生长情况都表现较好，但各年间新枝生长量波动很大，稳定性较差。

（2）多目标植物种的优化　　根据一个目标（或指标）选择植物种有一定的局限性，实际工作中往往需要根据几个目标来选择植物种。例如，对固沙植物来说，不仅需要选择适应性强

的植物种，而且还需要这些植物生长高大、固沙作用强；对固沙—饲料植被来说，应当选择固沙作用大、饲料价值高、成本低的植物种等。像这类根据多个目标来选择最佳植物种的问题即多目标优化问题，这是当前很受重视的问题，也有多种数学分析方法。多目标优化通常可按以下 3 个步骤进行：①根据目的和要求，选择各项有代表性的指标。②进行各项指标的数量化，即对各个方案的各项指标用数量表示，这些数值可通过直接调查，或查阅资料取得，若是定性指标，采取 01 或 04 打分法，将其转化为定量指标。③进行指标的综合与优化，根据指标性质的不同，选择相应的数学优化处理方法。下面用实例来说明多目标优化的过程和一些方法。

实例：榆林红石峡用飞机播种建立固沙—饲料植被，经多次试验后筛选出了 6 种植物：籽蒿、油蒿、花棒、羊柴、小叶锦鸡儿、沙打旺。求其最佳植物种。

1）确定指标。经分析可采用以下指标。

A. 各植物种的保存面积率，这是飞播有无成效，固沙—饲料植被能否建立的最主要指标。

B. 各植物中的营养价值，反映饲料方面的重要指标。

$$M = \frac{1 - 发芽面积率 - 第五年保存率}{发芽面积率}$$

C. 各植物种对流沙的控制能力，反映植物种固沙能力的一个指标，可用成年植株平均株高与平均冠幅的乘积表示。

D. 各植物种的保存系数，用以反映各植物种固沙和提供饲料功能的稳定性（或有效性）程度。

E. 各植物种的飞播成本和经济收益。

2）指标的数量化。根据调查，查阅资料或用打分法得出不同植物的各项指标值（表 4-2）。飞播成本和飞播植物的经济收益，按 01 打分法得出，即成本最低的得 1 分，较高的得 0 分，不做比较的得×。经济收益中，收益较高的得 1 分，收益较低的得 0 分，一对一比较，最后统计得分值。

3）指标的综合与优化。为了使各项指标综合起来统一比较，可将各项指标分别以最大值作为 1，得出不同植物的比较系数（表 4-3）。

表 4-2　不同植物的各项指标值

指标		植物种					
		籽蒿	油蒿	花棒	羊柴	小叶锦鸡儿	沙打旺
	保存面积率/%	13.90	7.30	1.20	14.60	0.20	0.60
营养价值	可消化养分总量/%	72.57	72.57	92.67	87.92	69.10	73.31
	可消化粗蛋白总量/%	10.95	10.95	13.83	18.21	15.39	22.61
	可消化能/（kcal/kg）	3.20	3.20	4.09	3.88	3.05	3.23
控制流沙能力	平均株高/m	0.60	0.55	1.61	1.26	1.82	1.31
	平均冠幅/m²	0.88	0.57	3.44	1.49	1.53	3.05
	株高×冠幅/m³	0.53	0.31	5.54	1.88	2.78	4.00
保存情况	发芽面积率/%	59.90	82.40	39.5	39.8	11.1	20.0
	第五年保存面积率/%	13.00	7.30	1.20	14.60	0.20	0.60
	K	0.23	0.09	0.03	0.37	0.02	0.03

续表

指标	植物种					
	籽蒿	油蒿	花棒	羊柴	小叶锦鸡儿	沙打旺
飞播成本得分值	4.00	5.00	0.00	1.00	2.00	3.00
经济收益得分值	1.00	0.00	5.00	4.00	2.00	3.00

表 4-3　不同植物的比较系数

指标	籽蒿	油蒿	花棒	羊柴	小叶锦鸡儿	沙打旺
保存率	0.95	0.50	0.08	1.00	0.01	0.04
营养价值	0.75	0.75	0.96	1.00	0.80	0.95
控制流沙能力	0.10	0.06	1.00	0.34	0.50	0.72
保存系数	0.62	0.24	0.08	1.00	0.05	0.08
飞播成本	0.80	1.00	0.00	0.20	0.40	0.60
经济收益	0.20	0.00	1.00	0.80	0.40	0.60

各项指标重要性程度不一，根据飞播所要建立的固沙—饲料植被的要求，可将各项指标按重要性大小排列如下：保存率＞营养价值＞控制流沙能力＞保存系数＞飞播成本。按上述定性要求，采用 04 打分法（1 对 1 比较五级计分，非常重要的得 4 分，很不重要的得 0 分，比较重要的得 3 分，不太重要的得 1 分，同等重要的得 2 分）得出各项指标的评价系数见表 4-4。

表 4-4　采用 04 打分法得出各项指标的评价系数

指标	A B C D E F	合计得分	评价系数（P）
保存率（A）	×4 4 4 4 4	20	0.31
营养价值（B）	1× 3 3 3 3	13	0.20
控制流沙能力（C）	1 1× 3 3 3	11	0.17
保存系数（D）	1 1 1 1 ×2	9	0.14
飞播成本（E）	1 1 1 1 ×2	6	0.09
经济收益（F）	1 1 1 1 1 ×	6	0.09
各指标合计		65	1.00

根据飞播植物种的上述指标，采用多目标综合评审法，用综合评审系数 W 对各植物种进行综合评价。

综合评审系数是植物各项指标的评价系数乘以比较系数之和，综合评审系数越大，植物种越优，公式为

$$W=AP×A 系＋BP×B 系＋CP×C 系＋DP×D 系＋EP×E 系＋FP×F 系$$

式中，W 为各植物种的综合评审系数；$AP～FP$ 为各项指标评价系数；A 系～F 系为各项指标的比较系数。

根据上述各项指标的评价系数和比较系数，得出各植物种综合评审系数如下：油蒿 0.4388，籽蒿 0.6383，花棒 0.4880，羊柴 0.7978，小叶锦鸡儿 0.3271，沙打旺 0.4440。由上得出，羊柴

综合评审系数最高，为 0.7978，其次是籽蒿 0.6383、花棒 0.4880、沙打旺 0.4440、油蒿 0.4388、小叶锦鸡儿 0.3271，即羊柴为所求最佳飞播植物种。

4.2　沙地人工植被的配置

　　沙地人工植被按一定的要求和条件选出植物种以后，便要进一步研究植物种的配置，植物种的配置问题也就是人工植被的结构问题，它是人工植被能否发挥应有作用的决定性因素。如果说植物种选择是建立人工植被的基础，那么，配置则是建立人工植被的核心。

　　配置问题理论性很强，是建立人工植被中作用最大也是最难解决的问题之一。长期以来存在着很多争论，如在建立固沙植被中，是密一点好呢，还是稀一点好呢？在农作和园艺生产活动中，也存在着是让一种作物占据一块土地好呢，还是把几种作物种在一起组成群落的方式好呢？这种问题长期未能解决。一块肥沃的森林土壤，单一种植农作物 3 年以后便发生沙化，这是中国三北地区土地沙化的主要原因。以上事实说明，虽然都是植物，其种类、组成、结构的不同，对环境的生态作用却是大相径庭。可见，配置具有重要意义，配置的研究目的就是要寻求最佳结构，以发挥人工植被的最大作用。

　　人工植被的培植，主要包括以下 3 个内容：植物种的布局、植物种的密度和人工植被的组成。此外，植物种的排列方式也需加以注意。

4.2.1　植物种的布局

　　流动沙丘通常可以划分为迎风坡、背风坡、丘间低地 3 个主要部位。由于它们是 3 个对植物影响极不相同的立地条件类型，因此，如何在不同部位上配置植物既有利于植物的生长发育，又能更好地控制流沙，便成为治沙工作中的一个重要研究问题。国内外曾提出了多种配置方式，现归纳为三种主要类型。

　　1. 适应干旱的配置类型　　干旱对植物及其结构的形成具有深刻影响，为了排除或降低干旱的限制，曾经提出过多种配置方式。

　　（1）壕沟法配置　　沙俄草原地区的奥列什基沙地，从 19 世纪 30 年代开始造林，经过长期失败以后，该地林务官 N. A. 波尔特久维奇于 1910 年总结说："没有人工增加降水，沙地造林应当被忘记。"但是，后来他借助壕沟法植树取得较好效果。壕沟法是配置在杂草丛生、其下有黏土层的地段，每隔 6～8m，挖一个深 1～2m 的壕沟，在沟底部栽植刺槐等幼苗，生长较好。

　　壕沟法由于过度耗费而不可能全面推广，Г. H. 维索茨基评价壕沟法："在没有植被覆盖的地区，利用这种节约水分的观点，在沙障保护下造林，远比沿着杂草丛生的沙地、在坑或沟中建花园要合理。"

　　（2）分区造林法配置　　苏联 Г. H. 维索茨基，在研究了降水量为 300～350mm 的干草原地区水分条件以后认为，这里无论是草场或作物，都不可能有高度而全面的生产能力。因此，必须重新分配水分，以创造部分地区的优良条件。他提出了流动沙丘的顶部作为水分的收集区和储积区，即集水区，而围绕着沙丘下部进行造林，即生产区，并提出生产区与总面积之比约为 1∶3，即允许 33% 的干草原面积进行造林。

　　（3）花坛丛林法配置　　苏联的 A. T. 加也里认为："在草原和半荒漠地带的沙地造林中，松树将是今后的主要树种。"并强调指出："半荒漠地带，大气降水不足正是深水地区造林不成功的原因，这里栽植的松树，只有在接近地下水的洼地中才能成活，附近没有造林的洼地，也会因松树的天然下种而更新起来。"据此，加也里建议，仅仅利用那些接近地下水的地段组织造林，并把自己的建议称为：在沙地中沿洼地造林的"花坛丛林法"。加也里指出，"在半荒漠地带造林不要超过 10%的沙丘面积，降水较多的草原地区，造林也不应全面进行，大约是沙地总面积的 1/3"。

（4）沙湾造林配置　　这是中国沙区普遍采用的，类似于花坛丛林法的配置方法。它是利用风蚀危害小，水土条件比较优越的丘间低地直接造林。沙湾造林配置多用于地下水位较浅，丘间地面积较大的地段，树种适应时往往能收到很好的效果。适用于安排用材林、燃料林或固沙—燃料林，但在初期造林规划时，靠背风坡脚要留出一段空地，即安全距离，以避免幼苗被流沙埋没。安全距离宽度按沙丘前移和林木长高速度估算，以阔叶树第三年、针叶树第五年沙丘不致埋没树顶为度。李滨生提出以下求安全距离的公式，可使幼苗得到适度沙埋。

$$L=\frac{H-h}{S}(V-K)$$

式中，L 为安全距离；H 为沙丘高度；h 为苗木高度；S 为苗木年生长量；V 为沙丘年前移距离；K 为常数，按植物生长快慢取 0.4～0.8。

2. 适应流沙活动性的配置类型

（1）线性密植配置　　这是苏联 B. A. 杜边斯基教授为铁路防沙所设计的一种配置方式。即在线路两侧 10～20m 处，以 0.25～0.40m 的株距，密植沙拐枣各 1～2 行（第二行距第一行 5～10m）。杜边斯基认为，固沙灌木的防沙作用，首先是使沙在周围堆积成沙堤，灌木逐渐生长，这时就能依靠自己的地下部分联结沙粒，利用浓密的地上枝丛遮盖沙堤表面，逐渐使沙堤变得结实和紧密，成为阻止沙粒和不使沙粒吹上路基的一种障碍物。

为了使这种密植配置能起到最大的防护作用，必须在整个长度上保持完整无缺，为此，需要采用优良的苗木认真进行抚育，首先要设置沙障防止风蚀，并及时补植。

线性密植法基于下述原理：沙生先锋植物对流沙具有独特的适应性，它们不仅能无害地允许沙的流动，而且为了本身的正常生长发育甚至还需要沙的流动，沙失去流动性后，先锋植物便开始死亡，而让位于第二期植物，密植使自己周围积沙，产生沙埋，而沙生植物对沙埋的反应是在沙埋的基干和枝条上形成不定根，从而加强了本身的生长发育。线性密植同以往设计的500m 宽的铁路防沙林带比较，能节省很多苗木，并大大节约栽植和抚育费用。

彼得罗夫指出，在杜边斯基的方法中，有一项关于密植固沙植物的原理。这项原理有重要的原则意义，但在实践中到现在还未得到证实，因此，必须在各种沙地上具体地检测这个原理。

阿斯哈巴德第一次试验了线状密植全长 3km，沙拐枣株距 0.25m，结果苗木成活率低，保存很少。第二次试验了沙拐枣和沙槐，并对苗木进行了生长素处理，结果沙拐枣获得了很高的成活率。1954 年，结合各种不同的沙障，试验了沙拐枣和白梭梭，沙拐枣成活率高达 50%，白梭梭的成活率仅为 8%～10%，而到秋天成活率均大大下降。后来试验地转到完全裸露的高大沙丘中，沙层水分条件较好，结合沙障试验了线状密植，结果获得了高达 100%的成活率。随着试验方案的完善和推进，最后设计了三种密植方案，立式沙障保护、平铺沙障保护和不设沙障，每一试验处理，长 20m，双行栽植，行间距 0.50m，行内株距 0.25m，苗木用异生长素处理，结果获得了很高的成活率。当年生长季末，某些地段行内已开始郁闭，但到第二年秋末，由于严重风蚀，很多沙拐枣灌木倒伏于地。

（2）簇式栽植配置　　这是由李森科草原地区簇式造林法演变而来的，具体做法是：在 2m×2m、3m×3m 或 4m×4m 的块状地上，每一块以 0.15m 的间距栽植 5 株乔木状或头状沙拐枣苗，并设置单个的沙障加以保护。

1955 年，在卡拉库姆沙地首次进行了沙地植物簇植试验，结果获得了高达 60%～70%的成活率。第一个生长期内枝条的生长量有的高达 120cm，但在不同的部位苗木生长情况有很大差别，迎风坡上部生长最好，洼地底部生长较弱，最上部植株枝条的平均长度是底部植株枝条长度的 3 倍以上。分析表明，沙地松紧度不同，是造成植株生长差异的原因，洼地底部沙子比较紧实，栽植时往往要用力，当用铁锹或栽植铲用力挖坑时，沙坑底部沙子更加紧实，导致通气条件恶化，从而影响植物的生长。加也里认为，迎风坡上部由于沙的转移交换沉积了疏松的沙层，因同期状况良好，在沙层内形成了比较良好的水汽凝结条件，因而增加了沙层含水量。

簇式栽植基于以下判断，即由某些植物组成的浓密的群体，比单个植物大大增加了抵抗不利环境条件的能力（主要增加了抗风蚀能力）。

（3）前挡后拉　　这是一种十分有效的固沙方法，其基本内容是：在沙丘前方的背风坡脚至丘间地段，设置乔、灌木树种，同时在沙丘迎风坡下部配置固沙灌木，形成前挡后拉之势，再利用自然风力削平沙丘上部，使整个沙丘逐渐平缓、固定。

"前挡后拉"巧妙利用了流沙中两个易于进取的部位，使其连成一体，有效地控制了整个沙丘，它深刻地体现了适地适树原则，能充分发挥乔木、灌木与环境本身的优势，以小的劳动获得了大的效果。

（4）密集式造林　　即在沙丘迎风坡，行状密植灌木。1958 年，在榆林杨桥畔，用此法首次栽植了紫穗槐，不设沙障而获得了良好效果，因而被称为活沙障。其具体做法是：由迎风坡脚开始，沿等高线向上开沟，沟宽约 50cm，沟深约 30cm，按 6～10cm 株行距将苗木排列沟内覆土踏实，沟间距 2～3m。此法也可栽植沙柳、胡枝子、沙蒿等灌木、半灌木，但栽植规格可因植物种和风蚀程度而变，如沙柳长插条，沟深度等于插条长度，株距在风蚀较严重地区应适当缩小。

密集式造林是中国草原地区广泛应用于迎风坡上的一种固沙方法，因不设沙障保护，适宜于轻度和中度风蚀区，其作用和原理与苏联的线状密植相似。

（5）块状密播　　在迎风坡上小块地内，以较大密度直接播种羊柴、花棒等速生灌木，可不用设置沙障而获得良好的效果。具体做法是：在迎风坡上按块状地大小 1m×1m，间距 5m×5m，呈品字形排列，进行规划。于块状地内条播 5 行种子，行间距 20cm，每块播种羊柴 3.5～5g，花棒 7～8g，每年每块出苗 60 株以上。由于块内密度大，幼苗生长健壮并逐渐积沙，沙埋又促进了幼苗的生长，沙埋量也随之增加。因受块状地面积限制，沙埋深度当年为 5～7cm，幼苗便在这种无风蚀而有沙埋的条件下度过。第三年以后块内出现分化，部分植株遭受压制，块间距离较大，块状地上的边缘植株不受限制。因此，自然稀疏开始并受到一定的控制，每一块状地必有一至数株生长健壮，并一直保存下来。也可于幼苗开始分化时，逐渐移除部分幼苗，植于附近沙地，使直播和栽植紧密结合。

根据相关研究人员对羊柴、花棒的试验，块状密播效果良好。数十年后，植株生长发育健壮，覆盖度达 60%以上，沙地已全部固定。具有不设沙障、不用育苗两大特点，而且操作简单，劳动强度小，成本低，但必须加强种子和幼苗的鼠虫危害防治。

块状密播是根据灌丛堆效应而设计的一种固沙配置方式。可消除风蚀、适度沙埋并能调节水分，对植物的成活、生长、保存和稳定都比较有利，而且劳动强度小，成本低。

上述沙地人工植被有关布局方面的一些主要配置类型，都是某一具体条件下的产物，既有实用性又有某种局限性，只有对其利弊有较深认识以后，才有可能运用得当，取得较好效果。

4.2.2　植物种的密度

　　各种植物的种植密度是影响人工群落结构的关键因素。植物的群落结构是植物各组成成分的空间格式，它是植物和环境之间相互作用的表现形式。一定结构的群体都有它自己的变化发展规律，不同结构的群体及群体的不同发展阶段，在外表形态、生理机能、生态作用及经济价值方面都是不相同的。研究密度的意义就是在于充分认识由密度所形成的群体结构的各种特征及其变化规律，以便正确配置密度，形成合理的群体结构，使人工植被发挥最大的功能。

　　在植物治沙工作中，植物种选择和密度是两个长期存在的问题，多年来固沙工作者皆以提高固沙效果为由加大密度，数年后植株生长衰弱，结构破碎，成片死亡。这种弄巧成拙，劳民伤财的现象屡见不鲜。

　　沙漠地区，干旱是植物的主要限制因子，一般植物均处于水分的临界状态，因此，对水分变化的反应十分敏感，水分供应的多少，在植物的成活和生长发育上可迅速表现出来。而密度正是这一敏感问题的调节旋钮，因此必须十分重视。植物的种植密度是指单位面积上栽植点或播种穴的数量，通常以株或穴为计量单位。

　　1. 确定种植密度的原则　　确定各种植物的种植密度，应从以下几方面考虑。

　　（1）**人工植被种类**　　不同的人工植被种类，反映了不同的经营目的。因此，必须有相应的群体结构与其配合，才能发挥应有功能。

　　1）固沙植被一般为固沙灌木，通常覆盖度达 40%，植物分布比较均匀，即可有效地控制风蚀。因此，可按这一要求配置成均匀而比较稀疏的群体结构。密度太大不仅耗费人力、物力，而且对植物不利。

　　2）防沙植被。通常为乔灌结合的结构紧的防沙林带，因此，密度应稍大，以便能有效地阻挡流沙的侵入。沙源丰富地段，应适当增加灌木带行数。

　　3）固沙-燃料植被。根据相关研究人员对沙柳、小叶锦鸡儿、梭梭人工植被的调查，单位面积上地上部分的现存生物量，在一定范围内与密度呈正相关。因此，植株密度应适当增大，以便在满足固沙要求的同时，能获得更多的燃料。

　　4）固沙-饲料植被。固沙和饲料都要求发展植物的冠幅部分，因此，密度不宜过大。

　　（2）**植物种**　　植物种由于生物学特性不同，在生长速度、根系特性及对水分要求等方面相差很大，因此，各植物种的密度也不应一致。生长迅速、植株高大、水平根系发达的先锋灌木，如花棒、沙柳等应适当稀植，密度过大会显著影响生长发育，而一些生长比较缓慢的树种，如油松或植株矮小的半灌木、沙地柏等密度可大一些，干旱、半干旱区一般植物种最低初植密度见表 4-5。

表 4-5　干旱、半干旱区一般植物种最低初植密度

植物种	密度/（株/hm²）		植物种	密度/（株/hm²）		植物种	密度/（株/hm²）	
	半干旱区	干旱区		半干旱区	干旱区		半干旱区	干旱区
花棒	420	360	沙地柏	1111	1125	紫穗槐	720	720
羊柴	420	360	旱柳	270	270	油松	630	420
小叶锦鸡儿	420	300	刺槐	420	300	山杏	630	450
沙柳	420	420	沙棘	420	630	樟子松	210	210

资料来源：《造林技术规程》（GB/T 15776—2016）

（3）立地条件　　水分条件较好的地区，某些植物种密度可以大一些，如花棒，在无地下水供应的半荒漠地区，覆盖度多在 40%以下，而在草原地区，覆盖度可达 60%以上。羊柴在地下水深的库布齐沙漠，多呈单个灌丛堆分布，而在地下水比较浅的毛乌素沙地可密集成片，覆盖度达 80%以上。因此，同一植物种，在草原地带可比荒漠地带密度大一些；在有地下水供应的地区密度应大一些。

2. 确定种植密度的方法　　合理的造林密度，应根据造林的目的、林种、树种特性、立地条件及经营条件等因子来确定，同时还要考虑当地的实际情况，使林分达到速生、丰产、优质，并取得最大的生态、经济和社会效益。造林密度的重要性通常是容易认识的，但确定密度的方法更为重要，确定种植密度的方法主要有以下几种。

1）经验的方法：对过去人工造林的密度进行调查，判断其合理性和进一步调整的方向。这需要一定的理论知识与丰富的生产知识。

2）试验的方法：用不同造林密度的试验确定合理的造林密度，对主要造林树种，在典型生长条件下进行密度试验。但试验只能得出密度作用的生物规律，实际指导生产的密度范围，还要作进一步的经济分析。

3）调查的方法：调查不同密度下林分的生长发育状况，取得大量数据后进行统计分析，计算各种参数确定造林密度。其中重点调查因子为，初植密度与第一次间伐的时间、林木生长的速度；密度与树冠大小、直径生长、个体体积生长的关系；密度与现存蓄积量、材积生长量、总生物量的关系；密度与树冠扩展速度、郁闭年限的关系。

4）查图表的方法：依据当地主要造林树种的密度管理图或密度管理表确定造林密度。按第一次间伐时要求达到的径级大小，在密度管理图上查出长到这种大小疏密度高于 0.8 以上时的对应密度，以此密度再增加一定数量，以抵偿生长期可能出现的平均死亡率。

迄今为止，诸多学者使用了多种方法对合理造林密度进行研究，如徐高兴和徐先英等在 2019 年发表的"梭梭不同密度与配置固沙效果风洞模拟试验"一文中利用风洞模拟试验，研究了石羊河流域民勤县、凉州区和古浪县雨养条件下梭梭不同适宜造林密度在均匀、随机、一行一带和两行一带 4 种配置模式的固沙效果。结果表明，在 4 种配置模式下，梭梭林下沙面均表现为风蚀，林带后为堆积；不同配置梭梭离上风向越远，林下风蚀深度越小，带后堆积越大；在相同风速下，两行一带最不易风蚀，随机配置最易风蚀；在低覆盖度条件下，行带式配置固沙效果明显好于均匀和随机配置；当植被覆盖度达到 32.37%时，行带式配置固沙效果与其他配置相比，固沙效果差异不显著。

2015~2018 年，甘肃农业大学的马瑞、马彦军等在"基于土壤水分承载力的防风固沙林密度配置格局与防护效应"科研项目中以干旱区造林密度国家标准和低覆盖度治沙理论为基础，对野外防风固沙林的现状及土壤水分状况进行了分析，在此基础上，通过风洞实验系统测定了不同类型单排林带、不同带宽、不同季相、不同空间配置模式的复合林带的流场结构和防风效能，并在野外利用仿真植物配置林带，在复杂环境中进一步观测林带周围的风速与风沙流。筛选了防风效能较优的林带并初步构建了数值模型。

2013 年 6~8 月，北京林业大学的代青格乐、赵国平等以毛乌素沙地榆林地区 5 种不同密度 25 年生樟子松人工林为研究对象，采用样方调查和测试分析法，探究樟子松人工林林分结构和林下物种多样性随林分密度的变化特征，发现毛乌素沙地樟子松人工林的林分密度与林分结构、林下物种多样性的相关关系十分显著，可以将林下物种多样性指数作为衡量林分密度是否合理的参考指标。

马成忠、邓继峰等探讨樟子松人工林林下土壤粒度特征随林分密度的变化及影响，以陕西省榆林市珍稀沙生植物保护基地内 8 个密度梯度（925～2700 株/hm²）的沙地樟子松人工林为研究对象，分别采集 0～20、20～40cm 土层土壤样本，测定土壤粒度组成，计算并分析平均粒径、标准偏差、偏度、峰态值和分形维数，发现樟子松林林下各层土壤平均粒径和分形维数均大于裸沙地，且随着林分密度的增加，平均粒径和分形维数均呈现递增趋势，而樟子松林林下各层土壤偏度均小于裸沙地，且随着林分密度的增加，呈现递减趋势。

冯奥哲、孔涛等为阐明密度对樟子松人工林土壤无机氮空间分布的影响，确定有利于有效氮素循环的最佳密度，选择密度为 350 株/hm²、750 株/hm²、850 株/hm²、1000 株/hm²、1200 株/hm² 和 2970 株/hm² 的樟子松人工林为研究对象，采用室内恒温培养法，测定分析了土壤矿化氮质量分数与净氮矿化速率。不同密度樟子松人工林土壤具有不同的氮矿化特征，合理的造林密度对沙地土壤有效氮质量分数有积极影响，造林密度为 1000 株/hm² 时，土壤氮有效性最优。

由此可以看出，确定种植密度的方法多种多样，在充分遵循造林密度原则的基础上，基于相关规定、理论资料和前人研究的经验，可以通过实验与调查，根据造林后的防风效益、植被恢复、土壤改良等多种指标来反映造林密度的合理性。在造林完成后，长期的监测管理，适宜的抚育措施，对林地高质量可持续发展来说也至关重要。

3. 低覆盖度治沙理论 我国的干旱、半干旱地区，经历了漫长的演变和适应后都形成了天然的稀疏林分，这种稀疏林构成了以其自身为主要树种的植被类型，覆盖度低于30%不仅能够正常生长，还能够适应当地气候、土壤、地貌、水文等自然条件。但这种稀疏林结构在自然条件下无法完全固定流沙。因此，我国以杨文斌等为代表的学者经过十余年的研究与探索，提出了一套低覆盖度治沙技术，该技术既能够充分发挥乔、灌、草的各自特性，又能形成植物类型复合的、生态作用互补的、接近自然地带性植被的修复技术，真正地做到了生态恢复及治沙植被的可持续发展。

以防风固沙、修复退化土地为目标，从提高水分利用率、增强植被稳定性和加快修复速度出发，按照当地自然林地的覆盖度营建固沙林（植树占地 15%～25%，空留 75%～85%土地为自然修复带），在确保完全固定流沙的条件下，形成能够促进土壤与植被、微生物快速修复的乔灌草复层植被结构，构成低覆盖度防沙治沙体系。低覆盖度行带式配置的防风固沙林，其防风固沙效果明显提升，充分发挥其生物沙障的作用，促进带内自然植被快速修复和土壤发育，直到人工固沙林"寿终正寝"后，确保空留的自然植被修复带的植被接近地带性植被，同时能够继续稳定生长发育。这样，行带式人工生态林或者灌丛能够实现人工植被向自然植被的和谐过渡，达到可持续防风阻沙的最终目标，这是低覆盖度治沙的理论内涵。

低覆盖行带式固沙林配置模式实际上是形成了在占地仅 15%～25%的林带保护下，促进占地 75%～85%的以地带性植被自然恢复的复合性固沙植被。宽带间距固沙林起到沙障的作用，同时也确保了自然植物能够定居；疏林形成的林间小气候又促进带间自然植被快速修复和土壤的形成，而植被的生长又为林带提供了养分和水分，达到林草复合植被优势互补，相互衔接持续发育，具有重要的促进生态系统恢复功能。适宜的带宽和配置格局将使固沙林充分发挥长效的沙障作用、边行优势和界面效益，加快植物与土壤的反馈作用，为带间植被的自然恢复提供了稳定而持续的原动力与适宜生境，提高了种群竞争能力。在固沙林达到生理寿命之前，带间植被自然恢复成稳定群落，形成稳定持续的原初植被。这就是在低覆盖度格局理论下，外延出的最重要的复合理论，即林学边行优势与生态学界面效益组合、人工修复与自然修复有机结合的生态修复理论。

低覆盖度治沙理论包含了风沙物理学、水文学、生态学、可持续发展等的内容，是一种创新型复合技术理论,打破了固有思维,在防沙治沙理论与技术研究方面取得了巨大突破,开创了植被在低覆盖度(15%～25%)下实现防沙治沙目标的新领域。其是以疏林或稀疏灌丛植被格局的演变为内涵,外延出优化格局的风沙物理和生态水文原理与过程,组合了林学的边行优势与生态学界面效益理论,形成的一套人工治理与自然修复有机结合的生态修复理论。其结果是建成乔、灌、草复层结构及多树种水平混交的稳定性强的植被。低覆盖度治沙显著提高了稀疏植被的阻风固沙和水分利用效率,提出了极端干旱区、干旱区和半干旱区的控制密度和基本原则,成为 2015 年《造林技术规程》(GB/T 15776—2016)(旱区部分)最重要的修定内容。同时低覆盖度治沙理论基本解决了中幼林衰败死亡的问题,显著提高了水分利用效率,降低了造林成本。目前,已在京津风沙源治理工程、"三北"防护林体系建设工程中得到广泛应用,推广营建了上万亩低覆盖防风固沙体系。在半干旱区,带间土壤植被修复效果明显,极端干旱区减少生态用水效果突出,该理论为推动干旱半干旱区防沙治沙进入低覆盖度新阶段,为我国不同生物气候区的生态建设工程提供了科技支撑。

4.2.3 人工植被的组成

人工植被的组成,是指构成植物群体的植物种成分及其所占比例。两种以上植物的组合称为混交。植物种混交是建立在植物种间关系的理论基础之上的。

沙漠地区的植被,由于植株数量少,密度低,个体之间距离较远,裸地面积大,因此,一般认为植物之间不发生关系,以后又提出了竞争关系说,认为沙漠地区植物之所以稀疏,是植物之间根系竞争有限水分的结果。还有他感作用说,认为沙漠中的植物可通过根系分泌某种化学物质,以抑制周围植物,从而影响着分布格局。此外,沙漠植物之间也有共生、附生和寄生关系。据 Nieing、Whittaker 等的长期研究,有成效的巨人柱(仙人掌的一种)幼苗,几乎都位于有荫蔽的物体周围,这些荫蔽物多数是多年生植物,少数是非生物。科学工作者的观察和试验表明,这些多年生植物的实际作用是遮阴(降低温度和土壤干燥速度)和隐蔽幼苗以避免啮齿动物的危害,有的也可防霜冻。

Mnllop 等曾经指出一些多年生植物的生长型适于诱集为风刮的有机物碎屑,有机物碎屑聚集于树冠下,为一年生植物提供了比开阔地区土壤好的基质,一年生植物的种子也被阻留在树冠下。关于沙漠植物中的附生和寄生现象,并不罕见,但一直没有研究文献报道。

M. G. Barboar 在"荒漠植物之间的相互作用"一文中指出,他感作用的生态学依据是不足的,表面看来竞争水分是荒漠植物之间相互作用的一种明显形式,但迄今为止,只是依赖于临时性观测,根系的挖掘、示踪研究、野外竞争试验等资料还很少,被根系占据的土层内的实际情况还很不清楚,有待进一步研究证实。

显然,有关沙漠植物之间关系的研究,尚不能为确立人工植被的组成和结构提供充分依据,但对天然植被的考察表明,由多种植物组成群落是普遍的。美国著名的生态学家 E. P. 奥德姆教授在《生态学基础》一书中指出:"具有大量个体的少数普遍种和具有少数个体的稀有种类的结合是一切群落的特征。"群落中植物种类的多样性增加,有利于提高系统的调节能力和稳定性。因此,在建立沙地人工植被时,采用两种以上植物混交配置是有益的,混交对增加防风固沙能力、提高土地生产力及防治病虫害方面都有很好的作用。

1. 草原地区的乔灌混交   中国草原地区,年降水量多在 300～400mm,流沙上可培育一定数量的乔木,以提高防风固沙能力和沙地生产性。但乔木树种不耐风蚀、沙埋,同时对土壤养分要求较高,采用以下配置可取得较好效果。

(1)紫穗槐、胡枝子与樟子松、油松混交   利用紫穗槐或胡枝子固定流沙,为油松创造稳定条件，同时，这两种豆科植物，对改良土壤有较好作用，有利于松树的生长、发育；另外，紫穗槐叶片具有杀虫效果。据观察，黑色金龟子连续取食紫穗槐叶片 8～15min 后即可致死，食后 2h 出现死亡，8h 达死亡高峰。

（2）在下湿沙地，采用沙棘和杨、柳混交　　此方法能大大促进杨、柳树的生长发育。因为沙棘改土作用大，固氮能力强，而杨、柳树则是对水、肥条件要求较高的树种，陕西靖边县沙地上营造的杨、柳树和沙棘混交林，生长发育良好，没有枯枝和"小老树"现象。不少地区引入沙棘，作为改造小老树的一项措施。

2. 半荒漠地区旱生灌木和半灌木混交　　据沙坡头站试验，采用小叶锦鸡儿与油蒿，或花棒与油蒿，或小叶锦鸡儿、花棒与油蒿混交，有利于提高固沙能力。混交比例，可以灌木、半灌木各 50%，即 1∶1，或油蒿 50%，花棒、小叶锦鸡儿各 25%。

混交方式，以带状混交或块状混交为好，株间或行间混交稳定性比较差。据沙坡头站试验，花棒和油蒿株间混交，油蒿受压制，生长不良（表 4-6），油蒿纯林的生长情况如表 4-7 所示。花棒和籽蒿混交时，籽蒿距花棒 1m 处大部分死亡，相距 2m 以外则生长正常。油蒿与小叶锦鸡儿株间混交生长状况如表 4-8 所示。

表 4-6　花棒与油蒿株间混交生长状况

树种	平均株高/cm	平均新枝长/cm	冠幅/cm	株行距/m	备注
花棒	70.8	45.7	111×72	1×1	1962 年秋栽植；1965
油蒿	26.3	15.4	19×10	1×1	年 7 月调查

表 4-7　油蒿纯林的生长情况

树种	平均株高/cm	平均新枝长/cm	冠幅/cm
油蒿	40.6	42.9	67×41

表 4-8　油蒿与小叶锦鸡儿株间混交生长状况

树种	平均株高/cm	冠幅/cm	备注
小叶锦鸡儿	140	150×160	1963 年调查
油蒿	75	85×80	

4.3　沙地人工植被的种植方法

流沙上的人工植被，主要是通过植苗、扦插、直播三种具体种植方法建立起来的。这三种方法虽然是农业、林业、园艺等各项培育植物工作中的基本方法，但在沙漠地区这一特定条件下，它们具有自己的特殊要求和技术规范。

沙漠地区的一些流沙、半流动沙地，由于气候干旱，土壤贫瘠，面积辽阔，对改造这些低价值的土地，往往会轻率地采取一些简单、粗放的种植措施。这些措施显然难以适应恶劣多变的沙漠环境，导致成效很低，成效愈低，积极性愈小，治沙技术也就愈不受重视，从而产生恶性循环。治沙工作中的这一不利趋势，应该严肃对待，才能提高和发展治沙技术，为治沙工作取得有成效创造条件。

种植的主要任务是使所选择的植物种，在指定的地段能够很好地成活起来，因此，各种种植方法的技术目标主要是以最低的成本消耗获取最高的植物成活率。由于干旱是限制沙漠地区植物成活的主要因素，因此，各种种植方法的全部技术内容，主要也是围绕着如何使植物（种子或苗木）得到最有利于成活和生长的水分条件而展开的。这就要求深刻认识各种植物的种子和幼苗的生态特征及不同立地条件的水分状况。

种植技术决定着植物的成活，并影响着成活植株的生长发育，因此，是建立人工植被的关键，必须十分重视。

4.3.1 植苗

植苗是一种以苗木为材料进行栽植的方法。按栽植时苗木的种类不同又可分为一般苗栽植、容器苗栽植和大苗深植三种。

1. 一般苗栽植   一般苗栽植用的苗木，主要是在苗圃中培育的播种苗或营养繁殖苗，有些植物种也采用野生苗。由于本身已具有完整的根系和生长健壮的地上部分，因此，植物的适应性和抗性较强，受植物种和立地条件限制较少，是建立沙地人工植被中应用最广泛的种植方法。其主要缺点是从起苗到栽植，需要一个较长的缓苗期，而且各工序的质量难以控制，致使干旱的沙漠地区，植苗的成活率得不到保障。但这些不足并没有影响它被广泛应用。

（1）沙地植苗的主要技术要求

1）苗木品质。苗木品质是影响成活率的重要因素，必须要求选用健壮苗木，一般固沙灌木多采用 1 年生苗，一些乔木树种采用 2 年生苗，而樟子松和油松采用 2~4 年生苗，为了保证苗木的品质，必须有一定的规格要求。据刘瑛心、杨喜林的研究，主要固沙植物种苗木规格见表 4-9。

表 4-9　主要固沙植物种苗木规格

植物种	主根长/cm	地径/cm	地上部分
油蒿	适应限度 13~23	0.6~0.7	—
	成活限度 10~30	0.3~1.0	2.9
花棒	适应限度 25~40	0.3~0.7	—
	成活限度 20~50	0.2~1.0	1.5
小叶锦鸡儿	适应限度 23~30	0.2~0.4	—
	成活限度 20~50	0.2~0.7	1.4
沙枣	适应限度 20~40	0.6~0.8	—
	成活限度 12~40	0.4~1.2	2.4
小叶杨	适应限度 30~40	0.5~1.6	—
	成活限度 16~50		—

新疆吐鲁番栽植沙拐枣，要求根长 40~50cm；甘肃民勤地区提出，栽植的苗木根长应为 30~50cm。

2）苗木的保护。苗木选定以后，从起苗开始至苗木定植以前，主要工作是对苗木进行保护，即起苗时尽量减少苗木根系的损伤，为此，在取苗前 1~2d 应进行最后一次灌溉，既可以使苗木吸足水分，以增加抵抗随之而来的失水，又可软化根部土壤以利取苗，取时必须按操作规程进行，保证苗根一定的长度，固沙灌木的根系通常机械组织较发达不宜切断，必须小心操作以防主根劈裂。还应该做到边起、边拣、边假植，然后立即分级，除掉不合格的小苗、病苗、废苗后妥善包装运输，使苗根保持湿润。

　　3）苗木的定植。这是植苗的最后一道工序，主要要求是将健壮的，失水少的苗木根部舒展地植于湿润的沙层内，并使根系与沙粒紧密接触，以利吸收水分，迅速恢复活力。为此，需要根据苗木的大小确定栽植坑的规格，使根系能够舒展而不致蜷曲，并能伸进双脚周转踏实。一般苗木，坑的直径通常不应小于 40cm，坑的深度，也就是苗木定植深度，它是直接影响根部水分状况的一个因素，中国沙地的一般水分状况是：表层 40cm 以下沙层，水分含量比较稳定，受蒸发的影响较小，因此，苗木的定植深度应大于 40cm。

　　定植前，苗木一定要就地假植好，定植时，将假植苗放入盛水的容器内，随植随取，以保持苗根湿润，取出苗置于坑中心。理顺根系后填湿沙，至坑深一半时，将苗木向上略提至要求深度（根茎应低于沙表 5cm 以下），然后用脚踏实，再填湿沙至坑满，再踏实，最后植穴表面覆一层干沙，以减少水分蒸发。如有灌水条件时，踏实后便应灌水，下渗以后再覆干沙。

　　沙地疏松也可采用"缝植法"进行栽植，其具体栽植是：先扒去栽植点表层干沙，用直铣插入沙层深约 50cm，然后前后推拉成口宽 15cm 以上的裂缝，将苗木放入缝中，向上提至要求深度后，再在距缝约 10cm 处插入直铣至同一深度，先拉后推使植苗缝隙挤实，再踏平。缝植比坑植劳动强度小，效率高，但苗根易变形，适宜于侧根少的直根性植株和水分条件较好的沙地。

　　4）植苗季节。一般以裸根苗栽植为主，带土苗栽植因成本太高仅用于一些珍贵植物。裸根苗栽植后由于需要一段恢复时期，因此，必须与植苗季节较好配合，才可能取得较好效果。

　　适宜的植苗季节，也就是有利于苗木恢复的季节，即土壤内水分、温度有利于苗木恢复吸收能力，而苗木地上部分耗水又很少的季节，其中又以春季为好。春季气温回升，因而地上部分先发芽，萌发放叶，此时植物耗水少，苗木在恢复期内能较好地维持体内水分平衡，因而有利于苗木的成活和生长。

　　春季植苗，宁早勿迟，土地一解冻便应立即进行，通常在 3 月中下旬～4 月中下旬。如时间过紧，需要延期栽植时，应对苗木进行抑制发芽处理，可预先将苗木假植于一些温度低、解冻迟的湿沙层内，或置于专用低温冷室内贮存。

　　秋季也是植苗的主要季节，由于气温下降植物进入休眠，而根系生长尚在进行，此时沙层内经过雨季以后，水分也比较充足稳定，有利于苗木恢复，翌春生根发芽早，对春夏之间的干旱有较强的抵抗力，为避免茎干干枯和受害，可采取截干栽植，留干长度距地面 10～20cm。

　　章古台等地秋季栽植松树，植后用土将苗木全部埋好，次年早春将覆土撤掉，能确保幼苗安全越冬。秋季植苗期限较长，自苗木开始落叶起至土壤解冻前均能进行，通常在 10 月下旬～11 月，但以苗木落叶后立即进行为好，有利于根系愈合和生长。

　　（2）提高苗木成活率的主要措施　　保证成活是建立人工植被的首要目标，为此必须注意以下几点。

　　1）认真实行选苗、保苗、定植各项操作要求，严格把好以下三关：始终保持苗根湿润、苗根植于沙层内和植坑埋土紧实。

　　2）在荒漠、半荒漠地区，植苗后应争取灌水，每穴 5～10kg。

　　3）在流动沙丘迎风坡，一般植苗应有沙障保护。

　　2. 容器苗栽植　　裸根苗栽植，苗木在取苗、运苗、定植过程中，由于根系遭受损伤和失水而影响苗木的生活力，在气候干旱条件恶劣的沙漠地区成活率往往得不到保障，加上季节性强，多限于春秋两季，因此，对广泛建立人工植被带来一定限制。而采用容器苗栽植，则可避免这些缺点。

　　容器苗是在一定的容器内培育苗木，栽植时苗木根系保持完整无缺的自然状态，成活率较高。现代化容器育苗，在国外是从 20 世纪 50 年代后期开始的。20 世纪 60 年代和 70 年代发展到许多国家，比例也逐渐增加。中国沙地试验容器苗栽植也较早，1963 年，北京林业学院（现为北京林业大学）在陕西榆林就开始试验用纸质容器培植羊柴，在流沙上栽植后获得了 78%～100% 的成活率；70 年代，磴口用纸质容器培育梭梭、花棒、羊柴等灌木，当年成活率为 50%～70%，幼苗生长较好，没有缓苗期；1984～1985 年，内蒙古林学院与西北铁路研究所、乌达治沙站协作，在中滩车站开展了容器苗结合乳化沥青，建立铁路固沙试验。

（1）容器苗栽植的优点

1）节省育苗的土地和劳动力。容器育苗对选择圃地要求不严，而且育苗占用土地面积小，也不需要大面积土壤改良、除草、松土等工作。

2）节省种子。用容器培育苗木能严格控制播种量，播下的种子都能得到较好的发芽条件，种子耗量少。

3）节省了起苗、假植等作业，有利于实现育苗到栽植全过程的机械化，从而大大减轻劳动强度，提高劳动生产率。

4）用容器苗栽植可延长栽植时间，有利于缓和季节性劳力紧张现象。

5）容器育苗可缩短育苗周期，一般 4～10 周即可移植。

6）栽植技术简单而质量容易控制。

7）成活率高，初步解决了栽植技术和季节对成活率影响的问题。

容器苗栽植因实践时间不长，很多问题尚未定型，需要进一步验证和试验。当前，存在的主要问题是：容器的成本较高，苗木运输较困难，同时它只能把栽植过程中一些对苗木不利的人为因素降低到最低限度，但对环境的影响却无能为力，因而如何在受到干旱严重限制的半荒漠、荒漠地区保证成活率，还需进一步研究。

（2）容器的种类与育苗技术

1）容器种类。

A．与苗木一起栽植入土的容器，如纸质营养杯、黏土营养杯、泥炭营养杯、塑料薄膜容器和纸浆容器等。

B．取出苗木后进行栽植的容器。这种容器可重复使用，如泡沫塑料营养砖和硬质塑料营养杯等。

容器形状有圆形、圆锥形、四方形、六角形等，其中以无底的六角形较为理想。容器的规格，各地不一，以小型居多，为运输方便，直径多为 2～5cm，长 9～20cm。

2）育苗技术。培育沙生灌木的容器苗，育苗技术比较简单。容器内可直接装沙培育，也可加入一定比例的黏土、肥料配成营养土，但黏土比例不宜过大。据试验，黏土比例≥20% 时，对灌木生长不利。

3．大苗深植　　植苗成活的高低，取决于环境因素和人为因素的影响程度。环境因素主要是沙土水分状况、沙的活动性和病虫害；人为因素主要是由起苗到定植的各项操作。用裸根苗栽植建立沙地人工植被，不良的环境条件加上难以控制的人为因素，使成活率没有保障。采用容器苗栽植，不利的人为因素大大减少，从而可以提高成活率。但环境因素的不良影响，如沙土水分不足及风蚀、沙埋等问题仍然存在。为了消除风蚀、沙埋造成的影响，植苗时需要配合沙障保护，而沙障的设置，是一项昂贵而繁重的工作，它的费用往往是植苗本身费用的几倍到几十倍。长期以来，人们一直在探索着提高成活率和降低成本的治沙技术，大苗深植在这方面取得了一定成绩。

（1）大苗深植发展概况　　1930 年，苏联在沙丘上开始试验无沙障保护的治沙造林新方法。

先后进行了深植插条、栽植 70～80cm 的插条，均获得了较好成效；后来，又做了进一步研究，成功地提出了"大苗深植方法"。1962～1968 年在苏联欧洲河岸沙地用大苗深植法固定了数百公顷流沙，成活率达 53%～95%；1968 年，在阿斯特拉罕地区试验，成活率为 43%～83%；1973 年以后，开始试验沙拐枣、梭梭等固沙灌木，沙拐枣当年成活率为 50%～70%，梭梭 55%，3～4 年后，沙表固定，杂草侵入。

大苗深植曾在很多国家的流沙治理中得到应用。1948 年，Sale 介绍了巴基斯坦用大苗深植固定沙丘的方法。他们使用兰叶相思树先在盆中培育，到树高 2m 时移出，植于 1m 深的坑内。用此法固沙，已成林 13 200 多亩。

南斯拉夫和阿根廷，在流沙上深植欧美杨杂种，3 年后便将流沙固定；埃及、沙特阿拉伯等国，在流沙上用深植法造林也获得了很好效果。

中国是最早在沙地上采用大苗深植技术的国家。根据张敬业的材料，内蒙古乌审旗的谷起祥于 1935 年开始在背风坡栽植旱柳，秆长 2m，栽深 1m，从而产生了"高秆造林"及"前挡后拉"。

（2）大苗深植技术规格与优点

1）大苗深植技术规格见表 4-10。

表 4-10　大苗深植技术规格

国家/地区	苗高/m	植深/m	株行距/m
苏联	1.25～2.0	0.5～0.7	（1.5～2.0）×4.5
南斯拉夫、阿根廷	4.0	1.5～2.0	5×5
远东地区	0.8～1.2	0.4～0.6	2.5×2.5
巴勒斯坦	1.2～1.8	0.9	
埃及		0.5～1.5	
沙特阿拉伯		1.0～1.2	

2）大苗深植优点如下。

A. 植物不会遭受沙割危害，因树冠位置多在地表 20cm 以上。

B. 植物不易遭受风蚀、沙埋危害。

C. 植物不易遭受旱害，因植物根系处于稳定湿沙层内，有的得到地下水供应。

D. 有利于植物萌发不定根。

E. 有利于植物增加稳定性。

F. 不用设置沙障，大大降低了固沙成本。据苏联介绍，大苗深植费用为 110 卢布/ha[①]，而设置机械沙障，费用为 450～700 卢布/ha，喷施化学固着剂费用为 350～500 卢布/ha。

G. 提高了成活率，也就大大减少了补植工作，成本也降低了。

大苗深植是针对流动沙丘上的干旱和流沙的活动性两个主要限制因子而设计的一种固沙造林方法，适宜于地下水位较浅、根系有可能达到、风蚀处于弱度和中度范围的沙地，植物种应选择生长迅速，丛生性强，萌发不定根能力强的植物。沙地植苗，深植是有益的，深植增加了湿润沙层的接触，从而增加了供水，但在强风蚀区，还是需要设置沙障保护。

（3）水冲植树技术　　水冲植树技术是利用高压喷雾器水的压力把沙或土冲开一个深度能

---

① 1ha=1hm²

控制的洞穴，然后进行插干造林。该技术造林速度快，方法简单，造林成活率高，造林成本低，是适宜在干旱半干旱沙区开展插干造林的技术方法。

1）技术原理。水冲植树技术就是利用喷雾器产生的压力，把水压送到水枪，把地面上的沙或土垂直冲出一个深度可以控制的洞穴，沙区造林深度一般为 80～120cm。一套水冲植树设备包括高压喷雾器 1 台，水箱（3～5m³）一个，冲枪一个，水管 50～80m，作业时将高压设备安装在车载水箱上，接好水管和冲枪，便可在沙丘、丘间地、无砾石的土壤上冲穴造林，栽植时水压可达到 25～40kg/cm²。

2）树种选择。大部分植物都具有营养繁殖能力，可利用营养器官（根、茎、枝等）繁殖新个体，如插条、插干、分根、分蘖、地下茎等，适于水冲插干造林的树种是营养繁殖力强的植物，如沙柳、柽柳等。

水冲植树技术适宜于我国北方绝大部分地区，尤其适宜于西北沙区沙丘造林。该技术是将挖坑、栽树、浇水三步合一的微创种植技术，对土壤扰动小，两个人配合只需 10s 就可以植一棵树。植树工人在采用水冲植树技术时，一人先以水管中的高压水为动力，在沙地冲出深度 1m 左右的孔洞，另一人迅速将苗条插入孔内，使苗条牢牢固定在沙土中，挖坑、栽树、浇水三个步骤在 10s 内一气呵成。这种栽种技术可以在沙丘的任何位置将树种活，成活率高达 80% 以上。用这种方法可以打通栽树前的打种植孔、浇水等流程，所以提高了效率，降低了成本。此外，操作简单，易学，可以减少人工操作的不规范对苗木存活率带来的影响。

4.3.2　扦插

很多植物具有营养繁殖能力，可利用营养器官（根、茎、枝等）繁殖新个体。根据所用营养器官的种类和繁殖方法，可分为插条、插干、压条、埋干、分根、分蘖、地下茎等。在建立沙地人工植被中，广大沙区群众采用了包括上述在内的多种培育方法，其中应用较广、效果较好的是插条和插干，这两者只是所用材料规格不同，可都简称为扦插。

1. 沙地扦插的优点

1）栽植时可就地采条，不用培育苗木。

2）幼苗生长迅速，固沙作用大，并能提早开花结实。

3）有利于培育优良品种和类型。

4）方法简单，便于推广。适用于扦插的植物，是那些营养繁殖能力强的植物，在沙漠地区主要是一些杨树、柳树、黄柳、沙柳、柽柳等，尽管通常用于插条的植物种不多，但它在建立人工植被中的作用却很大。以内蒙古伊盟为例，全区现有林面积 8000 多万亩，其中灌木林 560 万亩，灌木林主要是沙柳和小叶锦鸡儿，而沙柳便是通过扦插繁殖起来的。

陕西榆林地区历年造林保存面积 858 万亩（至 1978 年），其中沙柳 250 万亩；靖边县历年造林保存面积 210 万亩，其中沙柳 70 万亩。由上几例可见，扦插在建立中国沙地人工植被中起了重要作用。

2. 扦插技术

（1）选取插穗　从生长健壮无病虫害的优良母株上，选择 1～3 年生的枝条或萌发条，取插穗长度 40～70cm，在水分条件较好、风蚀很轻或无风蚀的沙地上，可选用短插穗；在干沙层比较厚或有一定风蚀的沙地上，应采用长插穗。穗粗乔木 3～4m，灌木 1～2m，于生长季结束后至翌年早春树液萌动前采取，用快刀一次切成，上端齐平，下端斜形，切口光滑。

（2）插穗处理　插穗采下以后，通常做以下处理。

1）立即扦插。插穗采下后失水较少时立即扦插，能得到较好效果。

2）浸水处理。采下的插穗浸水数天后再进行扦插，有利于提高成活率。

3）插穗如需存放较长时间，可用湿沙埋藏处理。

4）用雌激素催根处理。据苏联经验，生长刺激对大多数植物能起良好作用，它可以加速根系的形成，提高苗木成活率，并促进嫩枝的生长。

（3）扦插季节与方法　　扦插一般在春秋两季进行。插时多用"倒坑"栽植，随挖坑随放入插条（不可倒置），然后挖取第二坑土填入前坑内，分层踏实，接着第三坑土填入第二坑内，以此继续，功效较高。插条头部一般与地表平，秋季应低于地表 3～5cm。

3. 高秆造林　　高秆造林是中国劳动人民创造的一种沙地扦插方法（也属大苗深植），具有成活率高、耐沙埋、成材快、牲畜危害轻等优点，对中国沙地造林工作起了很好的作用，尤其适于在沙区牧业队推广。

高秆造林通常用于适度沙埋的背风坡下部至丘间地，其具体做法是：选 3～4 年生、长 2～4m、小头直径 3～4m 的壮秆，于清明前 10～15d 砍下，将大头浸泡水中，到清明前后天气转暖，再将全秆浸入水中充分吸水，25～35d 后树皮出现白色或浅黄色凸起，便可取出栽植。植深 0.8～1.2m，坑径 0.4～0.5m，分层踩踏捣实。

高秆造林适于萌发力强的旱柳和一些杨树，旱柳易枯梢。华北、西北地区经营的旱柳，多采用头木作业，可生产 7～10cm 粗的椽材。

4.3.3　直播

直播是用种子作材料，直接播于沙地的一种建立植被的方法。

1. 沙地直播的一般分析　　采用带根系的苗木或不带根系的苗木进行栽植时，影响成活率的主要环境因素是根系层的水分状况和活动性，通常可以通过选择适宜的栽植季节和增加栽植深度来调节苗木与水分的关系，并采用沙障或其他措施来排除风蚀、沙埋的威胁。但直播深度的调节作用很小，因为覆土过深，难以出苗。而同样的风蚀沙埋强度，不仅对播种刚出土或出土时间不长的苗木危害严重，而且直播影响种子的稳定与萌发。因此，干旱和沙的活动性，对直播成效的影响更大，同时，直播成苗以后，病虫兽害对幼弱的播种苗也比一般栽植苗更加严重，而且播下的种子，也会遭到鼠和鸟的危害，在这些环境因素的综合影响下，沙地直播成功的概率是比较低的。

但是，沙地直播成功的可能性还是存在的，沙漠地区数百种植物，绝大多数是由种子自然繁殖起来的。苏联等一些国家在荒漠、半荒漠地区直播沙燕麦和梭梭已获得很大成效；中国在草原地区的流沙上，直播沙蒿、小叶锦鸡儿、花棒、羊柴，以及在荒漠、半荒漠地区直播梭梭等也有不少成功的实例。而且直播后鸟、兽、病、虫等危害，就人们现有技术水平而言，也是可以控制的。由于它具有下面提出的优点及意义，因此，直播仍是一项重要技术，并有很大的发展潜力。沙地直播具有以下优点和意义。

1）直播苗从种子发芽开始就在流沙地上生长，适应性有所增强，而且根系未受损伤和变形，无缓苗期，对生长有利。

2）直播苗省去了繁杂的育苗工序，大大降低了成本。

3）直播施工过程远比栽植过程简便，劳动强度小，有利于大面积实施。在一些自然条件比较优越的沙地，直播是一项成本低、收益大的治沙技术。

2. 沙地直播技术　　针对各种影响因素，可采取两种对策以提高直播的成效。一是对直播技术予以调节，二是采取配合措施，以提高控制和调节能力。选择适宜的直播时期和直播方式，确定适宜的覆土厚度和播种量，可以提高某些植物直播的成效。

1）直播时期。直播受季节影响性较小，春、夏、秋、冬皆可进行，因此选择幅度较大，这是它比植苗、扦插优越的地方，必须充分利用。适宜的播种期是水分条件比较好，有利于发芽和保苗，同时风蚀、沙埋比较轻，鼠虫害危害率比较低的时期。中国西北地区全年降水量多集中在 7～9 月三个月，雨季明显，同时在雨季中，风蚀、沙埋及鼠、虫危害都比较轻，对直播和保苗十分有利。根据陕西省靖边县毛乌素沙地的多年试验，雨季直播，有效率高于其他时期，直播有效率统计见表 4-11。

表 4-11　直播有效率统计

直播时间	直播次数	当年有效次数	当年有效率/%	备注
4～5 月中旬	40 次	12 次	30.0	①直播部位为新月形沙丘链迎风坡
5 月下旬～6 月	12 次	8 次	66.7	②当年秋季调查，有苗
7～8 月	5 次	4 次	80.0	率 70%以上为有效

雨季直播虽然获得比较高的成活率，但当年生长较矮小，苗木木质化程度低，对次年早春风季中的危害抗性较弱，不利于第二年的保苗。为了延长生长期，多提至雨季前 5 月下旬～6 月直播。在这段时间内，播后能及时得到较大的降雨，效果当然更好，而在一次透雨后，如能立即对花棒、羊柴等大中粒种子进行直播，结合种子催芽处理，并根据直播种子发芽所需天数和雨后干沙层厚度的变化规律确定播深，也会取得很好效果。

2）直播方式主要分为条播、穴播和撒播三种。条播按一定的距离开沟播种，然后覆土。穴播，按所设置的播种点掘穴播种，然后覆土。撒播是把种子均匀撒在沙土表面，不覆土。条播和穴播，因有覆土，种子比较稳定，不易发生位移，同时在一定的覆土厚度范围内可以调节土壤湿度，使种子处于湿沙层内。但这种调节有限，因为一般植物覆土厚度为 3～5cm，过厚不易出苗。条播和穴播按一定株行距进行规划，二者的不同点在于条播提供了增加密度的合适条件。因此，条播量一般高于穴播量，抗风蚀作用也相应地比穴播高。风蚀严重时，可由条播组成带播，即形成 3～5 行行距较小的条播形成带，带间距较大，多在 3m 以外。

撒播，由于不覆土，种子会在风的作用下发生位移，稳定性差，也失去了对土壤的调节作用，成效更难控制。通常选用相对密度较大，形状扁平的种子以增加稳定性，或对某些易发生位移的种子采用滚泥丸后，促使种子稳定和发芽，提高了发芽面积率。苏联对梭梭种子去翅，效果也较好。

3）覆土厚度即直播深度，通常根据种子大小而定。沙蒿、梭梭等小粒种子，覆土厚度一般为 1～2cm；花棒、羊柴、沙拐枣、小叶锦鸡儿等较大粒的种子，覆土厚度为 3～5cm，在疏松的沙地上，最大不超过 7cm。

4）播种量。直播的播种量也是一个具有较大调节范围的因子。在一定数量的鼠、虫等危害下，播种量越大，保存的种子数和幼苗数量必然越多。就风蚀而言，在弱度和一些中度风蚀区（即近地表风不太强的地区）较大密度的幼苗，降低地表风速的作用较大，因此，有利于防止风蚀。植物在幼苗期，根系扎入稳定的湿沙层以后，水分已不成为植物的限制因子。威胁幼苗生存的主要因子是风蚀、沙埋和病、虫、兽害。在这一时期，密度愈大，保存率便会愈高，但第三年以后（指花棒、羊柴等植物），随着植株的增大及耗水量的增加，沙层水分又成了限制性因素，密度愈大时，生长发芽状况愈差，保存率也会随之降低。

此外，成本也是选择播种量的考虑因素。通常小粒种子每亩直播量为 0.25～0.35kg；较大种子每亩直播量为 0.35～0.75kg。各种种植方法包含的全部技术内容，在种植活动中实质上是调节控制作用的旋钮，这些旋钮具有以下 3 个特点：①有统一的目标，即提高种植成效；②无固定的位置，随着时间、地点、条件的变化而变化；③有一定的作用范围，即每个旋钮的调节或控制作用是有限的。超过此限度，除另选立地条件外，必须采取有针对性的合理措施，如过于干旱，应设法灌水；风蚀严重，设置沙障；鼠虫害严重，增加防鼠防虫措施。当然，这些措施也应包括在各项技术范围之内，以增强旋钮的调节或控制作用。

4.4　飞机播种固沙造林种草技术

飞机播种（简称飞播）是以种子为材料，利用飞机进行播种的一种方法。如前所述，同穴播、条播及扦插植苗等方法比较起来，飞播受自然因素的影响更大，本身调节作用更小，成效更难控制，即成功的概率较小，而受到的限制条件较多。由于它具有速度快、工效高、成本低的特点，在一些人烟稀少或急需建立大面积植被而又缺乏劳力与种植机具的地区，飞播则是非常适宜的。只要能找到其规律，并按其规律制定技术措施，飞播成功的概率是可以提高的。飞播固沙造林技术在林业事业建设中发挥的经济效益、生态效益和社会效益十分明显，在中国防沙治沙中起到了不可或缺的作用，是中国防沙治沙技术的重要组成部分。

4.4.1　飞播概况

苏联于 1931 年在塔吉克自治共和国（今为塔吉克斯坦共和国）境内的乌拉兹克尔的流沙地上曾飞播过梭梭和巨野麦，飞播后发现种子被风吹走，只是在机械沙障内，种子分布比较均匀。1935 年，在半固定沙地飞播黑梭梭，1953 年，调查结果显示保存率为 7.2%。1953～1958年在中亚细亚乌兹别克斯坦沙地，采用飞机播种和人工播种的梭梭林，保存面积率为 6.4%。苏联治沙专家彼德罗夫认为，流动沙地飞播失败的基本原因是种子被风吹跑和幼苗遭受风蚀与沙埋，今后流动沙地飞播必须预先设立机械沙障，以保护飞播植物。

1941 年以前，苏联在各地共飞播 1.3 万 hm^2，后因战争中断 10 年，1951 年又开始飞播，飞播面积逐年扩大，1955 年一年就飞播 4.5 万 hm^2（包括沙地和其他方面），但 1970 年彼得罗夫在世界干旱地区造林会议上发表的"苏联固沙造林"一文中，对沙地飞机播种的看法和 1950年相同，没有新进展。

苏联 A. B. 戈乌兹基柯夫在 1960 年的总结资料中指出，中亚细亚乌兹别克斯坦沙地，从1924～1953 年人工造林保存面积率为 52%，而 1953～1956 年保存面积率仅为 6.4%。作者认为，第二阶段保存面积率大大降低的原因是改变了第一阶段在沙障保护下扦插和栽植的方法，而采用了播种和飞播梭梭的方法，并认为飞播梭梭的成效被夸大了，只有在个别气候特别适宜的年份才能成功。

美国飞机播种实际从 1750 年开始，主要在林区新采伐迹地和火烧迹地进行针叶树的飞播造林（沙区未见报道）。1954 年以前因鸟兽危害严重，发展缓慢，到 1955 年飞播面积仅为1800hm^2。1954 年发明防鸟兽药剂后飞播面积迅速增加，至 1959 年已达 4.3 万 hm^2。其他国家像日本、芬兰等也都在1750 年开始飞机播种实验，但都不在沙地。

中国科技工作者在总结以往飞播治沙经验的基础上，严格按照科学试验的程序，坚持不懈地开展飞播治沙科学试验，深入探索飞播治沙的科学规律，飞播治沙科学试验取得了突破性进展。

1956 年 3 月根据陶铸同志提出的"用飞机撒播树木种子造林，加快荒山绿化"的提议，中国在广东省吴川县率先进行了飞播造林试验，虽然失败了，但拉开了中国飞播造林的序幕，为造林绿化提出了一条新的途径。

全国大面积的飞播试验始于 1958 年，首次在陕西榆林沙区习播，随后在内蒙古、甘肃的流动沙地和半固定沙地上实施，并逐步辐射 15 个省（自治区、直辖市）。1959 年 6 月，四川省林业厅在凉山彝族自治州飞播的 $7.0×10^3hm^2$ 云南松首次获得成功，建成了中国第一片飞播林，奠定了中国飞播造林的基础，为全国开展大规模的飞播造林提供了经验。1963～1973 年，全面推广四川经验，中国进入全面飞播试验阶段，马尾松、云南松、黑松、油松、小叶锦鸡儿等飞播相继成功，飞播区域已由湿润多雨的南方发展到了干旱少雨的北方。

根据 1973 年水电部和农林部的指示精神，陕西省农林局于当年 11 月 15～16 日，在西安召开了关于继续开展榆林沙区飞机播种试验座谈会，并邀请有关省区的领导和专家参加，在会上总结了以往飞播治沙经验，讨论了飞播治沙的可行性。会议决定飞播试验期限暂定三年，从此开始了中国风沙区第二次飞机播种治沙试验。8 年飞播试验所取得的成效是：飞播 4～8 年后的保存率按播种面积计算为 24.4%～54.4%。同时对风沙区飞播技术中的疑难问题，进行了多学科分专题的系统研究。在树（草）种的选择、播期的确定、种子处理技术和鼠、虫、病、兔害防治等诸方面取得了突破性的进展。这一成果的取得，为中国飞播治沙由试验示范转为大面积生产提供了科学依据。

1978 年在四川召开的第四次全国飞播造林经验交流会和 1980 年在河北承德召开的北方飞播造林种草经验交流会，对推动中国南北方飞播造林大发展起到了积极的作用，随着全国工作重点的转移和林业建设的振兴，飞播造林进入了全面发展的新阶段。

1958～1986 年，飞播陆续在内蒙古、宁夏、新疆、甘肃、吉林等地区的沙地中推广实施，飞播治沙试验在中国四大沙漠和四大沙地均获得成功。

1982 年，邓小平同志对飞播造林做了重要指示后，中国飞播造林被正式纳入国家计划，从此步入了正轨。现时国家又开展了飞播成效调查和宜播面积清查工作，保证了飞播的科学发展。

4.4.2　飞播作业

飞播作业包括播前作业、播种作业、播后作业。

1. 播前作业　飞播前的主要工作有播区踏查和调查设计。

（1）播区踏查

1）踏查目的在于了解飞播地区的自然条件和社会经济情况，确定该地区是否适宜飞播，并为制定飞播计划提供依据。

2）踏查内容如下。

自然条件：包括地形、面积、沙丘类型、走向、沙地水分状况、植被盖度、主要植物种类、鼠虫危害情况等。

社会经济情况：播区土地权属、人口密度、经济类型、播区土地利用及人为活动情况。

踏查须深入播区各部，可利用现有图面资料，确定踏查路线，勾绘播区范围，踏查后提出应否飞播及其依据的文字报告。

（2）调查设计　飞播确定以后，应在飞播前 1～2 年组织人力进行调查设计。

1）基本情况调查。首先采用抽样调查方法，详细调查播区立地条件（沙丘类型、高度、各部位面积、沙层厚度、下覆物、水分状况、沙丘各部位植物种类覆盖度、生长发育状况及虫兽危害种类程度等）。其次搜集播区气象资料（降水、气温、风、霜冻及植物生长期等）。同时需要访问播区附近的乡、村，了解农、林、牧、副各业情况，牲畜数量和习惯放牧地点，征求对飞播区的意见与要求。

2）规划设计。应根据播区立地条件、飞播特点、植物种的生物学特性、种源情况及对飞播区的意见与要求确定飞播植物种；根据种子发芽和幼苗生长所需的气温、降水等条件及危害因子确定飞播时期；根据种子千粒重、发芽率、鼠害情况、所需密度等计算飞播量；确定作业方法、播幅；确定种子处理及虫兽危害防治措施等。

3）技术计算。根据每亩飞播量和播带长度，计算飞播种子需要量，按各播带用种量和飞机载重量，确定各播区作业架次，分别对各植物种统计各播区需要量；根据各播区距机场里程，统计飞机单次作业所需时间，按各播区作业架次，计算各播区飞行时间和总飞行时间；根据种子需要量、飞行作业时间、其他工作量和物资消耗等计算飞播各项投资、总投资、平均每亩投资。

4）资料编制。①按作业年度编写调查设计说明书，包括播区基本情况，飞播植物种面积、播量、作业时间、作业方法、飞行工作量、飞行注意事项、投资和播区管理等。②按作业年度绘制播区位置图，比例尺为 1：50 000 或 1：100 000。图面应标绘播区位置范围、经纬度、海拔、主要村镇、山脉、河流、湖泊、铁路、公路、高压线及其以上行政边界等。③按作业年度分别在播区绘制飞行作业图，比例尺为 1：5000～1：25 000，图面标绘播区位置范围，播区内和附近主要山脉、河流、村镇、道路，设计植物种，作业方法，作业顺序，航标位置，航向方位角。附表注明各播带长度、面积、种子量、各架次装种量。

5）航标测设。航标是在飞播地区设置的信号，是进行导航的依据。一般应在两端和中部设置；播区短或中部地形条件不便设置的，只在两端设置。航标线设在地形开阔、视野宽广处。航标点的间距，等于所播植物种的播幅宽度。两航标中间设置接种样方点。

2. 播种作业　　为保证飞播质量符合设计要求，必须做好以下工作。

（1）做好播种前准备工作　　调运种子并进行品质检验和处理，成立有关组织，检查航标、信号、通信工具等完成情况。

（2）播种时要求

1）飞机进入播区，提前对准信号，摆正航向，严格压标飞行。

2）按作业图纸标示及地面信号位置，对准开关种子箱。

3）按设计播量调准种子箱开口，并及时进行校正。

3. 播后作业　　定期检查种子位移，鼠、虫害，发芽、生长、保存情况。

4.4.3　飞播植物种选择

中国沙区的多年试验结果表明，植物种的选择对于提高飞播成效具有重要作用。例如，陕西榆林红石峡飞播区，从 1958～1980 年，共飞播了 11 次，试验了 16 种植物，最后只有其中 6种有所保存，第五年以后保存率分别为：小叶锦鸡儿极少数，沙打旺约 1.3%，花棒 2.7%，油蒿 7.3%，籽蒿 21.4%，羊柴 24.7%，可见，不同植物种之间成效相差很大，其他播区也是类似情况。根据多年试验结果，毛乌素沙地可选羊柴、花棒、油蒿、沙打旺、草木樨等植物种；浑善达克沙地飞播固沙植物种可选羊柴、白沙蒿、沙打旺、沙地榆、沙米等；科尔沁沙地飞播植物种可选山竹子、小叶锦鸡儿、草木樨、沙打旺等。

4.4.4　飞播期确定

飞播期的选择影响着种子的发芽和幼苗的生长。飞播期应根据温度、水分、风、生长期、天气等几个方面综合分析进行选择。中国国土幅员辽阔，各地情况不尽相同，因此各个飞播区应根据当地的实际情况，全面分析，确定最适合的播期。

　　适宜的飞播期要保证种子发芽所必需的水分、温度和苗木生长足够的生长期，使苗木充分木质化以提高越冬率，还要有自然覆土的条件和覆土后遇雨不板结的能力，使种子能够迅速发芽从而减少鼠害、虫害、兔害等。过早播种往往使种子得不到充足的水分，延长种子发芽时间，导致鸟兽危害及风吹位移，甚至闪芽死亡。播期过晚进入雨季后，往往在播后来不及覆土或沙，就遇到大量降雨而闪芽，且晚播苗木生长期短，木质化程度低难以越冬。因此，飞播造林较人工造林具有更强的季节性，确定最佳的飞播期，是提高飞播成效的一项关键技术环节。现在比较清楚的是以下几点：①各种植物的种子，一般是在自然覆沙以后，才开始正常发芽的。未覆沙的种子，即使有较好的降水条件，通常也不发芽或保存。②在 2~4mm 的降雨条件下，会有少数种子开始发芽，而大量种子的发芽，需要连续降雨 20mm 以上。③飞播后的降水量，虽然影响种子发芽，但各种飞播植物的发芽面积率并不与播后降水总量呈直线相关。④就种子特性而言，飞播发芽面积率高的种子，并不是发芽迅速的种子（如沙打旺、小叶锦鸡儿），而是发芽比较慢的种子（如羊柴）。⑤总的看来，花棒和羊柴飞播当年发芽面积率接近，但羊柴当年有苗面积率比花棒高得多。花棒当年平均发芽面积率为 35.03%，羊柴 35%；花棒当年平均有苗面积率为 25.8%，羊柴为 35%。中国各沙区适宜的飞播期汇总及所播植物种见表 4-12。

表 4-12　中国各沙区适宜的飞播期及所播植物种汇总

沙漠沙地	名称	飞播期	所播植物种
毛乌素沙地、库布其沙漠	鄂尔多斯市沙区	6 月中下旬	羊柴、白沙蒿、小叶锦鸡儿、花棒、白小叶锦鸡儿、草木樨、沙打旺
	榆林市沙区	5 月上旬至 6 月上旬	羊柴、白沙蒿、小叶锦鸡儿、花棒、沙打旺、沙棘
	盐池县沙区	5 月下旬至 6 月上旬	花棒、羊柴、白沙蒿
科尔沁沙地	通辽市沙区	5 月下旬至 6 月中旬	羊柴、锦鸡儿、沙打旺、草木樨
	吉林省双辽沙区	6 月上旬	羊柴、锦鸡儿、沙打旺、草木樨
	赤峰市沙区	6 月上中旬	胡枝子
	兴安盟沙区	6 月中旬	锦鸡儿、沙蒿
呼伦贝尔沙地	呼伦贝尔市沙区	6 月中旬	锦鸡儿、沙蒿、沙打旺、山榆
	鄂温克旗沙地	4 月下旬至 5 月上旬	樟子松
浑善达克沙地	赤峰市沙区	6 月上中旬	锦鸡儿、沙蒿、油松
腾格里沙漠、乌兰布和沙漠	阿拉善沙区	6 月下旬至 7 月上旬	沙拐枣、花棒、白沙蒿
	甘肃古浪沙区	6 月中旬	苦豆子
古尔班通古特沙漠	精河县戈壁沙漠地区	1~2 月	梭梭

资料来源：漆建忠，1998

　　中国各地飞播期多选在 5 月中下旬~6 月，有的延至 7 月或提前至 5 月初，主要是考虑雨季有个自然覆沙过程，并可适当延长生长季。如果播期再提前，正值风季，且虫害也较严重。播期的选择，至今主要建立在分析的基础上。

4.4.5　飞播量确定

飞播量即单位面积上飞播种子的数量，以 kg/亩表示。播种量的大小，影响着出苗率及幼苗的密度，是飞播的调节作用之一。正如前面直播中所分析的，在根系扎入稳定湿沙层后的幼苗期，沙层内的水分状况不是主要的限制因子（就一般流沙而言），通过增加播种量来提高发芽面积率和密度，有助于增加幼苗的抗性和提高幼苗保存率。但幼苗长大以后，随着耗水量的增加，密度过大则不利于植物的生长和发育，从而影响保存率。同时，增加播种量会大大提高成本，显然就难以推广和被接受。可见，飞播量的调节范围是有限的。下面以红石峡飞播试验为实例说明飞播量的确定。

红石峡飞播羊柴、花棒，播种量通常为 1～1.5kg/亩，由于飞播作业的偏差，沙面上实际承受的种子数量相差很大，因此，按一般播种量分析问题，难以反映真实情况。现根据榆林飞播组的调查材料，将红石峡有实际播种量记录的飞播情况摘于表 4-13。

表 4-13　红石峡有实际播种量记录的飞播情况

飞播年份	实际播种量/（kg/亩）		当年发芽面积率/%		当年有苗面积率/%		第二年有苗面积率/%		第五年有苗面积率/%	
	羊柴	细枝岩黄蓍	羊柴	细枝岩黄蓍	羊柴	细枝岩黄蓍	羊柴	细枝岩黄蓍	羊柴	细枝岩黄蓍
1975 年	0.89	0.46	38.5	42.4	33.8	25.5	17.6	14.2	7.5	0.3
1976 年	0.61	0.60	35.7	23.2	33.6	20.3	14.2	8.0	7.8	0.4
1977 年	0.49	1.01	45.3	52.9	37.7	45.4	31.9	21.1	24.7	2.7
1978 年	0.88	1.38	20.6	21.6	31.0	16.7	9.4	2.4	2.8	1.3

较大粒种子播种量为：羊柴 1kg/亩，花棒 1～1.5kg/亩，小叶锦鸡儿 1.5kg/亩。李滨生根据所要求的幼苗密度、种子品质及可能的损失与实际情况，提出计算播种量的公式如下：

$$N=\frac{n\times g}{5\times10^5\times P_1\times P_2\times P_3\times P_4}$$

式中，N 为单位面积的用种量（kg/亩）；n 为 $667\times x$（x 为 $1m^2$ 的计划有苗数）；g 为种子的千粒重；P_1 为种子净度；P_2 为种子发芽率；P_3 为种子被鼠害后保存的百分数；P_4 为苗木当年保存率。

实例：羊柴种子净度为 95%，千粒重 12.4g，种子发芽率 45%，种子遭受鼠害后保存率为 70%，苗木当年保存率 70%，当要求每平方米的幼苗数为 20 时，按上式计算得出用种量为 0.8kg。榆林沙区主要植物混播播量的经验公式为

$$S=NW/1000E\cdot R\cdot F\cdot(1-A)\cdot(1-Q)$$

式中，S 为每公顷用种量（g）；N 为可靠的成苗株数（$1hm^2$ 要求 10 005 株）；W 为种子千粒重（g）；E 为种子发芽率（%）；R 为种子净度（%）；F 为 $1m^2$ 实得种子数与设计种子数的百分比；A 为鼠、虫、病、兔害的损失率（%）（经验数值）；Q 为意外损失率（%）（经验数值）。

4.4.6　GPS 导航技术在飞播中的应用

GPS 能够实时测量地球表面点的坐标，实时导航，是中国近年来飞播造林应用的高新技术

之一，它在多个省区经过数年林业部门和飞行部门的联合试验研究，已取得圆满成功，现已向全国推广应用，是中国飞播造林事业史上的一次技术革命，它大大地增加了飞播造林的科技含量，使飞播造林进入一个新的发展阶段，对推动中国飞播事业的发展具有重大意义。与传统人工地面标志导航相比，GPS 导航有以下优点。

（1）落种情况真实　　从数字上看，使用 GPS 导航的落种准确率略低于人工地面信号导航的落种准确率，但根据多年的飞播实践经验，采用人工地面信号导航的落种准确率往往由于人为因素的影响而高于实际情况。应用 GPS 导航，进行飞机播种，使播种质量大大提高。

（2）节省资金　　采用 GPS 导航能节省飞播地勤工作中使用的大量人力、财力和物力。它不需要测设航标，不需要地面信号人员，播种期间播区只要有气象、通信及数名质检人员即能工作。

（3）播区选择灵活　　人工导航的播区必须具备可供出示信号的较高大的沙丘，这样就限制了播区设置的范围及可调性，应用 GPS 导航，克服了人工导航对播区设置的这一不利因素，扩大了可播范围，提高了宜播面积比例。

鄂尔多斯市林业局从 2000～2005 年分 3 个阶段，充分利用 Mapsource 软件对作业区各架次的飞行航线进行编制，并根据 Microst Access 平台，自主研发用于飞播的计算机 GPS 导航系统和造林管理系统数据库，分别对飞播作业进行实地导航和飞播造林全过程的信息数据管理（图 4-1）。2000～2005 年，鄂尔多斯市林业局共飞播造林 1.18 万 hm²，用传统的规划设计方法进行播区地面规划设计，约需用 186 917 个工日，每个工日按 30 元计算，则需要支出经费 560.75 万元。采用 GPS 技术进行规划设计，约需用 2379 个工日，则需要支出经费 7.14 万元，与前者相比，节省劳动力 184 538 个工日，节支 553.61 万元。

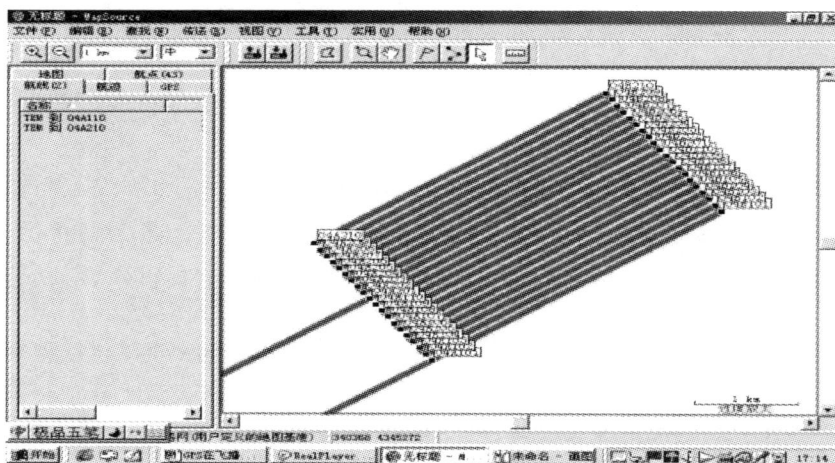

图 4-1　应用 Mapsource 软件编制的飞行航线界面

4.5　沙地人工林的抚育管理

由于沙地生长环境的特殊性，进行沙地人工造林抚育可以有效提高造林成活率、促进幼林及时郁闭和加速林木生长，以达到人工林速生、丰产、优质的目的。

人工林抚育，一般包括幼林抚育和成林抚育两个方面，抚育的实质就是对人工林的生长发育进行积极促进及适当控制相结合的技术管理措施。

4.5.1　幼林抚育

幼林抚育是指从造林后到郁闭前这一时期的抚育管理。这一时期的主要任务是松土、除草。松土可以切断土壤毛细管，减少水分蒸发，增加通气性和渗透性，大量吸收大气降水。除草是为了解决杂草同苗木争夺水分、养分、光照的矛盾。

幼林抚育年限一般连续进行 3～4 年，即造林后一直到幼林郁闭。在杂草繁茂的固定沙地上，每年松土、除草 2～3 次，杂草少的地段，次数可以酌情减少。

松土除草一般是二者结合进行，其方法则应根据沙区特点而定，为避免造成风蚀，可以树行为中心向两侧松土除草，两行树中间应保留一定宽度的生草带，以防止地表遭受风蚀。生草带的宽度视行距的宽窄灵活确定，一般以能保证造林地内不致引起风蚀为准。在劳力不足的地区进行幼林松土除草时，还可采用不带犁臂的犁（机引或畜引）在树行两侧各翻一犁，形成一条垄或抚育带，效果更好。松土除草的深度，手工松土深 3～5cm，机械和畜力松土深度可达 8～10cm。

因各地自然条件不同，苗木开始生长的时间也不同，松土除草的时间也不尽相同。一般每年第一次抚育应在幼树开始生长之前进行，如错过幼树生长期，松土除草的意义就不大了。

4.5.2　成林抚育

林木郁闭后，抚育的任务是在保持郁闭的状态下，保证林木适当的营养面积和光照条件，使其既能形成良好树干，又能持续稳定快速生长。这一阶段抚育管理措施主要是修枝与间伐。

（1）修枝　　修枝就是砍去林木的部分枝条，主要是林分郁闭后林木下部的枝条，是减少林木不必要的养分消耗，改善林分密度状况，促进林木迅速生长的有效措施。

一般第一年修枝可以提前进行，因为营造用材林的树种多以速生为主，且立地条件也较优越，林木生长较快，树冠下部枝条迅速衰弱或死亡，修枝时间提早些，对林木生长有利。具体的修枝年限则应按各地具体情况确定。修枝强度不可过大，一般初期保留树冠高度为树高的 2/3，后期可保留树高的 1/3。修枝一般间隔 3～5 年。

（2）间伐　　间伐是根据林木自然稀疏的规律，人为砍去一部分生长不良的树木，加速保留林木的旺盛生长，以达到速生丰产的目的的有效措施。

林分郁闭后，林木的高生长、直径生长迅速增长，林木间对养分、光照、水分的竞争日趋激烈，随着时间的延续，便会出现两极分化的现象，好的林木越来越好，生长落后的林木越来越弱，甚至渐趋死亡。间伐就是根据这一规律采取的营林措施。

间伐一般是采取砍弱留强、砍劣留优、砍密留稀、砍小留大的原则。间伐要以抚为主，抚育与利用小径相结合，不能单纯为了取材，而使林分遭受破坏。如果林分株行距比较整齐均匀，分化不明显，可以采用隔行或隔株间伐。如果林分分化明显，可以根据林分分级法，确定伐除对象，进行间伐。间伐的强度及间隔年限，应依据树种、疏密度、立地条件等不同灵活掌握。

总之，在加强抚育管理中，除松土除草与修枝、间伐外，如何保护好新造幼林，保证不受人为与牲畜破坏，提高成活率与保存率，是人工造林成败的关键。

思 考 题

1．沙地人工植物种选择的依据有哪些？
2．沙地人工植物种选择有什么要求？
3．固沙植物适宜密度确定的方法有哪些？
4．大苗深植有什么优点？
5．飞播作业前，需要提前做好哪些工作？

第5章 沙障治沙

【内容提要】沙障治沙也称工程治沙、机械治沙或物理治沙，是目前防沙治沙最主要的工程措施之一。沙障治沙是根据风沙流的结构特征，通过设置沙障降低近地表风速，改变风沙流结构，增加地表粗糙度，减少近地表输沙量，控制风蚀沙埋，从而达到固沙、阻沙的目的，减少风沙危害。随着"以沙治沙"理念的提出，沙障的探索研究也从单纯的防风固沙功能，转向如何在最大化防风固沙功能的前提下，促进植被恢复与生长，改善小气候，改良土壤，改善水分状况，最终改善整个生态环境，发挥综合效益。所以，沙障在固定流动沙丘、促进植被恢复中具有不可替代的作用。

在自然条件恶劣、植物难以生长的地区，机械沙障能够有效拦截风沙流中的细颗粒物质，改善流动风沙土的理化性质，为植物生长提供更多的养分，促进流动风沙土向半固定、固定风沙土演变，提高生态系统的生产力水平。在干旱缺水、风蚀严重的地区，沙障是植物治沙的必要条件。设置沙障后，不仅可以改变地表的蚀积状况，避免植物种子被风蚀沙埋或裸露，而且可拦截大量的植物种子，有利于种子萌发，为先锋植物生长定居、繁殖和种群扩展提供了相对稳定的生境，提高了植物多样性，使一、二年生的单一先锋植物向多年生灌草植物演化，并逐渐恢复生态系统的正向演替过程。此外，设置沙障还有利于沙漠生物土壤结皮的形成，提高抵抗风蚀危害的能力，并在表层聚集细颗粒物和营养物质，对区域生态环境良性化、风沙土发育等具有促进作用。

5.1 沙障治沙概述

5.1.1 沙障的定义

沙障的定义有很多种，但基本内涵大致相同。陈广庭认为沙障是采用麦草、稻草、芦苇、黏土和砾石等材料在沙丘表面组成干扰风沙流运动的障碍物。张奎壁和邹受益（1990）概括提出沙障是采用柴、草、树枝、黏土、卵石、板条等材料，在沙面上设置各种形式的障蔽物，以此控制风沙流运动的方向、速度、结构，改变蚀积状况，达到防风阻沙、改变风的作用力及地貌状况等目的。贺康宁等（2009）认为沙障（又称风障）是将柴草、秸秆、黏土、树枝、板条、卵石等物料在沙面上做成障蔽物，以削减风速、固定沙表。秦向阳等（2006）总结出沙障是用柴草、活性沙生植物的枝茎或其他材料平铺或直立于风蚀沙丘地面，以增加地表粗糙度，削弱近地层风速，固定地面沙粒，减缓和制止沙丘流动。国家林业局科学技术司（2002）提出沙障是采用各种材料在沙面上设置机械或植物障碍物，以此控制风沙流动的方向、速度、结构，改变蚀积状况，达到防风阻沙、改变风的作用力及地貌状况等目的。《鄂尔多斯知识大辞典》（杨森宽和傅万有，2006）上释义沙障是为控制风沙流的方向、速度、结构，改变蚀积状况，以防沙害而设置的障碍物防护体系。辛永隆（1992）则认为沙障是为了防止沙粒流动而在沙地表面设置挡沙障碍物。内蒙古自治区林业科学研究所（1972）曾概括提出，沙障，群众称其为死风墙，即在流动沙丘的迎风坡上，设置不同形式的障碍物，以降低风速，防止风沙吹动。其中张奎璧和邹受益（1990）提出的沙障定义应用范围最广。随着荒漠化防治技术研究与应用的不断深入，近年来选用人工合成材料制作的沙障也有很多，如尼龙网、塑料网、植物纤维、生物可降解聚乳酸纤维（PLA）等新型材料，可用于制作沙障的材料日益丰富。

综合以往各位学者及相关机构所提出的沙障定义，结合多年来对于沙障的研究实践，虞毅、高永等给出如下定义：沙障是指选用各种天然材料或人工材料，根据不同的防护目的，按照一定的设计参数，在沙面上设置的各种形式的障蔽物。其中，天然材料主要有柴草、树枝、秸秆、黏土、卵石、板条等，人工材料主要有聚乳酸纤维、聚酯纤维、塑料（聚乙烯）等，以往的化学治沙材料如沥青乳剂等也应属于人工材料范畴。

5.1.2　沙障的主要类型

沙障分类依据及沙障类型如表 5-1 所示。

表 5-1　沙障分类依据及沙障类型

分类依据	沙障类型	分类依据	沙障类型
设置后能否繁殖	活沙障（生物沙障）		
	死沙障（机械沙障）		
障高不同	高立式		黏土、砾石、麦草、芦苇秆、沙柳、黄柳、羊柴、棉花秆、沙蒿、锦鸡儿、小红柳、玉米秆、葵花秆、胡麻秆、山竹子、小叶杨、旱柳、碱蓬、四翅滨藜、东疆沙拐枣、友友草、花棒、小叶锦鸡儿、甜根子草、紫穗槐等
	低立式	天然材料	
	隐蔽式		
透风情况	透风型		
	紧密型	沙障材料性质	
	不透风型		
防沙原理	固沙型		聚乳酸纤维、聚酯纤维、塑料（聚乙烯）、土工编织袋、尼龙网、水泥、沥青毡、高分子乳剂、棕垫、无纺布、土工格栅、土壤凝结剂、覆膜沙袋阻沙体、沥青乳剂、聚丙烯酰胺等
	积沙型	人工材料	
	输导型		
设置后形状	格状		
	带状		
	其他	半人工材料	煤矸石、旧枕木柱、荆笆
设置方式	平铺式	能否移动	固定
	直立式		可移动

按照选择的沙障材料在设置后能否繁殖，将沙障分为活沙障和死沙障，活沙障也被称为生物沙障、活体沙障、植物沙障、植物再生沙障，死沙障又被称为机械沙障；根据设置方式，沙障可分为平铺式和直立式两大类，其中直立式沙障又依据障高不同分为高立式沙障、低立式沙障（半隐蔽式沙障）和隐蔽式沙障；根据沙障材料性质，可以划分为天然材料沙障、半人工材料沙障和人工材料沙障（化学材料沙障）；根据直立式沙障的孔隙度差异，可进一步分为透风型沙障、紧密型沙障和不透风型沙障；应用较多的分类方法与所选用材料有关，有的直接以沙障材料本身来命名，如沙柳沙障、麦草沙障、黏土沙障、柴草沙障，有的以材料用作沙障时呈现的状态来命名，如沥青毡沙障，还有的以材料与设置形式相结合来命名，如砾石平铺沙障、

草方格沙障、紫穗槐网格沙障等，还有几种混合材料设置的沙障则统称为复合沙障。此外，近年来对人工合成材料在防沙治沙方面的研究越来越多，沙障类型也多种多样。

表 5-1 给出了近几十年来我国沙障研究类别的总体概况，按不同的分类依据有多种分类结果。有一些需要进一步说明，如透风情况这一分类指标，有的研究人员是通过孔隙度来衡量的，防沙原理方面以往设置主体主要是固沙型和积沙型，但近年来也有学者研究了沙障的输导作用。对于设置后的形状，并没有按具体类别逐一罗列。截至目前，主体形式只有格状和带状两种，但也不乏除此之外的其他特殊形状。天然材料种类较多，主要是根据研究区域的植被情况进行研究和应用，而且应用方法多样，如芦苇有直接使用，也有碾压设置；麦草有直接设置成草方格，也有编成草绳后再设置；棉秆、玉米秆等材料有直接植入式的，也有栅栏式的和集束式的。人工材料研究也在不断增多，但在材料名称的叫法上尚不统一，有些以所用材料的主要成分来命名，有些以商品名称命名，也有以纺织工艺命名。聚酯纤维在我国的商品名是涤纶，也有研究人员称为涤纶沙障。塑料沙障研究也较多，其主要成分为聚乙烯，但也有许多新材料的塑料、土工编织袋是用土工布织成的，是指土木工程中应用的布料，主要成分为合成纤维。煤矸石、旧枕木柱及荆笆都是经过一定人工处理的天然材料，故称为半人工材料。总之，命名方法并不统一，名称也多种多样，有许多名称都是概括性的叫法，并非某一特定类别。

从沙障多年的研究及应用情况来看，采用材料命名是一种清晰简洁的方法，对于纺织品类沙障采用商品名称更为适宜，便于日后普及。另外，近年来越来越多的新材料被用于制作沙障，每种材料都有其特性，但并不是所有材料都适合制作沙障。有些研究为了增加新意而引入一些材料，但有些材料根本不适合也不应该作为沙障材料，如塑料，尽管它们作为沙障能起到一定的作用，但也容易造成二次污染。因此，沙障材料应用领域亟须建立材料准入条件或标准，从根本上避免新问题的产生。

5.1.3 沙障作用的基本原理

（1）固沙型沙障作用的基本原理　　研究人员把露头高度基本与沙面持平的隐蔽式沙障和平铺式沙障及露头高度在 20～30cm 及以下的半隐蔽式沙障归为固沙型沙障。固沙型沙障处于风沙流层内，主要是确保流动沙床不再遭受风蚀，或减缓风蚀，因障埂高度小，故积沙作用微弱。固沙型沙障是应用最为普遍的一种类型，各种沙障的固沙作用也是沙障研究领域的重点内容。

（2）积沙型沙障作用的基本原理　　积沙型沙障既能固定流动沙床又能大量拦截外来的过境流沙，包括阻挡低矮沙丘前移，因此也称为阻沙工程。一般把露头高度在 75cm 以上的高立式沙障、各种栅栏及防风墙等划归为积沙型沙障（孙显科和郭志中，1999）。积沙型沙障的防沙原理是：在风沙流所通过的路途上，无论碰到任何障碍物的阻挡，风速都会受到影响而降低，携带的一部分沙子就会沉积在障碍物的周围，以此来减少风沙流的输沙量，从而起到防治风沙危害的作用。另外，立式沙障如多行配置，还可起到降低障间风速的作用，从而减轻或避免再度起沙，造成障间风蚀。

（3）输导型沙障作用的基本原理　　输导型沙障作用的基本原理是，减少风沙运动阻力，阻止分离的发生，促进与加速风沙流整体顺利通过工程区域。然而，输导型沙障并非一种单一形式沙障，根据具体输导目的的不同，可以设置为不同形式，但其作用原理均是以风的动力为基础，人为地干扰控制风沙的蚀积搬运，因势利导，变害为利。韩春冬等（2010）以沙袋沙障为基础，通过设置不同角度的集流输沙区，较为系统地研究了沙袋沙障的集流输沙作用。

5.1.4 沙障设置的主要技术参数

沙障的技术设计要符合当地自然条件的客观规律，使沙障在防沙治沙的过程中发挥最大效能，因此必须注重沙障的技术设计，明确沙障的设置过程中各项技术指标该如何运用，了解技术指标在沙障治沙中所起的作用。沙障设置的技术指标主要有沙障孔隙度、沙障高度、沙障的方向、沙障的配置形式、沙障的间距和规格及所要选用的材料等。任何一种沙障的布设技术指标都要根据当地的自然条件、经济条件及劳动力状况等因素综合考虑，以选用最适合的沙障类型。

1. 孔隙度 沙障孔隙度是常常被用作衡量沙障透风性能的一个重要指标。通常把沙障空隙面积与沙障总面积之比，称为沙障孔隙度。对于直立式沙障，由于材料、排列方式的不同，沙障孔隙度的大小就会不同，透风度及积沙现象也会出现差异。这就表明不同孔隙度的沙障对风沙的作用不同。

一般情况下，孔隙度在 25%时，障前积沙范围约为障高的 2 倍，障后积沙范围为障高的 7～8 倍。而孔隙度达到 50%时，障前基本没有积沙，障后的积沙范围为障高的 12～13 倍。紧密结构的沙障（孔隙度为 5%），障前、障后的积沙范围均约为障高的 2.5 倍，积沙的最高点正好处于沙障的位置上，沙障很快就会被积沙掩埋，失去继续防沙的作用。所以说，孔隙度越小，沙障越紧密，积沙范围越窄，沙障很快被积沙所掩埋，失去继续拦沙的作用。反之，孔隙度越大，积沙范围延伸得越大，积沙作用也大，防护时间也长。为了发挥沙障较大的防护效能，在障间距离和沙障高度一定的情况下，沙障孔隙度的大小，应根据各地风力及沙源情况来具体确定。孔隙度越小，沙障越紧密，积沙范围越窄，即延伸距离越短。一般采用 25%～50%的透风孔隙度。风力大而沙源又小的情况下孔隙度应小，沙源充足时，孔隙度应大。

2. 高度 一般在沙丘部位和沙障空隙相同的情况下，积沙量与沙障高度的平方成正比。沙障高度一般是指障体顶部距沙丘表面的垂直距离。根据当地立地条件及风力强弱来设置沙障的高度。一般情况下，风沙流最活跃的范围主要是近地表 10cm 以下，尤其是距地面 0～5cm 的气流中，含沙量占 60%～80%。因此，沙障高度在地面上留 20～30cm 最佳。沙障高度一般设为 20～40cm，最高有 60cm，即使设置高立式沙障，高度也不超过 100cm。当然，沙障高度的确定因不同地区、不同材料及不同防护目的有所不同。比如，对于一些活沙障来说，沙障的高度就是植株的高度，故不受机械沙障障高的限制。张亚玲等（2007）认为在宽高比相同的条件下，1m 高的沙柳沙障的地表粗糙度大于 1.5m 高的沙柳沙障，防风效益也较好；在沙障高度一定的条件下，沙障的防风效益随沙障面积的增大而减弱。

3. 方向 沙障方向也就是沙障的走向，需根据实际情况来决定，主要取决于设置沙障的作用。沙障的设置应与主风方向垂直，通常在沙丘迎风坡设置。等边格状沙障取一个障边走向与主风向垂直，不等边矩形沙障则一般选长边走向与主风向垂直，这样所起到的防护效果较好。值得注意的是，因受地形影响，沙障在实际设置时障边与主风向的角度要稍大于 90°。以某一典型的新月形沙障为例，沙障在设置时先顺主风向在沙丘中部划一道纵向轴线作基准，由于沙丘中部的风较两侧的强，沙障障边与轴线的夹角要稍大于 90°且不超过 100°，以沙丘表面地形为主要参考，这样就可以使沙丘中部的风稍向两侧流出去。若沙障与主风方向的夹角小于 90°，气流易趋中部而使沙障被掏蚀或沙埋。

4. 配置形式 沙障的配置形式有很多种，常用的有行列式、网格状、人字状、雁翅状、鱼刺形等。在实际应用过程中要考虑当地的主风向和次风向的出现频率和强弱状况及沙丘地貌类型来选择最佳的配置形式，下面介绍比较典型的行列式及网格状配置形式。

1）行列式配置。行列式沙障也称为带状沙障，主要用于以单向风为主的地区。走向要与当地的主风向相垂直，沙障与沙障之间平行排列，这便是常用的行列式沙障。在新月形沙丘迎风坡设置时，丘顶要空留一段，并先在沙丘上部按新月形划出一道设沙障时的最上范围线，然后在迎风坡正面的中部，自最上范围线起，按所需间距向两翼划出设置沙障的线道，并使沙障线微呈弧形。对于新月形沙丘链，可参照新月形沙丘进行设置。但在两丘衔接链口处，因两侧沙丘坡面隆起，形成集风区，吹蚀力强，输沙量多，沙障间距应小。在链身上有起伏弯曲的转折面出现处，标志着气流在此转向，风向很不稳定，可在此处根据坡面转折情况，加设横挡，以防侧风向的掏蚀。在一些地势相对广阔的荒漠化地区，这种行列式的带状沙障常以多行一带的形式设置，一般来说，在沙障高度一定的情况下，行数越多，带距越小，防护效果越好，但是成本也越大。有研究结果表明，三行一带的沙障防护效益要好于两行一带和一行一带的沙障。流动沙丘迎风坡面积足够大，生产实践中可以根据实际情况选择合适规格的沙障，使沙障发挥出最大的成本效益。

2）网格状配置。如果风向不稳定，除去主风向还有明显的侧向风，则在垂直于沙障的方向上，每隔几米打上横格沙障形成网格，称为网格状沙障。根据各个风向的大小差异情况，可采用长方形格、正方形格。设置过程中，沙障的设置位置要合理。对一个沙丘而言，背风坡为沙子的堆积地段，迎风坡为风蚀地段。沙障要搭在迎风坡中下部，以保护栽植的幼苗免遭风吹沙打；同时适当留出一部分丘顶，借助风力削平沙丘。

5. 间距　　沙障间距主要是针对带状沙障而言，是指相邻两条沙障之间的距离。沙障的间距要适中。间距过大，容易被风吹垮，起不到应有的防沙作用；间距过小，造成人力和材料方面的浪费。合理的间距取决于风力的强弱、坡度的大小、沙障的高低。总的原则是，在风力大、坡度陡、沙障低的条件下，间距宜小，反之可以大些。因此在沙障设置前就应该合理确定沙障间距，并计算单位面积上沙障的长度和所需材料量及用工等。

与主风向垂直的沙障，沙障间距与地形坡度及沙障高低关系较大，同时还要考虑风力强弱，如沙障高，沙障间距就大，沙障低矮则间距就小。沙面坡度平缓的间距大，坡度陡处间距小；风力弱处间距大，风力强处间距就要缩小。一般在坡度小于 4° 的平缓沙地上，沙障间距应为障高的 15～20 倍。在沙丘迎风坡坡面上设障时，则要求下一列沙障的顶端与上一列沙障的基部等高。因此在地势不平坦的沙丘坡面上确定间距时，要根据障高和坡度进行计算。计算公式为

$$D = H \times \mathrm{ctg}a \qquad (5\text{-}1)$$

式中，D 为间间距离（m）；H 为障高（m）；a 为迎风坡面的坡度。

6. 规格　　对于格状沙障来说，沙障规格指的是各边的长度；对于带状沙障来说，为带间的距离。格状沙障：0.5m×0.5m、1m×1m、2m×2m、3m×3m、4m×4m、5m×5m；矩形沙障：1m×2m、2m×3m、2m×4m、2m×5m、3m×4m、4m×5m、3m×6m；菱形沙障：0.5m×0.5m、1m×1m、2m×2m、3m×3m、4m×4m、5m×5m；带状沙障：5m、10m、15m、20m、30m、40m。具体规格需根据沙区自然条件、材料成本及防护需求等因素确定。对于柴草材料的沙障来说，1m×1m 方格是目前最常用、效果最好的。屈建军等（2005）研究认为，沙柳沙障障格的边长与内部的风蚀高度在 1:10～1:8 时，沙障的防护相对稳定，沙障的规格为 1.5m×1.5m 及 2m×2m 的防风性能较好。

7. 材料的选用　　不同类型的沙障具有不同的作用，在选用沙障类型的时候应根据防护目的、沙区自然条件、沙丘特征等因地制宜，灵活确定，以此充分发挥各类沙障的长处。例如，高立式沙障最好用于沙源距被保护区较远的区域；对于沙丘高大、沙量较多的地区，可利用透

风结构的高立式沙障来截留和使沙丘疏散变缓，在流沙侵袭被保护物之前以便采取有效的固沙措施。格状麦草沙障设置后可明显增大地表粗糙度，削弱沙表面风速的作用。黏土沙障受地区限制较明显，没有黏土的地方或距离有黏土的地方较远，材料来源比较困难时，若一定要采用这种沙障，需考虑成本是否可接受。格状沙障设置可明显增大地表粗糙度，削减沙表面风速。

选择沙障材料时，主要考虑取材的难易、价格、是否可就地取材，同时还需要考虑沙障施工便利程度、沙障材料运输（包括在流动沙丘里的运输条件）等因素。柴草、板条、沙柳、玉米秆、麦草、泥土、石块等都是常用的材料，黏土沙障设置时最好采用格状或行列式，若设置平铺式，最好采用带状平铺，全面平铺会对沙地水分条件带来一定的副作用。

近年来，一些新型材料在沙障领域的应用于一定程度上开辟了沙障材料免受区域限制的新渠道，这些新型材料多以沙袋沙障的形式应用，比如在我国西北地区及内蒙古西部地区，沙柳多分布于流动沙丘、半流动沙丘及丘间低地。沙柳适应性强，具有极好的抗风蚀沙埋的能力，造林成活率高，生长迅速，易繁殖，耐寒，耐旱，耐高温，是防风固沙的先锋树种。另外，沙柳沙障的使用成本较低，防护时间持久且稳定，因此沙柳是很好的沙障材料，根据沙柳的抗旱特性及其他相关的生物学特性，沙柳被广泛地应用于机械沙障的设置。若在风大沙多、干旱少雨的环境中，植物难以存活，可以选择聚乳酸纤维（PLA）沙障，该沙障材料是一种以小麦、玉米、红薯、马铃薯及甜菜等含淀粉的农作物为原料，经发酵而生成可生物降解的新型绿色高分子材料，通过外界条件和微生物作用最终分解转化为 CO_2 和 H_2O，不会对环境造成二次污染。具有可完全降解无污染、质量较轻、运输成本低、施工快捷方便及使用寿命长等优点。沙袋沙障以就地取材的沙土为主，因此凡需要应用沙障的区域，均可选取合适的外层材料，按照一定的技术指标设计加工好后，可运输到实地填充沙土形成沙袋，再根据各种防护目的设置成各种类型的沙袋沙障。

5.2 常规沙障类型及其作用原理

从沙障多年的研究及应用情况来看，根据不同的防护目的、沙区自然条件、沙丘特征等因地制宜，选用各种天然材料或人工材料，按照一定的设计参数，在沙面上设置各种形式的障蔽物。不同类型的沙障其作用原理不同，现以常规沙障的作用原理及设置方式为例进行说明介绍。

5.2.1 根据设置方式方法分类

1. 平铺式沙障的作用原理及设置方式

1）作用原理。平铺式沙障属于固沙型沙障，适用于沙丘较低缓的地区，是将柴、草、卵石、黏土或沥青乳剂等物质铺盖或喷洒在沙面上，以此隔绝风与松散沙层的接触，使风沙流经过沙面时，不起风蚀作用，不增加风沙流中的含沙量，达到风虽过而沙不起，就地固定流沙的作用。

平铺式沙障分为全面平铺式和带状平铺式两种类型。全面平铺式沙障基本上把易遭风蚀的沙面全部覆盖，完全隔离风与沙面的接触；带状平铺式沙障，障间有一定宽度的裸露沙面，沙障走向与主风向垂直，主要起削弱风力的作用。特别重要的是，平铺式沙障缩短了顺风向裸露沙面的宽度，控制了风蚀作用的大规模发生，有效地减少了输沙量。采用的土埋、泥漫沙丘等平铺式沙障，降水不易渗入沙层，使沙丘水分条件变差，不利于植物生长。其他如柴、草、卵石铺盖沙面或有小孔隙的化学固沙，对水分的下渗影响不大，对固沙植物生长影响很小。至于带状平铺式沙障，可在带间进行造林种草，能起到互为补益的良好效果。

2）制作材料。因为平铺式沙障的主要目的是隔离风与松散沙面的接触，所以要求这一隔离层所采用的物质材料，应该具有黏结性和质地较坚硬的块状体，一般的风力很难将其吹动，如黏土、砾石、破碎的砖头、瓦片及化学固沙所采用的人工和天然合成的胶体物质，均可作为平铺式沙障的优良设障材料。

3）设置方法。将黏土或砾石块均匀地覆盖在沙丘表面，厚度可根据风害的严重程度，灵活采用，一般厚度为5~10cm。覆盖黏土不要打碎，以此来加大地表粗糙度，既避免细土粒被风吹蚀，又可截留一定数量的外来流沙。砾石平铺沙障则要求各块间要紧密排匀，不可留较大的空洞，以免掏蚀，带状平铺时需按要求留出空带。全面平铺与带状平铺的具体铺设方式方法无大差异，所不同的是铺设带状平铺沙障时，按设计要求留出空留带，在空留带的沙面上保留原状，不覆盖土块和砾石块或其他任何物质即可。具体采用哪种铺设方式则应以防护的目的及当地的自然条件来确定。如目的在于固定，不使沙粒有所移动，且该地区起沙风较多，就要采用全面平铺，否则即可带状平铺。

用沥青作为沙障材料，可做出沥青毡沙障，有无孔沥青毡沙障和多孔沥青毡沙障两种。两者都是固沙型沙障，对过境流沙的拦截作用不大，但固定就地流沙的性能较好。无孔沥青毡沙障是不透风结构的沙障，气流在障前被迫抬升，越过沙障又急剧下降。气流便在障前障后产生涡动，互相碰撞，消耗动能，减弱了风速，降低了载沙能力，使沙障的前后形成积沙，积沙的范围等于沙障高度的3~5倍。沙源充足时，沙障两侧的沙子越积越高，积沙的厚度与沙障等高时，沙障被埋平，便失去继续截沙的能力。与此同时越过障顶气流的下沉作用使风力增强，产生强烈吹蚀，而吹蚀到一定程度时，在沙障两侧形成既不吹蚀也不堆积的凹形滑动面，此时沙障就趋于稳定，流沙也随之被固定。多孔沥青毡沙障属于透风型结构的沙障，其固沙原理大致和无孔沥青毡沙障相同，不同的是，当风沙流经过沙面遇到这种沙障时，一部分气流在障前被迫抬升，越过障顶，另一部分气流则分散成许多素流穿过沙障孔眼，使沙障在迎风面所承受的压力减小，故抗风强度增大，沙障不易被掏蚀，固沙性能较好。

平铺式黏土沙障（土埋沙丘或泥漫沙丘）主要适用沙性较大的单个沙丘或零星沙地存在。这种沙障主要适用于村庄、厂矿企业周围有危害性较大的单个沙丘或是沙地存在，用此法把沙丘彻底封固住，消除流沙的危害，可以立见功效，所以说是固沙的好办法之一。土埋沙丘或泥浸沙丘固沙法，虽然固沙效果明显，但沙面被黏土覆盖，降雨后水分不易进入沙层中，使沙层内水分条件恶化，透气不良，对固定后栽植植物不利。且在暴雨后容易产生径流冲坏沙障，又是其不足之处。如能在采用时注意与行列式黏土沙障结合进行，即在行列间的沙面铺成稀疏且薄的一层黏土块，就可以避免风蚀沙面，还可以克服暴雨径流，使雨水下渗到沙层内，为在沙丘上栽种植物进行固沙创造了比较优势的条件。

砾石平铺沙障，据资料表明，可用于压沙的最小砾石粒径应≥0.5mm。利用丘间砾石，在沙丘迎风面自下而上铺设，厚度可设为3cm。砾石沙障在流动沙丘危害地区，作为因地制宜就地取材的一种机械固沙措施是十分理想的，既可做到稳定持久地发挥固沙效益，又有较强的保水性能，而且对植物的生长发育并无任何不良影响。但它和黏土沙障一样，受地区条件限制较大，不是任何有沙害的地区都能普遍采用的。另外，砾石沙障特别在沙区水库、铁路、公路、路堤及路堑边坡加固，防止风蚀等效果更为明显。

2. 直立式沙障的作用原理及设置方式 直立式沙障大多属于积沙型沙障，适用于沙丘较高、较陡的地区，是用柴、草、枝条、板条等直插在沙面上，或用黏土等在沙面上堆成土埂，起到降低风速以阻挡和固、积流沙的作用，如此设置的与沙面垂直的直立式障蔽物，称为直立式沙障。根据风沙流运动规律，风沙流中的沙子有 80%～90%分布在近地 20～30cm 处的气流中，且绝大多数又集中在贴近地表 10cm 的高度内通过。因此，设置 30～50cm 或高达 1m 左右的障碍物，可使气流运动受阻，风速减弱，挟沙能力降低，从而控制流沙移动，使其在指定的地点堆积下来，减少风沙流的危害。

直立式沙障根据沙障设置的高度不同划分为高立式沙障、低立式沙障和隐蔽式沙障。沙障高出沙面 50～100cm 的称为高立式沙障；高出沙面 10～50cm 的称为低立式沙障，也称为半隐蔽式沙障；高出沙面 10cm 以下的为隐蔽式沙障。隐蔽式沙障是埋在沙层中的立式沙障，障顶与沙面齐平或稍露出沙面，因此对地上部分的风沙流影响不大，其主要作用是抑制地表沙粒的沙纹式移动，具有控制风蚀基准面的作用。

（1）固定高立式沙障的设置方式

1）制作材料。固定高立式沙障的制作材料用芨芨草、芦苇、板条和高秆作物等。

2）设置方法。固定高立式沙障一般是将材料截成 70～130cm，在沙丘上提前规划好线，沿线开沟 20～30cm 深，梢端朝上，基部插入沟底，使其密接排紧，下部适当加些较短的梢头，使密度稍大些，两侧培沙，扶正踏实，培沙要高出沙面 10cm 左右，使沙障稳固。插设季节以秋末冬初、沙层湿润时较好，这时开沟省力。插后障基比较稳固，插好后即可在冬春风大之际发挥沙障的防护作用。这种做法无论行列式或格状式沙障均适用。无论行列式或格状沙障均可做成高立式沙障。

高立式沙障地上部分的高度一般为 50～100cm。其防沙效果虽是较好的，但在流动沙地上设障后，由于结构的不同，在沙障的前后积沙较厚，易造成流沙的堆积，而且越堆越高，使所保护的对象仍有受沙害威胁的现象存在，特别是在沙源比较多的情况下，在被保护对象附近不宜采用此类沙障。另外，高度较高，所用设障材料消耗较多，而且设置后需要经常进行维修，耗料多，费工多，这是其不足之处。这种沙障最好用于沙源距被保护区较远、沙丘高大、沙量较多、利用透风结构的地区，以截留和使沙丘沙疏散变缓，为下步流沙未漫袭被保护物之前采取有效的固定措施做准备工作。

（2）可移动高立式沙障的设置方式

1）制作材料。可移动高立式沙障的制作材料为木板和铁钉或沙袋。

2）设置方法。将木板用铁钉固定成一整体，钉好后形成立式障体，将此沙障埋设在沙丘上，形成木板高立式沙障。板间一般留有一定的空隙，以达到在减弱风沙流的同时对其有一定的输导作用，不透风或透风系数太大都不好。不透风会造成整体倒伏，透风系数太大起不到防风阻沙效果。这种沙障一般来说透风系数较小，设置时以行列式为主，高度与高立式沙障近似，主要特点是可以随风向的变动而随时移动障体位置，以此来满足防风固沙的需要。沙袋沙障也可设置为可移动的高立式沙障，首先需将外层材料即沙袋加工制作成长度为 50～100cm、宽度为 50～80cm 的袋状，同样挖 20～30cm 深的沟将钉好的板块埋实即可，现场施工时装填以就地取材的沙土后按设计要求排列，形成障体。

（3）半隐蔽式植物沙障

1）制作材料。半隐蔽式植物沙障的制作材料为麦秆、稻草及一些软秆杂草等。

2）设置方法。将这些软秆的秸秆，按沙障规格所划好的线道，均匀横铺在线道上（与线道垂直），然后用钝锹（最好是平头锹）压在平铺的草条的中段用力下踩，把草中段直压入沙层，一般为 10～15cm，使草的两端翘起，再从两侧培沙踏实，地上部分一般保留 20cm 左右。这种方式对行列式成格状式同样适用。

（4）低立式黏土沙障

1）制作材料。低立式黏土沙障的制作材料为黏土。

2）设置方法。根据风沙流情况设计沙障规格，画线，然后沿线道按程序设计堆放黏土，筑成高度为 15～20cm 的土埂，横断面呈三角形。黏土沙障切忌出现缺口断条等现象，以防掏蚀。低立式黏土沙障一般设置在新月形沙丘的迎风坡及椭圆形沙丘、长舌状沙垄的全部沙丘面上。无论设置行列式或是格状式沙障，方法和要求均一致，只是形式有差异。如果流沙危害地区容易取到黏土，黏土沙障就是最经济合理的固沙措施，否则需要远距离运输，这样的造价太高。黏土沙障固定后，在林木、草本、苔藓群落的作用下，土体内矿物质进行一系列地球化学迁移与转化，黏粒沙粒融合，土壤表层黏粒明显增加，改变了过去的松散状态，下伏沙层水分保持稳定，为植物生长创造了较好条件。但是，黏土沙障水蚀沟发育后，极易形成风蚀缺口，危及沙障工程整体功能。黏土沙障设置数年后，即使受到破坏，也仍有改良土壤质地的作用。由于黏土沙障有这些特点，现在对黏土沙障的利用很少。

如果流沙危害地区就地能取到黏土，那么黏土沙障则是最经济合理的固沙措施，而且防沙效果良好，否则需要远途拉运黏土，造价过高，应用起来就不太经济。另外，黏土沙障设置数年后即使受到破坏，却仍有改良沙地土质的作用，沙地掺加黏土，可加大沙粒的黏结力。设置方法可以行列式设置，也可以格状式设置，只要根据当地自然环境特点进行布置，效果都会是显著的。具体效果基本上与草方格沙障近似，如增加沙地水分含量，降低地表风速等。另外，黏土沙障还有一定的改良土壤的作用，特别是设置沙障后，在沙障的保护下栽植了固沙植物，沙障经过风吹雨淋，慢慢与沙掺和在一起，改变了沙地结构，增加土壤的肥力，更有利于植物的生长发育。

黏土沙障比较耐久，以平均年降水量为 100mm 的甘肃民勤地区为例，沙障设置时如能确保黏土质量和施工细致，沙障可保持 4～5 年不损坏，这样在障内栽植梭梭、沙木蓼等固沙植物，2～3 年后植物就可以代替沙障而发挥持久性的防风固沙作用。

当然，黏土沙障的采用受地区限制，有的地方没有黏土或距离有黏土的地方较远，材料来源比较困难，就不能运用这种沙障，硬要采用，可能会使它经济合算的优点，变成成本费用高昂的缺点。

5.2.2 根据透风情况分类

沙障的透风程度对风沙流的运动方向、速度和结构都会产生很大的影响，透风程度的变化主要由沙障的孔隙度决定，而孔隙度又因设障时所用材料和排列结构的不同而有区别，对风沙流的作用也不相同。按透风度的不同主要分为透风型和不透风型两种类型。

（1）透风型沙障的作用原理　当风沙流经过沙障时，部分风沙流越过障顶，一部分分散为许多素流穿过沙障间隙，摩擦阻力加大，产生了很多漩涡，互相碰撞，消耗了动能，使风速削弱，风沙流的挟沙能力降低，在沙障前后就形成积沙。但在障前的积沙量较少，不易被沙埋；障后沙物质不断堆积，形成沙堆，平缓地向纵伸方向伸展，积沙范围延伸较远，因而拦蓄沙粒的作用时间长，积沙量大。

（2）紧密型或不透风型沙障的作用原理　当风沙流经过紧密型沙障时，在障前被迫抬升，越过沙障后又急剧下降，在沙障前后产生强烈的涡动，互相阻碰和涡动的影响，消耗了风速动能，减弱了气流的挟沙能力，在沙障前后形成积沙。沙源充足时，沙障两侧的沙子越积越高，积沙厚度很快与沙障等高，且积沙范围为沙障高度的 3～5 倍，沙障被沙埋平后，就不再起拦沙作用。在障间造林种草，一般多采用紧密的低立式半隐蔽沙障或隐蔽式沙障，这种沙障障间吹蚀不深，障侧积沙不多就能达到沙面稳定，沙层内水分条件较好，有利于造林种草。

5.2.3　根据设置后形状分类

（1）格状沙障的作用原理　　一般来说，格状沙障多用于防治多方向风力作用下所造成的沙害。半隐蔽式格状沙障，特别是麦草和碾压芦苇方格沙障，是近地表风沙流边界层防止风沙危害的一种经济实用、功能独特、效果显著而且应用最为广泛的固沙措施。其防沙原理与作用有以下几个方面：首先，露出沙面的格状边框全部置于风沙流边界层内，增大了下垫面的粗糙度，明显降低了近地表风速，进而减弱了输沙强度，使流沙表面得以稳定。其次，格状沙障对外来风沙流有阻拦作用，对原有沙面有固定作用。在格状边框内，气流的涡旋作用，使格内原始沙面充分蚀积最后达到平衡状态，即形成稳定的凹曲面。这种有规则排列的凹曲面，对不饱和风沙流具有一种升力效应，而形成沙物质的非堆积搬运条件，是格状沙障作用的关键。

对防护材料的要求是，露出沙面部分必须具有一定的弹性和透风度才能保证障内涡旋的形成与作用。否则，在其根部容易造成强烈"掏蚀"，难以形成凹曲面。理论分析和防沙实践均证明，格状沙障的边长与其风蚀深度之间保持 $1:10\sim1:8$ 的比例关系是相对稳定的。对于同一规格的格状沙障往往由于设置的地形部位不同，其防护作用可能产生很大的差异。

（2）带状沙障的作用原理　　带状沙障主要用于防治风向较为单一的沙害。这种沙障不仅可以增加地表粗糙度，削减风力，还能截留水分，提高沙层含水量，有利于固沙植物的存活。带状沙障的防风作用主要是通过枝条阻挡或减缓气流而实现的。一方面，当气流经过疏林或沙障时，在枝条的阻挡作用下，气流穿越枝条时会有摩擦，并可引起枝条摆动，这消耗了部分动能，从而使风速减弱；另一方面，由于树干及枝条的阻挡，气流形成无数不定的紊流，这些不同方向的紊流之力相互缓冲、抵消，使风力减弱或降低流动速度，带状沙障的防风效应与沙障高度及沙障布设的形式有关。以带状沙柳沙障为例，行数越多、带距越小，防护效果越好，但是成本也越大。

5.2.4　根据沙障材料分类

从机械沙障的材料类型上看，有单一材料类型的沙障措施，如天然植物枝秆类、天然黏土砾石类及一些人工合成材料，还有其他荒漠化防治措施与沙障相结合的防治手段。

（1）天然植物枝秆类沙障　　天然植物枝秆类主要有枝条、柴草、秸秆等，其中比较具有代表性的工程就是草方格沙障、沙柳沙障和树枝编成的高立式移动沙障，目前在这几类材料沙障上进行的研究也较多。

1）草方格沙障是用麦草、稻草芦苇等材料，在流动沙丘表面扎设成方格形状，增加地表粗糙度，改变其上的风速廓线，从而减弱贴地面层风速，降低实际风力作用的有效性，控制风蚀。施工时，先在沙丘上划好施工方格网线，要使沙障与当地的主风向垂直。再将修剪均匀整齐的麦草或稻草等材料横放在方格线上，用铁锹之类的工具置于铺草料中间，用力插下去，深度 $10\sim20\text{cm}$，使草的两端翘起，直立在沙面上，露出沙面的高度为 $10\sim20\text{cm}$，再用工具将沙掩埋草方格沙障的根基部，使其牢固。形成网状结构，连成一片，蔚为壮观。它是一种取材方便、费用低廉、操作简单、非常有效的防风固沙方法，广泛应用于我国乃至国外沙区流动沙丘的治理。

2）沙柳沙障固沙是机械沙障的一种，以沙柳柳条为材料，在沙面上设置各种形式的沙柳配置模式，以此来控制风沙流运动的方向、速度、结构，改变地表的积蚀状况，达到防风阻沙、改变地貌状况等目的。将平茬下来的沙柳条，去掉侧枝后用铡刀截成 40～80cm 长的小段。高立式沙障的障间距应为障高的 10 倍左右，在坡度较大的沙丘应遵循顶底相照原则。

3）树枝编成的高立式移动沙障。栅栏障体采用 18 号铁丝将直径为 1.0～1.2cm 粗细的树枝编织成长 2m、宽 1m、孔隙度为 40%～60% 的阻沙栏，用扁铁作阻沙栏的腰条，用移动管卡连接立柱与障体。经过研究后发现，传统上采用的各种高立式沙障扎设完成后，因沙障不能移动，栅栏障体被动地被风蚀或沙埋，不仅降低了防护效果，而且使用寿命较短。高立式移动沙障的栅栏障体既能沿立柱上下移动，又可以根据流沙的危害整体移动，达到因害设防的目的，机动灵活地阻截流沙，推广应用的价值较高。

除上述几种沙障外，本类沙障还有采用板条、葵花秆、花棒枝条等其他天然植物秸秆制作而成的，但使用范围都不大，在一定程度上究竟采用何种类型沙障取决于当地的实际情况。

（2）天然黏土砾石类沙障　用黏土或砾（卵）石堆砌成的埂状堆形成阻沙堤，改变了地表的性质，加大了地面动力学粗糙度，减小了贴地层风速，阻滞了蠕移沙和部分跃移沙的运动，这就形成了黏土沙障或砾石沙障。黏土沙障和砾石沙障是沙区群众治理沙害经验的体现。在沙地下伏有黏性土（如河南黄泛区沙地、民勤沙漠湖区等）的地区，在与千里戈壁相连的天山南北沙漠都有老乡在这样做。可惜的是很少有人做技术总结，对其效益也缺乏应有的观测研究。野外所见的黏土沙障一般多条土埂，高 30～40cm，底部宽度为 60～80cm，垄间间隔为 1.5～2m。多设置在村庄附近。

近几年煤矸石的利用也逐渐兴起，煤矸石是采煤过程中排出的固体废弃物，煤矸石长期堆存于地表，不仅压占了大量珍贵的土地资源，加剧了人地矛盾，而且矸石的自燃和矸石分化出的细粒物质随风飘散，严重污染了矿区及周围居民区的环境。因此采用煤矸石作沙障，不仅可以取得一定的防沙治沙成效，还可以解决废弃物的利用问题。国内对于煤矸石的研究主要为高宝山、朱首军等，他们将煤矸石按不同粒径、不同沙障规格、格状及带状等方式进行组合。

（3）人工合成材料类沙障　目前可以用于制作沙障的人工合成材料较多，特别是塑料制品、尼龙网及土工材料。具有防风固沙作用效果好、操作技术简单、使用期限长、运输方便等优点，但同时也存在投入相对较高，容易沙埋、掏蚀等缺点，使推广受限制。研究认为其适宜在干旱地区退化植被的恢复重建中推广应用，在实现防风固沙目标的同时避免或减轻了沙障固定桩和迎风网下的掏蚀，能促进退化植被的恢复。

1）沙袋沙障。沙袋沙障是以沙袋为基础设置的沙障，根据其设置方式方法的不同，作用原理也不尽相同。沙袋需用抗强光照射老化的材料制作。沙袋沙障区别于植物类常规沙障，其主要特点是障体结构紧密，透风性能差，此种障体的作用原理主要在于当风沙流经过沙障时在沙障前后产生强烈的涡动。相互阻碰和涡动的影响，消耗了风速动能，减弱了气流载沙能力，在沙障前后形成了沙粒的堆积，且这类沙障可以在一定程度上制止地表沙粒以沙纹式移动，具有控制风蚀基准面的作用。

2）羽翼袋沙障。羽翼袋沙障是近年来的一种新型机械沙障，由下方沙袋和上方羽翼而形成，其下面的沙袋具有良好的固沙作用，上方的羽翼可以在风中通过风的摆动来削减风的动能，进而达到降低风能与提高地表粗糙度的有机结合，提高防风固沙的效果。羽翼袋沙障作为一种新型沙障，其主要有抗风沙、抗老化、方便施工、时效性强、寿命长及兼具孔隙可控等特点。

3）尼龙网沙障。尼龙网沙障是一种采用尼龙网材料制成的机械沙障，具有良好的抗老化性能和抗风沙作用，并且具有可工业化生产、便于施工、使用寿命长、兼具通风和疏导作用等优点。特别在一些风沙灾害比较严重的地区，如工矿、交通、国防、文物古迹等地，用尼龙网作为防沙材料，其防护效果非常明显。

4）悬袋网沙障。悬袋网沙障又称高立式悬袋形拦沙网，其利用沙漠地貌治沙。根据悬袋网沙障设置方式可分为两种防沙固沙类型：在平坦的沙漠、戈壁上，设置一道悬袋网沙障拦截过境流沙，通过人工抬升被拦截流沙堆埋的悬袋网沙障高度，把沙漠流沙以拦沙坝的形式固定住，确保拦挡道路无积沙。多用于在沙漠铁路、戈壁铁路外围进行设置拦挡风沙；将悬袋网沙障设置在流动沙丘顶部或新月形流动沙丘制高点的沙脊线上，通过人工抬升被流沙堆埋的悬袋网沙障，把沿线的流动沙丘改变成只向上增高、不再向前移动、形如长城、安全高效的拦沙坝。

在实际工作中，应根据当地的实际情况，确定沙障的设置类型。一般在风沙流危害严重的农田、渠道、交通线和受风沙侵袭的风口地段，采用高立式的透风沙障或防沙栅栏，这种沙障既能固定当地流沙，又能扣留积存风沙流携带的沙粒。它能使分散的小沙丘或沙地化零为整，逐渐集中成大沙丘，或者越积越高，形成"拦沙堤坝"。如果在沙障间造林种草，应采用不透风或紧密结构的低立式沙障或隐蔽式沙障，这种类型的沙障障间吹蚀不深，障侧积沙不多，沙障内很快能形成稳定沙面，有利于植物的成活和生长。除了考虑沙障的效果，沙障材料及沙障成本也是设置沙障前必须考虑的因素。

5.3　沙障的效益评价

沙障是一种十分必要且不可取代的防沙措施，是荒漠化防治的主要手段，其对近地面风沙流边界层防止风沙危害效果显著，且经济实用、功能独特。对其技术设计、防护原理与防护效益，众多研究者都进行过探讨，并取得了较为令人满意的结果。其中，沙障效益是沙障研究的主体内容、重中之重，某一地区某种沙障设置应用的效果主要通过效益来衡量，因此对于沙障效益的评价便成为沙障研究的一项重要内容。

5.3.1　评价指标及方法

沙障的种类是多种多样的，不同的材料、不同的配置方法、不同的地区所形成的沙障效益都会有所不同。对于所选择的沙障效益如何，需要一些指标对其进行评价，而研究效益的指标目前有很多，如地表粗糙度、风沙流结构、沙地水分状况变化、土壤机械组成、养分变化及植物变化等，但目前沙障效益的研究多数都是用于衡量沙障在改善环境方面作用的，概括起来可以分为以下几大类：防风固沙效益方面、土壤方面、植被方面、小气候方面和防护作用时间方面，每一方面又包含多项指标内容。

（1）防风固沙效益方面　　沙障也称风障，且主要是在风沙区应用，所以风沙作用方面是沙障研究的重点内容，研究人员针对沙柳沙障的防风固沙效益已经做了大量的研究工作，基本研究思路主要是基于流体力学、空气动力学和风沙物理学的角度，分析和探讨沙障对近地表风速的削弱作用和对风沙运动干扰作用。具体包括：沙障前后风速特征的变化；障格内相对风速的变化特征；风沙流结构的影响、地表蚀积特征及粗糙度的变化。沙障铺设形式、沙障高度、沙障孔隙度等参数被认为是影响沙障防风性能的重要参数，这些指标多年来没有太大的变化，改变最多的是所选用的调查技术手段。沙障风沙作用方面的主要研究内容及指标如表 5-2 所示。

表 5-2 沙障风沙作用方面的主要研究内容及指标

主要研究内容	指标	主要研究内容	指标
	风速变化		输沙率
	近地表风速变化		输沙量
	降低风速比率		蚀积深度
	风速廓线	沙	凹曲面形态
风	风速流场	（受风力作用）	积沙量
	风速波动特征		风蚀量
	地表粗糙度		蚀积系数
	摩阻流速		沙丘位移距离
	起动风速	风沙	风沙流结构

　　防风固沙作用、防风阻沙作用等都是常用术语，但其并非一个单一指标，而是一个方向性内容。如表 5-2 所示，风速变化是一个常规测量指标，根据沙障性质、测量点位和内容的不同，还会进一步划分，通常将 1m 以下风速变化称为近地表风速变化。风速随高度的分布曲线称为风速廓线，而风速在一定空间内的分布变化情况则是风速流场。除此之外，风速变化还可进行进一步的演绎，可以通过测定相对风速后进行计算得出降低风速比率，风速波动特征是研究紊流状态下瞬时风速变化的情况，这一指标可用于衡量平均风速所含误差的大小。地表粗糙度和摩阻流速也是研究中的常用指标，粗糙度一般是通过测得某下垫面的两个高度处的风速以后按特定公式求出，摩阻流速同样也可以通过测定任意两个高程上的风速后，根据公式来确定，但这样的算法目前还存在争议，至少不严谨。起动风速是沙粒沿地表开始运动所必需的最小风速，也称临界风速，这也是沙障效益研究的一项重要内容，当气流作用于地表强度大于地表沙粒的起动风速时，则产生沙粒的运动，进而形成风沙流。风沙流对地表的侵蚀强度更大，破坏力更强，而沙障能有效改变地表气流的运动强度和方式，从而稳定地表，风沙流特性研究以风沙流结构为主。

　　防风固沙作用的另一个方面是风对沙的作用情况，输沙率是一个主要研究指标，与其密切相关的还有输沙量，输沙率是单位时间内通过某一特定断面的输沙量，输沙量也称为沙通量。地表蚀积变化也是重要的研究内容，近年来又引入三维激光扫描技术用于测定微形态变化。另外，蚀积变化还包括蚀积深度、凹曲面形态、积沙量、风蚀量、蚀积系数等。在地表蚀积变化方面，学者认为不同沙障障格内都会有稳定凹曲面的形成，对沙物质有非堆积搬运条件，可通过蚀积系数来表示。沙丘位移距离也是风沙作用的结果，通过研究特定时间段内的位移距离来衡量沙障的效果。

　　（2）土壤方面　　土壤是自然条件下植被生长的根本，土壤性状的好坏在一定程度上决定了植被生长得好坏，沙障通过影响土壤性状进而影响植被的生长恢复。设置沙障后，在一定时间尺度范围内会对土壤物理和化学性质产生影响。沙障改变了流动沙丘表层沙物质的风蚀状态，降低了过境风沙流的挟沙能力，从而降低了沙丘表层土壤细粒成分损失，控制地表粗粒化，同时沙障还可以拦截过境的沙物质，使得截存沙物质在障体附近或障格内聚集。不仅仅是对土壤颗粒组成造成影响，对于土壤含水量、氮、磷、钾和有机质等均有一定的影响。

　　沙障对土壤的影响是沙障效益研究的另一核心内容，概括起来可以分为物理性质和化学性质两大类，每一大类又包含多项研究内容。物理方面的常用调查研究指标有土壤机械组成、土壤含水率（含水量）、土壤硬度、土壤温度（地温）、土壤孔隙度等。土壤机械组成也称粒度组成，分析内容除各粒径百分含量外，还包括分形维数、平均粒径、标准偏差、偏度、峰度、平均粒径与标准偏差散点图和代表性样品累积概率曲线图等。土壤含水量也有多项相关研究内容，如土壤最大田间持水量、毛管持水量、饱和含水量等。孔隙度包括总孔隙度、毛管孔隙度、非毛管孔隙度等几项研究指标。土壤表层意义重大，沙障作用下针对表层土壤也有不少研究，其中沙结皮是一项比较大的研究内容，主要研究沙结皮的理化性质。除此之外，流动沙丘表面硬度和表土层黏粒也有专门研究。化学性质主要包括的指标有土壤有机质含量、酸碱度、全氮、全磷、全钾、有效氮、有效磷、有效钾。另外，对土壤的细菌数量、真菌数量、放线菌数量、脲酶活性、过氧化氢酶活性、蔗糖酶活性的研究也有很多。沙障风沙作用方面的主要研究内容及指标见表 5-3。

表 5-3　沙障风沙作用方面的主要研究内容及指标

主要研究内容	指标	主要研究内容	指标
物理性质	机械组成	化学性质	有机质含量
	含水率		酸碱度
	硬度		*氮
	温度		*磷
	孔隙度		*钾
	粒径分形维数	其他	*菌数量
	粒度分析内容		*菌活性

*代表有多项同类内容，如氮有全氮、有机氮等

　　（3）植被方面　　沙障是荒漠化土地上植被生长恢复的重要先导措施，沙障设置后生态效益的重要体现就是植被的生长恢复状况。也正因为如此，植被方面的研究内容是极其丰富而系统的。从种子到群落，从幼苗出土到枯落物的概况，沙障植被作用方面的主要研究内容及指标见表 5-4。土壤中的种子库是潜在的植物群落，是植物补充生长和天然更新的物质基础，近年来有很多学者对沙障作用下的土壤种子库进行了研究，主要指标有种子种类、种子密度及种子库的物种多样性及与地上植被的相似性。植被生长状况调查研究是沙障对植被作用的重要研究内容，主要包括植物种类、密度、高度、盖度等常规生态学调查指标，对灌木还要调查冠幅、分枝数等指标。沙障用于保护造林时，苗木保存率是沙障效益的一个重要衡量指标。而在已应用多年的沙障区域，特别是自然条件相对较好的沙地区域，植物的根系状况及群落方面的研究也是重点，根系方面调查指标主要是根径、根长密度、根系生物量及根系生长的时空分布情况。群落方面的指标主要包括物种组成、生活型结构、群落植被生物量、群落多样性及其动态等。枯落物作为一种特殊的植被存在形态，在防治风沙危害和促进土壤发育及植被生长方面都有作用，其研究内容主要有枯落物生物量、枯落物蓄积量、枯落物最大持水率及枯落物的空间分布格局。此外，沙障对于幼苗生长的影响也有专门研究。

表 5-4　　沙障植被作用方面的主要研究内容及指标

主要研究内容	指标	主要研究内容	指标
种子库	种类	群落	物种组成
	密度		生活型结构
	物种多样性		群落植被生物量
	与地上植被相似性		群落多样性及动态
植被生长状况调查	种类	根系	根茎
	密度		根长密度
	高度		根系生物量
	盖度		根系生长空间分布
	生物量		根系生长时间分布
	冠幅（灌木）	枯落物	生物量
	分枝数（灌木）		蓄积量
幼苗	出土情况		最大持水率
	定居情况		空间分布格局

（4）小气候方面　　　沙障特别是活沙障设置后改变了下垫面性质，使得沙障设置后近地面形成了区别于沙障设置前的小气候，而气候与地表生物群落之间又时刻进行着物质和能量的交换，因此，有学者将小气候作为沙障效益研究方面的指标，特别是在研究沙地区域沙障效果时会选用。但这并不是单一指标，小气候效益方面的主要研究内容包括风速、地温、土壤含水量、气温及空气相对湿度等指标。其中风速和土壤含水量虽然也是小气候方面的内容，但对其进行独立研究的更多一些。需要指出的是，在研究沙障效益时采用小气候这一指标是否合理，目前还存在争议。有学者认为沙障难以对小气候产生影响，但实际情况是已有研究人员做过此类研究。从研究结果来看，沙地区域的沙障，特别是活沙障对小气候确实有一定影响，因此在这类区域设置活沙障时选用小气候这一指标是可行的。风沙、土壤、植被及小气候是近年来沙障效益研究方面的主要内容，除此之外，也有人对沙障作用下的社会经济效益进行过初步研究，如对沙障设置的成本进行对比计算，但设置沙障在目前社会发展条件下主要还属于公益性事业，对于社会经济方面的效益很难通过定量指标全面衡量，而且在沙障用于治理荒漠化土地的过程中，目前更关注的是它的生态效益，故在此不做详述。此外，关于沙障效益的衡量，从以往的情况来看，凡是沙障就有效益，几乎没有无用的沙障材料及类型，这其实也与沙障效益的衡量标准有关。沙障研究数十年，对于如何来评价某一类型沙障的效益至今也没有一套全面的指标体系，因此，建立沙障效益评价指标体系应是当今沙障研究需要解决的问题，也是十分必要的。

（5）防护作用时间　　　很多沙障自应用以来取得了很好的效果，但受材料特性及自然条件的影响，沙障在初期效益实现后不久就难以再继续实现其使命，一般都会发生不同程度的损坏，进而改变了原来的设计方案和状态，使得沙障的效益受到影响。比如沙柳沙障在铺设完成后，在发挥其既定效益的同时，受到大气环境中风沙、微生物、光照、温度、湿度等因素的影响，这些因素的影响是一个逐渐累积的过程，随着铺设年限的增加最终会导致沙柳沙障发生不同程度的倒伏破损现象，从根本上影响其防风固沙效益的发挥。已有的研究表明，铺设 5 年后沙柳沙障破损严重，平均破损度达 52.89%。

　　为了延长沙障的使用寿命，关于沙障在腐蚀受损及应对措施等方面都有学者进行过研究，并取得了一些研究成果。沙障腐蚀受损，一方面是受外力作用，如风吹、沙埋及细菌、真菌、放线菌和土壤微生物的侵蚀，另一方面也与沙障材料本身的性质有关。因此，在沙障腐蚀受损及保护方面也从内外两个角度探索其原因，进而提出保护措施。在这一大项内容里，一般首先要研究沙障的腐蚀受损现状，常用的指标有宏观破损度及存留量。破损度也称为破损量或破损率，都是将沙障调查研究时与设计完成时进行比较，分析破损部分与设计总量的比例。除此之外，还可通过材料的性状变化来分析，常用指标有抗折强度损失率、质量损失率及纤维素含量、碱抽出量、木质素等。在沙障保护应对机制方面，除改善设计方案外，主要是有针对性地采取一些防腐措施，如采用防腐剂对材料进行处理，增加其防腐性能。但无论是腐蚀受损还是保护应对措施，都是根据研究材料的不同，所选指标也不同。这方面的研究内容可以说是沙障持久应用的基石，尽管从 20 世纪 80 年代就有过这方面的研究，但并没有得到推广和应用，分析原因一是理论还不够成熟，二是防腐成本可能高于重置成本。近年来，又有学者专注于这一领域，期待能有突破性进展，可以研究出既环保又经济的沙障防腐措施，为沙障的持久应用奠定基础。

5.3.2　常见沙障的效益评价实例

　　近几十年来根据研究区域的植被情况进行研究和应用，研究人员方法多样，没有按具体类别逐一罗列，选择几种具有成功防沙治沙经验的沙障进行介绍。

　　（1）草方格沙障　　草方格沙障是一种取材方便、费用低廉、操作简单、非常有效的防风固沙方法，广泛应用于我国乃至国外沙区流动沙丘的治理。草方格沙障具有初步防风固沙、涵养水源的作用。具有初步缓解沙丘移动、抑制沙漠化的作用，为后期进一步沙化防治奠定基础，如土质改造、植被覆盖等；减人力，降成本，一般防沙治沙需要投入较大的人力物力成本，在初期草方格沙障法使用的植被易获取、成本低；还可以进行机械操作布置，有效减少人力财力；方法可复制、易推广。草方格沙障是一个较为经济实用的固沙方式，对于荒漠化危害较大的地区来说是一个可以大面积使用的方法。根据试验，草方格沙障的规模以 1m×1m 的正方形防护效果最好。

　　（2）沙袋沙障　　沙袋沙障是以沙袋为基础设置的沙障，沙袋沙障是就地装沙，不但解决了沙漠缺少固沙材料的难题，设置时只需向沙地中运入沙袋，大大降低了运输成本。在新设沙障地区，沙袋沙障可以很方便地根据地形部位、风蚀力强弱等调节袋距，使其发挥最佳作用；沙袋沙障还具有可人工调控的特点，可以及时修复或重复使用，如在一场大风过后，若沙障被埋没，可人为将沙障提起，其防沙效能马上得到恢复。中国中东部防沙工程最终要依靠人工植被和自然恢复的植被，沙障只是在植被恢复期起临时稳定地面的作用，植被恢复以后沙袋沙障还可以（倾倒出沙子）搬走，设置在新的地点。只要沙袋材料不老化，就可以使用多年。对于此类沙障，降解速度也是沙障效益研究的一项重要内容，当然，若降解的结果是能快速促进沙区植被生长，则研究目标便不再是延长沙障材料的使用寿命。

　　（3）沙柳沙障　　沙柳沙障按照用途可以分为植物沙障（活沙障）和机械沙障（死沙障）。根据沙柳的抗旱特性及其他相关的生物学特性，沙柳被广泛地应用于机械沙障的设置。沙柳萌发时枝条丛生，枝繁叶茂，同时又具有较强的萌生能力，枝干呈丛生状，并且生长迅速。另外，沙柳沙障的使用成本较低，防护时间持久且稳定，因此沙柳是很好的沙障材料。沙柳机械沙障是用干枯的枝条、蒿草、作物秸秆或泥土作材料设置而成，这种沙障较植物沙障起作用时间短，也不能提高沙地肥力，但它不与障间林木争水争肥，不受季节限制，而且材料来源广泛，因此这是一种很有推广价值的治沙措施。

（4）羽翼袋沙障　　羽翼袋沙障作为一种新型沙障，其主要有抗风沙、抗老化、方便施工、时效性强、寿命长及兼具孔隙可控等特点。羽翼袋沙障在不同的气候区其所发挥的作用不同，因而材料的选取完全取决于沙障所应用的地点和所处的气候区。当铺设于半干旱区时，其功能主要是辅助生物措施，因而羽翼袋沙障的寿命可为 3～5 年；当铺设于干旱区、极端干旱区时，羽翼袋沙障的寿命需延长至 5～10 年或 10～20 年，以便这些沙障能长期发挥固沙作用或使得生物措施成形，能够正常发挥作用，达到防沙固沙目的。羽翼袋沙障因其为新型沙障，支撑羽翼材料仍需不断研究完善，但其材料的可降解性、环保性等均为绿色治理下的防沙治沙提供了有利的条件措施。

（5）尼龙网沙障　　尼龙网沙障具有可工业化生产、便于施工、使用寿命长、兼具通风和疏导作用等优点。尼龙网沙障铺设分为平铺式和直立式两种类型，平铺式尼龙网沙障能够有效地固定表层沙土，使沙面具有一定的抗风蚀能力。直立式尼龙网沙障不仅能够在前部拦阻风沙，而且能够输导障体后部的沙物质，可做到有效的防沙阻沙。孔隙度 20%～25% 的尼龙网沙障，水平防护范围是沙障高度的 23.5～29.5 倍。尼龙网格沙障设置后能够有效拦截风沙流中携带的植物种子，丰富其土壤中植物种子库的类型，提高有机质的含量，有助于生物沙结皮的形成，丰富植被类型。虽然尼龙网沙障一次性投入成本相对较高，其相对于芦苇、麦草等秸秆栅栏在防护效果、抗逆性能等方面优势明显，而且可以较好地解决机械化收割、造纸业发展等因素导致的传统防沙材料短缺问题，因此，具有广阔的应用前景。

（6）悬袋网沙障　　悬袋网沙障治沙法是结合沙漠地貌的一种治沙方法。布置在沙堤顶部的悬袋网沙障，利用沙堤的坡度形成天然的拦沙坝。由于陡坡的阻挡，水平方向的风形成一股向上的气流，在拦沙坝背面形成低气压，补充进来的空气不断把地上的沙带到拦沙坝顶部，无论是迎风坡还是背风坡，流沙都向拦沙坝顶部汇集。在防沙固沙的过程中，悬袋网沙障作用时需要人工抬升沙障才能使其达到最大的作用效果，但悬袋网沙障巧妙地利用不同流动沙丘高度，使其拦沙固沙的功能和效果优于其他高立式沙障，因此，也为防沙治沙提供了新的思路和技术措施。

（7）黏土沙障、砾石沙障和硬化沙埂沙障　　黏土沙障也曾经是一项被普遍应用的措施，本身具有显著的防护效果，同时可以改善植物生长的环境条件，如提高土壤肥力、增加含水量、降低蚀积程度，所以黏土沙障既可作为生物治沙的辅助措施，也可直接固沙。研究人员于 20 世纪 80 年代中期在吉兰泰盐湖需要配合植物治沙和急需控制沙害的地段，利用湖西封育区附近和丘间低地分布的较多黏土，设置了黏土沙障，并且经实践证明这是一种经济有效的治沙措施。但因这类沙障受原材料限制且运输不便，同时近年来随着一些新型材料的发展，其应用有所减少。

砾石沙障的形态、功能与黏土沙障一样，其是用砾（卵）石堆砌而成的，近几年已经很少看到有研究或实践，主要因其有一定的弊端。戈壁地区虽然风很大，但长期的风蚀分选，能够被风吹起的沙物质不多，浩大的砾石沙障工程并没有多大的效果。而在风沙流挟带沙物质较多的流沙危害地区，则存在着就地很难找到大砾石且从其余地区运进造价又很高等困难，这也可能就是很难推广砾（卵）石沙障的原因所在。

煤矸石沙障能改变微地形条件，降低风速，减少蒸发，改善土壤水分条件，促进植被恢复，其在增大地表粗糙度、降低风速、减轻风蚀等方面的作用也比较显著。这为沙地煤矿区的植被建设提供了科学依据，也为煤矸石的进一步处理和利用开辟了新途径。

思 考 题

1. 沙障治沙有何特点？
2. 简述沙障治沙的概念及类型。
3. 举例说明沙障治沙的基本原理。
4. 沙障设置的技术指标主要有哪些？
5. 沙障间距大小如何确定？它与哪些因素有关？
6. 如何选取合适的沙障类型？需要考虑哪些因素？
7. 目前在生产上沙障有哪些应用？

第6章 化学治沙

【内容提要】化学治沙作为一项独立的治沙技术，已成为干旱和极端干旱荒漠区的主导治沙措施或半荒漠区植物治沙、工程治沙的前期保障措施。为使读者对化学治沙有一个全面、基本的了解，本章在内容编排上先介绍化学治沙概况及发展趋势，再阐述化学治沙的原理、材料及方法，最后论述化学治沙效益评价。

6.1 化学治沙概况及发展趋势

从 20 世纪 30 年代开始，化学治沙作为一项新兴的治沙措施受到了世界各个国家和地区的重视，并在最近几十年得到了迅速发展，尤其是随着现代化工技术和工艺水平的不断提高，化学治沙材料的研制和开发取得了显著的效果，使得化学治沙材料的成本逐渐降低，化学治沙的领域和地域大幅度扩大。化学治沙作为一项独立的治沙技术，经历了从起源时的"化学固沙"向"化学治沙"概念的演变，化学治沙的技术地位也实现了革命性的转变，由植物治沙、工程治沙的辅助、过渡和补充措施转变为干旱和极端干旱荒漠区的主导治沙措施或半荒漠区植物治沙、工程治沙的前期保障措施。

6.1.1 化学治（固）沙的概念

20 世纪 30 年代初，沙漠中的钻井和勘探人员为了防止风沙的危害，采用原油喷洒周围的沙丘，以保证井架、设备和人员的安全与生产，从此原油就成为控制流沙的一种有效材料，化学固沙的概念就诞生了。在原油固沙的启迪下，人们不断进行新固沙材料的研制，丰富了化学治沙的内容和材料。在此之后的较长一段时间内，化学固沙以就地固沙为目的，并逐渐形成了化学固沙的概念。

化学固沙是在流动沙丘（地）上喷洒化学黏结材料，在流沙表面形成覆盖层，或渗入表层沙中，把松散的沙粒黏结起来形成固结层（硬壳），从而防止风力对沙粒的吹扬和搬运，达到固定流沙、防治沙害的目的。

科学技术的不断发展和进步，各种治沙技术措施相互渗透、交叉发展，使得化学固沙的内涵不断丰富，治沙理念由过去单一的化学固沙转变为化学固沙，与化学方法改良沙地、改善沙害环境等结合起来。化学固沙理念的转变，特别考虑了化学材料、化学工艺和多途径利用等在防治沙害、改良沙地土壤方面的重要性。于是，化学治沙的概念逐渐被人们所接受。

化学治沙是指在风沙环境下，利用化学材料及工艺，在易发生沙害的沙丘或沙质地表建造一层具有一定结构和强度的能够防止风力吹扬，同时又可保持水分和改良沙地性质的固结层，以达到控制和改善沙害环境、提高沙地生产力的目的。

化学固沙、化学治沙概念的演变过程，实际上是国内外利用化学材料、化学工艺、化学方法治理流沙危害的历史发展过程，实现了"化学固沙"单一的固沙功能向"化学治沙"的改造与利用双重功能的转变。

6.1.2　化学治（固）沙的发展历程与现状

苏联是最早采用化学方法进行固沙试验的国家，早在 1934 年便开始研究沥青乳液固定流沙技术。1935～1940 年共进行沥青乳液试验 13 次，试验面积达 28.18hm^2。1951～1952 年在土库曼斯坦热别里林管区和阿什哈巴德铁路沿线试验 14.5hm^2，在第聂伯河下游的秋鲁平斯克保护区和大库班林管区的铁路和耕地试验 19.5hm^2。1959 年，开始使用聚丙烯酰胺在库尔斯克沙地进行固沙试验。1963 年，在卡拉库姆沙漠进行烧结固沙试验，在 860～900℃高温下烧灼 15～30min 可以使松散的沙粒形成胶结层，但由于野外很难达到试验所需温度条件，该技术没有完成技术的大面积推广。1965 年，曾使用脲醛树脂进行固沙试验。苏联森林土壤改良研究所于 1969～1972 年在卡拉库姆沙漠、克齐尔库姆沙漠使用页岩炼油副产品涅罗森进行流沙固定试验 2400hm^2，1968～1974 年沿着中亚天然气管线，使用涅罗森固沙 2.479hm^2。

20 世纪 40 年代末期，美国加利福尼亚州贝克菲尔德的金熊石油公司生产出一种名为科赫雷克斯的石油树脂乳液，在加利福尼亚州科思郡试验 80hm^2。1950 年以来，先后在莫哈维沙漠的爱德华空军基地、新墨西哥州的霍洛曼空军基地及内华达州的默丘里原子弹试验基地、露天煤矿汽车运输便道等进行固沙和防尘试验。魏茨曼科学研究所和氰胺公司还分别研究了适于固定流沙的尿素-甲醛、尿素-双氰胺和聚丙烯酰胺（AM-9）制剂进行固沙。其后又有一些土壤学家对 30 多种有机和无机材料进行了防风蚀试验，其中一些已用作土壤结构形成剂使用。

英国埃索石油公司于 1960 年研究成功了一种固定流沙的石油产品，从 1961 年开始在利比亚进行固沙试验。1963 年，用英国国际橡胶公司生产的 Unisol-91 在英格兰东部斯科特海德岛的海岸沙丘进行防风蚀和水蚀试验，在以色列及澳大利亚的沙漠进行了固沙试验。1970 年，在西班牙属撒哈拉沙漠交通线路两侧利用原油进行固沙试验获得成功。

印度也在研究用克拉克等石油产品和橡胶乳液固沙。20 世纪 60 年代以来，以色列曾使用沥青乳液、聚合物乳液及原油进行了固沙试验。此外，东德、法国、伊朗、利比亚、阿尔及利亚和伊拉克等国家也都使用石油及石油产品固定了大面积的流沙。

中国化学治沙的研究和实践起步较晚。20 世纪 60 年代初期，中国科学院兰州沙漠研究所开始研究固沙剂黏合固沙技术，于 1966 年在兰新铁路大风地段和新疆觉罗塔格北坡的干山等地，用乳化沥青、造纸废液和水玻璃为主要治沙材料进行了流沙固定试验。20 世纪 80 年代初中国科学院兰州沙漠研究所在包兰铁路中国科学院沙坡头沙漠试验研究站开展了沥青乳液及高聚物、改性水玻璃的流沙固定试验，还对治沙工艺及乳化设备进行了研究和研制，进行了沙地隔水层、沙地改良，以提高沙地作物产量的田间试验。在此期间，铁道部西北研究所也在包兰铁路沿线进行了乳化渣油及乳化沥青治沙试验，取得了良好效果。20 世纪 90 年代，在穿越塔克拉玛干沙漠的沙漠公路进行 L-P 高分子聚合物、乳化沥青、沥青和盐水固沙试验，除盐水固沙失败外，其他治沙材料均取得了良好效果，尤其是高分子聚合物 L-P 的固沙效果明显，能形成 2～4mm 的结壳。

20 世纪 50 年代后，全球范围内化学治沙材料开发和技术应用得到了快速发展，化学治（固）沙已逐步成为干旱沙区防止风沙危害、开发利用沙区资源的重要技术手段之一。在过去原油及石油类治沙材料的基础上，无机材料、高分子材料、有机合成材料、无机与有机复合材料等化学治沙材料层出不穷，技术应用领域不断扩展，参与研制化学治沙材料的学科日渐增多，使化学治沙材料的研究、试验、生产和喷洒工艺成为一门系统的学科和行业。化学治沙也成为一个非常活跃的防治风沙危害的重要领域。目前，化学治沙的发展现状具有以下特点。

1）应用化学治沙技术的国家日渐增多，治理规模也越来越大。

2）化学治沙材料日益丰富，产品越来越多。随着高分子化学工业和合成化学工业的发展，有机高分子类治沙材料成为当前的主导治沙材料。

3）化学治沙材料虽然很多，但缺乏标准化的效益评价指标体系，生产实践中难以作出科学合理的材料选择。

4）化学治沙材料的生产缺乏统一标准，毒性等一系列参数特性缺少长时间的实践检验，导致形成了开发试验多，推广应用少的局面。

6.1.3 化学治沙的发展趋势和新型治沙材料的研究重点

1. 化学治沙的发展趋势 随着以中国为代表的发展中国家谋求经济、社会、环境可持续发展的愿望日渐高涨，非洲、中亚、西亚、南亚、北美等地区的荒漠化防治将引起全球的广泛关注和重视，而上述国家和地区的大部分区域也将面临植物治沙的适宜性和工程治沙的材料短缺等问题，因此，在今后的较长一段时期内，化学治沙将会成为防沙治沙、改善环境的重要技术措施。展望未来，化学治沙的前景广阔。

1）在半干旱沙区，化学治沙与植物治沙措施会得到协同发展，在治理流沙的同时，改善沙区环境，为植被恢复和农业开发创造良好条件。

2）在干旱沙区，化学治沙与工程治沙的结合将会更加紧密，可解决工程治沙材料的奇缺问题和防护体系的寿命不长问题。同时，化学治沙材料在制备种子浸润剂和种子包衣等领域的发展，将解决植物种子在干旱沙区萌发、快速生长所需水分和肥料不足问题，对提高干旱区飞播造林出苗率和保存率产生积极作用。

3）化学治沙的应用将由过去的对军事基地等特殊保护对象的沙害防治向干旱半干旱地区的交通线路、矿产资源开发、清洁可再生能源基地、输油气管线、西部区域调水工程、通信线路线缆、灌溉渠系、绿洲保护、水源地保护、文物古迹等行业和领域扩展。

2. 新型治沙材料的研究重点

（1）新型治沙材料及其特性的研究 迄今为止，广泛采用的化学治沙材料的研发和制备尚未突破20世纪后期的思路，大多数是对传统材料的改进和改性，对治沙效果的考虑多于经济性，有的只考虑到实用性而未注重合理性。因此，发展新型的、多用途的化学治沙材料既要满足治标的需要，又要考虑治本的需要；既要注重治沙效果，又要价格低廉。

（2）化学固沙机理的研究 化学治沙材料的作用机理是一个比较复杂的问题。在选材、配制、加工的过程中，既要研究化学治沙材料的物理黏合特性，也要研究物质结构、胶体化学等内容；在试验示范中要深入研究其固结层的抗风蚀、水化、老化、紧实度、透水透气性、极端温度适应性等参数指标，为化学治沙的实践提供理论依据。

（3）配套施工、测试设备的研制 由于化学治沙没有成熟的设备可以采用，考虑到沙漠环境的特殊性和严酷性，需研制适用的施工专用设备，以适应大规模施工的需求。

（4）化学治沙效益综合评价 化学治沙效益综合评价指标体系的构建将是今后的一个研究重点，指标的选择、合理性分析、经济性分析与指标体系的构建等会有进一步的发展，可为化学治沙材料的选择提供依据。

（5）新型有机-无机复合化学固沙材料的开发 新型有机-无机复合化学固沙材料可最大限度地发挥无机材料的高抗压强度、高黏度等特性及有机材料的高吸水保水性等特性。例如，以水玻璃为基础，通过对其改性或添加有机、无机胶凝剂进行复合，获得适于喷洒施工的液态高效复合固沙剂，在现场固沙试验中效果明显，固沙性能优于单纯的无机材料，其抗水性能、强度、抗老化性、抗冻融稳定性及抗风蚀等性能均有很大提高。由中国石油大学与中国石油兰州石化公司合作开发的多功能乳状液膜固沙剂，其主要成分是重油（渣油、沥青）、膨润土、水玻璃，在此基础上加入多种功能添加剂，生产工艺和施工相对比较简单，具有明显的集水和保墒增温、改善土壤结构、促进植物生长、抑制盐渍土表层积盐等作用。随着我国经济的发展，工业及建筑业废料也逐年增加，对矿渣、粉煤灰、硅粉及建筑废料二次利用日渐增多，但将这些废弃物用于化学治沙的原料还不多见。

（6）微生物类固沙材料的开发　　微生物类固沙材料（microbe sand-fixing materials）是利用沙漠生物结皮人工接种固沙或是从生物结皮中分离出可固沙的细菌，然后将制成的液体菌剂直接用于固沙的新型固沙材料。生物结皮（critter crust）广泛分布在世界的干旱、半干旱地区，它主要是藻、地衣、苔藓、菌等同土壤颗粒相互作用，在土壤表面发育形成的一层特殊表面结构，对防风固沙、区域生态环境变化及物质能量交换都起到了很大作用。生物结皮层的胶结机理是藻体选择性地运动到黏土含量较高的微环境中，通过细胞表面高分子多聚糖的物理吸附，与土壤表面的细小颗粒形成错综复杂的网络，同时自由羧基类负电荷基团与基质金属离子（Ca、Si、Mn、Cu 等）因静电结合而胶结在一起，从而形成有机质和无机的固结层。我国对生物结皮的研究开始于 20 世纪 80 年代中后期，2000 年以后沙漠生物结皮的研究进入快速发展时期，主要研究集中在：沙漠生物结皮水文特征及其对固沙植物的影响；生物结皮胶结机理和微结构特征；生物结皮的生物组成、分布特征及其环境特征等。潘惠霞等从新疆古尔班通古特沙漠生物结皮下的沙层中分离出寡营养细菌（oligotrophic bacteria），在适当的环境中培养出液体菌剂。寡营养细菌具有黏性夹膜或厚的果胶质外壁，能分泌大量的黏液，即黏性多糖，通过具有黏性附属物的菌体和黏液可将矿物细粒黏结，形成球状表面团聚。在新疆吐鲁番盆地沙漠植物园流沙区直接喷洒菌液，形成了约 6mm 的结皮层，并减慢了土壤水分蒸发的速度，起到了很好防止流沙表面活化的作用。微生物固沙材料能够适应干旱、营养贫瘠的环境，在我国应具有很广阔的发展前景，但目前的研究缺乏实用性，尤其在人工生物结皮培养技术的研究和微生物固沙技术的实践应用方面，需要深入研究。

（7）生态环境类治沙材料的开发　　生态环境类治沙材料是指对工、农、林业副产品进行特殊处理，以改变其物理及化学性能，从而满足治沙要求的新型治沙材料。我国有丰富的工、农、林业副产品，开发此类治沙材料可变废为宝，实现资源的二次利用和循环利用，符合当前的资源利用思想。

1）木质素类固沙材料（lignin sand-fixing material）是纸浆废液经化学改性制备而成的一种新型固沙材料。利用固体烧碱、苯酚和甲醛对造纸黑液进行处理，反应后最终生成木质素二苯酚二甲醛缩合物，采用此固沙剂进行固沙可使沙层坚实度提高 44 倍，固沙后的沙层不仅不会妨碍雨水渗透，而且具有保水和抗风化性能。对纸浆废液、纯化碱木质素和分离半纤维素进行改性合成，纯化碱木质素与脲醛呈现出良好的交联反应性能，其合成产物用于固沙的抗压强度较好。在利用纸浆废液合成固沙材料时，应将尿素质量分数控制在 10%～20%。对造纸废液进行浓缩分离后提取木质素磺化盐，并使用丙烯酸和甲醛与其发生接枝共聚反应生成一种新的固沙材料，此材料具有很好的水溶性和潜在的生物降解能力，与其他固沙材料相比，具有更高的抗压强度和抵抗风蚀能力。目前研究的木质素治沙材料均具有很好的水溶性，适用于干旱地区，但对此类材料在短时降雨条件下的特性研究很少。作为有机高分子材料，探讨其在潮湿或是降雨环境下的力学特性将有利于木质素固沙材料的实际应用。

2）改性废塑料类治沙材料（modified waste plastic sand-fixing material）是通过物理和化学方法对废塑料进行改性处理，生成可以用来固沙的环保材料。随着日常生活产生的废塑料不断增加，治理和利用废塑料的问题也迫在眉睫。在废塑料的利用方面，国内外学者进行了大量的研究工作。废塑料可用于污水处理的凝聚剂，用于汽车工业的汽油、柴油燃烧剂，用于建筑业的轻质混凝土，还可用于沙漠化防治的固沙材料等。包亦望等以废泡沫塑料为主要原料，采用溶解法和裂解法对其进行改性处理，并加入添加剂生成白色黏稠状固沙材料，可使沙粒黏聚成一层坚硬柔韧的薄层，且具有长期稳定性、良好的保水性和提高沙漠中绿色植物存活率的特性。废塑料也可以用来生产用于固沙的吸水保水材料，采用溶解和再沉淀的方法，从塑料聚合物和废弃产品中提取出低、高密度的聚乙烯和聚丙烯。秦玉芳等利用聚乙烯废塑料为原料，用反相乳液聚合的方法，与亲水性基团的丙烯酸（AA）及其盐接枝共聚合成吸水率为 477.8g/g 的高吸水性树脂。废塑料用于固沙领域的研究还很少，目前来看，利用废塑料制作以治沙为功能的高吸水性树脂是可行的，而对废塑料改性处理制备的固沙剂研究试验较少，其固沙性能、成本及环境协调性是否优于其他固沙材料还有待于深入研究。

3）栲胶类固沙材料。栲胶（tannin extract）为单宁水浸提物的商品名，可从兴安落叶松、红皮云杉、云杉、樟子松、油松、黑桦、白桦、山杨和蒙古栎等树种的树皮、果壳、树叶、树根和木材中提取。从化学结构看，单宁可以分为水解单宁和缩合单宁两大类型。而多元酚结构赋予植物单宁一系列独特的化学特性，能与多种金属离子发生络合或静电作用，具有两亲结构和诸多衍生化反应活性。因此作为一种重要的林副产品，除可以用作鞣革剂、减水剂、水处理、气体脱硫、金属防腐、油脂抗氧化、护壁堵漏灌浆外，还可制备化学治沙材料。葛学贵等研制的植物栲胶高分子固沙材料，初始黏度低，渗透能力强，对沙的润湿胶凝性好，在催化剂作用下，可形成不同强度的、稳定的热固性高分子型凝胶，固沙体抗压强度为 1.0MPa。

6.2　化学治沙的原理、材料及方法

6.2.1　化学治沙的原理

沙漠地区产生风沙危害的根本原因是起沙风和地面存在干燥、疏松、丰富的沙物质。防止风沙危害的措施除削弱近地面风速外，还可以使用化学黏合剂黏结松散的沙粒，在流沙地表形成封闭层以提高地表的抗风蚀能力。最初化学固沙就是基于隔绝气流对松散沙层的直接作用，使用有机或无机、天然或人工合成胶结物质，喷洒到沙面，渗入沙层间隙，固化后在沙地表面形成一层保护壳，起到防风蚀作用。黏结形成的保护层成为能输沙的光滑表面，所以，化学固沙通常与工程输沙方法相互配合，可使沙粒顺利通过被保护的流沙表面，而不产生流沙的堆积。化学胶黏材料与沙物质的作用特征，保护层的强度、塑性等特性决定其抗风蚀的效果和防护周期的长短。按照黏结材料与沙粒之间的作用特征可将化学治沙的原理归纳为以下 5 类。

1）表层覆盖。沥青等石油产品及其乳液喷洒到沙面后，受沙粒的强烈吸附和电性作用，绝大部分沥青在沙面沉积，形成极薄的、强度很弱的封闭层。

2）黏结作用。这是几乎所有治沙材料都具有的性质。化学治沙液渗透到疏松的流沙表层，充满沙粒空隙后，能增加颗粒间的相互作用，使沙粒黏结为一体形成固结层。

3）水化作用。如水泥与沙粒作用，可形成强而脆的固结层。

4）沉淀作用。喷洒水玻璃与增强剂后，水玻璃渗透并填充到沙粒间隙中，与增强剂发生沉淀作用，形成强而脆的保护结构。

5）聚合作用。喷洒聚合物和胶乳，沙粒被高黏结性的坚韧聚合物链所封闭，形成强度高且具有弹性和刚性的固结结构。

化学治沙作用原理比较复杂，它不仅与化学治沙材料本身的物理化学性质（分子结构、分子大小、黏度、吸附力）有关，也与沙粒的性质（如化学成分、机械组成）有关。

6.2.2　化学治沙的材料

1. 化学治沙材料的分类　　可以作为固沙材料的黏合剂种类很多，可按其来源、性质、成分、形成保护层的性质和对水作用特性的不同进行分类。

（1）按原料的来源分类　　可分为天然材料、人工配制材料和合成材料三类。天然材料系天然物质和已有的化工产品，不必再加工即可直接使用，如黏土（这里指的是制成泥浆）、水泥、原油、渣油、沥青、纸浆废液等。人工配制材料则需进行一般化工处理或乳化，如硅酸盐乳液、乳化石油产品等。合成材料是利用现代合成化工技术将某种或几种材料单体聚合或缩合而成，如聚丙烯酰胺、脲醛树脂、聚醋酸乙烯乳液、甲基丙烯酸酯、丙烯酸酯、聚乙烯醇、聚酯树脂等。

（2）按原料性质分类　　可分为无机胶凝材料与有机胶凝材料两大类。无机胶凝材料又可分为水硬性胶凝材料，如水泥；气硬件胶凝材料，如泥炭、黏土、水玻璃、纸浆废液等。有机胶凝材料，属于石油产品类的有原油、重油、渣油、沥青及其乳液等；属于高分子聚合物类的，如聚丙烯酰胺、脲醛树脂、聚醋酸乙烯乳液、甲基丙烯酸酯、丙烯酸酯、聚乙烯醇等。

（3）按成分分类　　可分为七类：硅酸盐类，如硅酸钠、硅酸钠乳液、硅酸钾、硅酸钾乳液；硅铝酸盐类，如黏土、泥炭、水泥、高炉矿渣；木质素类，如纸浆废液；石油馏分类，如原油、重油、渣油、沥青等及其乳液；树脂类，如脲醛树脂、酚醛树脂、丙烯酸钙树脂、聚酯树脂、聚氨酯树脂、聚醋酸乙烯乳液、聚丙烯酰胺、聚乙烯醇、甲基丙烯酸酯、丙烯酸酯；橡胶乳类，如氯丁胶乳、丁苯胶乳、丁酯胶乳、油-胶乳；植物油类，如棉籽油料、各种植物油渣。

（4）按形成保护层的性质分类　　可分为刚性结构、塑性结构和弹性结构三类。刚性结构，如水泥、泥炭、黏土、水玻璃、纸浆废液、聚乙烯醇、聚丙烯酰胺、脲醛树脂、聚醋酸乙烯乳液、聚酯树脂、聚氨酯树脂等；塑性结构，如石油产品及其乳液；弹性结构，如橡胶乳液、丙烯酸钙等。

（5）按与水作用性能分类　　可分为亲水性和疏水性两类。亲水性，如聚乙烯醇、聚丙烯酰胺、聚丙烯酯、聚醋酸乙烯乳液、油-水型乳液等；疏水性，如石油产品、聚氨酯树脂、聚酯树脂、棉子酚树脂等。

2. 化学固沙材料的性质　　常用于治沙的该类材料是水泥，它与水拌和后不但能在空气中凝结硬化，而且能在水中或潮湿环境下继续硬化并增加强度。水泥由多种矿物组成，经常使用的硅酸盐水泥的主要化学成分为 CaO（62%～67%）、SiO_2（20%～24%）、Al_2O_3（4%～7%）、Fe_2O_3（2%～5%）。水泥是一种非均质多相体，各种成分的水化硬化决定着水泥的水化和硬化。水泥的水化硬化是一个复杂的化学物理变化过程，水化和硬化总是交替进行，整个水化硬化过程始终伴随着水泥凝胶的形成和发展，水泥稀浆由于水化的不断进行，液相逐渐减少，固相不断增多，渐渐失去可塑性，产生一定强度，致使水泥之间孔隙减少，结构越来越密实，强度也就越来越大。

水泥形成的刚性结构受水泥颗粒大小、加水量多少、环境温度和湿度等因素的影响。颗粒越小，水化速度越快，活性发挥越好，因此强度也较高。加水量多时，水泥颗粒与水接触的机会增多，水化物可以得到充分扩散，使水化反应进行得充分。过多的水分又会增加水化物之间的距离，使相互之间的作用力减弱，不利于凝结硬化，同时因硬化后多余水分的不断蒸发会留下较多的毛细孔隙，致使固结层强度减弱。因此使用时应考虑掺适量的水，一般水和水泥的质量比为 0.43 最好。环境温度高会促使水化反应速度加快，但温度过高时也能使水化物来不及扩散，阻碍水泥继续水化，一般较为适宜的水化硬化温度为 5～20℃。环境湿度也是水泥硬化的重要外界条件之一，由于水泥喜水，湿度越大硬化强度越高。

利用水泥的水硬胶凝性，将它与沙和水混合，产生水化反应，使其黏结硬化成为具有较高机械强度的非连续刚硬壳层，以保护沙丘免遭风蚀。该硬结层一般具有较好的大气稳定性，不会受到氧化，所以水泥是一种较好的黏合治沙材料。但是水泥作为化学治沙材料也具有如下一些缺点。

第一，水泥在与水长期接触中会溶解其中部分水化物，产生溶析性腐蚀，这种作用经常发生于暂时硬度小的水中，而对暂时硬度大的水，尤其是含高重碳酸盐水，不会发生腐蚀。

第二，水泥会受到水中酸和盐的腐蚀，使水化物生成易溶于水或变为松散的无胶凝性物质。这种腐蚀作用的化学反应式是

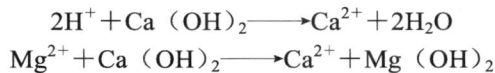

$$2H^+ + Ca(OH)_2 \longrightarrow Ca^{2+} + 2H_2O$$

$$Mg^{2+} + Ca(OH)_2 \longrightarrow Ca^{2+} + Mg(OH)_2$$

第三，水泥会遭受硫酸及硫酸盐的膨胀腐蚀，如含 SO_4^{2-} 的水与 $Ca(OH)_2$ 反应生成 $CaSO_4$ 结晶。内应力增加，使水泥结构破坏。因此在使用中应考虑到这些腐蚀因素，使其免遭破坏，以提高使用期限。

一般而言，水泥在固定海岸沙丘上比其他材料优越，固结层可以经受 10 年以上的考验，但是因为海水中含有大量 SO_4^{2-} 和 Mg^{2+}，加上长期受到海水的冲刷，也会使固结层受到侵蚀。属水硬性胶凝材料的还有高炉矿渣，它的治沙作用及性质与水泥类似。

（1）气硬性胶凝材料的性质　水玻璃属该类材料，它是一种能溶于水的碱金属硅酸盐（$R_2O \cdot nSiO_2$，其中 R 为 K 或 Na），通常用钠水玻璃作为固沙剂，俗称泡花碱。根据硅碱比的不同，分为中性泡花碱、碱性泡花碱等，为透明的无色、青绿色或灰白色的玻璃状融合物或黏稠液体。液体水玻璃的化学和物理性质的参数是浓度和模数。浓度是硅酸钠在溶液中的含量，通常用相对密度（d）和波美度（Be）表示，它们之间的关系为 $d=145/(145-Be)$，相对密度一般为 1.32～1.50。模数（M）是 SiO_2 和 Na_2O 的克分子比，模数的大小决定了它的物理性质和用途。例如，模数在 2.2～2.6 时用作肥皂的填充剂，在 2.6～4.0 时通常作黏结剂，模数越高胶体成分越多，水玻璃的黏性越大，但水溶性越差。正是利用水玻璃具有较强的黏结性和胶凝性来治理流沙。当水玻璃溶液与沙粒发生水化作用后，生成复杂的胶粒，该胶粒呈胶体性质，固化后能够凝聚在一起，形成连续的刚性固结层。该固结层一般具有较强的耐酸性，因为在酸性溶液中未参与反应的硅酸钠会分解出硅胶，以增强材料间的黏结力，使固结层具有较高的强度。但是水玻璃固结层会在非饱和水环境中产生硅胶的脱水和收缩而使孔隙增大，随着孔隙增大，防止酸渗透能力变差，如果此时又受到水的冲刷，更会引起骨架疏松，失去固结效果，因此在干燥环境中和雨水充足的地方使用水玻璃固定流沙，其固结层容易破损。但近年来法国学者卡隆（Caron）等对硅酸盐凝胶的耐久性又作了进一步研究，结果表明，在细沙中不存在脱水收缩现象。另外，为了防止上述这种破坏作用，可以将水玻璃进行改性，即在其溶液中加入某些不溶于水的粉末状固体盐类，如碳酸钙、其他金属碳酸盐、氟化钙、石英砂、石膏、石棉等，其反应式为

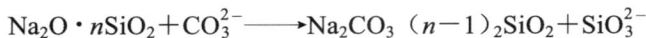

$$Na_2O \cdot nSiO_2 + CO_3^{2-} \longrightarrow Na_2CO_3(n-1)_2SiO_2 + SiO_3^{2-}$$

这样形成的固结层结构具有一定的水稳定性。此外，为了提高水玻璃的黏结性能，可以加入一些添加剂如尿素，这样水玻璃的黏结能力可提高 25% 左右。

硅酸钾系无色或微绿色块状或粒状固体，它溶于水后也是很好的黏合治沙液，不仅固结层强度高、耐风蚀、渗水性好，而且耐水蚀。

该类材料中的亚硫酸纸浆废液，是一种线状高分子化合物，呈黄褐色，它的主要成分为木质素磺酸盐和多糖类。亚硫酸纸浆废液属阴离子表面活性剂，可吸附表面有极性基的沙粒，又因为它含有糖类，具有黏结性，同时还是造纸废料，价格便宜，来源丰富，因此常用来作治沙黏结剂。不过它具有较大作用，易产生微小气泡，以致会降低固结强度。经实践证明，单独用它来治沙效果不理想，应通过改性来改善其治沙效果。另外，纸浆废液用来固沙时，废液中硫酸造成的环境污染，使植物难以适应环境、延续生命。

（2）石油产品类的性质

1）原油，为深褐色或青褐色的烷烃、环烷烃、芳香烃的复杂混合物，相对密度为 0.75～1。根据黏度情况可直接或加热后喷洒治沙，也可制成乳化液喷洒治沙。

2）重油，是天然石油经提取汽油、煤油和柴油后的液态物质，暗黑色，黏稠而重，相对密度为 0.90～0.96。加热到 40～60℃后喷洒固沙，也可以制成乳化液喷洒治沙。

3）渣油，系石油炼制厂的残渣，通常为深褐色或灰黑色的复杂碳氢化合物的混合物，分为常压蒸馏渣油和减压蒸馏渣油，含蜡量比沥青高 10%～20%，黏度比沥青低，热稳定性差，可在较低温度下乳化。渣油中的油为重质油，不易挥发、使用安全、老化速度慢、使用期长，相对密度为 1 左右，可直接或加热后喷洒治沙，也可以制成乳化液进行喷洒，效果比直接喷洒好。

4）沥青及乳化沥青，沥青是石油提取各种油类后再经氧化生成的一种复杂的高分子碳氢化合物及氧、氮、硫等衍生物的混合物。根据来源及制取方法的不同，有地沥青（天然沥青、石油沥青）、煤焦沥青（煤沥青、煤焦油）、页岩沥青之分。沥青首先是一种黑色或黑褐色的有机胶结材料，在常温下呈固体、半固体或液体状态，能溶于汽油、苯、二硫化碳、四氯化碳及三氯甲烷等有机溶剂中，不溶于水，主要成分是沥青质和树脂，其次含有高沸点矿物油和少量的氧、硫、氮，相对密度一般为 1.15～1.25，具有良好的塑性、抗水性、非导电性、黏结性和防腐性，能抵抗一般酸、碱、盐的侵蚀，并有热软冷硬的特点，当温度足够低时表现出脆性。根据以上这些性质可以看出，沥青熔化可直接作为黏合治沙材料，但通常将其乳化后作为治沙材料。

乳化沥青是当前世界各国站台治沙工程中应用最广泛的固沙剂，它是沥青在乳化剂作用下通过乳化设备制成的。乳化剂是一种有机化合物，其分子结构具有两种不同性质的基团：一种是不溶于水的长碳链烷基，称为亲油基或憎水基；另一种是可以溶于水的基团，称为亲水基。正因为乳化剂是由亲水基和亲油基组成，所以它具有能吸附在水油界面上的特性，能使沥青微粒均匀分散在水中。水是连续相，沥青微粒是分散相，形成的乳液称水包油（O/W）乳液。在乳化过程中，乳化剂分子的亲油基一端融入沥青微粒相，亲水基一端溶入水相，乳化剂分子吸附在沥青微粒与水的界面间，定向排列成一分子层，从而降低了二相界面间的界面张力，使沥青与水能充分乳化。乳化剂分为阳离子型、阴离子型、两性离子型和非离子型。阳离子型乳化剂溶于水后生成的亲水基团为带正电荷的原子团，阴离子型乳化剂溶于水后生成的亲水基团为带负电荷的原子团；两性离子乳化剂溶于水后生成带正电荷和负电荷两种电荷的原子团，在酸性溶液中呈阳离子乳化性，在碱性溶液中呈阴离子乳化性，在中性溶液中呈非离子乳化性。非离子乳化剂溶于水后不会解离成离子，所以不带电荷。乳化沥青按其乳珠所带的电荷不同，可划分为阳离子型、阴离子型、两性离子型和非离子型。在实际应用中，根据乳化沥青与沙粒接触时破乳速度的快慢分为快裂、中裂和慢裂型。乳化沥青喷至沙面后形成一个连续固结层，由于蒸发作用逐渐变硬，以保护沙面免遭风蚀。为避免乳化沥青在使用中因沥青质和树脂被大气中的氧、光、热、水分和微生物等破坏，使其含量增加，油分下降，导致沥青软化点升高、渗入度下降、延伸度减小，致使固结层变脆、发硬、丧失塑性、发生老化、开裂，可以加入乳胶、高强度树脂、硫胺等改性剂，以提高其机械强度、韧性和抗老化能力；用硅藻土、膨润土作乳化剂，可提高乳化沥青的稳定性和龟裂性。

乳化沥青作为化学固沙材料，不仅作表层覆盖，还可作沙地隔水层渠系防渗漏层、沙地改良剂和沙地增温剂等；在常温下不易凝固，使用简便，可直接用机械施工；无毒，对植物生长无影响；与沥青比较，一般可节省用量 50%～70%；价格比一般化工黏合治沙材料低 30%～50%。

（3）高分子聚合物类的性质　　高分子聚合物的分子量可上升到上百万，它以长链为基础，由很多分子量不同的同系物混合而成，与低分子有着截然不同的基本性质，如一般是无定形物，在常温或高温下具有一定的弹性、塑性和机械强度，有的能形成胶体，比同浓度的单体溶液的黏度大几十倍到几百倍。高分子聚合物特殊的性质决定其可用来黏结流沙，使分散无结构的沙粒聚合成大的、富有一定刚性或弹性的、不易破碎的稳定体。高分子聚合物品种不同，黏结性能也有所差异，一般分子链越长黏结力越大。所有高分子聚合物具有热氧老化和光氧老化特性，发生链断裂和交联反应，使得固结层遭到破坏以致降低治沙效果。为了消除或延缓高分子材料的降解和交联反应，在制备治沙液时应使用抗氧化剂、热稳定剂和光稳定剂。

高分子治沙材料的品种很多，常见的有聚丙烯酰胺（PAA，粉状和黏稠状水溶液）、聚乙烯醇（PVA，白色）、聚醋酸乙烯乳液（PVAC，无色或白色黏稠液体乳胶或白色粉状固体）、水解聚丙烯腈（HPAN，无色黏稠溶液）、脲甲醛树脂（无色到浅色液体或白色固体）、棉子酚树脂（榨油厂生产棉籽油时的废料）、丁二烯、苯乙烯橡胶乳、聚酯树脂、聚氨酯树脂、丙烯酸钙树脂（白色水溶性粉末状）等，治沙效果好，但聚酯树脂、聚氨酯树脂、丙烯酸钙树脂价格昂贵，只用于特殊保护对象的固沙。

3. 化学治沙材料的选择　　化学治沙材料在研制、示范和应用时要严格执行以下标准。

1）材料本身无毒、不污染环境。

2）材料对气候环境的适应性强，具高效性。

3）材料成本低廉、作用持久、固沙效果好。

4）材料能提供植物赖以生存的基本要素——水、土，对植物发芽和生长没有影响。

5）材料使用简便，不需要特殊设备。

6.2.3　化学治沙的方法

1. 治沙施工准备

（1）现场勘查与调查　　现场勘查当地的风沙地貌特征、沙丘类型、风沙危害特点，调查动力设备、交通运输条件、加工能力、劳动力因素、植物种及防护材料类型、水源及水质、气候资料等。

（2）治沙设计　　在勘察和调查的基础上，结合经济的合理性，制订出沙害防治的最佳方案。治沙方案包括治沙范围的确定、治沙材料的选择、化学治沙措施的配置（全封闭、半封闭或其他方式）、施工时期的确定、施工程序设计、施工队伍组织、施工设备准备等。

2. 治沙液的制备　　制备一种治沙液需考虑很多因素，如原料来源和用量、溶剂品种和用量、反应条件等，各个因素又往往相互关联，影响治沙液的性质和质量，为此需要通过精心设计，优选出最佳配方和最优的工艺条件及流程。根据治沙材料的不同，治沙液的制备也有差异，如高分子聚合物类材料在制备时需要稀释，而沥青等石油产品及其乳液类材料则需要热熔制备。

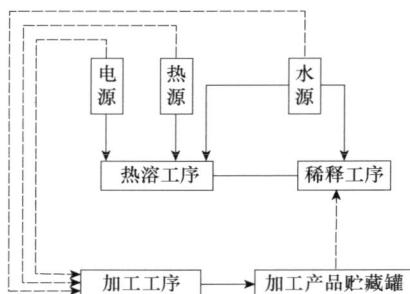

图 6-1　化学治沙液制备工艺流程

制备工艺流程根据所采用的化学治沙材料是否需要加工处理，实际上可分为两种不同的路线，一是适用于直接使用的治沙液，如图 6-1 中"——▶"所示的路线；二是适用于需要加工处理后才能使用的治沙液,如图 6-1 中"－－－▶"所示的路线。

3. 治沙液的贮存与稀释

（1）治沙液的贮存　　制备好的固沙剂，尤其是各种乳化液会受到分散乳珠的运动、乳珠所带电性、乳珠粒径大小及贮存环境温度等的影响，使其破乳或失去治沙的性能。因此一般而言贮存时间不宜太久，最好是边制备，边使用，如需储存，一般不要超过半年。例如，沥青乳液在贮存时要加入甲醛或百里酚溶液，以防止微生物的破坏，贮存温度不应低于 0℃；为防止沥青乳液失水，可使用能防止水分蒸发的贮藏罐贮存。沥青乳液是由石油沥青、乳化剂和水组成。沥青乳液制备的乳化剂一般选用硫酸处理过的造纸废液或油酸钠（$C_{17}H_{35}COONa$），为了增加其稳定性和分散度，还可适当加些玻璃或烧碱（每 10kg 可加入 0.5kg）。

（2）治沙液的稀释　　如果治沙液浓度和黏度太大，在喷洒前应进行稀释。黏稠的化学治沙液难于喷洒，渗透性能也差，为了提高喷洒的均匀性和渗透性，用尽可能少的化学治沙液覆盖尽可能大的沙面，稀释是很必要的。一般稀释比为 1：5 或 1：10。要根据不同的治沙液来选择稀释液，如阳离子型、非离子型和两性离子型乳化石油产品对水质要求并不苛刻，可用自来水稀释。阴离子型石油乳化液对水质反应灵敏，稀释稳定性差，须选择低浓度的乳化剂水溶液稀释，如果只用水稀释，连续相黏度减小后，乳珠的扩散系数增大，乳珠碰撞概率和凝聚速度增加，会使化学治沙液立即破乳。一般来说，稀释后的乳化液稳定性都低于稀释前的，因此更不能久贮，一般应在稀释后的 24h 内使用。

4. 治沙液的运输与喷洒　　稀释后的治沙液盛在喷洒车的贮藏罐内运至喷洒现场以备使用。如需长途运输，为防止沥青乳液发生分解可在每 10t 乳液中加入 0.5kg 烧碱。喷洒技术是保证治沙效果的重要因素，即使有了很好的治沙液而没有合理的喷洒程序和方法，也会前功尽弃，因此喷洒时应遵循如下原则。

1）一般沙漠（地）的表面存在厚度不等的干沙层，治沙液喷洒到流沙表面时，干沙层对水分的强烈吸收，会使治沙液在着地的瞬间破乳，在表皮形成膜状沉积，阻断治沙液向沙层深处的渗透，解决的办法是先用水或乳化剂的稀溶液湿润沙面，既可稳定沙面又能克服沙粒间的强烈吸附作用和电性作用，以增加化学治沙液的渗透深度。尤其针对本来就不很稳定的乳化液如乳化沥青液等，必须先进行湿润沙面的工作。

2）喷洒速度不宜太快，也不应太慢，喷出的化学治沙液既能均匀渗入沙层，又不致在未完成喷洒任务前破乳沉淀。

3）喷洒时要求喷嘴与沙面保持一定距离。距离太远时喷洒力度不够，沙面会形成小麻点；距离太近时，力度太强，沙面受到冲击，会形成凹凸不平的小坑。同时，喷嘴应与沙面保持一定角度，避免喷出的治沙液垂直落下。

4）喷洒应在无风天气进行，如遇小风要注意风向，不能顺风和逆风，只能侧风喷洒。顺风时造成液珠飘落，致使沙面出现不均匀麻点；逆风时会给操作人员带来安全隐患。

5）选择较热季节喷洒，以保持沙面有足够温度，使治沙液有较好的渗透速度和渗透深度。

6）操作设备或喷洒的人应站立在未喷洒的流沙上，边喷边退。注意不要踏踩，保护刚刚喷洒尚未固结的沙面。

为了降低治沙成本，无论在沙面喷洒何种治沙液，均不很厚。因此，在疏松的下垫面上形成的固结层强度不会很大，要注意保护治沙成果，严禁人畜践踏破坏，最好在治理区周围加设围栏予以保护。

6.3 化学治沙效益评价

6.3.1 化学治沙效益评价指标

从化学治沙的现状可知，目前，化学治沙尚没有形成一个完整的效益评价指标体系，对化学治沙的效益评价仍采用以定性评价为主，定性与定量评价相结合的方法。化学治沙效益评价的指标较多，从事材料科学的研究人员多选择抗压强度、老化速度、材料自身有无毒性等指标，而从事防沙治沙的专家学者多选择固结层破损临界风速、风速降低比、输沙强度、透气性、保水透水性、地表温度、下层土壤水分、蒸发量、对植物生长的影响等指标。综合国内外专家学者的研究成果，只对化学治沙研究和实践中比较常见、测试技术较为成熟的一些评价指标及测试方法做简要介绍，供化学治沙效益评价时采用或参考。

1. 固结层强度性能指标

（1）抗剪强度　室内模拟沙漠环境（温度、湿度）条件，采用应变式控制式直剪仪进行快速直接剪切试验，由剪切应力、剪切位移、内摩擦角、黏聚力反映抗剪强度。

（2）抗压强度　室内模拟沙漠环境（温度、湿度）条件，采用应变式抗压仪进行无侧限抗压强度试验，由轴向应变、轴向应力、黏聚力反映抗压强度。

2. 固结层抗风蚀性能指标

（1）风蚀率　制作标准沙盘，喷洒化学治沙液凝固、干燥后，分净风、挟沙风条件在风洞内按梯度风级进行测试，并确定不同风级时的风蚀率 $[g/(min\cdot m^2)]$，风蚀率由破损面积、吹风时间、风蚀量（沙盘重量的减少量）计算。

（2）临界侵蚀风速　制作标准沙盘，喷洒化学治沙液凝固、干燥后，分净风、挟沙风条件在风洞内按梯度风级进行测试，以预先设计的破损标准判断并确定临界侵蚀风速。

3. 固结层环境适宜性指标

（1）冻融特性　结合我国北方地区冬季最冷月、夏季最热月的平均温度或早晚的温差变化，确定冻结和融化温度，设定冻融循环周期（以小时计），制作标准沙盘，喷洒化学治沙液凝固后进行多次冻融试验，测定标准试样在每次冻融循环或规定冻融循环次数后的重量和抗压强度。

（2）老化特性　采用紫外线老化法。制作标准沙盘，在室内耐老化试验箱中用紫外线碳弧灯间歇照射，定时测量标准试样的表面温度、强度损失，并观察其形态变化。

4. 固结层耐水性能指标

（1）透水性　根据土壤渗透实验或渗透仪测定固结层的透水性。

（2）水稳定性　将固结层浸水，定性观测浸水过程中、浸水干燥后固结层的形态变化（有无崩解现象），也可浸水干燥后测定其抗压（剪）强度。

5. 固结层对环境及植物生长的影响性能指标

（1）透气性　化学固结层的透气性可利用透气性测试仪测定，将标准固结层试样放在测试仪高压腔和低压腔中间，依次将低压腔及系统抽至真空，然后向高压腔注入测试气体，在低压腔检测测试气体含量及相关参数，可知固结层的透气性。

（2）蒸发量与保水性　　化学固结层蒸发量采用实测法（器测法），也就是根据水量平衡原理，采用直接称重的方法测定蒸发量。也可以通过测定土壤水分含量来换算蒸发量。

化学固结层保水性可用传统的土壤水分含量测定法及土壤水分速测仪、TDR土壤水分测量仪、土壤中子仪等仪器和方法测定其下土壤的水分含量与对照流沙土壤水分含量对比，反映固结层的保水特性。

（3）地温变化　　以流沙地为对照，利用曲管地温计或纽扣式温度自动记录仪测定化学固结层下及流沙的不同深度的地温，若需要，可在不同季节进行地温动态变化监测，以获得化学固结层对低温的影响。

（4）植物生长的影响　　化学固结层对植物生长的影响可以出苗率（成活率）、保存率、株高、冠幅、年高生长量、当年生枝条长度、地上生物量、根量、生长周期的长短、环境适应性等为指标进行调查、测试，并与对照流沙地的相应指标进行对比分析，反映固结层对植物生长的影响。

另外，化学治沙效益的评价指标还要综合考虑材料成本与施工成本，从治沙的经济性方面作出评价。

6.3.2　化学治沙效益专项评价

1. 抗压（剪）强度　　兰州大学主持的"固沙植被用新材料与低成本制备技术"国家863计划项目研制的SH新型固沙剂是一种有机高分子材料，液体，乳白色，黏度低，凝胶时间易于控制，无毒性，价格便宜，水可无限稀释。使用WE-30型液压式万能材料试验机对SH固化试样进行了大量无侧限抗压强度测试。试验用沙为宁夏中卫流动沙丘细沙，沙的最小干密度为$1.50g/cm^3$，最大干密度为$1.65g/cm^3$。参照美国材料与试验协会（ASTM）有关水泥土规程及我国土工和混凝土规程，固化试样采用$7.07cm \times 7.07cm \times 7.07cm$的立方体。试验中固沙的质量根据拟加固试块的密度，分别采用$1.55g/cm^3$、$1.58g/cm^3$、$1.60g/cm^3$、$1.62g/cm^3$、$1.65g/cm^3$、$1.68g/cm^3$设计，SH掺入量从10mL逐步增加到70mL，两种材料按比例掺和均匀，掺和时间不超过10min，然后装模，制成系列固结层试样，放在室内进行21d的自然风干养护，SH固化试样抗压强度测试结果见表6-1。SH固化试样的抗压强度与密度、SH掺入量呈正相关。

表6-1　SH固化试样抗压强度测试结果　　　　　　（单位：MPa）

SH掺入量/mL	密度/（g/cm³）					
	1.55	1.58	1.60	1.62	1.65	1.68
10	1.13	1.24	1.31	1.38	1.49	1.60
20	2.25	2.58	2.80	3.02	3.36	3.69
30	3.21	3.42	3.57	3.02	3.93	4.14
40	3.15	3.55	3.82	3.71	4.48	4.88
50	2.71	3.37	3.81	4.08	4.91	5.57
60	3.88	4.21	4.44	4.25	4.99	5.32
70	4.24	4.43	4.56	4.66	4.87	5.06

2. 抗风蚀性能　　内蒙古农业大学董智、左合君等在中国科学院寒区旱区环境与工程研究所风沙环境风洞中进行赛绿特Ⅱ号土壤凝结剂（一种新型防尘、防沙材料，是一种具

有独特的渗透填塞效果，内含网状交叉的聚合物链，能在颗粒性物质之间形成网络结构）
固沙抗风蚀试验，观测固沙试样的风蚀状况，用电子天平称重并记录风蚀数据。试验设计
时，铁沙盘模型尺寸为 31cm×21cm×4cm，土壤凝结剂浓度为 20%、30%、40%。铁沙盘
与风洞底部呈 0°和 30°两种角度放置，在 7m/s、15m/s、20m/s 和 24m/s 的净风和饱和风沙
流状态下进行吹蚀试验，其中 7m/s、15m/s 风速下吹蚀 10min，20m/s 和 24m/s 平面放置时
吹蚀 15min，30°放置时吹蚀 6min。试验结果显示：铁沙盘与风洞底部成 0°角时，在不同风
速的净风吹刮下，平面放置的不同浓度处理的固沙试样均无风蚀现象发生。在不同试样坡
度下不同土壤凝结剂浓度在不同风速下的风蚀量见表 6-2。在 7m/s 的饱和风沙流吹蚀下，
各浓度喷洒的试样沙面固结紧实，均未出现裂缝、蜂窝、风蚀坑等现象，风蚀量为 0。当风
速增大为 15m/s 时，20%浓度的固沙试样表面沙粒发生运动，有吹蚀现象发生，而 30%和
40%浓度喷洒的沙面未发生风蚀。当风速增大到 20m/s 时，20%和 30%浓度喷洒的沙盘模型
均出现风蚀，但后者的风蚀量仅是前者的 20%，而 40%浓度喷洒的沙盘未发生风蚀。在风
速达到 24m/s 时，20%的沙盘表面出现蜂窝、裂缝和风蚀坑；30%的沙盘表面仅出现两道裂
缝，无蜂窝和风蚀坑；而 40%的沙盘表面基本没有变化，仅有少量沙粒发生位移，其风蚀
量仅为 $1.075g/(min·m^2)$。

　　铁沙盘与风洞底部成 30°角时，各种浓度喷洒的固沙试样在 7m/s 时均无风蚀发生，但当
风速增大为 15m/s 时，各浓度均发生风蚀，20%浓度喷洒的固沙试样其风蚀量为 0°时风蚀量
的 2.1 倍。风速达到 20m/s 和 24m/s 时，风蚀量均有增大的趋势。由表 6-2 可知，当试样坡度
达到 30°时，其风蚀量较平面放置增加了 2～4 倍，尤以 40%浓度的固沙试样风蚀量增大倍数
最多。

表 6-2　在不同试样坡度下不同土壤凝结剂浓度在不同风速下的风蚀量

试样坡度	土壤凝结剂浓度/%	在不同风速下的风蚀量/[g/（min·m²）]			
		7m/s	15m/s	20m/s	24m/s
0°	20	0.00	4.025	8.172	11.951
	30	0.00	0.000	1.628	3.441
	40	0.00	0.000	0.000	1.075
30°	20	0.00	8.356	22.135	28.971
	30	0.00	1.413	4.301	8.418
	40	0.00	1.045	2.089	4.347

　　土壤凝结剂处理的沙粒表面在净风作用和风沙流作用下具有不同的抗蚀性能的原因是：在
净风吹刮下，土壤凝结剂处理后的沙面固结层表面光滑，主要受风的动量冲击力和剪切应力的
作用，摩擦阻力较小，高速气流可很快从固结层表面通过。而在风沙流吹刮下，固结表面不仅
仅受到气流的作用，更主要是受到运动沙粒的直接撞击和磨蚀，因而造成风沙流状态下风蚀加
剧，沙面抗风蚀能力下降。

　　平面和坡面上风蚀的差异主要是由试样表面受力不同引起。试样水平放置时，固结层表面
虽然受到沙粒的撞击和磨蚀，但同时受到风速的吸力作用，沙面沙粒所受的作用力减小；而当
试样有坡度时，固结层表面受到快速运动沙粒的直接作用，撞击、磨蚀和风压力均增强，因而
风蚀量较平面放置时大。

　　从不同浓度处理的固沙试样风蚀试验分析，40%浓度处理的试样其抗风蚀性能最强，

30%其次，20%最差。在平面上时，30%浓度处理的试样仍可抵抗 15m/s 的风速而无风蚀现象出现，即使 20m/s 风速时也仅有少量沙粒被风蚀；30°坡度时，30%和 40%浓度处理的试样在 15m/s 时风蚀量相差不大，前者为后者的 1.3 倍。另外，从经济角度考虑，30%浓度的土壤凝结剂其成本价为 0.6 元/m²，而 40%浓度的土壤凝结剂其成本价为 0.8 元/m²，后者与前者的成本比约为 1.3。因此，乌兰布和及其以东沙漠，30%浓度处理可视为较理想的实用处理浓度。

3．固结层环境适宜性

（1）冻融特性　　兰州大学对自制的 SH 新型有机固沙剂固结层试样进行冻融试验时，加入 0.6%的固沙剂 50mL 制成试样，干密度为 1.65g/cm³，试样室温下养护 22d，放入水中（水温约 10℃）浸泡 2d，取出后在（−20±0.5）℃的冰箱中冻 4h，再放入（20±0.5）℃的恒温水浴融化 4h，即为一个循环，到规定的循环次数时将试样放入烘箱于 100～110℃烘 12h，测其抗压强度值，而标准试样烘干后也测其强度值。冻融试验中试样冻融后抗压强度值与冻融强度损失率如表 6-3 所示。

表 6-3　冻融试验中试样冻融后抗压强度值与冻融强度损失率

冻融次数	试样冻融后抗压强度值/MPa	试样冻融强度损失率/%
0	5.40	0.00
1	5.48	−1.48
3	5.64	−4.44
6	5.93	−9.81
8	5.70	−5.56
10	5.16	4.44
15	5.14	4.81
20	4.46	17.40

从表 6-3 可以看出，冻融后抗压强度值在 6 次循环以前有所增加，此后，随冻融循环次数的增加，冻融强度损失率逐渐增大，但在经历 20 次循环后，强度损失率仅为 17.40%，小于 25%，所以至少能耐 20 次循环。SH 新型有机固沙剂具有较好的抗冻融稳定性，SH 固化沙试样在上述试验中冻融后不产生膨胀和裂纹，故适宜在沙漠环境中使用。

（2）老化特性　　老化是高分子材料的一种通病，沙漠气候的特点之一是晴天多、日照强，年平均晴天日数约占 75%。日照时间长，紫外线强度较大，加上我国沙漠多分布在高原地区，空气较稀薄，进一步加强了紫外线对地面的辐射强度，故 SH 新型有机固沙剂老化试验采用紫外线老化法，即将 SH 固沙样置于距离两个 300W 的紫外线碳弧灯正下方 30cm 位置的耐老化试验箱中，在紫外线的照射下，定期测量试样的强度损失，并观察其形貌变化。由于条件限制，试验时紫外线进行间歇辐照，每天照射的时间不少于 10h。试验中测定试样表面温度，当照射半小时后可达 65～70℃。试验结果为：随着老化时间的延长，固沙试块外观完好，颜色无变化，经历 100h 间断照射后，强度不变，但破坏应变明显减小，表明材料变脆。200h、300h 老化后，强度还有增加（为 8.9%）。这表明试样的抗压强度在老化过程中的变化比较复杂，初期不明显，后期升高，可能时间更长一些才表现为降低。

4. 固结层耐水性能

（1）透水性　　济南大学杨中喜等对以丙烯酸乳液、明胶、水玻璃、六偏磷酸钠、苯磺酸钠、无机填料（硫酸镁、硫酸亚铁、硫酸铝）为主要原料，按照一定的配比制成的 6 种化学治沙材料（分别编号为 A、B、C、D、E、F）进行了水渗透试验，向化学固结层表面一次性倾倒 200mL 水，测量这些水完全渗入表层内所需的时间。试验结果显示，各种化学治沙材料的固结层渗透时间见表 6-4，河沙上形成的固结层渗透性好于石墨尾矿砂上形成的固结层渗透性，但渗透时间差异性不大，说明该系列化学治沙材料渗透性都比较理想。

表 6-4　各种化学治沙材料的固结层渗透时间　　　　　　（单位：s）

化学治沙材料种类	覆盖石墨尾矿渣所用时间	覆盖河沙所用时间
A	22	19
B	19	17
C	19	17
D	18	17
E	21	20
F	20	20

（2）水稳定性　　上述化学治沙材料在完成渗水试验，将固结层再次干燥后，采用堆载法测试抗压强度，比较渗水前后强度的变化，以分析固结层浸水后的稳定性。渗水前后固结层抗压强度（kPa）变化如表 6-5 所示，从浸水干燥前后的抗压强度变化可以看出，各种化学治沙材料形成的固结层干燥后的强度都要比渗水前的强度有不同程度的下降。这是由于固化材料中的有机溶剂所形成的膜或网络结构都是水溶性的，渗水后部分溶解，从而使强度下降；而且渗水使固化薄壳内部的空隙变大，甚至生成新的空隙，从而导致薄壳的强度下降。但是，强度下降的幅度都不大，不至于破坏固结层，说明上述化学治沙材料的水稳定性较好。

表 6-5　渗水前后固结层抗压强度（kPa）变化

化学治沙材料种类	渗水前（石墨尾矿砂）	干燥后（石墨尾矿砂）	渗水前（河沙）	干燥后（河沙）
A	72.2	72.0	71.4	70.2
B	70.5	70.4	69.8	69.5
C	70.4	70.4	69.6	68.6
D	69.6	69.3	68.4	67.8
E	71.0	69.6	69.9	69.3
F	71.8	71.2	70.0	69.4

5. 固结层对环境及植物生长的影响

（1）透气性　　喷洒沥青乳液后，对沙子的透气性影响不大，即使沥青用量多些，也没有明显差异。根据苏联在东里海附近铁路沿线进行的沥青乳液固沙试验，乳液中含沥青 18%～23%，渗透深度为 1.5cm。不同的沥青用量与沙子透气性比较结果如表 6-6 所示，沥青覆盖层下与未覆盖沥青的沙层中 CO_2 和 O_2 的量基本相同。

表 6-6 不同的沥青用量与沙子透气性比较结果

对照（流沙）透气性/（L/min）	沥青覆盖	
	沥青用量/（g/m²）	透气性/（L/min）
	50	2.53
2.61	100	2.45
	200	2.47

（2）蒸发量与保水性　　蒸发强度是随太阳辐射强度而变化的。观测显示，太阳辐射最强的时间是每天的 10～18 时，这段时间蒸发量最多，在 5～7 时太阳出来之前蒸发量最小。当蒸发量较小时，沥青覆盖层表面蒸发量几乎与流沙表面蒸发量相同，这主要是生成的水汽很少。当蒸发量最多时，沥青覆盖层表面蒸发量显著小于流沙表面蒸发量，说明沥青覆盖层对水分蒸发有明显的阻挡作用。而且，沥青用量越大，抑制水分蒸发的作用越大（表 6-7）。

表 6-7 不同沥青用量固结层表面水分蒸发量比较　　　　（单位：g）

观测时间/时	对照（无沥青）	不同沥青用量（t/hm²）固结层表面水分蒸发量		
		0.25	0.50	1.00
1	20	19	18	19
3	16	16	14	14
5	9	9	8	8
7	14	6	5	3
10	105	69	72	10
12	102	89	82	18
14	150	132	122	44
16	172	135	133	68
18	128	117	106	90
20	65	56	50	54
21	28	26	25	23
23	27	26	27	30

内蒙古林学院邹受益在包兰铁路中滩车站的沥青固沙野外测试中发现，沥青固结层下沙层的含水量比天然条件下沙层中的含水量高，沥青固结层下的土壤日蒸发量仅为流沙地的 14.7%，说明其保水性好，这与沥青固结层能降低土壤水分蒸发量有关。

中国科学院沙坡头试验站在乳化沥青治沙试验时发现，乳化沥青固结层能切断其下沙层毛细管水，对水分上升有明显的阻碍作用，蒸发量一般比裸露沙面低 80%～90%。蒸发量的大大减小，使沙层水分含量有所增加，保水性能得到加强。乳化沥青固结层下沙层水分含量变化见表 6-8。

表 6-8　乳化沥青固结层下沙层水分含量变化　　　　　（单位：%）

采样深度 /cm	第一年		第二年		第三年	
	对照	喷洒后	对照	喷洒后	对照	喷洒后
0～10	3.90	5.33	3.17	3.71	1.04	2.52
10～20	5.49	6.76	2.99	3.20	1.12	3.31
20～40	2.85	5.24	4.34	5.51	1.50	3.24
40～60	4.68	4.84	2.78	4.84	1.95	4.15
0～60	16.92	22.17	13.28	17.26	5.61	13.22

（3）地温变化　　喷洒化学治沙材料形成的固结层，使下部沙层热量散失减慢，尤其是石油类治沙材料，黑色固结层具有强烈的吸热作用，可使地表温度增加。中国科学院的试验表明，乳化沥青在春季可使 20cm 内沙层增温 2.5～6.0℃，夏季则增温 1.0～6.0℃。苏联在卡拉库姆沙漠东里海附近铁路沿线沥青覆盖治沙观测发现，低温的变化有季节性。在夏季，沥青覆盖层和地表以下 5cm 处低温均低于流沙环境，其主要是地面增温是由于沥青的吸热作用，而沥青层以下 5cm 处温度低则是沥青隔离层的存在，使下层很难吸收太阳的热量。而春秋两季温度则出现相反的变化，即有沥青防护层下的沙层温度均有提高，里海附近提高 3～4℃。内蒙古林学院在包兰铁路的中滩车站观测结果与东里海附近铁路沿线的观测结果基本一致。在中滩车站，4 月下旬～5 月初，沥青层下地温平均提高 1.5℃，在 25～100cm，提高 0.5～0.8℃，9 月下旬，沥青层下地温从地表至 200cm 深处，白天温度均比对照提高 1.3～3.0℃。

（4）植物生长的影响　　化学治沙形成的固结层在固定流沙的同时，使植物有稳定发芽生根和生长的条件，避免了幼苗遭受风蚀、沙埋、沙打、沙割的威胁。固结层的存在，使其下沙地的水分、温度条件均得到了改善，而且是朝着有利于植物生长发育的条件转化。春秋两季沥青层下温度增加，无疑能使种子及植物提早萌动，延长了植物的生长期，夏季地表及沥青层下沙层温度都比对照区低，又可使植物免遭日灼的危害。例如，苏联在东里海附近的试验表明，在沥青固结层保护的地段，种子发芽可提早 4～6d，生长速度可以增加 1.3～2 倍，死亡率可减少 50%，还可延长根系生长期。试验还认为沥青中的微量放射性物质对植物也有一定的刺激作用，植物出苗时间较流沙地早 7～10d，而且出苗率和保存率均显著提高，植物生长量也显著增加。不同沙地及不同播种情况下的沙地植物成活生长效果见表 6-9。

表 6-9　不同沙地及不同播种情况下的沙地植物成活生长效果

不同沙地及不同播种情况		比较项目	黑梭梭	细枝盐爪爪
沥青覆盖的沙地	穴播	出苗/株	15897	28050
		保苗/株	8207	11503
		保苗率/%	53	40
	点播	出苗/株	21360	31570
		保苗/株	7950	10204
		保苗率/%	37	32
设机械沙障的沙地		出苗/株	11980	17490
		保苗/株	1160	1395
		保苗率/%	9	8
高生长比较		覆盖沥青/cm	60.1	95.3
		对照区/cm	38.1	55.2

从第聂伯下游试验地松树生长状况比较表（表 6-10）可以看出，沥青全面覆盖的地段松树生长较半固定沙地好，而且差异较大。

表 6-10　第聂伯下游试验地松树生长状况比较表

治沙措施	株高/cm		生长量/cm		冠径/cm		基径/mm	
	第一年	第二年	第一年	第二年	第一年	第二年	第一年	第二年
沥青全面覆盖	42.6	64.5	27.0	22.8	31.8	56.8	8.7	21.4
半固定沙地	31.4	40.2	16.1	11.6	21.8	31.8	6.5	11.7

1968～1970 年、1982～1986 年，铁道部铁道科学研究院西北研究所与呼和浩特铁路局在乌兰布和沙漠边缘的包兰铁路 K375～K69、K381～K386 地段，进行了两期植物治沙与化学治沙结合试验。一期直播沙生植物 22 万株，喷洒木质素磺酸盐乳化沥青 13hm²。二期以植苗为主，兼有直播和容器苗栽植，种植沙生植物 20 万株，喷洒乳化渣油 36.6hm²。3～5 年后，虽然固结层开始破碎，但一期直播的固沙植物小叶锦鸡儿、梭梭、花棒、羊柴和沙拐枣等保存率可达 80%～90%；二期种植的小叶锦鸡儿、羊柴、花棒、梭梭和沙拐枣等成活率大于 60%。

思 考 题

1．试述化学治沙的发展趋势、前景及影响化学治沙发展的因素有哪些。
2．现阶段常用的固沙材料有哪些？如何选择合理的化学治沙材料？
3．目前化学治沙研究主要集中在哪些方面？
4．新型固沙材料应具备哪些特点？
5．举例说明化学治沙的基本原理。
6．设计一个化学治沙材料抗风蚀性能测试方案，并分析可行性。

第7章 风力水力治沙

【内容提要】中国分布有较大范围的沙漠和沙地，由于自然条件复杂，加上人为破坏和自然侵蚀等因素，生态环境脆弱，已成为影响和制约经济与社会进步的桎梏。中国的广大地区拥有丰富的风力和水力资源，可造成沙地风蚀和表土流失，若掌握了它们的特性，即可将其变为治沙工作的生产手段来加以利用，达到变害为利的目的。

7.1 风力治沙原理与技术

7.1.1 风力治沙的概念

风力治沙也称风力拉沙，是以风的动力为基础，人为地干扰控制风沙的蚀积搬运，因势利导，变害为利的一种治沙方法。它是以输为主的一种治沙措施。

从风沙运动规律认识风力治沙可以总结为：风力治沙是指利用空气动力学原理，采用各种措施，降低地表粗糙度，使风力变强，减少沙量，使风沙流非饱和，造成沙粒走动或地表风蚀的一种治沙方法。

7.1.2 风力治沙的意义

（1）风是沙区的宝贵能源之一　　沙区有着丰富的风能资源，利用风力可代替人力、机械进行风力治沙。风能资源并非消耗于利用之中的能源，可以重复使用。目前中国利用风力拉沙改土、发电、提水等已成为事实。随着国民经济和治沙事业的发展，一定会使沙区风能资源得到充分利用，使风力治沙效果得到进一步提升。

（2）应用地区广　　沙区流沙危害的动力是风，治沙的重要任务之一是消除沙的流动危害。采取生物措施等手段要受自然条件的限制，而风力治沙，不论条件优劣都可以采用，故应用范围很广。

（3）行之有效的治沙方法　　在认识风沙运动规律的基础上，运用辩证统一规律，创造一定条件，使风变害为利，化消极因素为积极因素，为治理流沙危害增加了切实可行的方法。

（4）固输结合效果显著　　风力治沙及其他治理措施均有固有输。固与输共存于矛盾的统一体中，互为依存，固是为了更好地输，输也有利于固。经中国多年治沙实践证明，采用固输结合的措施，效果显著。

（5）风力可以拉沙造田、修渠筑堤、掺沙压碱、改良土壤、扩大土地资源　　利用风力可以把沙丘拉平，改善丘间低地土壤的机械组成、水分和通气条件，抑制土壤盐渍化，扩大土地资源；还可以修渠筑堤，堤成后在洪水期引洪淤地和改河造田，效果很好。可见，风力拉沙改土确实是一种经济而有效的好方法。

7.1.3 风力治沙的原理

（1）辩证统一规律是风力治沙的理论基础　　变害为利是风力治沙的指导思想。在害转利的过程中，风与沙是基础，必须考虑风的强弱、风沙流的饱和非饱和、沙粒的停走、地表的蚀积和措施的固输这 5 对矛盾 10 个方面的辩证统一规律。

　　10 个方面共处于矛盾的统一体中，实质是对同一问题的不同提法，是对风沙运动规律和治沙技术最本质的反映，是高度概括和总结了风与沙的内在关系。比如地表的蚀积，风蚀是堆积的先决条件，堆积是风蚀的演变结果，有走便有蚀，有停便有积，措施的固与输也是这种关系。"固"指的是风力弱、风沙流饱和、沙粒停、地表积；"输"指的是风力强、风沙流非饱和、地表蚀、沙粒走。具体到某一流动沙丘也是这样，固定沙丘迎风坡下部，留出上部即可把顶部沙子输掉，这样就做到了断源输沙、以固促输。同理，固定沙丘顶部、留出中下部，以输促固、开源固沙可使沙丘变高。

　　风力治沙就是在辩证统一规律的指导下，利用和创造各种条件，使 5 对矛盾各自向其对立面转化，达到除害兴利的目的。

　　（2）非堆积搬运和饱和路径学说是风力治沙的理论依据　　非堆积搬运理论与饱和路径学说是苏联 А.И.兹纳门斯基在进行一系列空气动力试验研究基础上提出的，已经成为风力治沙的理论依据，并在公路与渠道防沙方面，取得了显著效果。

　　风沙地貌在景观上的最大特征就是沙丘与丘间地相间分布，这种风蚀风积地貌的形成是在风和风沙流作用下，蚀积周期循环的结果。要使防护地段免受积沙危害，就使其处于风蚀区，或者通过防护地段的气流不被沙子所饱和，风沙流中的沙子将在非堆积情况下搬运。也就是说，在气流逐渐被沙子饱和的路径上，取去一部分沙子，那就可以在一定长度的地段上达到非堆积搬运，延长饱和路径，使其在这个地段内不堆积，或使风占优势，或使简单的搬运占优势，就可以在防护地段内不造成积沙危害，也可以将被沙埋压地段的沙搬运走。

　　在沙区掌握了当地风沙运动规律后，可以利用有利的地形，人为地修筑工程措施，防止某地段积沙，这是在沙区进行风力治沙最简单的途径。在公路上防沙，所设置的浅槽、切断堤、拦沙墙等措施，就是应用非堆积搬运理论与饱和路径学说，干扰和打乱原风沙运动规律，使风沙地貌发生新的变化。

　　（3）伯努利方程　　伯努利方程如下：

$$\frac{PV_1^2}{2}+P_1=\frac{PV_2^2}{2}+P_2 \tag{7-1}$$

式中，P 为空气密度；V_1、V_2 为两点的气流速度；P_1、P_2 为两点静压力。

　　此方程指出，气流中任意一点的速度大，则静压力小；反之，速度小，则静压力大。在风力治沙的许多具体措施中，应用这一原理达到输沙的目的。

7.1.4　风力治沙的技术

　　风力治沙的基本措施是以输沙导沙为主，兼有固沙。在实际的治沙工程中可根据具体情况决定采用固或者输导的措施。固输（导）结合，则效果更佳。这里主要谈以风力进行输沙导沙的技术措施。

　　1．以固促输，断源输沙　　要防止某地段被沙埋压，或清除其上的积沙，就在该地段上风区，用可行的治沙方法固定流沙，切断沙源，使流经防护区的风沙流成为非饱和气流，使此处的积沙被气流带走，或以非堆积搬运形式越过防护区，使被保护物免受积沙危害。

　　2．聚风改向，输沙导沙　　通过聚集风力，加大风速，或者通过改变风向，输导防护区的积沙，防止沙埋危害。集中风力和改变风向的方法多种多样，视具体条件和对象而异。

　　输是吹蚀，是加大气流的输沙量。集流输沙，从理论上说是风力集中论点的具体运用。气流因受到压缩而流速加快。

导也是输移。它与输的区别在于，"导"在输移过程中改变风沙流乃至沙积物原来的运动方向，引导沙子在前移中避开保护对象；而"输"只是沿着原来风向增加风速，提高输沙量。

3. 固身输顶，拉沙改土 拉沙改土是利用风力拉平沙丘，使丘间低地掺沙，改良土壤。对于沙丘是以输为目的，对于丘间低地是以积沙为目的，既改变沙丘，又改良丘间沙地。

（1）基本要求 风力拉沙改土必须掌握 2 个技术环节：一是要有一定的沙源，保证较短时间内供给足够的沙子；二是要造成有效的积沙条件。

（2）作用原理 借助风力削平沙丘，用可行的治沙方法，加速沙丘顶部输沙能力，而在丘间低地形成积沙，达到掺沙、改良土壤的目标。丘间低地积沙措施，主要是增加粗糙度，降低风速。最简单的方法是犁耕，耕后不耙，经过一冬春积沙，可再翻耕，使沙掺匀。反复积沙后，即可利用。掺沙数量不要太多，一般达到壤质土为宜。每次掺沙量取决于垄高和垄距，约等于 1/2 垄距乘以每亩犁沟长度。

（3）拉沙改土 丘间低地一般条件较好，可以利用其搞种植业。但有些丘间低地多是白僵土或红胶泥，物理性质不良，不能生长植物，不便直接利用。在这种情况下，可用风力把沙丘拉平，使丘间低地的土壤掺沙而得到改良。改良后的丘间低地，不仅改善了土壤的机械组成、水分和通气条件，而且抑制了土壤的盐渍化。可见，拉沙改土是一种既治理沙丘又治理丘间低地的一举两得的好方法。

相关研究人员在巴彦淖尔市哈腾套海地区曾经用这种方法开辟了许多宜林地和农田，效果很好。利用风力拉沙改土的技术要领是：使流动沙丘加速风蚀，促进丘间低地加速积沙。具体做法多采用在沙丘上稀撒土块、大牲畜粪，扎草沙障或顺风向开沟等方法，增加沙丘表面的粗糙度，从而加强沙丘的风蚀，使沙丘被风力迅速拉平。丘间低地一般表面平坦光滑，不易积沙，促进其积沙的方法常采用犁耕，即于秋后与主风方向垂直进行深耕，深度 30cm 左右，耕后不耙，可使丘间低地的粗糙度增加 3～6 倍，沙子积于犁沟之中，再经过翻耕掺匀便可利用。积沙时要注意积沙量不可过多，要求使土壤的黏质变为壤质为宜。

4. 风力拉沙，修渠筑堤 利用风力修渠筑堤，是利用高立式紧密结构的沙障，降低风速，改变风沙流结构，然后再加以人工修整，使其成为渠道和堤坝。当沙障被埋一部分后，或向上提沙障，或加高沙障到所需的高度。

修渠可按渠道设计的中心线设置沙障，先修下风一侧，然后修上风一侧，并使积沙达到要求高度，然后按设计的边坡系数和断面形状加以修整，最后用黏土加固成渠。沙障距中心线的距离一般可按下式计算：

$$I = \frac{1}{2}(b+a) + mh \tag{7-2}$$

式中，I 为沙障距渠道中心线的距离；b 为渠堤底宽；a 为渠堤顶宽；m 为边坡系数（沙区一般为 1.5～2）；h 为渠堤高度。

5. 改变地表状况，促进流沙输导 风力治沙涉及的工程技术，均可通过下面几种方式起到一定的强化作用。

（1）创造平滑的环境条件 在防止积沙的被保护地段，要尽量清除障碍，筑成平滑坚实的下垫面，要使防护地段输沙，就必须把陡坡变缓，筑成圆滑的弧形，使气流附面层不产生分离而出现涡流，达到输沙的目的。

（2）加大上升力进行输沙 根据 R. A. 拜格诺的试验，地表铺有细石要风蚀，地面为沙子要堆积。兹纳门斯基也指出，上升力的大小取决于气流近地表层的速度与较高层速度的差数，由于粗糙表面对近地表面层气流的阻力，加大了上升力。因此在防护区铺设一些砾石或碎石，增加跃移沙的反弹力，加大上升力，调节风沙流结构，减少较低层的沙量，造成防护区风蚀，起到输沙的目的。

（3）附面层风速变化规律的应用　　贴地层的气流风速随高度的增加而增加，所以在公路防沙时，路基要高出附近地表，以增大风速，便于输沙。根据新疆 0701 沙漠筑路研究队观测，在路肩 20cm 的风速与远方平地相比，路基提高 1m，增速 14%以上。

7.2　风力治沙技术的应用

7.2.1　集流输导工程

集流输导工程由栅栏工程发展而来，它早期应用于防治交通线路风吹雪害。中国从 1969 年开始，先后对该工程防治公路风沙（风吹雪）危害进行了一系列的风洞模拟与野外观测试验，取得了较好的成果。

（1）集流输导的作用原理　　集流输导工程就是通过加大风速，为沙子吹蚀或非堆积搬运创造条件，其作用原理如下。

1）集流输导工程把聚风板所在流层的流体能量转化为加强聚风板上、下两段运动的能量，特别是下端由于下口的聚流作用，在聚风板下口后方一定宽度范围内形成一强风速区，从而克服了地表由于局部地形的突变所引起的气流分离产生的斡旋阻力，使沙子以非堆积搬运通过保护区。

2）通过改变聚风板的设置方式，使其具有更强的风力，以增强过境沙粒的输沙能力，而不使沙子过多集中于近地层形成堆积，因而更容易以非堆积搬运的方式运移。

（2）集流输导的设置　　①聚风板是一种常用的集流输沙方法，材料可为木板、木架、枝条、芦苇把子等，只要编排成板面，即可发挥聚风作用。设置方法有：聚风下输法，即利用板面下口增强风力，输导流沙（图 7-1）。②水平输导法，即"八"字形输导，开口朝向主风，板面与地面垂直（图 7-2）。③垂直输导法，即板面倾斜高出地面，走向垂直主风（图 7-3）。

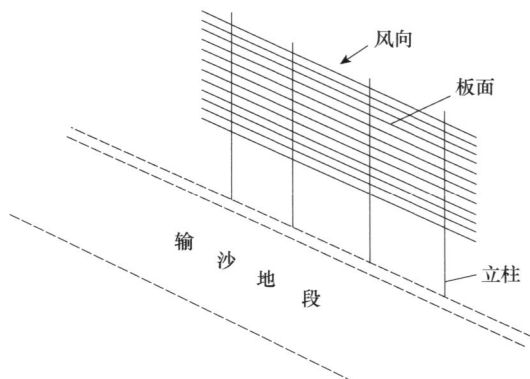

图 7-1　聚风下输法

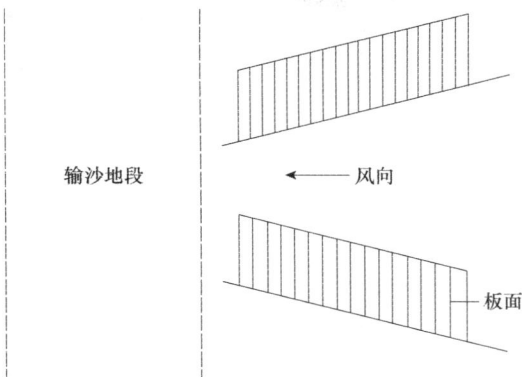

图 7-2　水平输导法

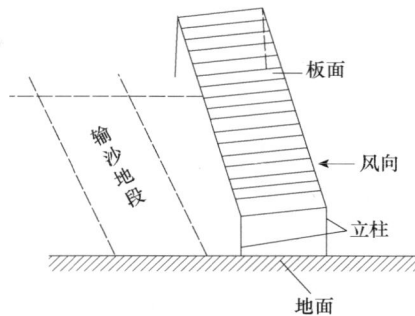

图 7-3　垂直输导法

聚风输沙被输地段与主风方向交角成 45°~90°，输导积沙的效果较好，如果与主风方向的交角小于 30°，则必须采用反折换向输导积沙才能将风沙流引至别处，清除防护地段的积沙，防止被保护物受沙埋危害。

如果要把沙丘夷平或将其移到别处，可以在沙丘顶部顺主风向开沟，用沙沟聚集风力，加大风速，进行输沙。

（3）在交通线路沙害防治中的应用　　目前，集流输导工程主要应用于交通线路的风沙（风吹雪）危害防治。国外已利用集流输导工程进行输沙，效果良好。中国也在诸多交通线路工程中应用并取得了较好成果。例如，在青新公路和乌（鲁木齐）伊（宁）公路沙害路段，也都进行过试验，对防止路面积沙有较好效果。设有聚风板的集流输导工程，其设计参数如下。

1）板面由芦苇把子制成，板面疏透度约为 0.15，下口疏透度约为 0.85，工程总疏透度 $\beta=0.36$。

2）板面宽 3.5m，下口高度 1.5m，板面倾角 80°。

3）下导风工程与被沙埋废弃的老公路平行，距新公路 40m 左右。

通过近 3 个月 6 场风的吹刮，最后沙埋 30~50cm 厚的老公路路面覆沙层全部被吹走，恢复了原貌。

室内外试验表明，为使集流输导工程起到最大输导沙作用，选择适当的板面宽度与下口高度很重要。板面愈宽，聚风能力愈强，吹刮宽度愈大；但板面愈宽，所需材料愈多，施工也愈不便。下口太低，板前弱风区增大，易于引起积沙；下口太高，聚风输沙作用减弱。根据试验，下导风工程宜采用疏透型（$\beta=0.4$~0.5）和板面与下口之比为 0.7~0.8 较好。考虑到倾角的作用，虽直立时吹刮能力强，但板前、板后堆积也较严重，因此，对防治风沙危害来说，采用非直立倾角的斜立式和小板面工程为好，以提高工程的使用年限。

再如，青藏线路西（宁）格（尔木）段，每年风季线路遭到沙埋。由于地处察尔汗盐湖边缘，地下水矿化度高，无天然植被，因此不得不定期进行人工清沙。为解决铁路沿线沙埋问题，在该段布设了集流输导工程，并且将下导风板的开口设置为上下可移动模式。通过该工程的布设，线路道心处风速被提高了 28%~40%，输沙效果明显增强。

7.2.2　反折侧导工程

反折侧导工程最早是中国风沙防治工作者于 20 世纪 50~60 年代创造发明的。他们根据交通线路路基上为防治洪水冲刷所设的导流堤的原理，采用"羽毛苇排"来导走风沙流，以保护交通线路工程。后期在设置形式、设障材料等方面逐步发展。

（1）反折侧导的作用原理　　反折侧导工程与沙障、集流输导等工程均是在边界层上的剪切流作用下的平面绕流。来流遇到反折侧导工程的阻挡，改变了原有风沙流的运动方向，将沙粒在远离保护对象一侧堆积。

工程与主风向斜交，在 45°以下时，能产生近地表的次生风换向，风沙流吹近反折侧导工程后，气流受到一定的压缩换向，部分沙粒在工程前停下，但由于受压气流换向后风速加大，沿工程行列前进，开始时降落在工程附近的一部分沙粒，又因受新来的沙粒撞击，重新卷入风沙径流，沿着工程的行列方向前进，使被保护区避免工程后积沙的危害。

（2）反折侧导的设置　　一般用不透风的机械沙障进行侧导，在设置前，首先要了解地形和输导方向，确定工程的位置、角度和疏透度，选择导走流沙的处理场所；同时尽量采用优质、轻便和便于造型的薄板材料，并结合其他措施配合设计，以保护这个工程的完整性、固定前后地表，增加侧导能力，进而使区域得到充分保护。

采用 1m 左右高的沙障或导沙板等材料，排列成连续的沙障，反折侧导堆积状态随 ψ 的变化见图 7-4。具体是采用开放式还是封闭式，应具体情况具体分析，如开放式保护区较开阔，但风沙流要在区内堆积，而封闭式保护区狭窄，但风沙流基本不通过工程排面，至于排面的紧密、疏透和通风三种形式，也各有所用，应择优而取。

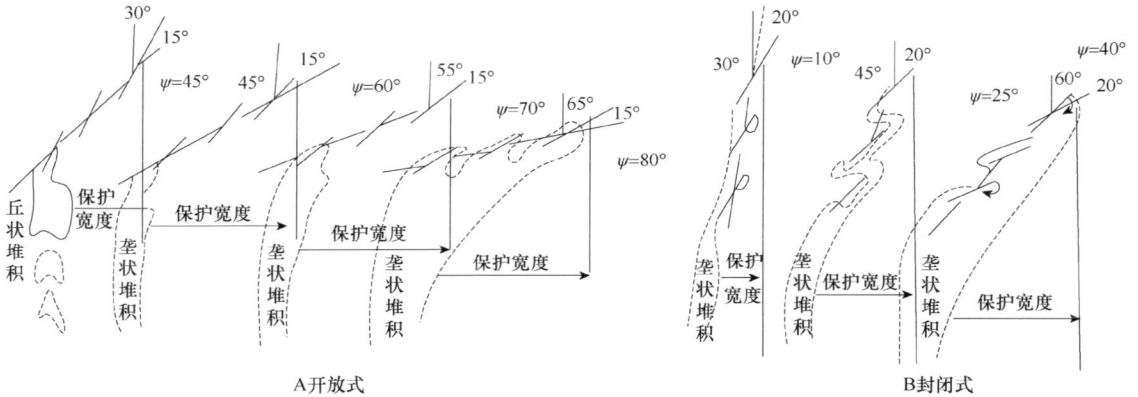

图 7-4　反折侧导堆积状态随 ψ 的变化（吴正等，2003）

（3）在交通线路沙害防治中的应用　　反折侧导工程已于中国诸多交通线路（公路、铁路）中做过风沙（风吹雪）危害防治试验，并得到广泛应用，如南疆铁路。尤其对于一些特定区域，如路堑、隧道、防沙明洞和桥涵等工程的风沙危害，反折侧导工程至今也是优良的侧导工程，人们在防治中不应该忽视。

反折侧导工程包含许多要素，主要有工程主排轴与风向的交角（锐角）ψ，各单排与主轴的交角（锐角）ψ_1，单排长 l 和高 h，排面疏透度 β_1，单排面的重叠量 a 和主排轴的直曲，还有来沙量 q 与单排阻力系数、地表粗糙度等。他们对反折侧导工程的效益都有直接的影响。通过测定和堆积试验，可以看出反折侧导工程的侧导原理及其防治特点。

1）和集流输导工程一样，反折侧导工程是在边界层上剪切流作用下的平面绕流。从作用来讲，封闭式和开放式的作用是不同的。封闭式反折侧导工程主流从工程的总排前通过，而开放式主流则从组成工程的各单排间通过。因此，封闭式反折侧导前端的流速是逐渐增大的，堆积主要是出现在工程的末端，保护区较窄。开放式反折侧导前速度也有增加，但主流通过单排后发生扩散，速度很快减低，堆积在工程后立即发生。由于有较强的越顶气流下沉回流作用，工程后的堆积将成堤状，其保护区较为宽阔。

2）反折侧导工程阻沙量和翻越沙量随主轴与风向交角的增大而减小，即其侧导能力是随着夹角的减小而增强。

3）当封闭式反折侧导工程与风向交角较大和沙源丰富时，单排间的回流削弱，因此存在一个不堆积长度。在自然界风沙流条件下，由于浓度降低，风沙流层较低，这个不堆积长度与工程高度之比约为 5∶1，即 2m 排高用 10m 单排长为宜。

4）反折侧导工程随着来流夹角的增大，工程阻力加大，单排间及排尾的流速、气流翻越和工程后下沉回流作用都加强，这是有利于侧导的一面；但是由于拦截面加大，侧导沙量加多，因此工程前后堆积量加大，工程效益较差。

反折侧导工程措施通常在铁路风沙线路的局部地段使用，常与其他工程治沙措施相互结合。除对风况条件有严格的要求外，对微地形地貌及路基相关构筑物（如桥、涵洞、连接建筑等）也有一定的要求，反折侧导工程引导风沙流改变原来的方向，偏离交通线路，要求必须有出口，能在交通线路的局部地段将风沙导向线路下风侧。

7.2.3　输沙断面工程

流沙以沙丘移动形式埋压防护路段，可采用修筑工程措施，使防护地段产生非饱和气流，使流动沙丘整体移动变为风沙流运动形式越过防护地段。这种输沙方法是苏联 А.И.兹纳门斯基提出的，称为公路防沙的切断带工程。兹纳门斯基的切断带工程，即输沙断面工程，由切断堤（加速风力堤或扬沙堤）和浅槽构成，整个断面的表面浑圆光滑，并且需要将整个表面完全固定起来，形成光滑弹性表面，防护公路不受沙堆侵袭的切断带图解见图 7-5。兹纳门斯基规定切断带的两个基本任务如下。

1）把沙丘（体）整体移动变为风沙流运动。

2）促进风沙流中的沙粒以非堆积搬运状态运动。

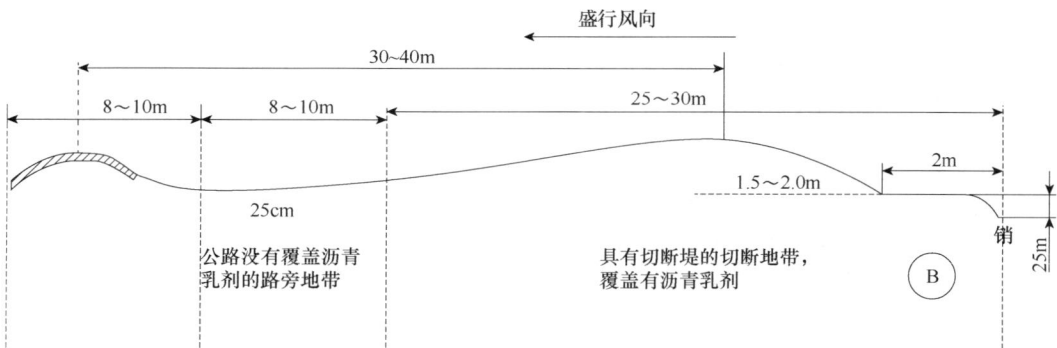

图 7-5　防护公路不受沙堆侵袭的切断带图解（兹纳门斯基，1960）

1. 输沙断面工程的作用原理　　风蚀与堆积是风沙流与沙质地表相互作用的结果。改变沙粒或停或走的运动状态时，地表上必然会出现或蚀或积的反应。造成沙地吹蚀的必要条件是增加风和风沙流对沙粒的起动和搬运能力，为此要加大风速、切断上风区沙源补给，使风沙流处于非饱和流状态。利用输沙断面工程就是为沙子创造吹蚀或非堆积搬运的条件，其作用原理如下。

1）通过切断堤加大风速，增加气流搬运沙粒的能力，并借以改变风沙流结构，促进上层气流含沙量增加，下层处于非饱和状态；同时控制沙源的补给，以达到有利于风沙流的吹蚀或非搬运堆积。另外，切断堤还可以改变沙丘整体运动为分散的风沙流运动。

2）通过改变下垫面的性质，使其光滑坚实，以增强过境沙粒的冲击反弹能力，增加沙粒的运输距离，促使气流上层搬运沙粒的能力增加，而不使沙子过多集中于底层气流，因而不易产生沙粒的堆积。

3）在交通线路旁开挖凹状弧形浅槽，使风沙流以最小的阻力通过，并创造一定的气流上升力的条件，使可能沉降的沙粒借助反升力作用重新纳入运动气流中，这些条件均有利于风沙流的非堆积搬运。

2. 在公路沙害防治中的应用　　目前，输沙断面工程主要应用于防治公路沙埋。除苏联应用于西土库曼斯坦公路沙堆的防治外，在中国内蒙古锡林浩特宝昌公路和青新公路的某些沙阻路段，也进行过试验与应用，并取得了较好的效果。因产生公路沙埋的原因有所差异，所以采用输沙断面工程的形式也有差异。

（1）设有浅槽的路基输沙方法　　设有浅槽的路基是采用由浅槽和路基相互平行衔接而构成的断面形式，设有浅槽的路基输沙断面图见图7-6。借助浅槽气流升力和路基风速而达到公路输沙目的，适用于沙源不丰富的平坦流动沙地和戈壁起沙的风沙流区。

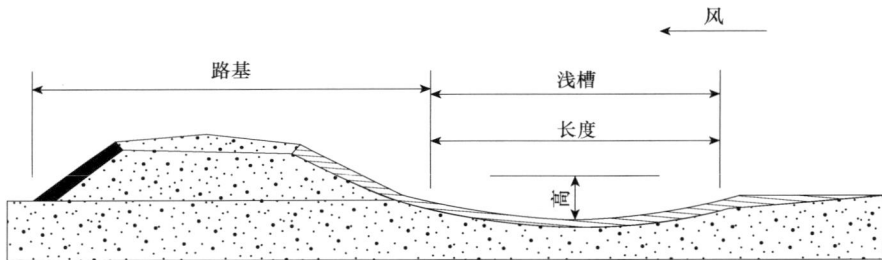

图 7-6　设有浅槽的路基输沙断面图（吴正等，1981）

内蒙古沙区某新建公路，1972 年采用这种方法的设计如下。

路基：路基高度为 1～1.2m。

边坡：迎风一侧为 1∶3，背风一侧为 1∶2。

浅槽：断面取 $1/h$=10～25m，浅槽最大深度（h）控制在 1.0～1.2m，浅槽弦长，平均为 15m。

下垫面：鉴于下伏地层多为砾卵石，仅此作为浅槽的下垫面。

规定：选定的浅槽所挖除的土方应与路基方大致平衡。

设有浅槽的路段经过 3 个风期考验，路基无积沙；未设浅槽的路基，已出现不同程度的沙埋，虽然施工前皆是平沙漫漫，无明显的吹蚀和堆积，但施工后对于一段路基断面形式，由于对风沙流运动起到屏障作用，气流附面层分离，因而必须使一部分过境沙粒产生堆积，这是未有浅槽的一段路基断面形式多为沙埋的普遍原因。设浅槽后，输沙断面的各观测点底层含沙量均较施工前的原地面的相应各点上有明显减少，而上层有所增加，从而改变了风沙流结构，创造了有利于沙的吹蚀或非堆积搬运条件，这就是利用风力治沙的例证。

（2）设有浅槽与加速风力堤的路基输沙方法　　设有浅槽与风力堤的路基输沙断面图如图 7-7 所示，适用于沙源丰富或流动沙丘地带，主要防止丘体前移对路基的危害。由浅槽和风力堤与路基平顺衔接而构成，通过浅槽和风力堤的综合作用达到公路输沙的目的。

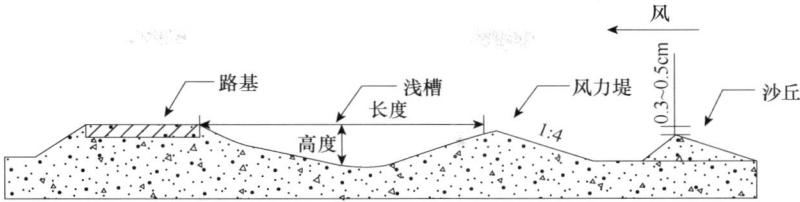

图 7-7　设有浅槽与风力堤的路基输沙断面图（吴正等，1981）

风力堤的性能，在于加强风力，造成一个理想的吹扬地带。风力堤顶高出邻近沙丘 0.3～0.5m，以便堤前沙丘运动变为风沙流运动，还应使其堤顶具有流线型，借以克服气流附面层的分离，促使气流做附体运动，避免过境沙粒堆积在堤或浅槽的背风侧。此外，还要求风力堤的迎风坡具有产生强大沙粒冲击反弹力的适宜坡度，通过野外试验，其坡度一般以 1：4 为宜。

（3）设挡沙墙借助风力形成浅槽的路基输沙方法　　以上措施虽然防止了公路上的积沙，但切断堤外缘粒径大的沙子就会堆积，仍需人工或机械清除。此外，切断堤背风坡陡峭或者风速较小时，也会有堆积现象。尽管在刮大风时可以重新吹走，但在年平均风速较小的地区，仍然具有积沙。

为解决以上问题，内蒙古交通科学研究所把浅槽的规格进行了调整，同时设置了辅助措施——拦沙墙，解决了在公路输沙措施中尚未解决的切断堤附近积沙的现象。

当邻近沙丘体高于风力堤或者沙源丰富时，可能会削弱风力堤的作用而影响输沙效果，因此，根据路侧一定范围内的沙源沙丘高度与分布情况，适当设置一些辅助性措施（如挡沙墙），借以有效地改变丘体运动为风沙流运动，设挡沙墙借助风力形成浅槽的路基输沙剖面图如图 7-8 所示，辅助性措施大致分为以下几种。

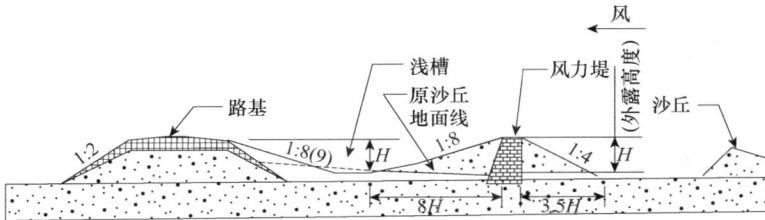

图 7-8　设挡沙墙借助风力形成浅槽的路基输沙剖面图

1）破坏丘体落沙坡，借以创造风沙流运动条件。一是自迎风坡脚至沙丘 1/3 或 1/2 部位设置柴草、黏土沙障，或者在上述部位设置与主风向垂直的墙体或栅栏，借助风力将丘顶削平，直至将落沙坡完全破坏为止；二是利用推土机顺着主风向开挖数条风沟，借助风力将沙丘完全拉平。

2）创造蚀积平衡带。在平缓沙丘脊部位上，设置各类拦沙障，拦沙障防护距离为其障高的 15～22 倍，在障体附近形成积沙区，障间形成吹蚀区，所以，设置的墙体间距为 1.5～2.2 倍，背风坡为其高度的 5～8 倍，这时新的沙墙体基处于稳定状态，而气体多沿墙体做平行运动，仍具有较好的输沙效果。

这类墙体一般在公路上风侧设置 2 道以上，下风侧距路基一定部位设 1 道，目的是使上风侧形成一定的蚀积带，下风侧使其与路基之间的空旷沙地为吹蚀区，用以排泄过境沙量，使其堆积于路基下风较远地带。这样路基上风侧所形成的风沙流在无过大负荷下，借助浅槽与风力堤的综合作用，会受到以"非堆积搬运"通过公路。

3）控制沙源补给。主要通过在上风侧设置固沙障或阻沙障控制沙源补给，以减少通过路基输沙断面的气流含沙量，固沙障以带状形式布设，阻沙障选择在有利地形，如设置在沙丘脊线可以事半功倍。

锡林浩特—宝鸡—三元公路 201km 处，路基上风侧 42m 处设置一道草皮拦沙墙，长 25m，高 2.5m，使墙顶与路基边缘高度一致。经过一个风期，墙体与路基之间能成为浅槽，自然形成的输沙剖面较人工挖筑更理想。

应用输沙方法解决公路沙埋，对于防护材料缺乏或者进行植物固沙有困难的地方如荒漠地区，具有很大实际意义。

3．在渠道防沙中的应用　　渠道本身就是一种"输沙断面"工程，因其自身接近圆弧形，表面光滑，容易产生上升力，在设计合理的情况下有利于输沙，但同时也需要注意防止沙埋。

（1）基本要求　　渠道防沙的要求是在渠道内不要造成积沙，这就必须保证风沙流通过渠道时成为不饱和气流，即渠道的宽度必须小于饱和路径长度，或者采取措施，从气流中取走沙量，使过渠气流成为非饱和气流。

（2）渠道断面结构的选择　　当气流方向与渠道走向一致时，渠道本身变成一个气流走廊，加速气流运动，渠道不易积沙。但当气流走向与渠道走向垂直或有一定夹角时，因渠道横断面结构不同，气流变化也有差异。

1）矩形断面。矩形断面是流线变化最大的断面，气流沿着地面边界前进过程中，遇到矩形断面渠道，界面与流线突然分离，在主流与边界之间形成了涡旋区。涡旋区增大了气流阻力，流速减弱，风沙易于沉积。因此，矩形断面渠道内风沙沉积较多。

2）梯形断面。相对矩形断面而言，梯形断面内涡旋区较小，积沙量也少。梯形断面内涡旋区大小与渠道边坡有关。边坡陡，则涡旋区大，积沙多；边坡缓，则涡旋区小，积沙量少。因此，就减少渠道积沙量来说，边坡较缓为好。但边坡缓则渠道开口大，蒸发面加大，水量损失增大，这对水资源缺乏的荒漠、半荒漠地区是不可取的。这一地区边坡比一般采用 1：（1.5～2）。

3）U 形断面。U 形断面渠道，界面较前两种结构平缓，其结构近于流线型，气流通过时，涡旋区可减小到最低程度。同时，因 U 形断面的弧形槽容易产生上升力，沙粒输移在上层气流中较多，下层气流较少，渠道积沙量少。

根据上述对三种断面结构渠道的分析，矩形断面积沙量最多，梯形断面次之，U 形断面最少。因此，在风沙活动频繁的荒漠、半荒漠地区，应选择 U 形断面结构渠道，可最大限度地减少渠道内积沙的堆积。为使渠道具有较好的非堆积搬运条件，其宽深比应为 2～6，这一结构在阿拉善盟部分灌区内得到具体应用，经过几年的检验，其输沙性能良好，渠道内积沙较其他结构要少。

（3）作用原理　　渠道防沙的理论依据是苏联学者兹纳门斯基的非堆积搬运理论和饱和路径学说。渠道是具有弧形或接近弧形的剖面形状，容易产生上升力，所以具有非堆积搬运的条件。要使渠道本身更好地输沙，必须使渠道的深度和宽度在一定的范围内，合理地确定宽深比，才有利于渠道的非堆积搬运。

如风沙流遇到渠道这一障碍物后，气流运动受阻，附面层发生分离，形成涡旋，增大阻力，减小近地面风速，从而削弱了气流搬运沙粒的能量，风沙流处于超饱和状态。输移沙中多余部分在渠道中堆积，附面层分离越严重，所造成涡旋的尺度和强度就越大，风能损失也越大，从而造成沙粒的堆积越多，形成附面层分离程度即形成涡旋尺度的大小与灌溉渠道断面结构及渠道走向密切相关。

这一方法只能在渠道边缘比较平坦的情况下才能适用，因地形条件变化，就会使饱和路径的起点与终点有所改变。如果渠边位于饱和路径的终点，气流中的含沙量必定很大，通过渠道就会造成积沙。要防止这样的积沙就必须采取另外的措施。

（4）渠道防沙堤和护道　　沙区渠道常因积沙发生淤塞，常用设置防沙堤的方法防止这种现象发生。通过该法改变风力结构，给流沙的流动创造非堆积搬运条件，从而达到避免渠道被沙埋淤塞的目的。在渠道迎风面上，距岸一定距离筑一道 1m 的堤，这个堤就称为防沙堤。堤到渠边的一定距离，称为护道。这个距离最好根据试验因地制宜，原则上根据饱和路径长度和沙丘类型、移动速度而定。一般最好小于饱和路径长度，大于沙丘摆动幅度，使渠道处于饱和路径的起点。

7.2.4　风力治沙应注意的问题

（1）因地制宜、因害设防　　在防沙工程建设中，须综合考虑沙源、风况、地貌、降水、地下水位等因素，因地制宜，因害设防。如公路路面光滑平展，风沙流可以非堆积搬运形式通过。目前，高等级公路常采用的波形板护栏容易引起路面积沙，可采用输沙断面工程。而铁路道床（包括道砟、枕木、铁轨）粗糙起伏，易产生滞留积沙，不仅威胁交通安全，还易造成拱道危害，宜采用反折侧导工程。针对不同路段沙源、风况及交通线路沙害特征，应选择相应的风力治沙措施。对沙害区域开展广泛、科学的调查，根据调查结果结合区域生态环境特征，选择合理的治理技术与措施，依靠精准发力，高效治沙，避免治沙不成反遭沙害的现象出现。

（2）合理配置、综合防治　　在防沙实践中，中国创造了多种防沙措施，风沙危害得到了有效防治。根据防沙材料性质，防沙措施一般可以分为机械措施、化学措施和生物措施；根据力学原理将防沙措施分为封闭型（如片石封闭路基边坡）、固定型（如草方格）、阻挡型（如高立式沙障、林带）、输导型（如下导风）、转向型（如羽毛排）、消散型（如扬沙堤）等 6 类。不同防沙措施的作用原理主要包括：阻断或抑制风沙气固两相流与地面的接触及相互作用；增加积沙体或地表抗风蚀能力；增加或减小风沙流局地运动阻力；引导改变风沙流运动方向等。风沙环境复杂多样，相应的沙区沙害防沙体系可以有以固为主、阻—固结合、挡风输沙、阻—固—输结合等类型。若线路与当地主导风向夹角较小且有适宜的导沙区域（如沟壑、河谷）时，阻—固结合模式的外侧阻沙措施可变为导沙措施，即调整为导—固结合型模式。在进行沙害防治时，应该结合沙害特征与区域环境特征合理配置防沙措施，系统进行综合防治，效果更佳。

7.2.5　风力治沙发展趋势

风能资源并非消耗于利用之中的能源，可以重复使用。风力治沙应用范围广，是交通、水利、工矿、农田、牧场、城镇居民点等防治沙害的重要措施之一。过去对风力治沙认识不足，结果治沙不成反遭沙害，国内外都有这样的教训。

沙区防沙通过构建防沙体系综合规划和防治，预防为主，防治结合，充分运用生物和工程等措施进行综合治理，取得了较好的效果。尤其是近年来风力治沙措施在沙区公路和铁路建设中应用较为广泛，不同的工程技术各有其优点和缺点，且各有其适用的条件和范围。因此，在未来借助风力这种自然力量治沙时仍必须根据当地的自然条件和风沙危害特征，因地制宜，因害设防，采用多种治沙措施，进行综合防治，最好建立一个完整的防护体系，使得固、阻、输、导工程及机械、化学和植物治沙有机结合起来，取长补短，发挥最大效能。

7.3　水力治沙原理与技术

7.3.1　水力治沙的概念

水力拉沙是以水为动力，按照需要输移沙子，消除沙害，以改造利用沙漠的一种方法。其实质是利用水力定向控制蚀积搬运，达到除害兴利的目的。这一概念也可称为水力治沙，它是以引水拉沙、修渠灌溉等一系列水利技术措施为手段，并结合其他工程与生物措施，改变沙区自然条件，促进沙区改造治理的一种治沙方法。

7.3.2　水力治沙的意义

在沙区，光热丰富，沙地淋溶作用微弱，矿物盐类一般也不缺乏，缺的是水。所以水力拉沙或水力治沙是治理沙漠中不可缺少的重要措施。它可以改变地形，改良土地，改善小气候，从而为综合利用沙区创造条件，使农、林、牧、副、渔得到全面发展，其意义体现在以下几个方面。

（1）增加沙地水分　　为植物生长发育创造条件，还可以增强地表的抗蚀性。

（2）改变沙地的地形　　沙区地势起伏不平，经水冲沙塌，冲高淤低，把各种不同的沙丘地形改造成平坦地，并能节省劳力，提高工效。

（3）改良土壤　　改良土壤使沙地的理化性质得到改善。通过水力拉沙可改变机械组成，促进团粒结构的形成，溶解并增加无机盐类，在沙地有害盐类含量较高的地段，还可用水冲洗氯化镁、氯化钾、芒硝等有害盐类，减免盐害。

（4）促进沙地综合利用　　水力治沙可改变水分、地形、土壤、小气候等自然条件，为农、牧、渔等各项生产事业创造了有利条件。

7.3.3　水力治沙的原理

水力治沙是运用水土流失的基本规律，以水力为动力，通过人为控制影响流速的坡度、坡长、流量、地表粗糙度等各项因子，使水流大量集中，形成股流，造成水的流速（侵蚀力）大于土体的抵抗力。同时，沙粒由于有较大渗透力，水量超出渗透速度后，沙被水饱和形成浊水泥浆，水流继续冲淘，即形成径流，水和泥沙顺坡流走。由于沙粒本身是无结构的，机械组成较粗，又极松散，经水力冲刷后很快形成侵蚀沟，此时侧蚀加强，向两侧掏蚀严重，沙丘本身落沙坡面的自由安息角被破坏，沟坡大量崩塌，塌下的泥沙又大量随水流走，这样继续扩展冲淘，沙随水走，使丘体破碎，慢慢被水输移到下游平坦及低洼地上，流速变缓而沉积下来。最后达到拉平沙丘，改变沙丘地貌，建造成大面积基本农田和林、牧业基地的目的。

水土流失的快慢与流速、沙粒重量及粒径有关，即粒径与起动流速的平方成正比，沙粒的重量又与其粒径的三次方成正比，所以沙粒的重量与流速的关系可用下式来表示：

$$G \propto V_d^6 \tag{7-3}$$

式中，G 为沙粒重量；V 为流速；d 为沙砾粒径。

根据这一关系式，相关研究人员就可以通过控制流速的办法，解决水力拉沙和沙粒沉积的问题，一旦沙丘拉平即进入防风防沙和沙地利用阶段。

7.3.4　水力拉沙造田

水力拉沙造田是利用水的冲力，把起伏不平、不断移动的沙丘，改变为地面平坦、风蚀较轻的固定农田。这是改造利用沙地和沙漠的一种方法，是水力治沙的具体措施。

1. 拉沙造田的规划设计　　拉沙造田必须与拉沙修渠一起进行统一规划，分期实施，要建立在充分利用沙区水土资源的基础上。造田地段应规划在沙区河流两岸、水库下游和渠道附近或有其他水源的地方。拉沙造田次序应按渠道的布设，先远后近，先高后低，保证水沙有出路，以便拉平高沙丘，淤填低洼地。根据地形地势合理规划田块布局，设计引水拉沙造田的田间工程，确定拉沙造田的方法，设计道路，划分田块，并计算用水、用工、用料，核算造田金额。

2. 拉沙造田的田间工程　　引水拉沙造田的田间工程布设示意图如图 7-9 所示。

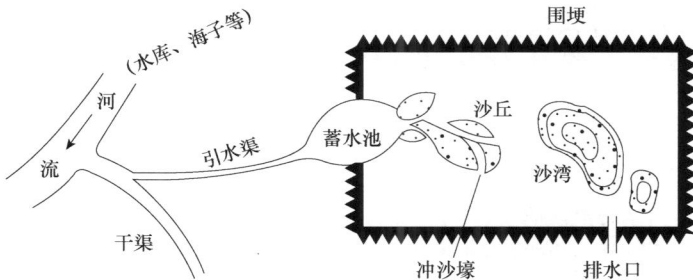

图 7-9　引水拉沙造田的田间工程布设示意图

3. 拉沙造田的具体方法　　一般按拉沙冲沙壕的开挖部位划分，有顶部拉、腰部拉和底部拉 3 种基本方式，施工中因沙丘形态的变化又有下列多种综合方法。

（1）抓沙顶　　适于引水渠位高于或平于新月形和椭圆形沙丘顶部时采用。当水位略低于沙丘顶部时，只要加深冲沙壕也可应用。具体做法是，开挖一道冲沙壕，穿过沙丘顶部，引来渠水，水壕不断向左右扩展，自上而下，由高向低，逐渐拉平沙丘。

采用抽水机械时，只需将水泵抽水管连通水源，放在沙丘顶部拉沙。在不同形态的沙丘上施工，胶管的角度部位可以自由变换。此法比自流引水拉沙操作自如，目前采用越来越多。由于冲沙壕开挖于丘顶，高差大，冲力强，拉沙速度较快。

（2）野马分鬃　　一般在渠水位低于或平于大型新月形沙丘、新月形沙丘链时采用。在沙丘靠近蓄水池一端，先偏向沙丘一侧挖一段冲沙壕，放水入壕拉去一块，接着在缺口处筑埂拦水，然后偏向沙丘另一侧，挖一段冲沙壕，再拉去一块，由近及远，如此左右连续前进，即可拉平沙丘。在施工中要注意保证冲沙壕的水流不中断，由于冲沙壕左右分开，形如马鬃，所以叫野马分鬃。

（3）旋沙腰　　在渠水水位只能引到沙丘腰部时采用，需水量多，在拉沙造田时应用也较多。做法是：在沙丘中腰部开挖冲沙壕，利用水的冲击力量，逐渐向沙丘腹部掏蚀，形成曲线拉沙，齐腰拉平。因为来势凶猛，群众又叫"黑虎掏心"。

（4）劈沙畔　　一般在沙丘高大，渠水的水位低，水无法引至沙丘顶部或腰部时采用，可在沙丘坡脚开一道冲沙壕，用稍捆或木板控制水流方向，引水冲沙，由外及里，逐步劈沙入水，将整个沙丘连根拉平。如水量大时，在沙丘的另一侧开壕同时劈沙，两面夹攻，以加快拉沙速度。

（5）梅花瓣　　在水量充足、范围较大的地段，当几个低于渠水水位，或平于渠水水位的小沙丘环列于蓄水池四周时，采用这个方法。即在相邻沙丘间修筑堤坝，将水引入在沙丘中间筑成的蓄水池中，然后在各个小沙丘顶部开挖冲沙壕，同时放水入壕，冲拉沙丘。因形如梅花，故称梅花瓣拉沙法。

　　另一种梅花瓣拉沙法是在一个大沙丘上，把水引至沙丘顶部，围埝蓄水，然后在蓄水池四周挖四五条冲沙壕，同时放水，向四周扩展，拉平沙丘。也有在抓沙顶后，两边的沙丘尚未冲完，可堵上旧沙壕口，重新向四周未冲完的沙丘开沟冲沙，也叫梅花瓣冲沙法。

　　（6）羊麻肠　　在沙丘初步拉垮削低后，还残存有坡度很小的平台状沙堆，就可由高处向低处开挖"之"字形冲沙壕，引水入壕，借助水流摆动冲击的力量，将残留沙堆削低拉平，因冲沙壕弯曲迂回，形如羊肠，故称为羊麻肠拉沙法。

　　（7）麻雀战　　这种办法多在拉沙造田收尾施工时采用。主要用来消除高 1～2m 的残留沙堆。将拉沙人员散开，每个沙堆旁安排一两名，然后放水，各点的人员分别引水，冲拉沙堆，摊平沙地。这种分兵把口，各个击破的拉沙方法与游击战中的"麻雀战"相似，故叫麻雀战拉沙法。

思　考　题

1. 简述风力治沙与水力治沙的概念。
2. 输沙断面工程有哪几种形式？应用时如何设置？
3. 风力治沙的技术措施有哪些？在应用时要注意什么？
4. 简述水力拉沙的原理。

第 8 章　沙害的综合防治

【内容提要】中国北部分布着浩瀚的戈壁、沙漠、沙地、旱作农田、灌溉绿洲及广阔的沙质草原。土壤风蚀沙化、沙丘移动埋压、风沙流沙打沙割及植被退化是这些地区风沙危害的共性特征，给区域生态、工业、农牧业生产和人民的生活带来极大的危害。因此，需要因地制宜，因害设防，结合山水林田湖草沙生命共同体的理念，组装传统的生物、工程与化学防治措施，利用自然力及新型防沙治沙技术，改革传统的经济发展模式，创新沙害防治理念，加快沙害的综合防治，保障区域的生态、生产与生活安全，促进社会、经济与生态、环境的多元化持续发展。

8.1　农田沙害的综合防治

8.1.1　旱作地区农田沙害的综合防治

1. 旱作农业及旱作地区的分布　　旱地农业（dry farming），也称旱农，是指干旱、半干旱和半湿润易旱地区完全依靠天然降水进行农作物生产的一种旱地农业。其中，干旱、半干旱和半湿润干旱区的降水量分别为 200～250mm、250～400mm、400～600mm，这些地区降水年变率大，季节分配不均，旱灾频繁，水资源总量不足全国的 20%，耕地平均水量约为 5580m^3/hm^2。世界干旱半干旱区遍及 50 多个国家和地区，总面积约为陆地面积的 1/3，在 14 亿 hm^2 耕地中，主要依靠自然降水从事农业生产的旱地占 80%。中国干旱、半干旱及半湿润干旱地区的面积占国土面积的 52.5%，分布在昆仑山—秦岭—淮河一线以北的 16 个省（自治区、直辖市），农业主要依靠和利用自然降水，是典型的旱作农业区。据信乃诠等统计，北方旱农区有 212 万 km^2 土地，3400 万 hm^2 耕地，约 2 亿人口，粮食总产量为 1.1 亿 t，可利用草场 1.7 亿 hm^2，分别占全国的 22%、35%、16%、22% 和 70%。旱区农业持续发展的主要问题一是降水少、气温低、土壤贫瘠、自然条件恶劣，产量低而不稳，农民生活贫困。二是水土流失和风蚀沙化十分严重。大量水土流失不仅导致土壤肥力下降，风蚀沙化更是中国北方旱区近年来更为突出的问题，过度的开垦及不适当的耕作，造成植被破坏，土地沙漠化愈来愈严重，沙尘暴发生的频率愈来愈高。

中国北方沙区东部旱作地区是指沙质草原和其中的沙荒地区，主要包括：鄂尔多斯沙区（毛乌素沙地和库布齐沙漠）、锡林郭勒草原和沙荒（浑善达克沙地和乌珠穆沁沙地）、西辽河和嫩江沙区（科尔沁沙地和嫩江沙地）及邻近沙质草原、呼伦贝尔沙地及草原等。这些地区流沙仅占沙地总面积的 10% 左右，其余均为固定、半固定沙地和滩地、甸子地，如鄂尔多斯沙地一般是梁地、滩地相间分布，这一辽阔地区为中国的重要畜牧业基地之一，而农田大多分布于这一草原和沙荒地带的东部和南部，愈向北耕地愈少。这一地区降水量为 250～400mm，最东部靠近大兴安岭地区可达 500mm，日平均温度≥10℃的积温达 2000～2800℃，农业主要依靠天然降水完成，一般不进行灌溉，旱农区的粮食产量低而不稳。

2. 旱作农田沙害类型　　风沙危害农田是风沙流活动所造成的。分布在干旱、半干旱的沙区和沙质土地上的农田，不合理的开发利用造成风沙对农田的危害。其危害主要有风蚀沙化、沙打禾苗和沙埋农田三种形式。

（1）风蚀沙化　　这是风沙危害农田的一种主要方式。春季播种时正值风季，沙质耕地基本上处于裸露状态，在强风作用下，疏松的表土易遭风蚀，刚入土的种子甚至幼苗随表土被吹蚀而外露地表，以致被吹走，造成毁种，严重时要重播2~3次，甚至4~5次。同时由于表土层被吹蚀日益变薄，细土和有机质吹失，沙粒含量增加，肥力下降，粮食作物单产降低，最后还可能导致不适宜耕种。农田风蚀沙化可分为大面积"平铺式"和局部"斑块状"风蚀沙化两种。"平铺式"风蚀沙化是一种危害范围大，但危害程度较轻的农田沙漠化类型，主要发生在冬春季节，此时地表裸露，风大风频，当饱和风沙流吹过草地时，沿程损失会使风沙流的挟沙能力下降，引起风沙流沉积。当风沙流吹经平坦开阔农田地表时，风沙流恰好成为不饱和风沙流，导致农田风蚀的发生。"斑块状"风蚀沙化是一种危害范围小，但危害程度十分严重的农田沙漠化类型。局部地形条件的改变形成"狭管效应"而使风力增强，使农田局部受蚀而形成风蚀洼地或风蚀坑。流沙或沙尘搬运和堆积的过程中，可对作物造成沙打、沙割和沙埋危害。

（2）沙打禾苗　　如果耕地及耕地周围有流动及半固定沙地存在，在强风作用下所形成的风沙流，会打击作物幼苗，轻者使枝叶受伤，毁苗折秆，造成作物过度蒸腾乃至凋萎死亡；重者使幼苗枯死，造成晚熟、减产或无收。

（3）沙埋农田　　大面积的流动沙丘和零星沙丘，在不断前移过程中，埋没其前方的农田，同时在沙丘前方还形成一条风沙流蔓延带，使这里比较好的黏壤土造成"自然掺沙"并逐渐形成风沙土，在风力作用下，耕地本身起沙和外来风沙流一起危害作物。

上述三种危害方式，实质上是耕作农田土壤风蚀过程中的沙粒吹扬、搬运、堆积和流动沙丘移动这一统一过程造成的，是风与风沙流对农田及其周边环境地表的侵蚀、搬运和堆积过程的具体体现，其危害程度、强度则受控于土壤风蚀过程和流沙搬运及堆积过程。各地因风沙危害农田的沙源情况不同，农田沙害情况也不一样。总体上，中国沙区东部旱作地区以耕作土壤风蚀为主，西部老灌溉绿洲以流动沙丘前移和风沙流危害为主，而在新垦绿洲，初期土壤风蚀比较严重。

中国北方旱作地，过度农垦所引起的沙化土地，受水、肥等自然条件的制约，一般单位面积产量不高，加上降水年变率很大，产量极不稳定，而人口增加的压力又迫使人们不自觉地去扩大垦殖面积或进行掠夺式的经营，以此来追求总产量。扩大开垦面积并未给人们带来所预想的较大产量。适得其反，所带来的却是环境退化，土地生产力日趋下降的恶果。因为扩大耕地面积后，造成了大面积被犁耕的无结构的沙质地表，当风季到来时正值地表裸露时期，强烈的风蚀，将参与能量交换的有机质和营养元素吹走了，使土层变薄，肥力下降，这样连年耕种与风蚀的过程，损失的物质却得不到补偿，破坏了生态的平衡，单位面积产量逐年下降，甚至部分农田弃耕，从而进行再度开垦耕地。这样年复一年下去，耕作地区的自然环境陷入扩大耕地面积—增加风蚀土地—产量降低—再度扩大耕地……这样的恶性循环之中。

旱作地区的沙害特征主要表现为土地的风蚀沙化。在没有开垦过的沙质草原，天然植被茂密，地表累积了一层枯枝落叶，这就形成了保护层，通常不会出现土壤风蚀的现象。但在大面积开荒进行旱作、不断轮荒的情况下，稳定的天然植被保护层被破坏，于是土壤风蚀得到了发生和发展的条件，土壤沙化过程不断扩展。土地沙化过程，一方面表现为土壤中细粒和营养物质不断被吹蚀，另一方面表现为表土沙粒日益增多，使原来较为肥沃的草原土日趋贫瘠。由于土地沙化主要是轮歇撂荒所造成的，因此每轮荒一次，沙化就加深一步，植被的恢复就更困难一些。此外，风蚀吹扬漂移的土粒，遇到耕地周围的草地和建筑物，便在附近堆积起来，于是地表出现片状流沙或灌丛堆，慢慢向半固定沙地和流动沙地发展，沙漠景观开始出现。一般条件有所变化，沙打禾苗，农田毁种现象更加严重。

3. 旱作农田沙害综合防治措施　　在中国北方沙区东部，旱作农业地区防治风沙危害有两条根本途径，一是调整农、林、牧业结构中的林、牧比例，以建设基本农田为主，适当加大林、牧业比例；二是在逐渐消除轮歇地面积的情况下，大力营造防护林和改善耕作措施，以此来消除风蚀危害。

（1）调整农、林、牧业结构中的林、牧比例，改变单一旱农结构　　据统计，20 世纪末，中国北方干旱地区的旱地近 5051 万 hm^2，其中，旱作农田（雨养农田）2944 万 hm^2（罗其友等，1999）。许多地方旱作耕地的面积已经占到当地土地总面积的 75%以上。由于这些地方风大，开垦以后农田的水分迅速下降，土壤结构变劣和肥力下降，加上缺乏有效的防风蚀农田保护体系，土地风蚀沙化过程急剧发展。旱作农田仍然为这些地区沙漠化发生和发展的一个重要的人为诱发因素。

为防止土壤风蚀沙化，首先应限定旱作农业的界限范围，在干草原地区，旱作农业应局限于地势开阔、水土条件较好的滩川地区。在波状平原顶部或斜坡沙化地段，退耕还林，还牧，栽植乔、灌木片林或种植牧草，扩大植被覆盖面积，削弱风沙活动强度，真正做到合理安排和利用土地资源，促进农、林、牧业的全面发展。

其次，加强以治沙为核心的农牧业生态基本建设。改变广种薄收的轮荒薄收耕作制度，逐步压缩旱作面积，调整农、林、牧业结构中的林、牧比例，改变单一旱农结构，加大林业比例，退耕还林还草，增强林业在大农业结构中的保护作用。实现牧业生产中数量向质量的转变，缩短饲养周期，在冬、春季异地育肥，提高牧业商品率水平，同时退耕还草。提倡划区轮牧，严禁过度放牧破坏草场。

旱作农业地区中段邻近京津，也是袭扰京津地区风沙的主要沙尘源区。20 世纪末，政府为了扭转这里生态环境急剧恶化的局面，遏制土地沙漠化势头，确定这里为率先实施"退耕还林还草"的地区。各地"因地制宜"提出建设各种基本农田的模式。例如，内蒙古乌兰察布市南部提出：每人"种好二亩基本田，管好二分园"。后来进一步总结出"进一退二还三"的经济发展战略。基本田一般建在水分条件相对较好的河谷平原及湖盆滩地。

（2）发展水利，建设基本农田　　"水利是农业的命脉"。为了发展农业和建设草场，必须改变广种薄收的轮荒耕作制，大力发展水利事业，建设以水浇地为主的基本农田。这一地区河谷地带土壤较为肥沃，可蓄水进行自流灌溉；滩地、甸子地、壕地、宽阔塔拉地等土层较厚，地下水较丰富，可以进行井灌。同时结合雨水收集技术，实行雨水集流增加灌溉水源，配以滴灌、渗灌、管道灌等节水灌溉技术和地膜覆盖技术，建立旱地节水补灌农业技术体系，调整农作物种植结构，开发旱地生产潜力，促进旱农地区农业经济更好更快地发展。

特别应该注意的是，过去以丘陵坡地（即巴拉地和坨子地）为主的旱作地区，因土地沙化严重，必须充分利用滩地、甸子地及河谷，大力发展水浇地，逐步缩小轮歇地，从根本上改变旧的轮荒耕作制。毛乌素沙地榆林地区境内流动沙丘地带，多年来结合治沙，营造护田林网和固沙林，充分利用川滩丰富的水土资源，大搞水利，采取引水拉沙、筑堤造地等水利措施，以沙改土，建设稳产高产基本农田。该地区发展水田，水稻种植面积达 $4700hm^2$，产量 $9000kg/hm^2$；在滩地上打机井、多管井和开挖马槽井，发展水浇地，已建成面积为 300~$400hm^2$ 及以上的基本农田 52 个、600～700hm² 及以上的基本农田 17 个，种植春小麦面积达 1.5 万～2.0 万 hm²，产量 4500kg/hm²，农田平均单产较基本农田建设前增产 3 倍以上，取得林茂粮丰的喜人成就。

实践证明，在这类地区进行农田基本建设，一般应该选择河谷、滩地、甸子地等，因为这里地形平坦，土层较厚，有利于发展灌溉和营造护田林网，有利于改良土壤，提高地力，保证农业高产稳产。同时，也有利于原来的轮耕荒坡退耕还林还牧，使沙质草原植被得以恢复，进而发展畜牧业。

（3）营造农田防护林　　建设高产稳产的基本农田，除抓好水利和土壤工作以外，营造农田防护林及林网也是非常重要的措施。因为农田防护林可以大大改善农业生产条件，为调节农田小气候，降低风速，防止土壤风蚀，抗御干旱、霜冻等自然灾害，改良土壤，以便精耕细作充分发挥增产作用。所有这些早已为国内外科研成果和生产实践所证明。

中国沙区东部旱作地区营造农田防护林，设计时，在合理选择好乔、灌木树种的基础上，还应充分利用和安排好林带结构及带间距离这两个变量。一般地，用于营造农田防护林的乔木树种可选小青杨、加杨、北京杨、白城杨、小叶杨、多种杂交杨、新疆杨、旱柳、榆、樟子松、油松、云杉等，灌木树种可选择胡枝子、紫穗槐、灌木柳类、沙棘、小叶锦鸡儿和柽柳。在缺乏水源的旱农地区，应营造通风结构和疏透结构的窄林带、小网格的护田林网体系，即应营造透风度为 30%～40% 的护田林网体系，主林带带间距离一般为树高的 15 倍左右，副林带与主林带相交，副林带间距以按主林带间距的 2～4 倍设计为宜，均可收到良好的防护效益。如害风来自不同的方向，仍可按主林带间距设计。防护林的主、副林带一般为 2～3 行，宽 4～6m，少占地。而在农田内部应在每一块耕地边上再栽植 1 行或 2 行林带。一行辅助林带一般就是有效的，而 2 行林带便于更新，效果更佳。目前常常采用的防护林营造模式为结合渠、道、田的"一路两渠四行树"的建设模式。为了更有效地控制土壤风蚀危害，常在乔木下栽植灌木，并在主副林带之间适当栽植一些灌木林带，将其分隔成更小的网格，以此削弱风力作用，防止和减少农田土壤风蚀的发生。林带由于降低了风速，减少了因农田被风蚀而损失的有机物质和营养元素。另外，林带内枯枝落叶的部分营养物质又归还于土壤，参与生态系统内部的物质循环，这样年复一年下去，生态系统的平衡失调将会逐渐得到恢复。

（4）采取防风蚀的旱农作业措施

1）带状耕作。沙质土旱作，特别是迎风的地形部位，不宜大面积耕作，而宜采用带状耕作，保留一定宽度的原生植被，起防止风蚀的屏障作用。例如，在毛乌素沙地，轮歇地一般进行间隔带状开垦，保留一定宽度的原生植被带；也可进行小块状耕作，尽量缩小耕作面，以防止或减轻土壤风蚀。这种耕作带的宽度应根据所保留的天然植物带内植被的高度而定。如保留的天然植被是油蒿，植丛高一般在 60～80cm，按防护林防护范围为植株高的 15～20 倍，则耕作带的宽度只能限制在 9～12m。

带状耕作时，天然植被间隔的密度应根据具体情况而定。在背风的地形部位，间隔可以窄些，迎风处则应宽些，一般间隔带的宽度应保留在 7～8m，过窄防风蚀效果不显著。

2）作物留茬。作物留茬，其目的是避免风与土的直接接触，加大了地面的粗糙度，防止风对土壤的侵蚀。而且留茬还有助于集沙和保护下伏表土中的易蚀性颗粒不易移动，进而降低土壤风蚀。此外，作物留茬也可减少耕地的耕耘次数、保持土地表层的残留物，减少蒸发量，使土壤蓄积更多的水分，增加土壤表面的抗风蚀性，达到控制风蚀的目的。臧英等（2003）在坝上地区进行了传统耕作（秋后翻耕 20cm）、免耕留茬（20cm）＋耙地、免耕留茬（20cm）和免耕不留茬四种对比试验，结果表明：免耕留茬、免耕留茬＋耙地和免耕不留茬三种处理分别比传统耕作相对减少输沙量 73.75%、75.31% 和 14.17%。留茬的两种处理比没有留茬的处理风蚀量少，免耕留茬和免耕留茬＋耙地分别比免耕不留茬减少土壤损失 71.24%和 69.41%。因此，需在秋收时增加作物留茬，以减少土壤风蚀。留茬可以增加土壤蓄水，据中国农业科学院土壤肥料研究所 1992～1993 年的试验，免耕留茬，夏闲期 2m 土体比传统耕作法多蓄水 9.9～11.5mm，休闲蓄水效率增加 3.5%；深松留茬，夏闲期比传统耕作法多蓄水 25.8～34.9mm，休闲蓄水效率增加 9.3%～10.8%。

作物留茬措施，无论在毛乌素沙地或科尔沁沙地，旱地耕作时一般都是采取与主风垂直的方向作垅进行播种，播种的糜、谷等作物秋收时都要留一定高度茬口（10～20cm），以防止冬春季的土壤风蚀，直至翌年春播前翻耕清茬后进行播种。试验表明，留茬时间越长，对防止土壤风蚀越有利。秋后即耕作，土壤风蚀量达 57t/hm²，表土风蚀深度达 4.3mm，而在 3 月耕作时风蚀量下降至 35t/hm²，表土风蚀深度 2.6mm，留茬至 4 月份翻耕时风蚀量为 31t/hm²，表土风蚀深度 2.3mm；一直留茬的风蚀量仅为 23t/hm²，表土风蚀厚度 1.7mm。

中国科学院兰州沙漠研究所在宁夏盐池县高沙窝地区的测试结果见表 8-1，秋翻裸露耕地距地面 2m 高处的风速为 5.8m/s，至地面 5cm 处下降到 41%，而在留茬地茬向与主风垂直的谷茬地上，风速相应削弱了 3 倍，可见留茬对削弱风速的作用愈接近地表愈强。正因为如此，在风季裸露地表土被风蚀 6339kg/hm²，但在留茬地不仅没有受到风蚀，反而每公顷积沙达 3800.25kg。风积细沙具有一定肥力，俗称"油沙"，鄂尔多斯沙区群众说："留茬留得高，顶上粪，带茬休闲，可缩短休闲年限"。由此可见，风蚀性沙土旱作留茬，对于防止和削弱风蚀确有一定作用。

表 8-1　高沙窝旱地裸露地块和留茬地近地面风速与粗糙度及蚀积量的比较

地况	距地面 2m 高处 风速/（m/s）	距地面不同高处（cm）风速与 2m 高处风速的百分比							粗糙度/cm	蚀积量/（kg/亩）
		200	100	50	30	20	10	5		
秋翻裸露耕地	5.8	100	90	79	71	63	51	41	0.417	＋6339
茬高 10～20cm 的谷茬地	4.9	100	87	72	63	51	36	23	1.740	＋3800.25

留茬的方向对防风蚀作用影响很大，因此，在播种作物时，播种的走向一定要与主风向垂直，而且留茬的高度以 10～20cm 为宜（表 8-2）。留茬过高浪费秸秆，过低影响防护效果。

表 8-2　高沙窝旱地留茬方向对地表粗糙度、土壤风蚀的影响

留茬方向	地表粗糙度/cm	风蚀（—）堆积（＋）量/（kg/亩）
垂直于主风向，茬行距 80～20～80cm	1.740	＋253.35
平行于主风向，茬行距 80～20～80cm	0.398	—17563.15

另外也可以采取不同作物带状间作，收割时留下高秆，在冬、春风季起立式沙障的作用。但这种间作带的间距要视留茬高秆的高度而定。

3）免耕少耕。免耕和少耕是 20 世纪 60 年代后才推行的防止土壤风蚀、保水保土的新耕作方法。免耕是免除土壤耕作直接播种农作物的一类耕作方法，不翻耕、不耙，也不中耕，它是依靠生物的作用进行土壤耕作，用化学除草代替机械除草。免耕法靠作物根系、土壤微生物、蚯蚓的活动来调节土壤三相（固相、液相和气相）比，以满足作物对水、肥、气、热的需求。

免耕法需要一系列配套的高技术，至今在美国也未见大范围推行。少耕指在常规耕作基础上减少土壤耕作次数和强度的一类耕作技术。保持地面状态的深松可以打破犁底层，活化心土层，增强土壤透水、透气性，并可以尽量保持地表覆盖。

4）人工种草和绿肥。种植牧草可形成覆盖保护层，保护土壤免受风蚀，同时，种植牧草特别是豆科牧草还可以明显起到改良土壤的作用，增加团粒结构，增强土壤抗蚀性能。在科尔沁沙地进行的试验证实，人工牧草可以改良土壤的物理性状，降低土壤容重，提高土壤孔隙度，使土壤的保水、保肥得到改良。随着土壤结构和肥力的改善，沙土的黏结性和内聚力增强，从而降低土壤的易蚀性和环境的沙化过程。此外，人工草地的建设能大大缓解农牧区饲草不足、季节供应不平衡的矛盾，又能防风固沙、改良土壤和改善生态环境，所以在沙地治理开发中常作为调整土地利用结构，扩大畜牧业生产比例和防风固沙、治理生态环境的重要措施被提出，而在生产实践中也容易为农牧民接受并得到推广。常用的牧草种有三叶草、苜蓿、野豌豆、沙打旺、草木樨等，这些牧草不仅可以单独种植以覆盖地面和改良土壤，也可与主要作物混种，在主要作物还是幼苗期时起覆盖作物的功能，当主要作物正常生长后，即可翻耕或刈割以作绿肥使用。研究表明，1hm² 的绿肥作物对土壤有机物的贡献相当于每公顷施用 4.2～5.2t 干有机物质或 20～26t 的农家肥。

5）伏耕压青。休闲伏耕压青，对于防止或减轻耕作土壤的风蚀效果良好。一般在休闲当年或第二年 6～7 月进行伏耕压青，一方面将田间杂草翻入土中，使其在气温、地温较高的情况下，腐熟分解，维持地力，蓄积夏秋雨水，同时在秋、春季不再翻耕，有利于防止土壤风蚀；另一方面还可以促进土壤的熟化程度，有利于翌年春播作物的生长。

6）植树造林，固定流沙。旱作农业区，有些农田处于流沙包围之中，这些流沙多以带状、斑块状及风蚀坑的形式存在，流动沙丘迁移对基本农田、轮歇地和牧场危害很大，即使有农田防护林存在，也仍不免产生林带积沙而危及农田。因此，对这些农田外围流沙的治理，也是农田基本建设和草原建设的一项重要措施。

旱作地区雨水相对较多，沙地水分状况较好，毛乌素沙地流动沙丘的水分状况（以榆林红石峡地区 1960 年为例）见表 8-3。流动沙丘迎风坡干沙层厚度一般在 10cm 左右，湿沙层的含水量可达 3%～4%，而流沙的凋萎湿度仅为 0.65%～0.75%，可供植物利用的有效水分达 2%～3%，固定、半固定沙丘的含水量可达 4%～5%。同时，沙地每年还有多次降水下渗的水分补给，水分状况比较优越，在不灌溉的条件下，只要因地制宜地栽植乔、灌木树种和固沙植物，营造防沙林带、块状片林固沙是完全可能的，这已被中国 30 多年来的实践所证明。

表 8-3　毛乌素沙地流动沙丘的水分状况（以榆林红石峡地区 1960 年为例）

采样深度/cm	各月平均沙层含水量（为干沙重的%）							4～10月平均含水量/%
	4	5	6	7	8	9	10	
流动沙丘迎风坡中部								
10	2.95	2.47	0.94	2.75	3.17	1.46	3.11	2.41
20	3.67	3.68	2.70	2.98	3.36	3.65	2.95	3.28
40	3.42	3.75	3.74	3.25	2.99	3.62	3.83	3.51
70	3.87	3.43	2.94	2.84	2.96	3.57	3.47	3.28
100	3.67	3.72	2.80	2.73	2.97	3.81	3.32	3.29
150	2.91	3.79	3.13	3.16	4.13	3.97	3.20	3.47

续表

| 采样深度/cm | 各月平均沙层含水量（为干沙重的%） | | | | | | | 4～10月平均 |
	4	5	6	7	8	9	10	含水量/%
200	2.68	3.69	3.34	3.24	4.04	4.06	4.01	3.58
250	2.99	3.46	3.93	3.67	4.33	4.33	4.47	3.88
300	2.87	4.54	3.24	4.33	4.69	4.85	3.19	3.96
流动沙丘迎风坡上部								
10	3.74	5.00	2.15	2.77	3.81	3.90	2.72	3.44
20	4.40	6.12	1.83	2.33	3.49	3.23	3.21	3.52
40	3.71	3.41	2.98	2.79	2.91	3.46	3.69	3.26
70	3.67	5.59	1.97	3.00	3.32	3.08	3.06	3.38
100	3.13	3.71	3.25	3.11	4.32	3.03	3.56	3.46
150	2.56	3.79	3.08	3.27	5.31	3.12	3.33	3.58
200	3.35	3.86	3.21	3.08	3.25	3.72	3.18	3.38
250	3.06	3.84	2.64	3.09	3.16	4.53	4.18	3.50
300	3.40	4.93	3.17	2.92	3.22	3.25	4.38	3.61

在这些地段造起固沙林后，不仅固定住流沙，消除流沙对农田、牧场及护田林带的危害，而且还能使流沙区变成用材林、薪炭林、饲料林基地，与农田防护林一道形成完整的防护体系，甚至还能从中进行平沙造田，发展农业，建立果园以至发展为多种经营。

8.1.2　绿洲农田沙害的防治

绿洲是北方干旱地区最重要的农业基地。中国西部的灌溉绿洲多与戈壁、沙漠相毗邻，有的寓于沙漠之中，绿洲边缘和内部通常分布着流动沙丘、半固定沙丘及风蚀地，它无时不受到外围荒漠环境的干扰和影响。沙漠绿洲的许多耕地，特别是新垦荒地，土壤质地多数为沙质土壤或砂壤质土壤，颗粒间黏结力差，对风蚀抵抗弱，而其防护体系尚不完整，难以发挥有效功能，因而绿洲极易受到风蚀和沙埋危害。风沙可造成吹蚀表土，沙割幼苗，沙埋农田等危害，严重时会导致农田颗粒无收。因此，绿洲农田沙害的防治是绿洲农业可持续发展的重要保障。

1. 绿洲及其分布特征　　绿洲，常常又被称为沃洲、沃野、绿岛、泽园、盆原等，中国新疆维吾尔族人称绿洲为"博斯坦"。绿洲的英语为 Oasis，源自希腊语，古希腊人用此称利比亚沙漠中特别肥沃、富裕，可供"住"（Oweh）和"喝"（Saa，科普特语）的地方。申元村等（2001）提出"绿洲是干旱地区具有稳定水源对土地的滋润或灌溉，适于植物（或作物）良好生长，单位面积生物产量高，土壤肥力具有增强的趋势，适于人类从事各种生产及社会活动的明显区别于周围荒漠环境的独特地域"。该定义指出了绿洲的发生空间限制（干旱地区）和存在的保障条件（稳定的水源），揭示了绿洲与荒漠在生物产量上的本质区别（具有较高的生产力），同时指出绿洲是一种独特的地理景观，也是荒漠区人类生存空间和发展的载体。

绿洲是干旱区最重要的生态系统，也是干旱区人类赖以生存和发展的最重要的基地。中国的绿洲主要分布于昆仑山、阿尔金山、祁连山和乌鞘岭诸山北麓及贺兰山以西的内蒙古后套及其以西的乌兰布和沙漠、阿拉善高原、宁夏银川灌区、甘肃河西走廊、青海的柴达木盆地、新疆古尔班通古特沙漠、塔克拉玛干沙漠等地，面积约 $2.3\times10^7hm^2$。绿洲分布区沙漠广布、气候干旱、蒸发强烈、沙源丰富、风沙活动频繁，沙漠化扩展迅速，而绿洲则呈绿色斑块状镶嵌于茫茫的沙漠包围之中，或为沙漠所分割，绿洲极易受到荒漠化危害，风沙危害成为绿洲面临的最大危害。例如，新疆 87 个县市中，有沙漠分布和遭受风沙危害的就有 53 个，沙漠和沙漠化土地总面积达到 $4.228\times10^6hm^2$。沙漠化面积的扩大和流沙的蔓延严重地威胁着绿洲的稳定和发展，绿洲沙害的控制成为建设绿洲与维护绿洲生态、经济、社会系统的重要内容，也是干旱区绿洲研究的重点之一。中国绿洲分布地域广阔，但因所处的气候带不同而具有不同的特点。

1）热量不同。根据暖季积温的多少，中国绿洲大致可分为暖温型温带绿洲、中温型温带绿洲和寒温型温带绿洲三种类型。暖温型温带绿洲光照充足，热量丰富，暖季积温≥3500℃，主要分布于新疆天山以南塔里木盆地、吐鲁番盆地、北疆乌鲁木齐以西至克拉玛依地区、甘肃河西走廊安西至敦煌地区、内蒙古阿拉善西部额济纳地区，主要包括库尔勒绿洲、库车绿洲、阿克苏绿洲、喀什绿洲、莎车绿洲、哈密绿洲、鄯善绿洲、吐鲁番绿洲、酒泉绿洲和额济纳绿洲等。中温型温带绿洲光照充足，热量较为丰富，暖季积温 2500～3500℃，主要分布于新疆北部塔域、伊宁及准噶尔盆地东北部大部分地区，甘肃河西走廊东段、中段及宁夏中卫、银川地区，内蒙古巴彦淖尔市黄河灌区，鄂尔多斯北部黄河灌区及阿拉善左旗、右旗，主要包括塔城绿洲、伊宁绿洲、张掖绿洲、武威绿洲、民勤绿洲、中卫绿洲、银川绿洲、后套绿洲和前套绿洲等。寒温型温带绿洲由于海拔高，暖季积温不足 2500℃，分布于青藏高原北部的柴达木地区。主要包括大格勒绿洲、德令哈绿洲、格尔木绿洲、夏日哈绿洲、查查香卡绿洲、香日德绿洲、乌图美仁绿洲和赛什克绿洲等。

2）以盆地绿洲为主体的内陆流域绿洲是中国绿洲分布的主要特色。绿洲面积较广阔，分布范围广，且以内陆流域为主。绿洲赖以生存的内流型河流多发源于四周山地，消失于盆地内部的沙漠、戈壁，因此，绿洲主要散布于中国西北干旱地区的盆地之中。盆地绿洲为主体的中国内陆流域绿洲，占全国绿洲总面积的 93%，养育了全国 4%以上的人口，是中国西部地区经济建设与社会发展的主要保障。以黄河流域为主的外流型绿洲，包括著名的内蒙古河套绿洲、银川绿洲和中卫绿洲等，仅占绿洲总面积的 7%。

3）中国绿洲几乎都以高大山系为依托。中国干旱地区的绿洲，不论是内流型或外流型，几乎都在不同程度上依托于高大的山系而存在。这些山系由于山体高大，受垂直带影响，山地降水普遍增多，且多以固态水-冰雪形式存在。每年夏季冰雪消融，融水源源不断地流向山麓。山地洪水携带大量固体风化碎屑物，出山后沉积于山麓地带，最终形成广布于山麓地带的倾斜平原，这就构成了中国绿洲形成的最重要物质来源，如天山南北及昆仑山麓的绿洲分布就是如此。

2. 灌溉绿洲沙害特征　　对绿洲内外环境进行分析，便不难发现，引起绿洲风沙危害的风沙源地可归纳为两类，一类是起源于绿洲内部，另一类则来源于绿洲外部。而且，沙源主要来自 4 个途径：①绿洲外围流动沙丘的前移和绿洲周围戈壁滩上的风沙流入侵；②绿洲边缘半固定沙丘、固定沙丘活化和其他风蚀地上的风沙流侵袭；③绿洲内部零星流动沙丘的前移入侵；④绿洲内部耕作土壤的风蚀。对上述沙源从沙源性质、尺度及危害形式做进一步的分析表明，引起绿洲农田沙害的内外沙源可归纳为点源和面源两种类型。其中，前三种沙源为中等尺度上的"面源"，其发生面积大，分布广，危害面积也大；后一种为小尺度上的"点源"，其发生面积小，分布零散，危害面积不大，但影响较为集中，常常造成农田土壤的弃耕。

对于绿洲农田来说，不论其沙源如何，其沙害表现形式可概括为两类，即流沙入侵（掩埋农田）和土壤风蚀。前者主要是由农田内部风沙流活动引起的，并可造成毁种、沙打等危害，而后者则主要是绿洲外围的大面积流沙及零星流沙在前移过程中埋没农田，并引起流沙蔓延，危害作物等。

1）流沙入侵。流沙入侵是相对于农田而言的，是指绿洲外围或内部的流沙随风沙流运动进入农田内部，造成农田积沙的过程。造成绿洲农田流沙危害的沙源或是来自绿洲边缘固定、半固定沙丘活化的产物，或是绿洲外围流动沙丘前移的结果，或是绿洲内部零星分布的流动沙丘的前移入侵。上述沙源在风力作用下，地表沙粒不断被吹扬，形成风沙流入侵或造成沙丘前移，而处在沙丘前移方向上绿洲内的农田，则受到沙埋的威胁。流动沙丘危害农田的程度，主要取决于沙丘移动速度，而沙丘移动速度除与风速大小直接有关外，还与沙丘高低密切相关。沙丘移动速度可分为慢速型、中速型和快速型三种类型。董智（2004）对乌兰布和沙漠绿洲及其边缘流动沙丘的测定表明，危害绿洲农田的流动沙丘年移动速度在 5～10m，属中速移动型，会对绿洲农田造成严重影响。而在绿洲内部的零星流动沙丘，其高度小而活动性强，多属于快速移动型，因其高度矮小而距离农田最近，一场大风就可造成农田沙埋，同时这类沙丘因分布较为零散而常常被忽视。为此，从绿洲安全性角度考虑，需采取措施固定流沙，切断沙源输送。据统计，绿洲内流动沙丘每年东侵大约 8.7m，流沙埋压农田 204.87hm²，因风沙埋压打死青苗的面积每年达 1000hm²，粮食减产 $1.10×10^6$ kg，给当地农牧民生产、生活造成严重危害（王建成等，1998）。

2）土壤风蚀。这是绿洲内部风沙危害农田的主要方式，特别是新垦农田因防护林体系尚不完善，受土壤风蚀的影响更大。土壤风蚀在冬春季节地表裸露时表现强烈，特别是春季播种最易遭受风蚀。春季时节风大风频，防护林体系尚呈冬季季相特征，林带仅由树干和枝条组成，疏透度较夏季大、透风性强，因而其防风效应和防风范围大为下降。而以沙质地表为主的新垦绿洲农田，在秋季收获后，地表一直处于裸露状态，故农田在强风吹扬下很容易发生风蚀。在强风作用下，刚播种的籽种或刚出土的幼苗被吹走，造成毁种，严重时要重播 2～3 次，甚至 4～5 次。6 月份以后风力减弱，危害减小。绿洲农田风蚀主要表现为就地起沙，吹失表土，沙物质迁移，造成农田内部蚀积状况不均，林带后方往往成为堆积之地。

绿洲外围与内部因沙源、风力、防护措施的有无而表现不同，主要危害形式也不尽相同。绿洲内部土壤风蚀比较严重，而在绿洲外围则以流动沙丘前移和风沙流危害为主。从沙害发生的总体规律上分析，绿洲沙害具有明显的各向异性、累积性、季节性和空间异质性（董智，2004）。

3. 绿洲沙害的防治措施　　绿洲是干旱区人类社会经济活动的核心地域，但绿洲分布区域内气候干旱，蒸发强烈，沙源丰富，风沙活动频繁，常常形成流沙埋压和土壤风蚀危害，影响绿洲的持续发展。为了解决绿洲毗邻地区的风沙入侵问题，保障绿洲农牧业生产、生态和生活安全，单纯营造农田防护林网仍感力量不足，特别是迎风一侧，经常使林带下方枝干因遭受飞沙走石的打击或流沙埋压而影响生长或成活，以致积沙过多继续危害绿洲。在沙害防治思路上，如果沙源来自耕地以外，治理上主要是营造防风固沙林带、封沙育草带，必要时还可采取临时性工程措施，以固定、控制和阻截沙源。如果沙源来自农田内部，即耕作土壤受风蚀而起沙，防治途径主要在于营造农田防护林网和采取农业耕作措施，以削弱近地表风力，改善土壤物理性质，增强土壤抗风蚀能力。因此，防治绿洲农田沙害必须要建立一个完善的绿洲防护体系，以此控制风沙危害。

所谓的绿洲防护体系，是指在绿洲与沙漠（戈壁）毗连处建立封育灌草固沙沉沙带，在绿洲边缘营造防沙林带，在绿洲内部营造防护林网。对绿洲内部零星分布的流沙，则营造固沙片林，以此形成一个完整的防护体系。这是绿洲防风沙危害的重要措施。

1）封育灌草固沙沉沙带。封育灌草固沙沉沙带是绿洲的最外防线，处于绿洲的最外围，与沙漠、戈壁直接连接，地表疏松，是风蚀风积都很严重的生态脆弱带。为制止就地起沙和拦截外来流沙，需建立宽阔的抗风蚀、阻流沙的灌草带。该带的主要功能即是固沙防蚀、削弱风速。建设方法主要依靠封沙育草自然繁生植被，提高地表覆盖，控制流沙移动，同时也可依靠人工培养，实际上常是二者兼有之。灌草带必须达到一定空间规模、一定的高度和盖度才能发挥固沙防蚀、削弱风速的作用。封沙育草带的宽度，可视当地沙源及风沙危害程度确定。一般情况下，宽 1～2km 即可，危害严重地区可扩大到 5～6km。从沙害控制效果来看，宽度越大，效果越好。当然，防护宽度还要与实际可能相结合。灌草带形成后，一般都有很好的生态效益及一定的经济效益，但利用时要控制强度，不能影响防护作用的维持及正常更新。

2）绿洲边缘骨干防护林带。骨干防护林带是绿洲的第二道防线，位于灌草固沙带和农田之间。作用是继续削弱越过灌草固沙带的风速，沉降风沙流中剩余沙粒，进一步减轻风沙危害。此带因立地条件不同差异很大，不能强求统一模式。一般地，在绿洲防护林的迎风坡一侧的外缘，营造起固沙林，在固沙林的外围封沙育草、保护天然植被，当天然植被覆盖度达到40%～45%时，连同人工栽植的固沙林和防护林网在内，即形成了一个完整的防护体系，即使风沙流再强劲，也很难对灌溉绿洲进行危害。

造林不需要灌溉的地方，即当沙丘带与农田之间有广阔低洼荒滩地时，可大面积造林，应用乔灌结合，多树种混交，形成外低内高、窄带多带、紧密结构的防风阻沙林带。树种的选择非常重要，在大沙漠边缘、低矮稀疏沙丘区宜选用耐沙埋的灌木，其他地方乔木为主，乔灌结合。乔木树种主要选择新疆杨、沙枣、旱柳、小叶杨、二白杨、钻天杨、银白杨、榆树等，灌木则可选梭梭、柽柳、毛柳、花棒、沙拐枣、沙木蓼等，主要有小叶杨、旱柳、黄柳、柽柳等，生长缓慢的树种不宜采用。为防止背风坡脚造林受到过度沙埋，应留出一定宽度的安全距离。其计算公式为

$$L = \frac{(h-k)}{s}(v-c) \tag{8-1}$$

式中，L 为安全距离（m）；h 为沙丘高度（m）；k 为苗高（m）；s 为苗木年生长量（m）；v 为沙丘年前进距离（m）；c 为沙埋苗木高1/2处的水平距离（m），据生长快慢取 0.4 或 0.8。若地势不宽，林带较窄，林带应为乔灌混交林或保留乔木基部枝条不修剪，以提高阻沙能力。营造多带式林带，带宽不必严格限制，带间应育草固沙。

造林必须灌溉的地区，因水分限制，林带都较窄。但在外缘沙源丰富，风沙危害严重的地带应营造多带式窄带防沙林，其迎风面要选用枝叶茂盛抗沙性强的树种。如果上述第一道防线作用很强，第二道防线则以防风为主。第一道防线前期防护效果差；第二道防线便需有较大宽度，乔灌混交，紧密结构，如林内积沙，则要加以清除并铺撒在背风面。

3）绿洲防护林网。绿洲内部农田林网是绿洲的第三道防线，位于绿洲内部，农田防护林网的功能是调节和改善绿洲内农田小气候条件，起到控制土壤风蚀、保证地表不起沙的功能，形成有利于作物生长发育，提高作物产量质量的生态环境。防护林网对制止风蚀、维护绿洲稳定、提高农业生产有重要意义。绿洲内部的防护林网可结合建设农田同步进行，使林、田、渠、路四方面配套。树种仍以乔木为主，以疏透结构或透风结构的窄林带小网格进行配置。常用树种多为抗逆性较强的新疆杨、沙枣、旱柳、小叶杨、钻天杨、榆树、花棒、毛柳、紫穗槐、柽柳、羊柴、花棒等。防护林网的作用大小取决于林带间距，根据不起沙的要求和实际观测，应设主林带和副林带。主林带应与主风方向垂直布设，副林带则与主林带直交，共同构成农田林

网。实践证明，建立窄林带、小网格护固林网效果最好。窄林带的标准是乔木林由 2～3 行乔木组成，最多不超过 5 行。只要农田林网体系健全，绿洲都能实现稳定和高产的目的。一般地，风沙危害严重地带的网格面积为 10hm² 左右，风沙危害一般地带为 13.3hm² 左右。

　　4）其他综合防治措施。虽然防护林网建设是防治农田土壤风蚀最为持久、有效的技术措施，但为了更好地控制风沙危害，需要采取合理包括耕作措施在内的多种防治措施，特别是在防护林未成林尚不能发挥功能之时尤为重要。绿洲农田沙害主要控制风蚀措施、作用与功能见表 8-4。除防护林体系外，常用的主要控制风蚀措施有地膜覆盖、秸秆覆盖、免耕留茬等增大地表粗糙度、降低风速、防止风蚀的措施；掺黏改沙、提前灌溉等是增加土壤不可蚀性，提高起动风速、防止风蚀的措施；此外还有合理选择与配置耐风蚀作物、调整种植结构、适时（主要是推迟）播种、加大播种量、增加播种深度、改变播种方式和行向、推迟中耕等农业技术措施等。通过各种措施在不同季节的配合使用，加强土壤风蚀防治。据董智（2004）对乌兰布和绿洲玉米留茬、向日葵低留茬、向日葵高留茬地的测定表明，不同留茬地的粗糙度均较裸耕地大，玉米留茬、向日葵低留茬、向日葵高留茬地表粗糙度分别为裸耕地粗糙度的 5.6 倍、11.6 倍和 123.1 倍。玉米留茬、向日葵低留茬、向日葵高留茬地在 0.2m 高度处的风速较裸耕地同一高度处风速分别下降了 12%、20.2% 和 76.4%。不同风速下，裸耕地的风蚀量为玉米留茬地的 1.6～3.7 倍，是向日葵低留茬农田风蚀量的 2.1～5.2 倍。

表 8-4　绿洲农田沙害主要控制风蚀措施、作用与功能

主要控制风蚀措施	作用与功能			
	降低风速	覆盖地表	减少可蚀颗粒	截留风蚀颗粒
种树种草	＋＋	＋		＋
配置耐风蚀作物	＋	＋＋		＋
建造防护林	＋＋			＋
设立风障	＋＋			＋
免耕留茬	＋	＋		＋＋
秸秆覆盖	＋	＋＋	＋	＋
垄状整地	＋	＋	＋	＋
地膜覆盖		＋＋		
灌溉			＋＋	
施肥			＋＋	

资料来源：董智，2004

注：＋＋表示主要功能；＋表示有此功能，但不是主要的

　　在农田内部零星流沙，除营造固沙植物外，还可辅以工程治沙措施，达到迅速固定的目的。技术上可采用土壤凝结剂喷洒覆盖、麦草方格沙障固定、向日葵秸秆平铺沙障覆盖、黏土覆盖等封固措施控制其流动。喷洒土壤凝结剂或设置麦草方格沙障时，应依坡向设置，在迎风坡或丘顶喷洒稍厚或设置规格小些，而在落沙坡喷洒稍薄或规格适当放大，以减少成本。在封固的基础上进行人工植树种草，加快沙丘被覆盖度，削弱风沙，以此彻底固定流沙，防止流沙再起。若沙丘面积较小且周边农田黏性较大，则可直接清运至周边黏质农田掺沙改黏，加以利用；不能利用时，也可通过工程清沙措施将其从田间地头移走，以消除沙害。

8.2　草场沙害的综合防治

中国是世界上草地资源最丰富的国家之一，拥有天然草场 4 亿 hm^2，主要分布在干旱、半干旱地区和青藏高原高寒地区。但这些地区气候干旱，大风频繁，自然条件十分恶劣。随着人口的增长，在人们对草地的利用强度不断增加，而对草地又很少投入的情况下，在过度垦殖、过度放牧、过度樵采、滥用水资源及开发建设项目等因素的干扰下，草地遭到了越来越严重的破坏，草地生态失调、草场沙化、退化现象日趋严重，风蚀作用日益加强，沙尘暴频繁发生，荒漠化面积不断扩大，威胁到区域的生态安全。草地沙化、退化也给北方的畜牧业基地带来了极其严重的危害，已危及人类的生存和农牧业生产的可持续发展，成为中国北方重要的环境问题。统计数据表明，1949 年至今，全国有 235 万 hm^2 草场被流沙吞没。宁夏、陕西、山西 3 省（自治区）的干旱、半干旱地区由于人口密度较高，草地退化比例高达 90%～97%，新疆、内蒙古、青海 3 省（自治区）干旱、半干旱及亚湿润干旱区的人口密度较低，草地退化比例为 80%～87%。四川的若尔盖、青海的黄河源头区也出现了沙化草场。因此，防治草地沙漠化，合理利用草原，对畜牧业发展具有极为重要的意义。

8.2.1　草场沙化与沙害形式

1. 草场沙化特征及其发生区域　　草场退化、沙化是指在脆弱的生态系统条件下，人类不恰当的经济活动，造成草场资源破坏，草群变稀，环境恶化，甚至出现类似沙漠特殊景观的现象。草场退化、沙化主要发生在干旱和半干旱地带。其原因是该地带的生物有机体与生态条件处于脆弱的相对平衡状态，这种平衡一旦被破坏，必然导致草场迅速退化、沙化。草场退化的进一步发展即为沙化，或称沙漠化。草场沙漠化的显著特征是气候条件更加恶化；土壤风蚀严重，土质变粗，以沙粒为主，并伴随出现风沙移动和堆积现象；植被稀疏，种类贫乏且更加旱生化，牧草产量、质量降低，载畜量下降。

草场沙化主要发生在以下两种类型的地区：①发生在邻近沙漠边缘的草原地带。即在冬春季节强风的作用下，使沙丘前移。轻者草场土壤中含沙量增加，肥力降低，生产力下降。重者草场被沙丘吞没，所谓"沙漠入侵"。②发生在干旱、半干旱地带或草原与荒漠的过渡地带，这种类型虽然远离沙漠（沙源），但由于开荒、弃耕，使原生植被破坏，土层松散，易被风蚀，或者牲畜的过度啃食、践踏，使草场植被失去了繁殖更新的能力，草场植被稀疏，在强风的作用下造成就地起沙，逐步沙化。

2. 草场沙害形式　　草场的沙害形式与旱作农田相同，主要为土壤风蚀、沙打沙割牧草和流沙掩埋草场三种危害方式。一般地，沙害主要发生于沙化、退化的草场。

这些草场由于过度放牧而使得单位面积的牧压强度大，牲畜的啃食、践踏，使草场利用强度远远超过草场的负荷量，草的生长、发育、更新受到抑制，自我维持机制失调，草场退化严重，地表裸露，几乎没有植被生长。在过牧状态下，草场退化首先表现为植物种组成减少，植被覆盖度、高度、生物产量大幅度下降，优质的多年生、一年生牧草被劣质和有害牧草取代，植被根栖层变浅，数量减少，植被固结土壤的能力减弱等退化现象。与此同时，随着牧草生产量的下降，家畜在吃不饱的情况下会加强觅食活动，使得单位时间和单位面积草场上受到家畜践踏的机会增加，进而使表土经常处于破碎状态而容易发生风蚀。随着盖度下降和表土的破碎化，草地开始出现由牲畜蹄印扩大化的裸斑。在继续过牧和风力吹蚀下，裸斑数量增加，面积增大，并逐步联结成大裸斑。地面即由最初出现的风蚀破损面、风蚀浅沟扩大为风蚀坑、风蚀窝等。风蚀坑一旦形成即有加大的趋势，若不加以控制则会使洼地不断扩展和加深，严重时可形成直径数十米、深达几米的风蚀凹槽和风蚀洼地，导致表层风成沙的吹蚀。风蚀坑吹出的沙子堆积在附近，会埋压附近草场，形成长条状的沙垄；而吹蚀的风沙流在周边搬运过程中，会造成沙打、沙割危害。

此外，当草场退化后形成的硬质灌木固定灌丛堆活化时，在迎风坡经历活化缺口→风蚀窝→风蚀陡坎→风蚀坑→风蚀坑迎风坡变缓的过程。与迎风坡风蚀过程对应，背风坡及背风坡下侧的沙埋过程也经历了 5 个阶段，即斑点状草灌丛堆→小片状流沙→半流动片状流沙→流动沙丘及流动草灌丛堆→典型流动沙丘景观，最终整个草场为流沙所掩埋（李红丽，2003）。

就内蒙古草地风蚀现状和程度而言（表 8-5），草地利用不合理，导致内蒙古 7800 万 hm² 的草地轻度风蚀以及以上面积达 5143 万 hm²，占全自治区草地风蚀总面积的 65.94%，强度风蚀及以上面积为 1970 万 hm²，占全自治区草地风蚀总面积的 25.26%。阿拉善盟、鄂尔多斯、乌兰察布市、巴彦淖尔市风蚀强度最大。

表 8-5　内蒙古草地风蚀现状和程度

风蚀程度	面积/万 km²	占全区草地面积/%	风蚀程度	面积/万 km²	占全区草地面积/%
轻度风蚀	16.69	21.40	极强度风蚀	4.46	5.72
中度风蚀	15.04	19.28	剧烈风蚀	6.49	8.32
强度风蚀	8.75	11.22	合计	51.43	65.94

8.2.2　草场沙化、退化的表现形式

沙化因土壤风蚀和流沙掩埋使环境发生了显著的变化。以内蒙古东部科尔沁草原地区为例，昔日的榆树疏林草原，已演变成为具有斑点状流沙分布的固定、半固定沙丘景观；在养畜牧河北岸、老哈河沿岸等地已呈现出以流动新月形沙丘链为主的景观。只有在科尔沁左翼后旗西南大青沟地区还保存有昔日疏林波状沙质草原的原生景观。这种环境的变化除造成土地生物生产量的下降和可利用土地资源的丧失外，表现最显著的形式有：地表形态的变化、地表组成物质的变化和地表植被的变化，伴随这一变化，干旱、半干旱生态系统也发生相应变化。

1. 沙化过程中地表形态的变化　草场沙化所引起最明显的景观标志和主要指征是地表形态的变化。高强度利用土地，使得草场植被退化，草的数量、高度、密度和盖度等均发生了明显变化，有的地段几乎成为裸露地表，风蚀随之发生，进而可形成一系列风蚀坑、风蚀洼地等风蚀地貌，同时风蚀形成的风沙流随风运动，进一步形成流沙堆积、流动沙丘、灌丛堆等地理和风积地貌。草场沙化所引起的地表形态的变化，可归纳为两点：在数量上，以风成地貌形态为主要标志的沙化土地面积在空间范围上扩大，在质量上，使原非沙质荒漠环境出现了类似沙质荒漠的主要景观。风成地貌形态的发育，使地表形态发生质的变化。也就是说，沙化的地表形态的变化都是从简单的演变到复杂的过程。草场沙化的最终结果就是沙质荒漠化，出现流动沙丘、风蚀劣地、地表粗化、草地退化等风沙活动标志。如浑善达克沙地正蓝旗以北的那日图原系榆树波状起伏的沙质缓丘及洼地相间的景观，由于受过度放牧并受过度樵采的影响，也已演变为斑点状流沙与半固定沙丘相间的景观。这一点在察哈尔草原中部的太仆寺旗北部、乌兰察布市草原南部的四子王旗等地也表现得非常明显，地表呈现风蚀、粗化、片状流沙、灌丛堆及流动沙丘等景观。

2. 沙化过程中地表组成物质的变化　　土地从它的良好阶段（草场）发展到严重沙漠化阶段过程中，地表组成物质也进行了新的分异。其变化特征表现在以下 4 个方面。

1）地表物质及颗粒粗化。经过风蚀沙化，草地土壤颗粒中细粒物质损失，地表发生粗化，土壤理化性质恶化，而且土壤肥力也下降，不同草地类型土壤颗粒组成及养分含量见表 8-6，而在荒漠草原，沙化的进一步发展会使地表砾质化。

表 8-6　不同草地类型土壤颗粒组成及养分含量

草地类型	不同粒径（mm）所占的比例/%				有机质/（g/kg）	全氮/（g/kg）
	1～0.25	0.25～0.05	0.05～0.01	<0.01		
原生草地	21.9	66.8	0.0	11.3	10.56	0.40
退化草地	41.1	52.3	0.0	6.6	9.35	0.35
沙化草地	42.0	53.1	0.0	4.9	6.39	0.34

资料来源：李红丽，2003

2）土壤肥力下降与贫瘠化。随着地表物质细颗粒的吹失，其中的营养成分及微量元素也相应发生明显的变化，从而导致土地的贫瘠化和土地生产潜力的下降，不同退化程度草地的贫瘠化和土地生产潜力变化（羊草草原暗栗钙土 0～20cm）见表 8-7。草原土壤有机质来源于植物的地上凋落物和地下根系，根系部分尤为重要，在干旱半干旱草原，地下生物量是地上部分的 3～4 倍，随着草场退化归还给土壤的有机质相应减少，土壤干旱化提高了有机质矿质化的速率，使得有机质及腐殖质含量逐渐减少。土壤有机质含量减少，带来了一系列不良的影响，如养分含量下降，水稳性团聚体数量减少。强度放牧的羊草草原与围封禁牧样地相比，>0.25mm 的水稳性团聚体数量减少了 52%～58%，减弱了土壤抗风蚀的能力，进一步加速了土壤沙化。

表 8-7　不同退化程度草地的贫瘠化和土地生产潜力变化（羊草草原暗栗钙土 0～20cm）

退化程度	地上生物量/（g/m²）	有机质含量/（g/kg）	腐殖质含量/（g/kg）	有机质减少/%
轻度退化	396.40	33.40		0
中度退化	188.21	31.60	22.60	5.4
重度退化	121.44	30.80	21.20	7.8

3）地表盐分表聚性强。在具有开旷丘间的甸子地（如科尔沁沙区）或湖盆滩地（如毛乌素沙区及腾格里沙漠），由于地下水位较高，随着地表的蒸发，盐分有明显的表聚现象。科尔沁甸子地表层 0～10cm 内含盐量为 0.328%，而 60～90cm 深仅为 0.042%，甸子地周围的沙漠上的流沙含盐量仅为 0.024%。

4）地表矿物组成发生变化。对于主要组成矿物成分来说，有变化但差异微细。但对于重矿物来说，上层沙化下伏物质的含量有明显增大的趋势。

3. 沙化过程中地表植被的变化　　植被的变化不仅反映在植被覆盖度上，也反映在其群落的结构及植物种群的组成上。从植被覆盖度来说，在沙漠化土地从潜在向严重发展的过程中，植被覆盖度逐渐减小。覆盖度>50%时，属潜在荒漠化土地；覆盖度在 25%～50%，地表处于半固定状态；覆盖度在 10%～25%时，地表处于半流动状态；覆盖度<10%时，地表以流沙为

主。从植物群落结构的组成来看，变化也很明显。例如，浑善达克沙地榆树疏林草地沙化过程大致为：疏林草原—灌丛—多年生禾草、蒿草类草原—蒿类—杂类草—沙生植被。随着沙漠化发展，植被退化，可为牲畜利用的饲草数量减少，植株变得低矮、稀疏，干物质积累和生物生产量降低，同时草的质量下降，豆科与禾本科牧草在群灌可食草中所占比例下降，不同沙漠化土地类型的植被特征见表 8-8。

表 8-8　不同沙漠化土地类型的植被特征

土地类型	植被类型	层片	平均高度/cm	覆盖度	生物量/（kg/hm²）	植物种数目/科数	代表植物种
固定沙地	沙地榆树疏林草原	3	26	40%~60%	2582	31/17	榆树、黄柳、褐沙蒿、小叶锦鸡儿、羊草、冰草、糙隐子草、委陵菜等
半固定沙地	灌丛＋多年生禾草多年生禾草＋蒿草草原	2	15	30%~40%	2066.5	13/7	黄柳、褐沙蒿、糙隐子草、冷蒿、苔草及其他杂类草等
流动沙地	一年生沙生植物	1	18	<10%	482.3	6/2	沙米、猪毛菜、虫实等

资料来源：李红丽，2003

注：平均高度与生物量仅指半灌木和草本，生物量为鲜重

4. 生态系统结构功能的变化　　生态系统的结构与功能有 3 个层次。对于结构来说，一级是指物质代谢的生产者、消费者、分解者和无机循环；二级是指结构中各类组成部分；三级是指各类生物组成的数量和质量。对于功能来讲，一级是指基本代谢功能（起源、物质循环及再生功能）；二级是指生态系统的协调功能（防御功能、共生互生功能）；三级是指生态系统的物质交换效率和再生速率及生产力。伴随着沙化过程的发展，生态系统破失度愈来愈大，直到损害到生态系统高层的（一级）结构和功能，生态系统崩溃。当生态系统破失度为Ⅰ级时，系统处于退化阶段，表现为植株数量减少，植株变矮，盖度下降。当生态系统破失度进入Ⅲ级时，生态系统的物质代谢基本成分消失，整个生态系统崩溃。此时，沙化过程已发展到严重阶段，呈现出流沙密集类似沙质荒漠的景观。因此，在草地沙化发展的过程中，存在着量与质的关系。例如，从未退化的原生草场开始退化起，首先是量的变化，如生物数量减少、生产量的降低和可利用土地资源的丧失等，而当这种量变达到一定的阈值时，便产生了质的变化，进入新的过程阶段。

8.2.3　草地沙害及沙漠化的综合防治

草原是我国重要的生态系统和自然资源，在维护国家生态安全、边疆稳定、民族团结和促进经济社会可持续发展、农牧民增收等方面具有基础性、战略性作用。但我国草原生态系统整体仍较脆弱，面临保护修复力度不够、利用管理水平不高、科技支撑能力不足等问题，使得草地沙化、退化、盐渍化问题仍然突出，草原生态保护形势依然严峻。在草原保护与生态修复方面，应坚持绿水青山就是金山银山、山水林田湖草沙是一个生命共同体，按照节约优先、保护优先、自然恢复为主的方针，以完善草原保护修复制度、推进草原治理体系和治理能力现代化为主线，加强草原保护管理，推进草原生态修复，促进草原合理利用，改善草原生态状况，推动草原地区绿色发展，为建设生态文明和美丽中国奠定重要基础。

1. 加强草原保护力度，完善草原自然保护地体系　　中国目前草场利用不尽合理，易造成草场的退化、沙化。传统农业垦殖、现代开矿、超载过牧等是造成草原破坏的重要原因。近期，这种状况有很大改善，但草原开垦、开矿的现象仍屡屡发生。中国有 5 倍于耕地面积的草原，但草原建设却没有像造林那样纳入国家计划，草原建设与保护均缺乏保障。国家应在农业区划、国土空间规划等国家统一规划中，将草原进行科学规划，合理利用，使草原变成稳定的生产基地，提高草地生产力，维护草畜平衡，避免草地的沙化、退化和生态系统恶化。

国务院办公厅《关于加强草原保护修复的若干意见》（国办发〔2021〕7 号）指出，首先要加大草原保护力度，落实基本草原保护制度，把维护国家生态安全、保障草原畜牧业健康发展所需最基本、最重要的草原划定为基本草原，实施更加严格的保护和管理，确保基本草原面积不减少、质量不下降、用途不改变。严格落实生态保护红线制度和国土空间用途管制制度。加大执法监督力度，建立健全草原联合执法机制，严厉打击、坚决遏制各类非法挤占草原生态空间、乱开滥垦草原等行为。建立健全草原执法责任追究制度，严格落实草原生态环境损害赔偿制度。加强矿藏开采、工程建设等征占用草原审核审批管理，强化源头管控和事中事后监管。依法规范规模化养殖场等设施建设占用草原的行为。完善落实禁牧休牧和草畜平衡制度，依法查处超载过牧和禁牧休牧期违规放牧行为。

其次，按照因地制宜、分区施策的原则，依据国土空间规划，编制全国草原保护修复利用规划，明确草原功能分区、保护目标和管理措施。合理规划牧民定居点，防止出现定居点周边草原退化的问题。地方各级人民政府要依据上一级规划，编制本行政区域草原保护修复利用规划并组织实施。

最后，完善草原自然保护地体系。整合优化建立草原类型自然保护地，实行整体保护、差别化管理。开展自然保护地自然资源确权登记，在自然保护地核心保护区，原则上禁止人为活动；在自然保护地一般控制区和草原自然公园，实行负面清单管理，规范生产生活和旅游等活动，增强草原生态系统的完整性和连通性，为野生动植物生存繁衍留下空间，有效保护生物多样性。

2. 推进草原生态修复，加快草原生态治理　　实施草原生态修复治理，加快退化草原植被和土壤恢复，提升草原生态功能和生产功能。在严重超载过牧地区，采取禁牧封育、免耕补播、松土施肥、鼠虫害防治等措施，促进草原植被恢复。对已垦草原，按照国务院批准的范围和规模，有计划地退耕还草。在水土条件适宜地区，实施退化草原生态修复，鼓励和支持人工草地建设，恢复提升草原生产能力，支持优质储备饲草基地建设，促进草原生态修复与草原畜牧业高质量发展有机融合。按照山水林田湖草整体保护、系统修复、综合治理的要求和宜林则林、宜草则草、宜荒则荒的原则，统筹推进森林、草原保护修复和荒漠化治理。在干旱半干旱地区，坚持以水定绿，采取以草灌为主、林草结合方式恢复植被，增强生态系统稳定性。在林草交错地带，营造林草复合植被，避免过分强调集中连片和高密度造林。在森林区，适当保留林间和林缘草地，形成林地、草地镶嵌分布的复合生态系统。在草原区，对生态系统脆弱、生态区位重要的退化草原，加强生态修复和保护管理，巩固生态治理成果。研究设置林草覆盖率指标，用于考核评价各地生态建设成效。

3. 封育保护沙化、退化草地，促进天然植被自我恢复　　草场在不合理的放牧制度下，特别是在过牧的情况下，草场牧草生长发育受阻，繁殖力衰退。一些优良牧草便从草群中消失，结果导致草场植被严重退化。封育是保护现有天然植被的一种行之有效、简单经济的措施，对严重退化、沙化的草场，实施围栏封育，退牧还草，可促进草原植物生长和生境条件改善，并大大提高草场生产力，因此，封育可从根本上解决草场放牧压力大，草原利用不合理的问题，从而遏制草原进一步沙化、退化。封育草场的叫法很多，主要根据地形或土壤质地分别称为封滩育草、封沙育草，封山育草等，在风沙区多称封沙育草。

封育是指在一定时间内，将退化、沙化草地用一定设施管护和封闭起来，禁止人畜破坏，给牧草以休养生息和繁衍更新的机会，促进植物生长与生物产量提高的一种植被自我恢复措施。需要封育的草地，主要是由于利用过度开垦而严重退化的草地、受风沙危害严重的草地、新补播或新建立的改良人工草地。目前，较多的地方采用网围栏，简便易行见效快，应大力推广（邢振军等，2002）。生物围栏也是一种好办法，在需要围圈的地方栽植带刺或生长致密的灌木或乔灌结合，形成"生物围栏"或"活围栏"，在风沙地区它还可作防风固沙的屏障，枝叶也可作饲料。

大量草场封育试验表明，封育后的草场植株生长高大而茂盛，种类成分增加，封育和未封育草场草群成分变化比较见表 8-9，草群覆盖度加大，植物的繁殖力增强。封育与不封育相比，草群覆盖度可增加 65%，每平方米植株数增加 1.8 倍。例如，内蒙古对严重退化的梭梭荒漠草原封育三年后，每公顷的植株由 900 株增加到 1515 株，平均冠幅直径由 94.6cm 增加到了 320.7cm，郁蔽度由 8% 增加到了 21.7%，当年生绿色枝条的产量增加了 4.7～8.9 倍。

表 8-9　封育和未封育草场草群成分变化比较

经济类别	代表植物	封育草场		退化草场	
		干重/（g/m²）	占草群总量/%	干重/（g/m²）	占草群总量/%
禾本科	芦苇	168.0	42.7	31.9	6.0
豆科	细齿草木樨	136.0	34.6		
苔草	中亚苔草	72.8	18.5	16.4	3.1
杂类草	委陵菜	5.7	1.4	33.3	6.3
毒草	醉马草	11.0	2.8	448.0	84.6

封育还可改变草场的环境条件。退化、沙化草场，植被稀疏，地面裸露，土壤紧实，土壤理化性状变劣，可引起严重的风蚀、水蚀现象，植物的生长环境条件严重劣化；封育的草场，一方面，植物的覆盖和土壤表面的有机物可以减少土壤水分的蒸发，降低地面风力和地表径流速率，增加土壤的渗水能力，并使土壤免遭风蚀和水蚀。另一方面，植物的根系可增强固沙固土能力，增加土壤有机质的含量，改善土壤结构和渗水性能。

草场封育的时间长短，取决于草场面积宽裕程度、植被退化程度、生境条件、恢复状况，一般干旱及荒漠草场封 2～3 年，严重退化的草场封育 1～3 年；轻度退化或草地面积紧张的草场可进行短期（几个月）封闭，也可确定在春季牧草返青期，或秋季牧草结籽期封育一段时期。每年利用的草地可采取季节性封育（休牧）或放牧地季节轮换的办法进行封育改良，从而达到恢复植被的目的。

若能根据地区草场的实际情况，在封育期内配合采用其他的措施，如免耕、松耙、补播、灌溉、施肥等，其效果更加显著。在有条件的地区（水分条件较好，人力也具备）还可以适当进行人工干预以促进天然恢复，如采用人工补播优良牧草，改善草场的质量，提高单位面积的产草量。如面积较大，全靠人力进行人工促进天然恢复有困难，还可以采用飞机播种优良牧草的办法进行草原建设和改良，以增加地表植被覆盖度，防止风沙危害。

4. 改良天然草地，大力建立人工草地和饲料基地　　草原是中国生态环境的主体之一，草原退化、沙化，草场产草量降低，优良牧草减少，杂草增多，草畜矛盾日益尖锐，不但降低了畜产品产量，也使畜产品的质量降低，致使天然草地植被覆盖度降低，裸地面积增加，风蚀、水蚀加剧，甚至出现了沙尘暴，对区域的生态、生产和生活造成了极大威胁。所以，可以根据草场退化、沙化的程度及自然条件和经济上的可能性，采用适当的天然草场培育改良措施，使草场恢复生机和活力，以保护草场畜牧业生产的良性循环，促进生态与经济的双赢。

天然草地改良是对退化的草地采取人工灌溉、施肥、松土、补播等农艺措施，以促进牧草生长、增加植被密度和物种多样性、恢复草地生产力的草地经营活动。天然草场改良包括治标改良和治本改良两种方式。治标改良是在不破坏原生植被和土壤的情况下，采用一些农业技术措施来提高草地生产力的改良方法，如清除草地面石块、土丘、灌木等培育技术工作；灌溉、排水、积雪等改良和调节土壤水分供应状况的工作；松耙、浅翻、划破草皮等改进土壤通气状况的工作；施肥等改进土壤肥力的工作；除莠、烧荒等清除杂草和毒草的工作；补播和复壮草群等工作。中国农业科学院草原所在内蒙古东乌珠穆沁旗、阿巴嘎旗、巴林右旗进行了大面积的浅耕翻改良草场试验，结果羊草草场增产 1.7～5.5 倍。又如东北松嫩平原地区的羊草草场，经翻耙改良后的第 4～5 年，草场产草量提高 3 倍。

天然草地补播是在不破坏或少破坏原生植被的情况下，在草层中播种一些有价值的、适应性强的优良牧草，以便于人工增加草层中的植物种类成分，提高草地的覆盖度，改善草群结构，提高草地生产力。人工补播措施对改善沙化草地群落特征具有持久性，已成为更新改良退化草地的一项重要手段。曹子龙等对奈曼旗沙化草场补播了扁穗冰草、草木樨、沙打旺、紫花苜蓿 4 种草种，补播 3 年后的调查表明，条播、穴播、撒播 3 种方式补播的样地，植被覆盖度分别较对照样地提高了 185.8%、121.2%、100.9%；草群平均高度分别较对照样地提高了 18.1%、10.6%、8.5%；草群密度分别较对照样地提高了 109.7%、72.8%、59.7%；地上生物量分别较对照样地提高了 76.3%、44.0%、31.2%。而利用飞播措施也是天然改良草场的一种方式。调查结果显示，飞播 9 年后的沙化草地，植被覆盖度、草群平均高度、草群密度及地上生物量分别较对照样地提高了 2.71 倍、1.91 倍、1.54 倍和 3.85 倍。

天然草地的产草量低，特别是退化的草场产草量更低，加上退化草场面积大，产草量远不能满足牲畜饲草的需求，特别是不能保证有足够的饲草供应舍饲圈养和季节性休牧。因地制宜地引进、推广优质牧草品种，大力发展高标准、高质量、高效益人工草地与饲草料基地，是缓解天然草场压力行之有效的方法。所谓人工草地是指选择适宜的草种通过人工措施而建植或改良的草地。通过引草入田，以栽培农业的管理方式开发利用牧草资源，大力推行牧草及饲料作物的种植，可以最大限度地提高牧草的利用率，推进畜牧业持续发展和生态建设。大量研究及生产实践证明，依地区及生产水平的不同，栽培牧草的产草量比天然草场高 2～5 倍甚至 10 倍，而且品质优良，富含各种营养物质。种 0.067hm² （1 亩）青贮饲料或 0.067hm² 水浇地苜蓿，配合农作物秸秆能养 10 只羊或 3 头牛，能保护多于 7hm² 的天然草原。因此，应根据禁牧舍饲养畜对饲草料的需求，加大农业种植结构调整力度，积极引导农民根据饲草市场需求，变粮经二元种植结构为粮经饲三元结构，扩大青贮、青刈饲料作物种植面积，逐步形成为养而种、为牧而农的农业种植新格局。同时，选择地势相对平缓开阔、便于田间作业、土壤质地和水热条件较好、适合播种牧草的地段，并选择与当地气候和土壤条件相适应、应用效能高且符合建植人工草地目的和要求的优良牧草品种作为播种材料进行人工草地建设，以增加饲草料供应，减缓草畜矛盾，保障畜牧业高效、稳定发展。减小天然草场牧压强度，促进天然草场植被的恢复与更新，遏制草地沙化，缓减退化趋势。

我国全面实行退耕还草种树，防治风蚀和阻止风沙。在风大沙多、干旱少雨，但有防沙措施保护和灌溉条件的沙区，可建立以优良豆科、禾本科牧草为主的人工草场。在风沙危害较重、缺乏灌水条件的干旱地区，可以采用带状翻耕，种植以高产、优质饲用灌木、半灌木为主的木本饲草地。在半干旱地带种植优质高产牧草，发展草粉加工和集约化精准养殖业，种植多年生的苜蓿、沙打旺、红豆草、草木樨等优质高产牧草，以减轻牧区的压力。在植物种类的选择上，不仅要求高产、优质，而且还必须具备抗风沙、耐瘠薄、抗旱、耐盐碱、抗严寒、耐沙表高温、生长迅速、分枝多、萌蘖性强等特性。

草库伦也是人工草地建设的一种方式，围建草库伦后，可以在草库伦内种树、种草和种料，进行"水、草、料、林、机、舍"综合建设，使草库伦成为稳定、高产的饲料基地。草库伦内牧草生长茂盛，覆盖度增加，牧草产量成倍增加，地面裸露面积减少，土壤风蚀、沙化面积大大减少，最终使草原生态平衡得以恢复。

5. 调整畜群结构，改革放牧制度，减少草场牲畜压力　　调整畜群结构的目的在于提高畜群产出能力，提高经济效益，同时调节放牧牲畜数量，减少草场牧压强度。为此，要改变传统的重头数、轻效益，重畜群扩大、轻出栏周转的经营观念，调整畜群结构，建立科学、合理、高效益的畜群结构。一方面，要确定畜群内部基础母畜、后备母畜和种畜的比例；另一方面，要扩大优良的牲畜品种，提高繁殖成活率，发展季节性畜牧业，加快畜群周转等。

严格控制牲畜头数，按照"草畜平衡"原理，以草定畜，搞生态畜牧业、效益畜牧业，坚决抵制以牺牲生态为代价换取一时高效益的做法。改革传统的靠天养畜的粗放经营管理模式和制度，采取先进的划区轮牧、轮封轮牧等放牧制度，以达到保护环境和经济效益的高度统一。

划区轮牧是根据草地状况与畜群的需要，把放牧地划分成若干轮牧分区，按照一定次序有计划地轮流放牧。划区轮牧有利于牧草的再生、复壮与更新，可使牧草产量增加 23%~28%，草群覆盖度增加 10%~15%，草群高度增加 22%。划区轮牧可以节省劳力，可有计划地采取除草、灌溉、施肥等天然草场改良措施进行草场的管护、培育和建设。轮牧减少了家畜的游走与奔跑时间，增加了采食与休息时间，有利于牲畜健康和畜产品产量的增加。总之，划区轮牧技术的实施，使草地得到轮牧、休牧，草地植被得到恢复，提高了草场载畜率，使草畜矛盾得到了缓解，对合理利用草原，恢复和保护生态环境具有重要的意义。划区轮牧的技术关键是草地载畜率的估算和轮牧小区数目、小区大小及轮牧天数的确定。草地载畜率确定之后，根据人工饲草料地提供的干草数量划分冬春放牧场和夏秋放牧场的面积，具体轮牧方案依据草地类型及再生特点而定。

6. 推行季节性舍饲圈养，促进植被恢复　　无组织无计划不科学过度放牧，可使当地的生态环境遭到严重的破坏，特别是在棚圈、饮水点等畜群密集区域，草原严重退化、沙化，草畜矛盾突出，草原畜牧业面临危机。因此，必须从根本上消除超载过牧，使草原休养生息，植被得到再生和恢复，生态得到保护。舍饲圈养无疑是有计划地合理使用草场，改善草原生态环境，充分利用农作物秸秆资源，实现草原畜牧业生产持续、健康发展的重要措施之一。舍饲圈养可保护生态环境，使草原植被得到恢复和再生，缓解草场压力，解决畜草矛盾，提高草原生产力，促进草原的永续利用；可缩短出栏时间，减少生产成本，提高养畜生产水平，增加养殖收入；可优化畜群结构，增加良种畜比例，加快改良步伐，提高牛羊生产性能；可广开饲料来源，提高农作物秸秆利用率，加快资源优势向经济优势转换的步伐；可根据牛羊生理和生长发育规律，在草原牧区利用夏秋季节牧草生长丰盛期，采取春季接羔、夏秋季节放牧育肥加补饲精料的办法，进行短期快速育肥出栏。在农区利用农作物秸秆养殖育肥的同时配制营养全面的饲料进行饲养，达到"营养互补"，提高饲草料转化率，促进牲畜生长发育；舍饲圈养可提供大量有机肥，实现农牧结合、种养互补、相互促进，共同发展；实行舍饲圈养还便于科学管理和控制，实现规模化养殖、集约化经营、专业化生产，达到由单纯的数量型畜牧业向数量和质量并重、生态和经济兼顾的生态效益型畜牧业转变的目的。

　　为配合舍饲圈养的实施，与农区毗邻的牧业和半农业地区，应该广辟饲料来源，充分利用农业半农业地区的秸秆等低成本饲草料，搞好秸秆的黄贮、微贮、盐化和氨化，提高秸秆的利用率和转化率，为舍饲禁牧储备充足的饲草饲料，提高畜牧业效益。据有关部门估计，如果将大部分粮食转化和秸秆转化的潜力发挥出来，可使农区养畜量增加 1000 多万头（只）。

　　7. 积极营造草场防护林和饲料林　　中国沙区草场广阔，潜力极大。但因气候干旱，条件恶劣，加上长期过牧，草地荒漠化最为严重。赤峰等地研究与实践证明，建设草场防护林对于防止草地沙化的发生、恢复生产潜力有积极意义。

　　草场防护林的布局应从防护效益出发进行设计，一般应设立主副林带，主林带是阻挡风沙的主带，应与主风方向垂直布设；副林带则从林网结构出发，与主林带立交布设，形成林网结构。林网结构的疏密程度与防风固沙关系密切，主林带距取决于风沙危害程度。不严重者林带距为防护林树高的 25 倍，严重者主带距可为树高的 15 倍。副林带距根据实际情况而定，一般为 400～800m。灌木带主林带距 50m 左右。林带宽度：主带 10～20m，副带 7～10m。为防风沙，林带也可略宽。林带的宽度与疏密布局，还应因区而异，东部地区林带 6～8 行，其中乔木4～6 行，每边再加一行灌木，呈疏透结构，或无灌木的透风结构。生物围栏要呈紧密结构。造林密度还取决于水分条件，条件好可密些，否则要稀些。西部干旱区林带不要求郁闭，且应以灌木为主。草场防护林营造时树种选择与农防林一致，同时还应注意其饲用价值，适口性好，营养价值高，含有较高蛋白质和其他营养元素，且生长迅速，在幼林时即可大量提供饲草；萌蘖力强，平茬或放牧后能迅速恢复。一般地，适宜草场防护林建设的树种有新疆杨、小叶杨、银白杨、胡杨、旱柳、国槐、刺槐、沙枣、油松、云杉、樟子松、白榆、小叶锦鸡儿、柽柳、梭梭、紫穗槐、沙棘、小叶锦鸡儿等。造林一般采取雨季前开沟整地，秋季或次年春季造林。造林密度取决于立地的水分条件，水分条件好密度可大，反之宜小。造林措施以带状、穴状整地为主，对种植的灌木要适时平茬复壮，以促进林分的更新。

　　防护林可以兼作饲料林，可提高抗灾能力，提高生产稳定性。根据地区特点，也可将饲料林改变成防护饲料型的灌草带状营造，使其既可保护天然草场免遭风蚀，又可作为饲料林，形成带状的空中草场，扩大草场面积，加大载畜量。同时，针对风沙区草场的特点，构建伞、带、网、片林，形成草场防护林体系，做到乔、灌、草立体化，带、条、块功能化，以此提高草场的整体生产力。生产实践证明，植树造林也可防止草原沙化，林下庇护的牧草生长旺盛，树林本身又可为盖房和走场木车提供木材。在浑善达克沙漠地区，牲畜曾长期超载，后期却基本上无灾年，就是因为大量造林为冬春的牲畜提供了木本饲料。这一地区的树种主要是榆树，牲畜夏季吃草，秋、冬、春三季可以吃树叶和树枝。乔灌木丛还可为牲畜提供抗风保暖、挡雪遮雨的场所。

　　此外，林草复合经营的疏林式草场防护林模式也在实践中有所应用，并发挥出很好的生态效益。例如，位于东北西部风沙区的松嫩平原内的黑龙江省杜尔伯特蒙古自治县靠山草场，构建了株行距为 5m×10m、5m×20m 和 5m×30m 的三种樟子松疏林式人工草场防护林。观测表明，疏林式草场防护林 1.5m 和 5.0m 高度处的风速，林内较对照分别降低了 21.83%和 2.51%；与对照 1.5m 高处相比，疏林内同一高度的日平均气温提高了 3.95%，空气绝对湿度提高了31.83%，空气相对湿度提高了 24.40%，露点比对照点提高了 56.07%。疏林式草场防护林可以调节林内的地表温度，在 5 月份，林内的地表温度皆高于对照点，在 6～8 月只有在 14：00 时，林内的地表温度高于对照点，其余皆低于对照点。疏林式草场防护林降低风速的空气动力效应，调节林内气温与地温的热力效应及增加林内空气绝对湿度、相对湿度、露点和降低林内蒸发量的水文效应对于半干旱风沙地区显得尤为重要，既可改善牧草生长的环境，又可有效地防止草地的沙化、盐碱化和退化，进而可提高草地生态系统的稳定性。

思　考　题

1. 试述旱作农田地区的沙害类型及其危害。
2. 试述旱作农田沙害的综合防治措施。
3. 简述中国绿洲的分布特征。
4. 试述绿洲地区农田沙害类型及其特征。
5. 试述绿洲沙害的防治措施。
6. 试述草场沙化与沙害形式。
7. 试述草地沙害及沙漠化的综合防治措施。

第9章 交通线路沙害的综合防治

【内容提要】铁路和公路是国民经济的命脉，因此，交通线路的沙害防治是沙漠治理工作的重要组成部分。1880年，俄国修筑通过中亚沙漠的里海铁路，由于风沙危害，铁路常被沙埋，影响通车以致出现脱轨等事故，于是开始了铁路沙害的防治工作。我国的铁路防沙工作是从修建1931年东北大郑线（大虎山至郑家屯）开始的。1949年，京汉线河北省境内的新安村车站与东长寿站北部，各有2km左右的铁路横穿老磁河与神道滩沙荒地，当年秋季开始在沙荒地上营造防护林进行沙害防治。

1949年以后，我国在西北干旱风沙区相继修筑了包兰、兰新、甘武、集二、乌吉等铁路主干线及支线。这几条铁路线通过沙漠和风沙地区的总长度约为700km，其中流沙危害严重地段约达80km。东北地区的大郑、平齐、叶赤及京通等线，穿过科尔沁沙地及其他沙地的线路，总长度也有数百千米，这些地段经常受到风沙的危害。

公路也是如此，特别是我国西北地区，如京新、青新等国家级、省级公路，塔克拉玛干沙漠石油公路，库布齐沙漠穿沙公路，毛乌素沙地南缘的榆靖、鄂尔多斯境内的鄂乌、伊乌及鄂城等多条公路，都穿越了风沙区。沙粒的堆积和沙丘的前移，经常造成埋压路面、阻断交通、被迫改道的现象。

为了保障风沙区铁路和公路运输畅通无阻，各地区在交通线路防沙治沙上都做了大量的工作，取得了显著成绩，总结出了不少经验。例如，在包兰铁路沙坡头、兰新线玉门附近三十里井、东北京通线奈曼旗境内和大郑线甘旗卡站等地，都做了大量的防沙工作，这些成果在国际治沙上都得到了很高的评价。公路防沙方面，如包（头）东（胜）公路，全线穿越库布齐沙漠和毛乌素沙地，由于治沙工作做得较好，全线交通畅通无阻。所有这些，都为交通线路防沙提供了宝贵经验，树立了典范，也为沙害防治科学研究提供了基地。

9.1 公路沙害的综合防治

9.1.1 公路沙害的类型与程度

1. 公路沙害的类型

（1）路基风蚀　　风蚀包括吹蚀和磨蚀两种类型。沙漠地区自然条件的一个重要特征是风大沙多，而修筑的路基又往往是就地取材的沙土，缺乏黏性，结构松弛，受到风力作用，沙粒很容易被风吹走，产生路基吹蚀；风沙流不断冲击路面，发生磨蚀。地表径流侵蚀路基而使其具有流痕或孔穴时，风沙流还能钻入孔穴内旋磨以致将沙填路基的路肩部分或路基底层掏空，造成塌陷。路基风蚀主要集中在突起的迎风部位上，尤以路堤迎风面的路肩和边坡上部风蚀最为严重，形成上陡下缓、坎坷不平的风蚀坡面，路基高度与风蚀深度关系见表9-1。

由表9-1可知，一般风蚀量为十几厘米到几十厘米不等，个别地段可以将整个路肩风蚀殆尽。不仅增加养护上维修工程的土方量，而且由于风蚀后减窄了路基宽度，严重影响了行车安全。

表 9-1　路基高度与风蚀深度关系

路基高度/m	风蚀深度/cm		路基高度/m	风蚀深度/cm	
	迎风路肩	背风路肩		迎风路肩	背风路肩
0.3	7	7	2.0	18	14
0.5	9	8	2.5	24	17
1.0	13	10	3.5	29	23
1.5	16	14			

　　对路堑地段则以边坡和堑顶部位风蚀最为严重。当风向与线路平行时，两侧坡面常被风蚀成犁沟状，沟深可达 20cm 以上；如线路与主风向垂直时，则堑顶被风蚀成浑圆状或不规则形状，迎风坡常呈犬牙状，或呈袋形涡穴。风蚀土塌落堑底，阻塞线路，影响公路的畅通。

　　（2）沙埋路面　　沙埋路面是沙区公路的主要沙害。公路沙埋路面按其形式分为舌状积沙、片状积沙和堆状积沙三种类型。

　　1）舌状积沙。主要发生在线路两侧，有斜向风（与线路小角度相交）吹入，且风口地带路边有灌丛沙堆及防护措施局部破坏，或有其他障碍物分布等地方，风沙流顺着风向或风口掠过路基时，受阻后沉积的沙粒出现前低舌状形式横跨线路向前延伸，掩埋路面，长度可达数米至数十米。

　　2）片状积沙。这是线路积沙最普遍的形式，是由于风沙流活动受到线路附近地形的影响，可携带的沙粒受到阻碍，沉积在路面，形成比较均匀分布的片状积沙。在垂直线路的主风向作用下，风沙流受线路两侧障碍物的影响出现堆积，继而掩埋路面，开始形成严重的片状积沙。这种沙害初期时对行车影响不大，但给线路养护造成困难，后期则易形成堆状沙埋，影响行车安全，清除时需费大量人力和物力。

　　3）堆状积沙。主要发生在线路两侧有流动沙丘或半流动沙丘前移的路段。由于沙丘的整体前移，流沙成堆积状停积在线路上，形成沙害；或是由于前期舌状积沙或片状积沙未得到及时清除，任其发展，最终形成堆状沙埋，造成险情，给清除工作增加难度。

　　2. 公路沙害的程度　　以沙埋路面时沙舌长度占路面宽度的百分比作为沙害程度的主要判别指标，同时考虑公路两侧沙丘的固定程度、植被覆盖度、沙丘移动速度、年平均风速、年大风日数等指标，将公路沙害程度划分为轻度沙害（沙舌长度占路面宽度的 25%）、中度沙害（50%）、重度沙害（75%）、极重度沙害（100%）4 个等级。不同等级公路沙害的特征介绍如下。

　　（1）轻度沙害

　　1）路线通过沙漠或沙地地区，但沙丘以固定沙丘（60%）为主，风沙活动较轻，或有风无沙。

　　2）路侧植被覆盖度＞40%；沙丘移动速度较小，路面积沙呈斑块状。

　　3）路侧植被破坏＜30%，路线通过地区沙源欠丰富。

　　4）年平均风速在 3~4m/s，年风沙日数 20d 以上。

　　5）路面积沙范围小或不积沙，积沙范围仅出现在路肩及边坡，一次积沙厚度＜5cm；年输沙量少，风沙流大多以非堆积搬运的形式通过路基。

　　6）路基风蚀较小，年风蚀量＜10cm，边坡出现风蚀小沟。

（2）中度沙害

1）路线通过地区以大面积半固定沙丘（60%）为主，小部分为流动沙丘（10%），沿线风沙活动中等。

2）路侧植被覆盖度相对较大，植被覆盖度达 15%～40%；沙丘移动速度较小，路面积沙呈片状。

3）路侧植被破坏较小（30%～50%），沙丘活化程度低，路线通过地区沙源欠丰富。

4）年平均风速在 3～4m/s，年风沙日数 40d 以上。

5）路面积沙范围较小，长度短，积沙范围可达路面的 1/4 或 1/2，一次积沙厚度可达 5cm，路面积沙较易清除；年输沙量较小，气候对公路沙害的影响较大。

6）路基风蚀中等（年风蚀量为 10～25cm）、边坡易掏蚀、坍塌，对行车安全尚未构成影响。

（3）重度沙害

1）路线通过地区为大面积半流动沙丘（＞85%），路侧流动、半流动沙丘高度不大（＜15m）、密集，通过的里程长，风沙活动较强烈。

2）路侧植被较稀疏（5%～10%）、沙丘低矮、移动速度较快、路面积沙里程较长。

3）路侧植被遭到破坏（50%～85%）、沙丘活化较为剧烈。

4）年平均风速较大（＞4.0m/s），年风沙日数 60d 以上。

5）路面积沙范围较大，可达半幅路面或整个路面，一次积沙厚度可达 10cm，路面积沙较难清除，年输沙量大。

6）路基风蚀较重（年风蚀量 25～40cm）、边坡掏蚀、坍塌，影响行车安全。

（4）极重度沙害

1）路线通过地区以大面积流动沙丘（＞85%）为主，路侧流动沙丘高大（＞30m）、密集、通过的里程长，风沙活动强烈。

2）路侧植被稀疏（＜5%）、沙丘低矮、移动速度快、路面积沙里程长。

3）路侧植被大面积遭到破坏（＞85%）、沙丘大面积活化。

4）年平均风速较大（＞4.5m/s），年风沙日数多达 80d 以上。

5）路面积沙范围大，可达整个路面，一次积沙厚度可达 20cm，路面积沙清除困难，年输沙量大。

6）路线位于迎风坡中部、沙丘背风坡脚或距背风坡脚小于 5m，或断面为路堑。

7）路基风蚀严重（年风蚀量＞40cm）、边坡掏蚀、坍塌，影响行车安全。

9.1.2　公路沙害的成因

（1）公路沙害的影响因素　　造成公路沙害的原因归纳起来有自然因素和人为因素两个方面。

自然因素主要是风和沙源。风是动力，沙源是物质基础。一般来说，干旱的荒漠和半荒漠地带，风沙对公路的危害主要是自然因素的影响；而在植物比较稠密的半干旱干草原地带，沙害的发生往往是人为因素起着重要作用。

人为因素：一是因修建公路而进行的填挖方断面设计及施工，迫使风沙流的运动形式、运动路径、迁移量、沙粒运动饱和距离等性质发生改变，从而造成路基路肩风蚀和边坡及路面沙埋等病害，威胁公路交通的安全。二是在修筑公路时，大规模机械作业，使自然植被遭到毁灭性破坏，地表缺乏覆盖，引起草地沙化、固定沙丘活化、风沙流活动加强或沙丘整体前移速度加快，进一步造成公路沙害。尤其是改扩建建设工程，原有公路禁行，车辆行驶便道，导致大面积的土地沙化，原本脆弱的沙区生态环境因公路建设的强度干扰而进一步恶化，从而影响公路的正常运营。三是因工程修建而造成的取土坑和弃土堆，取土坑风蚀扩大，弃土堆沙粒沉积，也会造成局部的沙害。此外，不合理的农垦、过度放牧和樵采等人类活动，破坏了公路沿线天然植被，也会致使流沙再起而上路。总之，公路建设活动人为地隔断了风沙流运动的连续性，相当于在风沙流的前进方向上设置了障碍物，使得沙害成为公路建设自身带来的不可避免的灾难。

现阶段公路沙害的成因可以总结为以下几点：①由于沙丘或风沙流的运动，线路通过沙漠地区，或多或少、或迟或早总要出现沙埋；②路基断面形式不合理，边坡过陡，附面层分离造成积沙；③线路走向与主风向垂直或以较大角度相交，公路成为风沙流运动的障碍；④公路改、扩建时破坏了原有植被，固定沙丘活化形成新的沙源；或由于各种原因造成公路两侧的固定沙丘活化（如草地、农田风蚀沙化）；⑤路侧有障碍物（筑路时的弃土堆积在路边形成障碍物，线路附近有建筑物或杂草等，使风沙流受阻堆积）；⑥防沙体系受损后失去阻沙作用，或防沙体系设置不合理。

（2）几种容易积沙的路基断面

1）背风半路堑。该断面流场最明显的特征是位于上风侧山坡转折处的附面层分离及形成位于上风侧边坡坡脚处的涡旋减速区。来流流经背风半路堑时受涡旋减速区的影响速度大幅减小，路面上的风速整体上比来流风速低得多，导致风沙流输运能力严重削弱，沙粒大量堆积在上风侧边坡坡脚和路面上，因此背风半路堑是沙害较为严重的一种路基断面形式（图 9-1）。

2）迎风半路堑。当来流风沿上风向路堤向上运动时，速度逐渐增大，到达路肩时风速达到最大值。在路肩处贴地附面层分离，路基面上风速逐渐减小，在坡脚处减小到最小值。由于下风向路堑边坡的压缩作用，风速逐渐增大，在堑顶达到最大值。当路堑深度一定时，路堑边坡越缓，下风向路堑边坡坡脚处的涡旋减速区范围和强度就越小；当边坡坡率一定时，路堑边坡越深，边坡坡脚处的涡旋减速区范围和强度也就越大，也就越容易形成积沙（图 9-2）。

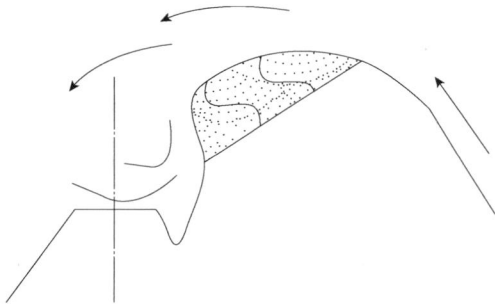

图 9-1　背风半路堑断面形式示意图　　　　图 9-2　迎风半路堑断面形式示意图

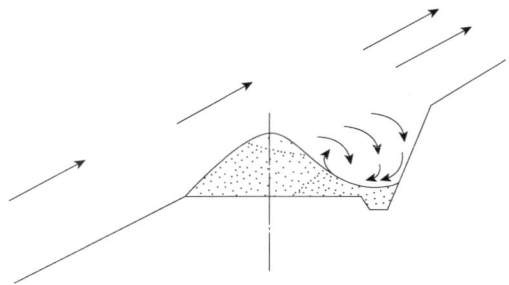

3）全路堑。是全挖方的一种路基断面形式，而且全路堑并不是背风半路堑和迎风半路堑的简单组合，它除具备两者的部分特征外，更有其自身流场的结构特点。路堑路基面上的风速明显小于来流风速，来流风在上风向堑顶处风速开始急剧减小，贴地附面层发生分离，产生漩涡；来流风吹越路基面遇下风向路堑边坡阻挡，在路基面上方形成漩涡，也在堑顶转折处产生分离形成漩涡。全路堑也是沙害最容易形成的一种路基断面形式（图 9-3）。

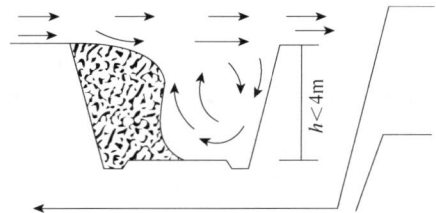

图 9-3　全路堑断面形式示意图

4）零路基和低路堤。零路基表示的是道路路基与地面高度相同的路基，当空气被吹入路肩迎风侧时，贴地风速基本保持不变，附面层气流分离现象在路肩处几乎没有发生，不产生旋涡，但若遇到不饱和风沙流也容易在路面形成堆积；一般情况下，低路堤路面上的风速都大于来流风速，在迎风坡坡脚和背风坡坡脚处积沙会发生堆积，在路基面上积沙会发生侵蚀，如果路堤高度太低，在遇到沙尘暴时公路坡脚处堆积的积沙会使路两侧的积沙厚度相对增加，而路面上的积沙厚度则因为车辆的运行碾压而相对变低，这样公路会形成类似于路堑断面形式的情况，有利于积沙的堆积，所以路堤高度太低也是不安全的。

5）其他原因造成的路面积沙。弯道积沙，路牙石过高（超过 10cm）积沙，中央隔离带积沙，运输撒落物造成的积沙，舌状、片状积沙未及时清理发展成的堆状积沙等都有可能造成路面积沙。

6）高路堤不容易积沙。气流沿路堤迎风边坡上升，过流断面的缩小，导致气流受到压迫，

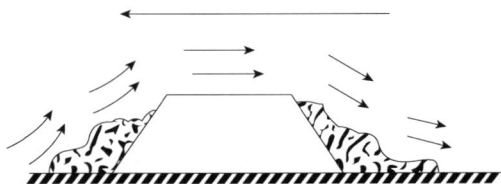

图 9-4　高路堤断面形式示意图

风速开始增加，风速在风吹到迎风路肩的位置处达到最大值，并且路基的高度不同，风速增加的程度也是不同的。遇到背风坡，气流开始扩散，在公路背面处及边坡的上面，或坡脚位置的地方，形成了另外一个涡流的大区域，这样容易使沙粒在边坡位置的地方进行沉积，风沙流速度的降低幅度越大，沙粒在背风侧边坡位置处的沉积越多，因此，高路基不容易在路面形成积沙（图 9-4）。

9.1.3　公路沙害的预防与防护措施

1. 前期设计与沙害预防

（1）选线时应注意的条件　　线路选择合理，可以避免或最大限度地消除风沙隐患，从而降低工程造价及日后养护费用，达到路基稳定，行车安全、经济、舒畅的最佳效果。

1）处理好近期与远景的关系：要结合工程量和运营条件，将线路所经地区国民经济发展远景和公路总体规划进行综合研究，多方比较，找出符合公路使用任务和要求，又受风沙危害较小的线路的具体位置。

2）线路最短：在线路选择时，还应尽可能使线路最短，降低经济成本的投入。合理绕避严重流沙危害地段：在进行沙区选线方案时，不应只考虑工期和初期工程投资，而应从施工、养护、营运等多方面进行综合研究，若在线路绕长不太多、工程费用增加有限时，尽量绕避严重流沙，这对整个施工营运来说还是合算的。但是，也要防止不分情况和需要，遇到流沙就绕避的倾向。

3）充分利用有利地形：当线路必须穿过沙区地段时，应注意充分利用如下一些地形条件：如沿沙漠中河流两岸和古河床布设线路；选在扇缘的固定、半固定沙丘地带通过；利用沙漠中的湖盆滩地及风蚀低洼地等。如流沙地带不能绕避，或绕避在经济上显得不合理，路线必须穿过流沙时，选线应注意经由流沙最窄地段；应将线路布设在沙丘的迎风侧吹蚀部位；从沙丘中的低矮处穿越，尽可能充分利用较开阔的丘间低地等。

4）尽量使线路方向与主风向平行或成锐角相交，以减少路肩处因风速增大而导致的吹蚀。线路垂直于主导风向时，路基迎风、背风坡脚和路基气流分离减速作用都较明显，易于造成积沙，而迎风路肩则增速作用较强，易受风蚀。相反，根据观测，顺风路堤顶面和两侧坡脚贴地层风速都大于旷野风速，而路肩处增速作用也较小，因此，不易造成沙埋，同时风蚀也较轻微。此外，高陡的路基与主风向斜交时，甚至对风沙流能起到侧导作用，从而避免对路

基直接危害。

5）弯道凸面迎风：尽量避免弯道，因弯道最易积沙，特别是路堑部分，如实在不能避免也应将弯道设在路堤部分，并以凸面迎风。

（2）路基断面设计　　设计的指导思想是：因地制宜、因害设防、沙害最轻、线路最短、投资最少，有利于风沙流过境，有利于防沙措施布置。

1）多设路堤，路基高度 $0.5m<h<3m$，迎风侧边坡比大于 1：1.5，具体设计参数应结合周围沙丘高度适当调整。

2）少设零路基、路堑；在路基设计时应坚持多设低填方或零断面（砾石戈壁地区），因平坦沙地上设计高路堤易造成沙害；不设或少设挖方，因挖方路堑是风力弱速区，无论风沙流或沙丘均易积沙于路堑之中。路基横断面最好把路肩与边坡的棱角削成圆弧状的流线型，能消除从路肩开始的贴近地层气流分离，不产生涡流，创造平滑的环流条件，改变风沙流结构和提高过沙能力，有利于风沙流的非堆积搬运通过路面，不产生路面积沙。

3）路堑宜设计为敞开式（边坡比大于 1：4），预留积沙平台：有些特殊地区还必须设计路堑方能通过，因而在设计路堑路基时，深路堑线路段越短越好，这样积沙较少；浅路堑不论线段长短均积沙严重，为防止和减轻其积沙，保证正常通车，可设敞开式的路堑横断面。敞开式的路堑横断面，可以较好地克服一般路堑因气流分离而产生的涡旋阻力，使堑内具有良好的气流环境条件，整个断面处于非堆积搬运状态，整个路基无积沙现象，较好地解决了一般路堑断面容易积沙的问题。

4）适当加宽路面，并且应尽量坚实平滑，线路中部略有抬高，呈低流线型，可防止积沙。

5）高速、一级公路的中央隔离带、挡水墙应与路面齐平相接。

6）排水宜设计为漫坡排水。

（3）改善路肩和边坡微环境

1）摊平小沙包。

2）清除杂草、灌丛、弃土，及时清理路面积沙。

（4）加强公路两侧生态环境建设，修筑生态路　　单侧取土，施工车辆单侧行车（最好都在下风侧），及时清理施工现场，同步进行防沙体系建设。

2．后期综合防护措施

（1）路基主体的防护措施　　为了防止沙质路基主体（边坡和路面）受风蚀，必须加以全面防护，以保证其稳固。路基主体防护工作量较大，面宽线长，采用哪种方法要看防护材料的供应情况，因地制宜，就地取材。

1）平铺或叠铺草皮：多用于线路附近有沼泽草甸或下湿滩地，可取草皮的条件地区。草皮规格一般切挖成厚 10～15cm、宽 20cm、长 40cm 左右的长方体，铺时草面向外，使根部与湿地相接，块块相连，平铺于路基边坡上，以防风蚀。

2）用黏性土包坡：用黏性土包坡是沙区公路路基常用的一种经济而有效的防护措施，防护边坡要求厚度 5～10cm，路肩为 10～15cm。

3）砾卵石防护：此法可以全面平铺在边坡或路肩上，在路肩上平铺砾卵石可掺些黏土于孔隙中，以增加其稳固性。另外也可采取用大块砾卵石砌成方格，格内平铺小粒径砾卵石。

4）沥青沙防护：用 84%～86% 的风积沙混以 14%～16% 的熬热沥青，直接平铺在路基边坡之上，整平拍实，厚度一般为 3～5cm。

另外，还有用盐卤盖平铺、平铺植物秸秆束、层铺柴草等措施，可视当地材料来源的难易进行选定防护，均可收到良好效果。

（2）路面防护措施

1）路面输沙。在路基两侧铺设整平带，切断沙源补给，延长风沙流饱和路径长度，这对解决就近沙源直接危害路基具有显著效果。整平带愈宽愈好，一般为20～40m，在整平带内的一切突起物或稀疏灌丛均应夷平，并用黏土、砾石等材料全面覆盖，这种措施似铺设黏土或砾石平铺沙障，所不同的是整平带内一定要平滑，无任何突起物和灌丛等存在，以利气流通过带时不受任何障碍，使风流处于不饱和状态而通过整平带与路面，使沙粒不致危害路基。

下导风栅板输沙：下导风栅板又称聚风板，由立柱、横撑木和栅板组成。栅板材料可为木板、板皮、芦苇等。用芦苇作板面材料时，应将芦苇扎成直径8～10cm、长2～3m的苇把子，再用苇把编成栅板，固定于立柱和横撑木上，将其埋设于路面有积沙或易于形成路面积沙处的上风侧路肩上，栅板与地表间要留有一定高度的空隙，导风板的板面可以直立也可以有一定倾斜度，一般前倾角（与主风来向的交角）为60°～80°。设置下导风栅板，就是利用下口的聚流作用，加大贴地面的风速，以此来克服因路肩的局部地形的突变所引起的气流分离，使风沙流以非堆积状态通过公路。

利用下导风栅板进行输沙，对防治分布稀疏，低矮快速前移的沙丘（或沙丘垄）造成的局部严重沙害效果较好。下导风板的布设以主风与公路垂直或接近垂直时效果较好，不受线路平面位置和路基断面形式的限制，既可布设在路堤上，也可布设在路堑上，下导风板布设的长度应超过所需防护沙害地段的长度，以免板端的绕流作用而产生两端的舌状积沙，继续对公路进行危害。

为了使下导风板起到最大的输沙作用，选择适宜的板面和下口高度很重要。一般板面越宽，聚风能力越强，吹刮路面的有效宽度越大；但板面越宽，所需材料越多，施工也不便，一般以2～3m宽为宜，下口以1.5～2m比较合适，开口太低，板前弱风区增大，易引起积沙；开口太高，聚风能力减弱。据风洞试验，板面与下口高度之比以1∶0.7左右为好。

设有浅槽的路基或设有加速风力堤的路基输沙方法：设有浅槽的路基输沙方法，是由浅槽和路基相互平顺衔接而构成的断面。借助于气流沿整个弧形浅槽运行时产生的升力和路基风速加强而达到输沙目的。此法适用于沙源不丰富的平坦流动沙地和戈壁起沙的风沙流区，整个浅槽挖成后，以黏土、砾卵石等覆盖封闭，封闭厚度为5～15cm，迎风面厚，背风面薄。

另外，采用设有浅槽与加速风力堤的路基输沙方法，则适用于沙源比较丰富的流动沙丘地带，防治沙丘前移对公路的危害，这一方法是由浅槽和加速风力堤与路基平顺衔接所构成，通过浅槽和风力堤综合作用达到公路输沙的目的。

风力堤的性能，在于增强风力，造成一个理想的吹扬地带。风力堤顶要求与路基等高，但要高出邻近沙丘0.3～0.5m，以使堤前沙丘运动变为风沙流运动，还应使风力堤顶呈流线型，借以克服气流附面层分离，促使气流作附面运动，避免过境沙粒堆积在堤或浅槽的背风侧；此外，还要求风力堤的迎风坡具有产生强大的沙粒冲击反弹跳力的适宜坡度。通过野外试验，其坡度一般以1∶4为宜。整个风力堤——浅槽要用抗风蚀材料全面覆盖，封闭厚度5～10cm。

2）路面除沙。路面小型的舌状、片状积沙，在下风侧没有障碍物的时候，采用人工清理，直接清到下风侧即可。小型堆状积沙不能简单地送到下风侧，必须经过运输，送到低洼处而且不会产生二次吹扬的地方。对于路面较大的堆状积沙，靠人工清沙费时、费工，必须用装载机或挖掘机配合自卸车清理。

人工除沙：人工清沙适用于小面积（5m²以下）的舌状积沙，方法是直接把积沙铲出路面，送到下风方向无害段堆平，以利生草固定或人工治理。大风天采用人工扬沙的办法不但可以提高清沙效率，还可以依靠风力把沙子送到较远的地方。

机械除沙：机械清沙适用于积沙量大的堆状积沙。生产中一般采用75kW推土机和2.5m³

轮式装载机两种。

（3）路基两侧综合防治　　为了防止公路路基受沙埋，必须对其两侧一定范围内（如 100～200m 或更大范围内）的沙质地表进行防护。防护采取因地制宜、因害设防，工程固沙和植物固沙相结合的方法，这是多年来经验所证明了的有效的措施。

1）设置各种沙障进行固沙护路：在公路两侧或只在迎风一侧设置 1m×1m 半隐蔽式方格沙障和行距 1.5～2m 的行列式沙障，也可采取全面或带状平铺式沙障。沙障宽度和间距要根据防护地段的具体情况而定，以固定线路两侧流沙不危害正常通车为原则。一般是从靠近公路有流沙出现处即开始设沙障，设障范围宽度要视危害严重程度而定，轻则几十米，重则数百米。如防护地段在较远处有充足沙源威胁时，为阻截远处的流沙，可在沙源前缘设置一到数带高立式沙障，以此来阻截流沙进入防护林带，避免危及公路的安全行车。

2）设置输（导）沙措施：同路面输（导）沙防护措施一致。

3）植物固沙护路：在公路通过沙区地段两侧，采取营造护路防沙林带或营造片状固沙林的措施进行封沙育林育草、保护天然植被等，从而达到固沙护路的目的。

（4）防沙体系维护

1）工程防沙体系维护：工程防护体系维护主要包括防沙体系破损的预防技术，植被保护技术，防沙材料防腐处理及常规维护等，应遵循"技术可靠、施工简易、经济合理、效果良好"的指导思想，在具体的维护过程中应遵守以下几个原则：①以防为主、防修结合的原则；②工程措施与生物措施互补的原则；③能修不设原则；④经济有效原则；⑤因势利导的原则；⑥就地取材的原则；⑦坚持日常维护、早维护、早修复的原则。

2）生物防沙体系维护：根据野外调查，即使是在极端干旱的塔里木地区和阿拉善地区，流动沙丘上设置机械沙障后，由于风沙活动强度下降，影响植物生长的风蚀沙埋现象减轻，总会有或多或少的植物出现在沙面上。只要有一定的植被覆盖，沙障规格过大导致的风沙活动就可以消除或减弱。因此，设立机械防护体系以后还要尽量促进植被的恢复，在适宜植物生长的地方，应选择一些耐旱、耐盐、耐风蚀沙埋的植物种进行飞播或人工种植，以补充机械沙障防护效益方面的不足或缺陷，同时延长机械沙障的使用年限，并且逐步形成以植物措施为主的防沙体系，从根本上解决沙害问题。

（5）典型防护模式实例

实例一：新疆塔中油田沙漠公路防风固沙模式

新疆塔中油田沙漠公路所穿行的地貌单元由北至南依次为复合横向沙垄区、穹状沙丘区、高大复合纵向沙垄区、复合纵向沙垄区和复合横向沙垄区等五大地貌单元，沿线风沙地貌组合以高大的复合沙垄（丘）与宽广的垄（丘）间地构成，沙丘形态各异且尺度相差极为悬殊。沙丘类型包括纵向复合沙垄、横向复合沙垄、穹状沙丘、新月形沙丘、沙丘链、沙垄等。复合沙垄（丘）高度为 20～70m，叠置于复合沙丘的次级沙丘高度多在 3m 以上，分布于复合沙丘丘间的沙丘高度多在 3m 以下，流动沙丘覆盖度在 60% 以上。塔里木沙漠的气候特点可以归纳为干旱降雨稀少、高温、温差大、风多、风沙天气多几大特点。年平均降水量为 35.3mm，年蒸发量达 3389.7mm，平均相对湿度为 43%，气温可达 42℃，7 月份平均气温为 34.5℃。每年每千米断面风沙流的输沙量可达 2700～4000t。1m 左右高度的沙丘年移动速度达到 7～20m。沙漠公路沿线除塔里木河主流外，无地表径流。沿线的天然植被稀少。

防沙治沙思路：公路防沙要确立"以机械固沙、保证公路畅通为基础；以生物固沙、建立和恢复生态平衡为奋斗目标；以化学固沙为辅助措施"的指导方针。沙漠公路（包括沙漠公路防沙工程）及沙漠腹地生物防沙要求以简便易行的方法进行。

主要技术措施：①建立以阻沙栅栏、平铺草方格沙障为主的阻固结合机械防沙体系。②采用滴灌、渗灌等先进灌溉技术，试用咸水灌溉，寻求和培育既耐干旱又耐盐的植物，在公路两侧建立绿色走廊。③在整地的同时，设置高立式沙障（栅栏）是必不可少的先行措施；沙面高温，植物幼苗期难以承受，必须采取遮盖和灌溉降温等综合措施。引进适宜固沙造林的植物进行造林时，选择合理的配置。主要植物种有柽柳（13 种）、沙拐枣（6 种）、梭梭柴、蒙古沙冬青、沙木蓼等共 22 种灌木，灰杨、青杨、沙枣、白榆 4 种乔木，盐生草、沙生蔗茅、大颖三芒草 3 种草本植物等。

实例二：新地—麻黄沟高速公路防风固沙模式

新地—麻黄沟高速公路是丹拉国道主干线连接内蒙古和宁夏的控制性工程，位于乌海市海勃湾区北端，穿越乌兰布和沙漠东南部，沙害路段全长 2km。该路段 2003 年开工，公路建设与防沙体系建设同步进行。新麻高速公路地处荒漠区，路域范围的流沙系多年来冬季黄河封冻时从乌兰布和沙漠越过黄河冰面突遇桌子山的阻挡形成。路域两侧沙丘密度为 0.7～0.9，沙丘高度高于路面近路侧相对高度 2m，200～300m 相对高度为 5～8m。沙丘流动性强，裸露沙丘占 90%以上，植被覆盖度小于 5%，沙粒粒径以细粒、极细粒为主。该地东南风、西北风盛行，风沙运动具有往复式移动的特点，这决定了该路域一年四季都有形成沙害的可能。

新麻高速公路沙害形式表现为路基、边坡风蚀和路基、路面沙埋，尤其以路基、路面沙埋为主，K1128＋250～K1130＋260 路段既有风沙流遇阻堆积形成的沙害，也有沙丘整体前移形成的沙害。冬春季以沙丘整体前移埋压路基、路面为主，夏秋季以风沙流遇阻堆积埋压路基、路面为主。该段公路走向与主、次害风向的夹角均小于 45°，路堑距离长、高度大容易形成路面舌状沙埋和路堑堆状沙埋，形成沙害后，由于路面沙舌延伸长度较大、路堑积沙量大，清沙困难，因此该路段沙害隐患多属严重沙害路段。

沙害防治原则：①在合理选择线路的基础上坚持预防为主、防治结合、因地制宜、因害设防、综合治理和先治标、后治本、标本兼治的原则。②综合运用工程治沙、植物治沙、化学固沙技术，建立以工程防沙体系为主、工程防沙体系与植物防沙体系相结合的综合防沙体系，最终形成以植物防沙体系为主的防沙格局。③考虑路基横断面、路基路面排水等因素，坚持路基主体、边坡防护与路侧防护体系的有机结合。④坚持就地取材的原则，尽可能利用当地盛产、储量丰富的建设材料。

主要技术措施：新麻高速公路沙害防治应综合运用工程治沙、植物治沙、化学固沙技术，建立以工程防沙体系为主、工程与植物相结合的综合防沙体系，体系应配置为两侧对称型结构。

通过对沙害地段路基进行设计，提高了路基高度、缩短了路堑长度、降低了路堑高度、减少了路基、边坡的挖方量。沙害路段采用齐平式中央分隔带，路肩不设拦水带，边坡不设排水道，路面排水采用漫流方式，避免中央分隔带两侧和路肩积沙与路基风蚀。K1128＋250～K1130＋260 路段路堤、路堑边坡采用 1∶4 的边坡比，形成平缓的路基、路堑边坡，利于风沙流的顺畅通过。为防止沙质路基遭风蚀，路堤、路堑边坡采用浆砌卵砾石方格防护。浆砌卵砾石方格采用 10cm 以上的卵石栽砌 1m×1m 的与路肩呈 45°夹角的方格，并在方格内平铺粒径为 7～8cm 的砾石。

新麻高速公路西侧为乌兰布和沙漠，沙源丰富，东侧有桌子山阻挡，整个沙害段路域范围成为乌兰布和沙漠东扩的沙物质沉积区，该区东南风季长、起沙风日数少，西北风季短、起沙风日数多，风沙运动具有往复式移动的特点，工程防护与生物防护相结合的复层综合防沙体系是较为有效的防护措施。两侧的防护宽度各为 400m，为左右对称型结构。路侧防沙体系由 4 个功能带组成，以公路为轴线，从公路边坡开始由内到外依次为整平带（输沙带）、固沙带、阻沙带、封育带（图 9-5）。

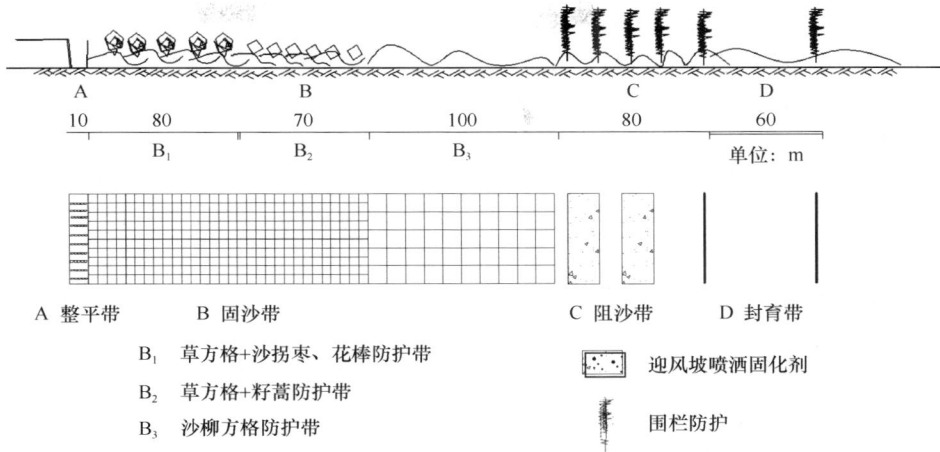

图 9-5 新麻高速公路防沙体系结构功能配置示意图（单侧）

实例三：**库布齐沙漠穿沙公路防护模式**

库布齐沙漠穿沙公路南起杭锦旗锡尼镇，北止于乌拉特前旗乌拉山镇，全长 115km。公路沿线气候干燥，风力强劲，植被稀疏，风沙地貌类型复杂多样，沙丘流动性强，尤其是巴音乌素镇至独贵塔拉镇之间，有 51.4km 的路段穿越库布齐沙漠高大沙丘密集区，风沙活动十分强烈，所孕育的风沙危害对公路构成了巨大威胁，特别是公路两侧的防沙体系，随着时间的推移，防护作用正逐渐减弱，沙害形势日趋严峻。

沙害防止思路：根据库布齐沙漠穿沙公路沿线风沙危害特征、社会经济条件及杭锦旗生态建设规划，胡春元、左合君、董智等设计穿沙公路沙害防治体系的宽度为公路两侧各 1000m。综合防护体系由机械沙障与绿色植物共同构成，有 6 个亚带，其基本形式是：从公路向两侧分别为 150m 的固沙带，250m 的阻沙带，600m 的封育带，固沙带内的流动沙丘上全部设沙柳方格沙障，阻沙带设带状高立式沙柳沙障，两带建设的目的就是要迅速控制沙害、保护公路，同时为植物的生长创造条件。在此基础上，又在缓沙带的丘间低地区、河谷平原区进行了以人工造林为主的植被建设工作，分别种植了旱柳、沙柳、沙打旺、羊柴、花棒等；在中沙带设置沙障后也进行了以飞播为主的植被建设工作，植物种以沙蒿、沙拐枣、花棒为主（图 9-6）。

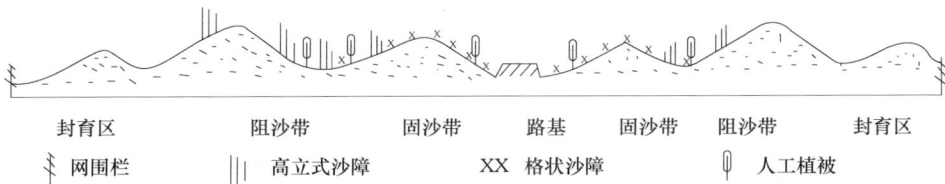

图 9-6 库布齐沙漠穿沙公路沙害防治体系示意图

主要技术措施：为防止流沙侵袭公路，达到控制流沙推移和防止流沙覆盖路面的目的，在修路的同时，配合公路建设进行了综合防沙措施配套施工，采用工程措施与生物措施相结合的综合防治技术。即沿途设置了机械沙障，起到先导与保护作用，继而在沙障范围内，加强生物措施，以植树造林和飞播试验等措施增加乔灌草的覆盖率，以达到较长远的防沙固沙目的。

1）工程措施：沙障的形式多种多样，依使用材料、设置部位、配置方法及沙障高度、结构的不同，其防沙原理和目的也各异。穿沙公路沙障基本上以高立式沙障为主，材料以就地取材的沙柳为主。但也探讨了麦草方格、沙柳方格、葵花秆及小规模的玉米秸秆、香蒲等平铺带状沙障的防护效益。沙障设置在公路两侧各 500m 的范围内，根据风蚀程度、流动沙丘的大小及活动性，沙障设置的宽度和类型不同，基本上做到了遇沙即设障。沙障设置的基本原则是在公路两侧 50~100m 范围内的流动沙丘及风蚀严重地段，采用高立式沙柳沙障、立杆沙柳编条沙障和低立式方格沙障、带状平铺沙障相结合的方法，进行全面设置。沙柳沙障的障间距为 6~10m，低立式方格沙障及带状平铺沙障的规格为 1m×1m。而在距公路较远地段的流动沙丘，为切断沙源，降低沙丘移动速度，采用高立式沙障，在沙丘丘腰及丘脚设置了多带沙障，对流沙进行全面控制，阻截流沙靠近公路。

2）生物措施：在机械沙障的保护下，可在沙障内充分实施生物措施，以增强效果，提高长期稳定的防护能力及美化环境。根据树种的生物生态学特性及适地适树原则，公路沿线主要选择了小叶杨、羊柴、沙打旺、沙柳、旱柳，并飞播了油蒿、籽蒿、羊柴、沙打旺。沿公路两侧的造林主要以杨树为主，一般为 2~4 带，株行距 2m×3m，品字形栽植。杨树造林分别采用了高秆造林和植苗造林两种方法，植苗造林过程中，有些地段采用杭锦旗林业局独创的"瓶子造林"法，实际上也是一种形式的容器造林。其方法是在瓶子中装满水，将 80cm 长的杨树条（直径小于瓶口，一般用两根一杆苗的顶梢部分）插入瓶中，埋入沙丘不同部位即可，埋土深度与一般造林相同。这样瓶中的水分即可帮助杨树度过干旱季节，同时也利用了各种瓶子及杨树顶梢，避免了污染和插条的浪费。旱柳采用高秆造林，沙柳则用扦插造林，沙打旺采用直播和飞播两种方法。

防治成效：从两年的调查结果看，整个路段沙害面积很小，说明防护体系是成功的。由于综合措施的实施得当，经过沙障配置、人工造林种草、封沙育草等综合治理，收到了良好的防治效果，植被覆盖率上升，车辆正常畅通行驶。公路通车后至今，路面没有积沙现象发生，而且在综合防治规划中应控制的流沙已经得到有效固定，只是在个别风力强劲的地带，高立式沙障有倒伏现象，这些地段还需在以后的工程中加强修复和固定，或者考虑采用其他方式防止风沙流移动。在沙障的保护下，沙障带内栽植的杨树、沙柳、羊柴、沙打旺等长势较好，当年的成活率和生长量较高。杨树的成活率在不同地段因立地条件不同而有所差异。在 95km 处为 80%左右，从 80km 至生态站段内，其成活率较差，为 50%左右，瓶状造林的成活率较高，可达 92%。

穿沙公路的综合防沙措施不仅取得了令人满意的防风固沙效果，而且在公路建成通车后，促进了杭锦旗的农业、林业、牧业及经济的可持续发展，获得了经济、生态、社会三大效果。

9.2　铁路沙害的综合防治

9.2.1　铁路沙害的类型与程度

1. 铁路沙害的类型

（1）路基风蚀　　风沙区的铁路路基，在风沙流的撞击和腐蚀作用下，容易遭受风蚀。在沙漠化发展强烈的地段，风和风沙流的侵蚀，使组成路基的松散物质被吹扬，沙粒很容易被风吹走，产生路基边坡、路肩的风蚀，出现路基坍塌现象。在路堤上，以路肩部最为严重，坡面次之，坡角一般不被风蚀，反而有堆积现象，在风蚀路基边坡上形成明显的上部风蚀带，下部堆积带，中部过渡带。迎风坡的路肩风蚀最为严重，而背风坡由于涡流作用也易出现掏蚀。遭受风蚀的路基，边坡多变缓，路肩棱角磨成浑圆状，使路肩宽度减小，坡面出现风蚀槽痕，严重者路肩消失，枕木一端悬空，危及行车安全。背风坡因涡流掏蚀作用，常出现凹槽和小坑，路基因风蚀而宽度不足，每年线路维修土方量很大。

在路堑处，边坡堑顶及路堑两端风力较大，加上堑壁容易风化，大风刷蚀堑壁表面薄弱部分，使堑顶呈浑圆形或不规则形，当大风蚀去堑壁松软的夹岩层，如卵石、砾石及胶结不紧密的第三纪红土层时，在堑壁上形成风蚀壁龛而造成塌方，堵塞线路；在路堑上，边坡部位的风蚀较重。路堑越浅，风蚀越重。当主风向与线路走向接近平行时，坡面经常被风蚀出沟槽，深度可达 15～25cm 或更深。当主风向与线路走向接近垂直时，则在迎风一侧的坡面上由于风蚀常出现碟状或袋状凹坑。路堑顶部的风蚀和坍塌，会造成沙地坡脚的堆积，影响行车安全。

（2）线路积沙　　路基积沙是风沙危害铁路的一种普遍现象。一是风沙流受阻使沙粒在线路上堆积；二是沙丘整体前移，埋压道床，其积沙的形式有舌状积沙、片状积沙和堆状积沙三种。

舌状积沙：主要发生在线路横切沙丘走向，路堑两端有斜向风吹入，风口地带路边有灌丛堆及防护措施局部破坏等地方。风沙流顺着风向或风口掠过路基时，受阻后沉积的沙粒出现前低舌状形式横跨线路向前延伸，掩埋道床和钢轨，长度可达数米至数十米，且高出轨面几十厘米甚至达到 2～3m，这种沙害在大风时 20～30min 即可埋没钢轨。

片状积沙：它是由于风沙流活动受到线路附近地形的影响，可携带的沙粒受到阻碍，沉积在道床之内，形成比较均匀分布的片状积沙。在线路两侧堆积日益增多的流沙，沿坡面上爬，甚至覆盖路肩，继而掩埋道床和钢轨，开始形成严重的片状积沙。在路堑处，由于气流的涡旋作用，风沙流便倾向道心，这种沙害往往延续几百米乃至数千米，轻时道床不洁，重时则掩埋扣件和钢轨。片状积沙不仅是由于有两个方向相反的主次害风所形成。

堆状积沙：发生在流动沙丘和半流动灌丛沙丘前移的前哨地段。由于沙丘前移，流沙成堆停积在线路上，造成的危害比较容易预测，最好事先预防，一旦形成，容易造成险情，因积沙量大，清除工作较为艰巨。

（3）道床积沙　　道床沙害的表现形式是大量沙粒渗入道砟孔隙，致使道床工况恶化，加剧轨道破坏。道床是严格按一定级配的道砟组成的散粒结构，良好的道床工况是保持轨道良好状态的基本要素。沙粒渗入道砟间隙后，在动力冲压、研磨作用下继续粉化，黏性增大，渗水性能降低。遇水容易翻浆，干燥后容易板结，缓冲和吸收轮轨冲击力的道床弹性丧失，道床横向阻力降低，振动加速度增大，钢轨接头病害尤为突出。

（4）运营和养护危害　　风沙对铁路的其他危害，涉及车务、机务、工务、电务等养护部门，就运营和养护的危害主要有以下 6 种。

1）脱轨：当道床积沙掩埋轨面后，车轮上升，爬越钢轨，使机车车轮脱离钢轨。一般来说，积沙厚度达到 20cm、长度达到 2～3m 及以上，就有可能引起机车引导轮首先脱轨，严重时由此而引起翻车和损坏线路的大事故。

2）停车及运缓：当钢轨被沙埋到车难以通过时，不得不减速缓行甚至停止运行等待清理，这种现象出现较多。有时由于线路积沙过长，不能很快清除，就造成停运现象。有时由于风蚀路基边坡，造成坍塌，也会造成列车停运。

3）拱道：道床积沙后，由于列车通过时产生振动，沙子透过道砟向下渗落，聚集在道床底部，将道砟挤向道床表面，枕木及钢轨被抬高，使线路拱起造成危害。由于抬高程度不均，轨面产生三角坑，列车车轮的踏面不能同时与轨面接触，行车不稳，严重时造成断钩甚至脱线事故。铁路公务部门要经常进行筛分道砟、清除积沙，消耗大量人力和财力。

4）低接头：道床积沙后，细沙从道砟空隙中下渗，增加道砟的含沙量，在清除道床积沙过程中，往往带走一部分石渣，致使道床石渣减少，使道床捣固不实。另外，由路轨中部形成拱道后，在接头处高度相对变低，在钢轨接头处，车轮对钢轨冲击力较大，时间较长，冲击次数加多，使接头处下沉，导致产生低接头现象。致使不能保持轨面的水平标高，列车通过时，车厢摇晃，严重时有断钩危险。

5）钢轨垂直磨损严重：在戈壁风沙区，无沙害线路，14～15 年钢轨垂直磨耗仅 1mm，而沙害线路达 4～9mm，并使轨面加宽到 85～91mm（标准轨面 70mm），造成飞边现象。

6）堵塞桥涵：风沙线路的桥梁和涵洞，被流沙堵塞的现象经常发生，一旦出现暴雨洪水，就要形成洪水一时受阻，冲毁线路，影响线路畅通，甚至可能造成严重行车事故发生。

此外，还有一些诸如道床积沙后由于排水不良，容易导致冻害，沙粒进入机车和车辆的机械部分，造成严重磨损，以及风沙流对通信线路的吹蚀磨耗、摇摆拉长而发生的碰线、混线或吹倒线柱等，都为铁路运行带来了不利的影响。

2．铁路沙害的程度　　铁路沙害防治是一个长期而艰巨的课题，从铁路沙害防治角度对铁路沙害进行判别是有效地进行铁路沙害防治和预测的理论依据。就积沙危害的程度，一般可分为以下四级。

1）特级沙害：路基上常有整片沙子，覆盖积沙超过轨面，直接影响行车安全，必须立刻清除。

2）一级沙害：积沙与轨面平，一遇大风就发生埋道危险，对行车威胁很大，沙子移动缓慢，只是在特殊情况下才会对线路构成威胁，需要及时清理。

3）二级沙害：积沙埋没轨枕和扣件，对线路上部建筑毁损严重，直接影响行车，需整段治理；

4）三级沙害：铁路积沙使道床不洁，但未埋没道床和扣件，易引起路线其他病害，需定时维修。

9.2.2　铁路沙害的成因

造成铁路沙害的原因与公路沙害的形成原因比较相似，归纳起来也包括自然因素和人为因素两个方面。

（1）自然因素　　自然因素一般指铁路沿线的自然概况，包括沙源、植被条件、风况及降水量等。沙源是影响工程类型及防护范围的重要因素之一，包括外来沙源与就地起沙；植被的种类、覆盖度是地区环境条件长期作用的结果，通过分析植被条件，可以了解当地干燥程度、地下水盐分含量和地下水的埋深等；风向与风力的大小直接影响沙粒的运动和沉积，风向风速玫瑰图和输沙率矢量图是风沙研究和防治所考虑的重要指标。另外，每年平均风速、最大风速、风向与线路交角也是影响铁路沙害的成因之一。

（2）人为因素　　人为因素首先要考虑的是铁路的路基断面形式，从积沙容易程度和防护的难易程度来看，路堑高于高路堤，高路堤高于低路堤，高路基和深路堑降低改变了风沙流运动的速度与方向，沙物质会在线路附近堆积，日积月累形成沙害。当风沙流遇铁路路基时，平坦的输沙场遭到破坏，风沙流受到铁路路基的阻挡，其结构、性质都将发生变化，风速降低，挟沙能力下降，形成超饱和风沙流，在线路附近的弱风区发生卸载，形成积沙，造成线路沙害。当风沙流越过路堑时，附面层发生分离，部分沙粒下沉，造成路堑积沙。

其次考虑人畜对环境的影响，脆弱的生态系统由于过度的人畜负担和不合理开发利用会遭到破坏，进而形成沙源。另外，地区经济条件及防护措施的材料使用也会造成一定的影响。

9.2.3　铁路沙害的预防与治理措施

控制铁路沙害需要从预防和治理两个方面着手，首先应把线路通过地区沙害的潜在威胁减少到最低程度，并注意不使沙害的范围扩大；其次在发生沙害地段，本着因地制宜、因害设防的原则，积极采取工程措施、生物措施相结合的办法进行治理。

1. 前期设计与沙害预防

（1）选线时应注意的条件　　在风沙地区修筑铁路，正确选择路线是防止铁路沙害最有效、最经济的措施。线路选择合理，不但可以使沙害程度降到最低，而且给防治沙害措施的实施提供最有利的条件。如包兰铁路在选线时对巴彦高勒至海勃湾段线路进行反复比较：走北线（黄河北岸）就要通过近百千米的乌兰布和沙漠南缘高大流动沙丘的前沿，而且沙丘移动方向又是向南移动，对线路威胁很大，防治沙害的工程量和耗资均极为庞大；走黄河南岸不但可避开流沙，还有黄河天然屏障，而且黄河南岸千里山的山脚，植被较多，沙丘多属低矮的灌丛堆，主害风是西北风，对铁路威胁较小，即使需要 2 次跨越黄河，需要修建铁路桥梁，从整个经济核算比较仍属比较经济合理的。又如乌达至吉兰泰铁路线的选择曾作过三个方案：西线线路距离 10 余千米，虽然通过流沙距离短，但所经过的 20 多千米的固定、半固定及流动沙丘起伏大，土方工程量增加，同时，风沙流的危害仍然存在，施工后植被破坏，流沙可能再起；东线距离虽短，但要穿过两侧高大的复合新月形沙丘，防沙工程量浩大；中线沿大沙沟河谷平原进行，起伏不大，沙丘也较低矮，只需采取工程固沙措施，容易防止风沙对铁路的危害。因此，三个方案中还是以中线最为合适。甘武线在选线时，将线路确定在山前平原的潜水带边缘，同样对采取植物固沙有利。

针对风沙对铁路危害的情况和我国多年来防治铁路沙害的经验，在风沙地区选择铁路通过路线时，根据防治沙害的要求，选线还应考虑以下原则。

1）在线路延长不多和建筑费用增加不大时，应尽可能绕过有流沙威胁的地段。

2）如不可避免绕过，如绕过方案在经济上核算不合理，线路应在河岸湖湾、固定半固定沙地通过，以减低流沙威胁；也可采取与主害风方向平行或锐角，以减少路基风蚀和机车车辆等磨损。

3）尽量避免弯道，因弯道最易积沙，特别是路堑部分，如实在不能避免也应将弯道设在路堤部分，并以凸面迎风。

4）路线通过地段应尽可能接近所需防风固沙材料的产地，以减少工程投资。

5）车站、住宅等建筑物，应建在铁路线路通过处的背风一侧，防止附近积沙而蔓延到铁路。

（2）路基设计中的沙害预防措施　　风沙区对铁路路基的基本要求是保证路基的稳定，避免受到风蚀和沙埋。为此，在铁路建设初期进行设计时，就必须将防沙措施作为一项重要内容加以适当安排，具体要求分述如下。

路基防护：一级干线路堤路面宽 6m，二级干线为 5.6m，唯曲线加宽在外。边坡的坡度应不大于沙丘的天然安息角，即 30°左右，约为 1∶7.5。但应考虑边坡的高度及防护因素，边坡高度在 10m 以下时，用 1∶7.5，边坡高度大于 10m 时，采用 1∶2。另外边坡最好采用一坡到顶的均一坡为好。缓坡易积沙，且施工防护困难。路堤面防护用 5cm 大小的卵石铺面，路肩部分经常有人行走，又是风蚀最严重的地方，路肩 40cm 即可，并铺砌 10cm 厚卵石保护。

路堤边坡小于 2m 时，坡面铺砌 7cm 厚的卵石；大于 2m 时，坡面用大于 10cm 粒径的卵石铺砌成 1m×1m、1.5m×1.5m 或更大些与水平面成 45°的方格，然后在方格内再铺砌 7～8cm

厚的石子，以保稳定，经试验效果很好。

路肩衬砌片石，适用于风力大、路堤高及所用填料抗风能力弱的地区。兰新线、集二线采用这种措施，即当路堤高度大于 6m 时，则防护 1m，或在路堤高的 2/3 以上都进行片石衬砌。防护材料以选用当地材料为宜，以碎石为最好，也可用黏土、草皮砖、沥青混合物等护坡。

1）黏土包坡：黏土虽较易剥蚀和受暴雨冲刷，如果铺一定厚度并加以夯实效果还是较好的，如掺入 25% 的沙子或 20% 的碎石，还可以加强防蚀性。据包兰线沙漠路基试验，黏土防护层厚度以 20cm 效果为好，如在铁路沿线有泥灰岩的地区，可用泥灰岩风化碎屑加水渗软，搅成糊状物，涂抹于黏土防护层表面，抗风蚀能力将会显著增强。

2）铺草皮砖：铁路路线通过地段附近有甸子地或沼泽地，可采用铲草皮砖铺衬在路基边坡，进行边坡防护，这种措施兼具工程和生物防护两者的优点，成效快、有效期长，是我国干草原风沙区效果良好的防护手段。但在铺陈时，一定要使草皮根部与湿沙层密接，各砖块间衔接要紧密，防止风蚀以利于草类成活生长的条件，所以草皮砖一般厚度要在 10cm 左右。

3）沥青混合物护坡：用沙子 86%～88% 与 12%～14% 熬热的沥青混合后，直接在边坡上平铺、整平、拍实，防护层厚度为 5～7cm 即可。

路堤坡角最易积沙或风蚀掏空、坍塌，应用 5cm 厚的卵石铺成 50cm 宽的防护道。在风沙危害严重地段进行路面设计时，为防止被风吹蚀，可适当加大路面的标准，即将路面适当放宽些，提高稳定系数，使路基虽受到一定风蚀却仍能保持稳定。这样做虽会加大施工量，但可减少维修次数，最终还是经济、实用的。

路堑防护：为预防路堑两侧积沙，影响车辆通行，应加宽路面，流沙区为 8～12m，包兰线一律采用 8.8m。半固定沙区路面宽可为 7m。

路堑面防护与路堤相同，在顶部两侧易受风蚀部位应砌衬卵、砾石，其他部位平铺即可。边坡上除砌衬方格砾石外，其格内只平铺一层厚约 5cm 的卵石即可。但使用的卵、砾石最好稍带棱角，粒径均一，才不至于溜塌。如容许，全部采用卵、砾石衬砌的效果会更好，更稳定。

包兰铁路的经验证明，从路基积沙现象看，高路堤是最好的断面，因为路堤坡角的积沙，不易在短期内堆积到路基面，其次是深路堑，积沙很少，但深路堑的两端往往接着较长的浅路堑，导致这里容易积沙，而且在风力作用下会再次将这些积沙搬运至路堑，对清沙出路不利，运距较远，加大清沙困难。浅路堑和低路堤都是容易积沙的断面，而半填半挖断面是最不利的形式。

2. 后期综合防护措施　我国铁路通过风沙区的各个地段的自然条件差异很大，而且风沙危害的方式和原因也各有不同，因此针对不同自然条件的铁路防护措施不同。在干草原地带，风沙对铁路的危害往往是破坏植被所造成的，防治沙害的措施应以植物固沙为主，机械沙障作为辅助。在半荒漠地带，雨量少而不稳，植物固沙过程比草原地带见效慢，这类地区除地下水条件好的和有灌溉条件的地段外，沙害防治应采用植物固沙与工程固沙相结合的措施，工程固沙见效快，植物固沙以灌木和草本植物为主。荒漠地带因降水过少，难以满足灌木和草本植物生长的要求，所以这类地区治理沙害以工程措施为主，在地下水位埋藏不深及能引水灌溉的地方，才能进行植物固沙或营造防沙林带。

（1）草原地带铁路的防治　草原地区降雨量一般为 250～500mm，且多集中在夏季，对植物生长有利，防治沙害以营造防沙护路林带为主。个别流动性大的高大沙丘应辅以工程措施。

营造防沙林带：一是确定防风带的宽度。大郑线的甘旗卡段通过高大的流沙地带，防护带宽度上风侧为 189m，分 5 个带（带间距为 15m），下风侧为 97.5m，分 3 个带。对于以风沙流危害为主，沙丘前移威胁不大的地段，防护带宽度上风侧为 97.5m，分 3 个带，下风侧 30～60m，分 1～2 个带。通过固定沙丘及平沙地的路段，风沙流危害轻微，防护带宽度上风侧 15～49.5m，分 1～2 个带，下风侧 15～45m，也是 1～2 个带。二是树种选择。在大郑线上，通过实践已选出优良固沙树种有差巴嘎蒿、黄柳、胡枝子、小叶锦鸡儿、紫穗槐、山竹子、樟子松、油松、小叶杨、小青杨、旱柳、白榆等。

防沙护路林带的工程措施：在个别地段，为了稳定沙面，控制风沙，保护植物成活生长，初期要适当采用辅助性工程措施。一般采用的工程治沙措施有立杆横穿草把、草方格沙障和平铺沙障等。

充分发挥线路两侧天然植被的防沙作用：采取封沙育林育草的方法，迅速恢复和扩大天然植被的覆盖度。也可以采取在营造防护带的同时，有目的地保留原有天然植被，或采取适当的人工促进更新措施，加快其恢复。

（2）荒漠、半荒漠地带铁路沙害的防治　　我国是世界上铁路穿越荒漠、半荒漠地带，受风沙危害线路最长的国家。据不完全统计，目前有集二线、包兰线、甘武线、兰新线、西宁到格尔木线、乌库线和乌吉线等，有风沙危害的线路长可达数百千米，严重影响人民的生产和生活。我国多年来在铁路防沙方面已经取得了极为显著的成就。兰州铁路局与中国科学院兰州沙漠研究所在包兰线沙坡头地区、兰新线三十里井—巩昌河区间营造的防沙林带等，都是非常成功的典范，为我国铁路防沙工作做出了巨大的贡献，使我国在荒漠地区修筑铁路，克服流沙对铁路的威胁，在科学技术方面跨入世界的先进行列。

总结上述经验，在气候干旱、大风频繁、自然条件极其严酷的情况下，采用工程治沙和植物固沙相结合的措施，对防治铁路沙害，效果是显著的。

非灌溉条件下的铁路防沙：自 1965 年以来，在中卫地区主要采取的措施是设置各种类型的机械沙障。因在这一地区，降雨稀少而又不稳定，植物固沙的初期阶段必须在机械沙障的保护下才能成功。采用的沙障的类型包括高立式沙障和半隐蔽式草方格沙障等。

1）高立式沙障。多用于防护带最外缘接近沙源的地带，作为第一道防线阻截外面吹来的流沙。这种沙障由于积沙较多，很快就在沙障部位形成一条沙堤，这样，沙堤愈积愈高，最后形成高大的沙丘带，以此来减缓沙的流动速度。

2）半隐蔽式草方格沙障。半隐蔽式草方格沙障主要设置在铁路两侧的防护带上，铺设初期，可能会或多或少地遭风蚀，一旦形成凹形面后就达到了稳定状态。增加地表粗糙度和减低风速可有效降低输沙量，对防止沙面吹蚀和风沙危害铁路起重要作用。另外，半隐蔽式沙障积沙较均匀，能改善沙层水分状况，为进行植物固沙创造有利条件；比较低矮，易受人为或牲畜践踏而破坏，造成缺口而产生风蚀，应注意及时修补，以确保防护作用长期、稳定。

3）植物固沙措施。自 1964 年以来，中卫段铁路在采用沙障的保护下，选用一些耐旱的植物，着手营造防沙植物带的方法，加大防沙效果、延长防护年限。选用的植物有花棒、小叶锦鸡儿、沙拐枣及油蒿等。具体配置形式采用带状混交，即油蒿两行—留空档一行—花棒两行—留空档一行—小叶锦鸡儿两行—留空档一行，依此类推，株行距均为 1m，两行植株为一小带，带间 1m。这样配置的花棒、小叶锦鸡儿及油蒿，其保存率及生长状况均较良好，总盖度可达43.68%。

灌溉条件下的铁路防沙。线路通过荒漠风沙地区，尽管气候极端干旱，风沙很大，降雨量很少，但是，有不少地区可以利用丰富的地下水和高山冰雪融化水资源进行灌溉造林、种草，它为防治这一地区的铁路沙害带来了极其有利的条件。这些地段的防沙措施应以植物固沙为主，适当辅以工程措施，具体措施是营造防护林体系。

1）防护林体系的配置。可视治理地区自然条件和目的而定。如以截堵风口，切断沙源为目的，而且风沙危害较重，沙源也较多时，可营造"阻护结合、前紧后疏"，防护距离较宽的多带式防护林体系。否则即可缩小防护范围，减少林带条数。在线路两侧营造防护林带，重点应放在上风侧，其次才是下风侧。林带宽度可本着"因害设防"的原则，进行具体布置。沙害严重地段，在上风侧设 2～3 条林带，下风侧设 1 条林带。一般沙害地段，则可采取上风侧 1～2 条林带，下风侧为 1 条林带，带宽及间距均与沙害严重地段相同。轻度沙害地段，可以只在上风侧设置 1 条林带，以阻截地表漫流的风沙流，也可在线路两侧各设 1 条林带，林带宽度以 30～50m 为宜，林带内缘距线路中心线的距离与前相同。林带结构均为乔灌混交型的紧密结构，以行间混交为主。选用树种方面，由于有灌溉条件（喷灌或开渠漫灌），因此造林树种除采用当地乡土树种二白杨、沙枣、柽柳、沙柳等以外，还可以引进新疆杨、银白杨、合作杨、沙棘、小叶锦鸡儿、花棒、梭梭、白榆等。

2）积极保护铁路沿线两侧的天然植被。在荒漠和半荒漠条件下，仍可见到一些固定、半固定灌丛堆上顽强地生长着沙生植物，这些植物是多年来在风蚀和沙埋中生长起来的，具有很强的抗逆性和对严酷自然条件的适应能力。尽管在干旱年份，这些植物有所萎缩，甚至部分死亡，但再遇到湿润年份时，它们又会恢复甚至繁生。这些植被即使数量很少，但它们的防护作用却是不容忽视的。如在铁路沿线常见的白刺沙堆、梭梭沙堆、油蒿沙堆、柽柳沙堆以及小叶锦鸡儿、沙冬青、猫头刺等分布的平沙地或覆沙地，这些沙地上的天然植被一旦遭到破坏，就会引起风沙，进而造成对铁路的危害，这种危害迅速蔓延，就会使原来潜在威胁明朗化。而且，这类地区由于自然条件极其严酷，破坏后就很难恢复。因此，应该对这些天然植被格外爱护，进行封育保护，如有条件，还可以适当加以人工促进恢复措施（如进行适当喷灌，并辅以补播沙生植物种子等）。

3）工程固沙措施。对于个别地段，如流动沙丘较高大，而且濒临铁路线路边缘，风沙严重威胁线路安全的地段，必须迅速采取措施，对流沙进行治理，加以固定。有的尽管具有灌溉条件，但单纯依靠栽种植物尚不能立即见效的地段，就需要辅以工程措施，以控制流沙，确保铁路运输的安全、通畅，植物固沙和工程固沙双管齐下，方能收到良好的效果。

（3）典型防护模式实例

实例一：包兰线半荒漠草原地区滴灌造林铁路防沙模式

包兰线沙坡头段铁路沙害防治的主要模式是科研和生产相结合，水路和旱路结合，植物与工程结合，因地制宜，因害设防，就地取材，科学合理创立了"五带一体"的铁路防沙模式（图 9-7）。

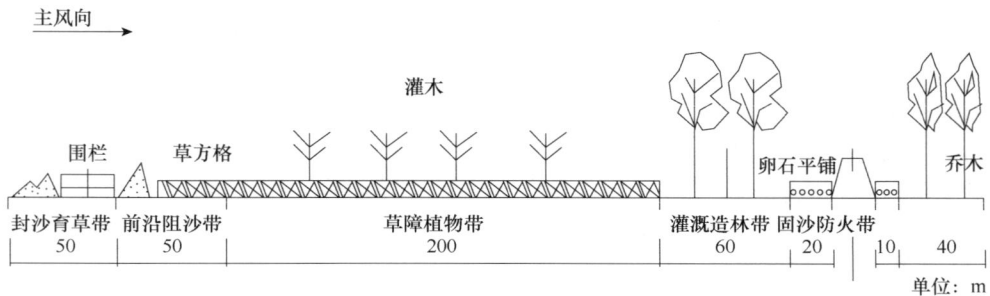

图 9-7　包兰线沙坡头段铁路防沙模式示意图

这一"体系"是在长期艰苦的治沙实践中诞生的。它体现了"因地制宜、因害设防、就地取材，综合治理"的原则。采取了以固为主、固阻输结合的方式，具体如下。

1）固沙防火带：在路基迎风面 20m，背风面 10m，清除植物，整平沙丘，铺设 10～15cm

厚的卵石、黄土或炉渣，形成空留带防止机车灰渣溅起引发火灾和方便养路机械作业。

2）灌溉造林带：利用紧靠黄河的水源条件，在固沙防火带外侧迎风面 60m，背风面 40m 范围整修梯田，修筑灌渠灌水造林，3～5 年可形成稳定可靠的防护林带。

3）草障植物带：在灌溉带外侧，迎风面200m 左右，流沙全面扎设 1m×1m 半隐蔽式麦草方格沙障，然后 2 行 1 带，株行距 1m×1m，栽植沙生旱生灌木(花棒、小叶锦鸡儿等)。

4）前沿阻沙带：为保护草障植物带外缘部分的安全，用沙障建立前沿阻沙带。该带用植物枝条或草方格沙障，设置在丘顶或较高位置，起阻沙积沙作用。

5）封沙育草带：在阻沙带迎风面百米范围内，局部沙丘迎风坡采取封沙、设障、栽灌木的方法，促其自然繁殖，减轻阻沙带压力。围栏封育对封育区天然植被的恢复也起着良好的促进作用，同时还需加强管护，建立专门护林机构，严禁破坏。

实例二：兰新戈壁地区玉门铁路防沙模式

在线路主风侧设 2～3 条乔灌混交林带，外侧林带宽 30～50m，内侧林带宽 15～60m；另一侧根据风沙活动情况，可设一条防护林带或不设，设计宽度为 20～55m。在主风侧两条林带之间是 50～105m 宽的空留带，内侧林带距线路中心线 35～60m 宽；次风侧林带距线路中心线 5～35m 宽，在主风侧林带外缘是 40m 宽的草灌带，草灌带外侧是前沿工程阻沙带，兰新线玉门段"窄带多带式"防护体系见图 9-8。

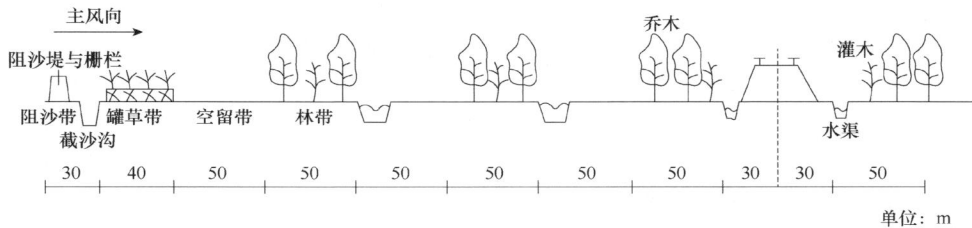

图 9-8　兰新线玉门段"窄带多带式"防护体系

实例三：青藏线高原铁路防沙模式

在青藏线伏沙梁地段，根据风沙运动的基本特征对纵向沙丘进行了合理、有效的防治。采取"V"形导阻沙栅栏，将纵向沙丘区风沙流化零为整，向沙丘两侧输导，集中阻截于纵向沙丘，使沙丘增大、加高，改变其原有的线形形态，形成有利于风沙流停积的念珠状形态，从而达到阻截流沙的目的，青藏线高原铁路纵向沙丘防治示意图见图 9-9。

实例四：集二国际铁路干线综合防护模式

集二国际铁路干线是我国连接蒙古国、俄罗斯及东欧诸国的重要国际运输通道。纵贯内蒙古中部，地处京津风沙源治理工程区。对集

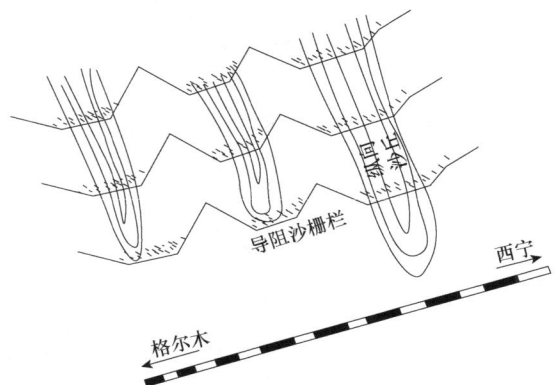

图 9-9　青藏线高原铁路纵向沙丘防治示意图

二国际铁路沿线沙害实施综合治理，不仅要确保集二线运输畅通，而且对京津风沙源治理，保护生态环境尤为重要，因此防沙体系设计应使用以生物防护措施为主和工程防护体系为辅的综合防治模式。考虑到该区域常年主害风为西北风，所以上风侧防护体系结构大于下风侧，两侧的防护宽度上风侧为 300m，下风侧为 200m，如图 9-10 所示。防沙体系由 4 个功能带组成，

以铁路为轴线，从铁路边坡开始由内到外依次为固沙带、防护林带、阻沙带、封育带。其中，固沙带由草方格沙障与黏土覆盖措施构成，沙障规格近路侧规格为1m×1m，远路侧为1m×2m，障高20cm；黏土覆盖层厚度为8～10cm。防护林带的防护林采用带状混交、窄带多带式结构，使乔灌植物防护效益互补，主要树种有小叶锦鸡儿、沙枣、榆树、籽蒿等。阻沙带采用高立式沙障，积沙后在沙堤顶部和背风坡脚设置草方格沙障，增加沙堤本身的稳定性。封育带设置网围栏封闭实行禁牧，为自然植被提供休养生息正常繁育生长的条件，充分发挥自然植被的固沙作用。

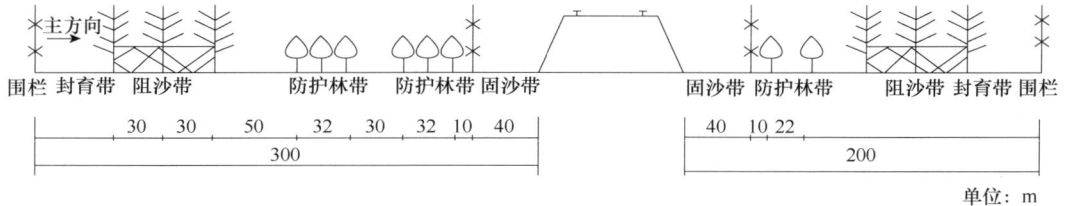

图 9-10　集二线示范区综合防护林体系配置示意图

实例五：临策铁路防护模式

临策铁路从阿拉善高原穿过乌兰布和沙漠、亚玛雷克沙漠、巴丹吉林沙漠和广袤的戈壁（岩漠、砾漠）分布区，在巴丹吉林沙漠西北边缘以明洞形式穿越流动沙丘密集区。为防止风沙危害，临策铁路在穿越额济纳胡杨林国家级自然保护区南部巴丹吉林沙漠路段建立了防沙明洞。防沙明洞是为沙漠地区设计的一种全路段覆盖的隧洞式建筑物，内部铺设铁道，使铁道与周围风沙环境隔绝，避免了风沙流对线路和机车的直接危害。防沙明洞位于巴丹吉林沙漠西北边缘，风沙地貌多为10m以下新月形沙丘及新月形沙丘链、干涸的古河道和处于初级发育形态的雅丹地貌。防沙明洞沿黑河向天鹅湖输水的季节性河道布设，全长8.08km，分为两段，西段长1.42km，东段长6.66km。防沙明洞高9m，宽8m，顶部呈拱形，拱形半径3m，防沙明洞顶部每隔200m留一个通风口，通风口规格为3m×3m，防沙明洞作为一种线性拱形防沙构筑物，其不透风性和构筑尺寸大的特点，决定了其防沙机理与传统防沙措施有较大差异性。左合君在对临策铁路明洞所在区域风沙环境本底特征和演变趋势分析的基础上，采用风洞试验与野外调查测试相结合的研究方法，对明洞的防风阻沙机理进行了系统研究，并从地表沙物质粒度变化、沙丘移动规律的角度，研究了明洞对风沙环境的干扰作用，评价了明洞防风阻沙的潜力、走向合理性和沙埋可能性，并构建了洞口沙害防治模式。

临策铁路防沙明洞东洞口段沙害防治的总体思路为：综合运用工程治沙、植物治沙技术，建立工程防沙体系与滴灌条件下植物防沙体系相结合的综合防沙体系。结合当地的气象因子、地形地貌特征、沙源丰富程度，确定防护体系结构、功能，配置上下风侧防护带宽度和各种防沙措施。

铁路上、下风侧沙害防护体系均由5个功能带组成，为对称式结构。上风侧防护带宽125m，下风侧防护带宽65m。以铁路为轴线，从铁路边坡开始由内到外依次为空留带、灌溉植物带、固沙带、积沙带、阻沙带。临策铁路防护带结构与功能配置如图9-11所示。

1）空留带：上、下风侧空留带宽均为5m，对原地表进行整平，铺设10cm厚卵砾石，作为铁路、防护体系建设和维护便道。

2）灌溉植物带：上风侧灌溉植物带宽20m，下风侧宽10m，选用当地的乡土植物种梭梭、柽柳。植物种采用带状混交，呈"品"字形配置。上风侧配置3行梭梭、2行柽柳，下风侧配置 2 行梭梭、1 行柽柳。梭梭株行距为 1m×3m，柽柳株行距为 1.5m×4m。梭梭、柽柳选择一年生实生苗，整地方式为穴状整地，整地规格为 0.3m×0.3m×0.3m。由于铁路两侧为黏质土壤，栽植时回填土应掺加一些细沙。在植物带间布设以色列滴灌系统。

3）固沙带：上风侧固沙带宽 70m（20m＋50m），下风侧宽 45m（15m＋30m）。由 0.15m×1m×1m、0.3m×3m×3m 两种规格的 PE 网格状沙障组成，其作用一是截留上风向来沙，二是控制就地起沙。PE 网格状沙障设置时在网格 4 角钻孔固定竹竿，将 PE 网绑扎在竹竿上即可。

4）积沙带：积沙带宽 5m。保留原地表形态，用于堆积阻沙带输移来的流沙。

5）阻沙带：上风侧阻沙带宽 25m，由 2 行高立式阻沙栅栏组成，间距 25m。内侧高立式阻沙栅栏设置成直线式，外侧高立式阻沙栅栏设置成折线式，以应对多向风况。下风侧阻沙带由 1 行高立式阻沙栅栏组成，设置成直线式。高立式阻沙栅栏高 1.5m，材料选择高密度 PE 网。

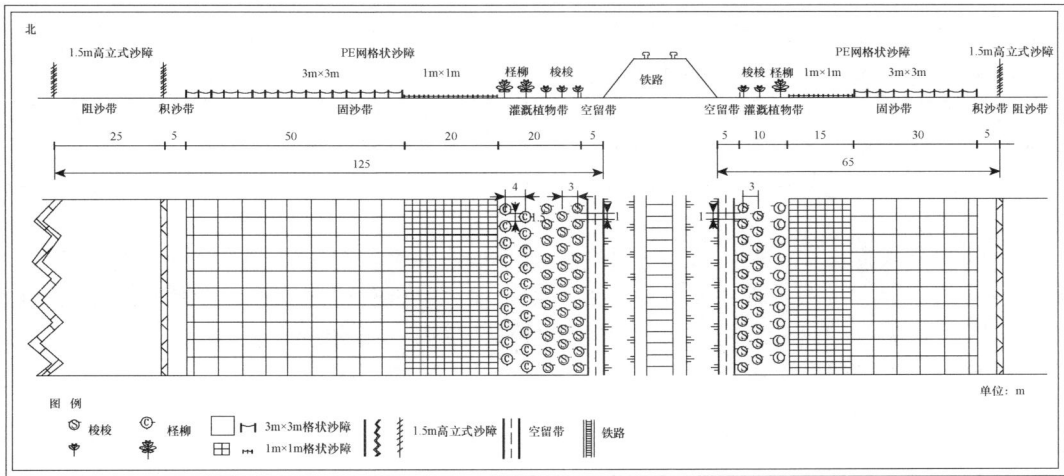

图 9-11　临策铁路防护带结构与功能配置示意图

9.3　交通线路沙害的特征和公路铁路沙害防治的差异化

9.3.1　交通线路沙害的特征

（1）沙害的普遍性　　从理论上讲，沙漠地区的交通线路都会受到风沙危害，除非建立了完善的防护体系，否则沙害不可避免。因为任何地方的风成沙都会在风力的作用下形成风沙流，在风沙流发育及其形成的路径上发生迁移，而铁路的建设则形成了对风沙流的阻碍，如同在风沙流的前进方向上设置了不透风障碍物，使得风沙流迁移受阻而堆积。

（2）沙害的累加性　　铁路沙害并不是发生在铁路的每个地段，而是有一定的规律性。其路边有灌丛植物生长、有弃土、边坡起伏不平、粗糙度较大、路肩不整洁往往会造成舌状积沙，当路面出现积沙以后，沙堆就会成为风沙流运行的障碍，其结果是沙堆越积越大，逐渐形成沙害，这就是沙害的累加性。

（3）沙害的分散性和随机性　　从理论上说，沙害可以出现在铁路的任何一个路段。但是，每个地区由于沙源的多寡、沙丘的高度和类型、沙丘移动的速度、植被覆盖度等条件不同，即使是很强劲的一场大风过后，也不是所有的路段都会积沙。每次大风过后出现沙害的地点也不一样，因为每次大风吹刮的方向、出现的季节、持续的时间都有一定的变化，造成的结果也不一样。已经建设了一些沙害防护体系的线路中，这些防护体系的类型、结构、宽度、完善程度都有差别，防护效果也会因为自然条件的不同而有差异。点多线长，分布不集中是交通线路沙害的又一特征。交通线路沙害具有很强的随机性，有的路段多年均有沙害出现，有的路段仅在个别年份发生沙害。

（4）沙害的地带性　　虽然风沙流危害的机理不受地理地带的影响，但在不同的自然地理地带，风力作用的强度、地表植被覆盖度、沙层水分含量等因素并不相同，因此，风沙流对交通线路危害的程度和形式也有很大区别。跨越了不同的自然地带的交通线路工程，地形地貌差异较大，其水文、植被及气象等因子和人为因素都有明显区别，不同地理地带沙害的程度是有差异的。

（5）沙害的季节性　　受风速大小、植被返青等季节性因素的影响，风沙流呈现出明显的季节性。在地面植被没有返青、地面常呈裸露状态时，常常在一场大风过后在路面上形成舌状积沙、片状积沙或堆状积沙。但在夏季，一则风速下降，二则地面植被增多，粗糙度增大，使得风沙流在其前进方向上受到较大的阻力，从而使风沙在沿程中沉积，减少了对线路的危害。在秋季，风速开始增大，而且地面植被也开始枯落，风沙流对线路的危害又开始增大，但在冬季，常因沙土冻结而使得风沙流中沙源减少，只是增大了对线路边坡及路肩的风蚀作用，积沙状态则较少出现。

（6）沙害的阵发性　　线路沙害并非每一时刻均在发生，而是只有风速达到起沙风后，才能形成风沙流，并在运动过程中发生动态的蚀积搬运。风具有明显的脉动性和阵发性及地域上的不均匀性，在断续的风力作用下，风沙流也具有阵发性，从而形成风沙流时强时弱的特性，由此而形成风沙流的每一时刻堆积的大小、规模、面积、厚度不同。

（7）影响因素的多样性　　交通线路沙害受多因素影响，其影响因子有线路本身的断面形式，路域范围的沙丘高度、密度、类型、活动性、距铁路距离、沙丘表面温度、湿度等沙丘特性，植被特征，防护体系宽度及其有效性，风沙流特性，风速大小，强度，主风方向，主风与线路路基断面的夹角和人为因素等。这些因素综合作用于风沙流形成线路沙害。这就使得穿越沙害严重区的线路很难做到因害设防而是需要全面设防。

9.3.2　公路铁路沙害防治的差异化

（1）相同点　　公路和铁路都是不透风障碍物。线路的出现改变了原始地形，改变了气流运动的状态和风沙流搬运的形式，容易造成路面积沙。公路、铁路沙害表现的形式均为风蚀和沙埋，风沙活动都可造成线路设施损害、行车环境恶化、车辆倾覆、人员伤亡和财产损失。

公路和铁路风沙危害的防治原则相同，应从线路选择、路基主体设计、线路施工、路侧防沙体系建设、路域植被恢复等各个环节综合考虑，以防为主、防治结合、标本兼治。须综合考虑沙源、风况、地貌、降水、地下水位等因素，沙害防治应综合运用工程治沙、植物治沙、化学固沙技术，建立工程防沙与植物防沙相结合的综合防沙体系；同时，也要重点维护交通线路的沙害防治体系。

（2）不同点

1）在路基、路堑断面形式的设计上，公路以多设低填方或零断面为主，而铁路受纵坡比的限制（一般公路多用百分比表示，铁路要低于 2‰），通常高陡边坡多，若遇大风，在路基断面阻挡下，容易在其基部形成积沙；而遇到小风时，风沙流易爬坡上路，在轨道内部堆积沙粒，给清沙工作增加难度。

2）公路可以采取输沙措施，沙害严重路段要考虑输沙的可能性，要顺应自然，辨证施治，最好使路面、边坡与周围环境形成一个统一的整体，保持气流的连续性，为风沙流不蚀不积、顺利过境创造条件；而铁路输沙要更为谨慎，铁路钢轨、轨枕、道床及零部件组成的轨道，条件复杂，容易产生滞留积沙，不仅威胁交通安全，还易造成拱道危害。

3）铁路防沙标准高于公路，铁路道砟积沙后会给养护带来更多困难，此外，铁路系统存在传感器设备，容易受风蚀打磨，破坏电力和通信信号等行车设施，使线路运营和养护成本增加，制约铁道设施的效能发挥。

思　考　题

1. 影响线路防沙工程措施的布置因素有哪些？
2. 请论述公路沙害和铁路沙害防治的异同点。

主要参考文献

敖特根，李勤奋．2001．内蒙古草地风蚀状况与影响其主要自然因素．内蒙古草业，1：31-34．

白福，李文鹏，黎志恒．2008．黑河流域植被退化的主要原因分析．干旱区研究，25（2）：219-224．

白静仁，傅林谦，张玉发．1994．退化人工草地补播改良研究初报．中国草地，（3）：47-49．

拜格诺 R A．1959．风沙和荒漠沙丘物理学．钱宁，林秉南，译．北京：科学出版社：88-98．

包慧娟，李钢铁．2006．科尔沁沙地农村生活能源利用与沙漠化．干旱区资源与环境，20（5）：860-271．

曹子龙，郑翠玲，赵廷宁，等．2009．补播改良措施对沙化草地植被恢复的作用．水土保持研究，16（1）：90-92．

常学礼，赵文智．1993．樟子松生长状况与水热条件关系的研究//中国科学院奈曼沙漠化研究站论文集．科尔沁沙地生态环境
　综合整治研究．兰州：甘肃科学技术出版社：209-214．

陈广庭．2004．沙害防治技术．北京：化学工业出版社：149-162．

陈荷生．1991．西北干旱地区水资源系统开发时植被的影响．干旱区资源与环境，5（1）：57-65．

德明．1989．亚洲中部干旱区自然地理．西安：陕西师范大学出版社．

邸耀全．1996．铁路沙害分类与防治原则．路基工程，（3）：17-20．

丁国栋．2002．沙漠学概论．北京：中国林业出版社．

丁国栋．2008．风沙物理学中两个焦点问题研究形状与未来研究思路刍议．中国沙漠，28（3）：395-398．

丁国栋．2021．风沙物理学．2版．北京：中国林业出版社．

丁国栋，董智．2021．荒漠化防治学．北京：中国林业出版社．

丁国栋，王贤，王俊中．2001．沙纹分布地流体力学模拟．北京林业大学学报，23（6）：13-16．

丁庆军，许祥俊，陈友治，等．2003．化学固沙材料研究进展．武汉理工大学学报，25（5）：27-29．

董光荣，高尚玉，金炯，等．1993．青海共和盆地土地沙漠化与防治途径．北京：科学出版社．

董智．2004．乌兰布和沙漠绿洲农田沙害及其控制．北京：北京林业大学．

董智，刘永茂，白凤武．1999．杭锦旗穿沙公路综合防沙技术及其效益的研究．内蒙古林学院学报，（2）：19-24．

董光宝．2005．中国风沙物理研究五十年（I）．中国沙漠，25（3）：293-305．

董光宝，郑晓静．2005．中国风沙物理研究50a（II）．中国沙漠，（6）：3-23．

冯连昌，卢继清，邸耀全．1994．中国沙区铁路沙害防治综述．中国沙漠，14（3）：47-53．

高尚武．1984．治沙造林学．北京：中国林业出版社．

高玉葆，聂庆华，何兴东，等．2003．科尔沁沙地人工种草的战略地位与现状分析——以内蒙古通辽市为例．中国沙漠，23
　（3）：243-245．

龚福华，何兴东，彭小玉，等．2001．塔里木沙漠公路不同固沙体系的性能与成本比较．中国沙漠，21（1）：45-49．

顾兆林．2010．风扬沙尘—近地层湍流与气固两相流．北京：科学出版社：33-46．

关树森．2005．西藏高寒牧区草地的恢复技术试验初探．西藏科技，（4）：22-23．

郭惠清．1997．内蒙中部地区小老树成因及改造途径的研究．内蒙古林学院学报，11（4）：73-80．

韩蕊莲，侯庆春．1996．黄土高原人工林小老树成因分析．干旱地区农业研究，14（4）：104-108．

韩致文，胡英娣，陈广庭．2000．化学工程固沙在塔里木沙漠公路沙害防治中的适宜性．环境科学，21（5）：86-88．

韩致文，王涛，董治宝，等．2004．风沙危害防治的主要工程措施及其机理．地理科学进展，（1）：13-21．

侯庆春．1991．土壤水分和养分状况及其与小老树生长的关系．水土保持学报，5（2）：75-82．

侯庆春．1991．小老树成因及其改造途径．水土保持学报，5（4）：80-86．

胡春元，杨茂，杨存良，等．2002．库布齐沙漠穿沙公路沙害综合防治技术．干旱区资源与环境，（3）：71-77．

胡英娣．1997．几种化学固沙材料抗风蚀的风洞实验研究．中国沙漠，17（1）：103-106．

黄培祐．1986．塔里木盆地胡杨分布的消退和林地更新复壮的初步研究．植物生态学与地植物学学报，10（4）：302-309．

黄培祐．2002．干旱区免灌植被及其恢复．北京：科学出版社．

黄培祐，黄丕振，顾景光．1987．新疆玛纳斯湖的干涸对周围植被影响初探．干旱区研究，10（1）：30-36．

黄枢，沈国舫．1993．中国造林技术．北京：中国林业出版社．

黄为民，赵虹，崔雪梅．2005．新型化学液膜固沙方法的研究．甘肃科技，21（12）：93-95．

纪蓓，薛彦辉．2009．粉煤灰/膨润土-聚丙烯酸盐聚合化学固沙材料的研究．环境科学与管理，34（2）：83-86．

焦居仁．1996．水土保持综合治理风蚀的一项创举—水力治沙造田．中国水土保持，（5）：1-4．

焦树仁. 1986. 干旱对章古台沙地樟子松人工林生长的影响. 林业科学, 22（4）: 419-425.

焦树仁. 1989. 章古台固沙林生态系统的结构与功能. 沈阳: 辽宁科学技术出版社.

焦树仁. 2001. 辽宁省章古台樟子松固沙林提早衰弱的原因与防治措施. 林业科学, 37（2）: 131-138.

米晓燕, 张ель華, 宋宜诺, 等. 2007. 化学固沙材料的研究现状及进展. 化工文摘, 5: 46-48.

雷启迪. 1984. 樟子松林蒸腾耗水量的估算与宜林地的选择. 内蒙古东部地区风沙干旱综合治理研究（第一集）. 呼和浩特: 内蒙古人民出版社: 165-171.

李滨生. 1990. 治沙造林学. 北京: 中国林业出版社.

李钢铁. 2004. 科尔沁沙地疏林草原植被恢复机理研究. 呼和浩特: 内蒙古农业大学博士学位论文.

李钢铁, 姚云峰. 2008. 浑善达克沙地桑根达来地区榆树疏林的分布与立地因子的关系的研究. 世界林业研究: 288-291.

李钢铁, 姚云峰, 邹受益, 等. 2005. 科尔沁沙地疏林草原植被恢复技术体系. 内蒙古农业大学学报,（3）: 1-6.

李钢铁, 岳永杰. 2008. 浑善达克沙地桑根达来地区榆树疏林种群结构分析. 中国首届沙产业高峰论坛文集: 288-291.

李红丽. 2003. 浑善达克沙地沙漠化过程及其植被恢复的基础研究——以正蓝旗为例. 呼和浩特: 内蒙古农业大学.

李后强. 1992. 风积地貌形成的湍流理论. 中国沙漠,（3）: 1-9.

李建法, 宋湛谦. 2002. 荒漠化治理中应用的有机高分子材料. 林业科学研究, 15（4）: 479-483.

李建法, 宋湛谦. 2002. 木质素磺酸盐及其接枝产物作沙土稳定剂的研究. 林产化学与工业, 22（1）: 17-20.

李胜功. 1994. 樟子松沙地适应性的初步研究. 中国沙漠, 14（1）: 60-67.

李万清, 周又和, 郑晓静. 2006. 风沙跃移运动发展过程的离散动力学模拟. 中国沙漠, 26（1）: 47-53.

李臻, 胡英娣. 1997. 新型化学固沙剂的试验研究. 石油工程建设, 2: 3-6.

梁一民. 1999. 从植物群落学原理谈黄土高原植被建造的几个问题. 西北植物学报, 19（5）: 026-031.

凌裕泉. 1998. 风成沙纹形成的风洞模拟研究. 地理学报,（6）: 1-10.

凌裕泉, 屈建军, 李长治. 2003. 应用近景摄影法研究沙纹的移动. 中国沙漠, 23（2）: 118-120.

刘昉勋, 黄致远, 蔡守坤. 1986. 江苏海岸沙生植被的研究. 植物生态学与地植物学学报, 10（2）: 115-122.

刘虎俊, 王继和, 孙坤, 等. 2005. 干旱区荒漠景观的植被自然更新机制初探. 西北植物学报, 25（9）: 1816-1820.

刘贤万. 1995. 实验风沙物理学与风沙工程学. 北京: 科学出版社: 79-97.

刘媖心. 1987. 包兰铁路沙坡头地段铁路防沙体系的建立及其效益. 中国沙漠,（4）: 4-14.

鲁小珍, 金永灿, 杨益琴, 等. 2005. 木质素固沙材料应用于沙漠化地区植被恢复的研究. 林业科学, 41（4）: 67-71.

陆海平, 赵国平, 胡春元, 等. 2006. 沙漠地区公路植物防沙体系维护技术及效益分析——以 G304 国道公路植物防沙体系维护技术为例. 内蒙古农业大学学报（自然科学版）,（04）: 20-26.

吕文, 张卫东, 包军, 等. 2000. 论发展杨树与三北防护林体系建设. 防护林科技, 43（2）: 67-69.

马海波, 马卫东, 任秀玲. 1997. 内蒙古阿拉善左旗 15 年飞播牧草效益调查. 中国草地,（1）: 59-63.

马世威, 马玉明, 姚洪林, 等. 1998. 沙漠学. 呼和浩特: 内蒙古人民出版社.

马贤隆. 1999. 杨树小老树成因及预防改造探讨. 内蒙古林业, 6: 30-31.

马玉明, 王林和, 姚云峰, 等. 2004. 风沙运动学. 呼和浩特: 远方出版社.

马志广, 陈敏. 1994. 草地改良理论、方法与趋势. 中国草地,（4）: 63-66.

穆环珍, 刘晨, 郑涛, 等. 2006. 木质素的化学改性方法及其应用. 农业环境科学学报, 25（1）: 14-18.

彭继平, 李钢铁. 2008. 2006 年我国沙尘暴灾害特点及原因分析. 干旱区资源与环境, 22（2）: 61-64.

漆建忠. 1998. 中国飞播治沙. 北京: 科学出版社.

祁元祯. 1996. 荒漠、半荒漠地区建设铁路中风沙流防护体系的研究. 中国沙漠,（3）: 59-67.

钱宁, 万兆惠. 1986. 泥沙运动力学. 北京: 科学出版社.

钱征宇. 2003. 中国沙漠铁路的风沙危害及其防治技术. 中国铁路,（10）: 24-26, 10.

丘明新. 2000. 我国沙漠中部地区植被. 兰州: 甘肃文化出版社.

丘兆国, 郑晓静. 2006. 化学固沙结皮力学性能的研究. 应有力学学报, 23（2）: 325-328.

屈建军, 廖空太, 俎瑞平, 等. 2007. 库姆塔格沙漠羽毛状沙垄形成机理研究. 中国沙漠, 27（3）: 349-355.

邵立业, 董光荣, 陆福根. 1988. 共和盆地草原沙漠化的正、逆过程与植被演替规律. 中国沙漠, 8（1）: 30-40.

苏永中, 赵哈林. 2003. 持续放牧和围封对科尔沁退化沙地草地碳截存的影响. 环境科学, 24（4）: 23-28.

孙保平等. 2000. 荒漠化防治工程学. 北京: 中国林业出版社.

孙洪祥. 1991. 干旱区造林. 北京: 中国林业出版社.

孙时轩. 造林学. 1991. 北京: 中国林业出版社.

孙水来. 2010. 水力拉沙坝技术在李家梁水库施工中的应用. 西北农林科技大学.

孙显科. 2004. 风沙运动理论体系的创建与研究. 中国沙漠, 24（2）: 129-135.

孙显科. 2010. 辩证思维与风沙运动理论体系的创建和应用. 北京: 中国林业出版社, 67-86.

孙显科, 张凯, 张大治, 等. 2003. 沙纹弹道成因理论评析. 中国沙漠, 23 (4): 471-475.

孙祥. 1991. 干旱区草场经营学. 北京: 中国林业出版社.

唐进年, 徐先英, 金红喜, 等. 2007. 自然风成沙纹的形态特征及其与地表沙物理性状的关系. 北京林业大学学报, 29 (2): 5.

万玲玲, 董智, 李红丽, 等. 2011. 沙柳方格沙障对土壤种子库的影响. 中国水土保持科学, 9 (4): 78-85.

王百田. 2010. 林业生态工程学. 北京: 中国林业出版社.

王宝侠, 赵金香. 2003. 通辽市杨树人工林栽培现状及发展对策. 防护林科技, 54 (1): 57-58.

王丹, 宋湛谦, 商士斌. 2005. 改良性木质素磺酸盐固沙剂的性能及应用研究. 林产化学与工业, 25 (增): 59-63.

王丹, 宋湛谦, 商士斌, 等. 2006. 高分子材料在化学固沙中的应用. 生物质化学工程, 40 (3): 44-47.

王光谦. 1998. 风成沙纹过程的计算机模拟. 泥沙研究, (3): 1-6.

王海梅, 孙冠平, 谌文武, 等. 2003. SH 固沙剂固化沙体的强度特征. 岩石力学与工程学报, 22 (增 2): 2883-2887.

王汉双. 1997. 试谈沙地杨树"小老树"的形成与改造. 内蒙古林业科技, (2): 16, 17, 19.

王继和, 马全林. 2003. 民勤绿洲人工梭梭林退化现状、特征与恢复对策. 西北植物学报, 23 (12): 2107-2112.

王利兵, 李钢铁. 2007. 两种不同人工林树木个体生长规律的研究. 内蒙古农业大学学报 (自然科学版), 28 (1): 46-50.

王锡来, 王在广, 张登绪. 2000. 戈壁地区铁路沙害成因及工程防护初步研究. 路基工程, (6): 44-51.

王训明, 陈广庭. 1997. 塔里木沙漠公路沿线机械防沙体系效益评价及防沙带合理宽度的初步探讨. 干旱区资源与环境, (4): 29-36.

王银梅, 韩文峰, 谌文武. 2003. 对于沙漠地区应用化学固沙剂固沙的探讨. 灾害学, 22 (4): 1-5.

王银梅, 韩文峰, 谌文武. 2004. 化学固沙材料在干旱沙漠地区的应用. 中国地质灾害与防治学报, 15 (2): 78-81.

王银梅, 谌文武. 2007. 新型化学固沙材料性能的试验研究. 水土保持通报, 27 (1): 108-111, 116.

王银梅, 谌文武, 韩文峰. 2005. SH 固沙机理的微观探讨. 岩土力学, 26 (4): 650-654.

王银梅, 孙冠平, 谌文武. 2003. SH 固沙剂固化沙体的强度特征. 岩石力学与工程学报, 22 (增 2): 2883-2887.

王永魁. 1985. 几种固沙植物对沙土影响的研究. 林业科学, 21 (2): 113-121.

卫秀成, 赵正华, 谌文武, 等. 2007. LZU 固沙新材料及固沙综合技术研究. 兰州大学学报 (自然科学版), 43 (1): 37-40.

吴锈钢, 宋小东等. 2002. 沙地樟子松人工林结构调整及更新改造技术措施. 防护林科技, 53 (4): 82-83.

吴正. 1987. 风沙地貌学. 北京: 科学出版社.

吴正. 1997. 中国沙漠与海岸沙丘研究. 北京: 科学出版社.

吴正. 2003. 风沙地貌学与治沙工程学. 北京: 科学出版社.

吴正等. 1995. 华南海岸风沙地貌研究. 北京: 科学出版社.

吴正, 彭世古. 1981. 沙漠地区公路工程. 北京: 人民交通出版社.

夏训诚等. 1991. 新疆沙漠化与风沙灾害治理. 北京: 科学出版社.

信乃诠. 1998. 中国北方旱区农业. 南京: 江苏科学技术出版社.

信乃诠. 2002. 中国北方旱区农业研究. 北京: 中国农业出版社.

徐凤民, 杨凤春. 1995. 用樟子松改造杨树小老树的技术研究. 辽宁林业科技, 6: 26-27.

徐先英, 唐进年, 金红喜, 等. 2005. 3 种新型化学固沙剂的固沙效益实验研究. 水土保持学报, 19 (3): 62-65.

严亮, 杨久俊. 2009. 新型化学固沙材料的研究现状及其展望. 材料导报, 23 (3): 51-54.

杨具瑞, 方铎, 毕慈芬, 等. 2004. 非均匀风沙起动规律研究. 中国沙漠, 24 (2): 248-251.

杨明, 张丽丹, 离洪奠猷, 等. 2003. 固沙剂的合成与水溶性研究. 北京化工大学学报 (自然科学版), 30 (4): 81-84.

杨文斌, 李卫, 党宏忠, 等. 2016. 低覆盖度治沙: 原理、模式与效果. 北京: 科学出版社.

杨逸畴, 洪笑天. 1994. 关于金字塔沙丘成因的探讨. 地理研究, 13 (1): 94-99.

杨中喜, 岳云龙, 陶文宏. 2002. 高性能固沙材料的开发与研究. 济南大学学报, 16 (1): 71-73.

姚正毅, 韩致文, 赵爱国, 等. 2009. 化学固沙结层的力学强度与抗风蚀能力关系. 干旱区资源与环境, 23 (2): 191-195.

尤·依尔·彼尔谢涅夫, 王凤昆. 2007. 俄罗斯生态保护构架——特别自然保护地域体系. 野生动物杂志, 28 (1): 39-41.

余新晓, 陈丽华. 1996. 晋西黄土地区小老树的防治与改造. 干旱区资源与环境, 10 (1): 82-86.

岳永杰, 李钢铁. 2008. 浑善达克沙地疏林草原立地条件类型划分. 中国首届沙产业高峰论坛文集, 283-287.

曾德慧, 姜凤岐. 1997. 樟子松沙地人工林固沙林稳定性的研究. 应用生态学报, 7 (4): 337-343.

曾德慧, 姜凤岐. 1997. 樟子松沙地人工林直径分布模型. 应用生态学报, 8 (3): 231-234.

张广兴, 李霞. 2003. 气流水平涡度对沙纹形成的动力作用. 中国沙漠, 23 (5): 574-576.

张敬业. 1987. 小老树形成原因及其改造的途径. 中国沙漠, 7 (2): 55-57.

张克斌, 罗毓玺. 1981. 甘肃民勤地区梭梭林调查及合理密度的探讨. 北京林业大学学报, 1: 1-10.

张克存, 屈建军, 鱼燕萍, 等. 2019. 中国铁路风沙防治的研究进展. 地球科学进展, 34 (6): 573-583.

张奎壁, 邹受益. 1990. 治沙原理与技术. 北京: 中国林业出版社.

张淑改, 姚延梼, 张芸香, 等. 1999. 三种杨树人工林生长效应的比较. 林业科技通讯, 3: 22-23.

赵哈林, 周瑞莲. 1994. 科尔沁沙漠化草场植被恢复过程中的种源特性研究. 中国草地, 4: 1-8.

赵济. 1995. 中国自然地理. 北京: 高等教育出版社.

赵松乔. 1985. 中国干旱地区自然地理. 北京: 科学出版社.

赵文智. 1992. 奈曼沙区樟子松生长状况与水分关系. 中国沙漠, 12 (1): 64-70.

赵文智, 常学礼. 1991. 奈曼沙区樟子松生长与生态因子关系的研究. 西北林学院学报, 6 (4): 16-22.

赵兴梁. 1978. 内蒙古呼伦贝尔沙地上的樟子松林初步调查研究报告. 植物生态学与地植物学资料丛刊, 1: 90-180.

赵兴梁. 李万英. 樟子松. 1963. 北京: 农业出版社.

赵雪. 1993. 豫北沙地次生植被类型及其演替. 中国沙漠, 13 (2): 37-42.

中国科学技术协会学会工作部. 1990. 中国土地退化防治研究. 北京: 中国科学技术出版社.

中国科学院兰州沙漠研究所沙坡头沙漠科学研究站. 1991. 包兰铁路沙坡头段固沙原理与措施. 银川: 宁夏人民出版社.

中国科学院治沙工作队. 1962. 治沙研究 (第四号). 北京: 科学出版社.

周立强, 刘毅, 韩军玲. 1992. 吉林省中西部地区杨树低质人工林 (小老树) 成因定量分析与改造对策. 吉林林业科技, 101 (6): 21-26.

朱朝云, 丁国栋, 杨明远. 1992. 风沙物理学. 北京: 中国林业出版社.

朱俊凤, 朱震达. 1999. 中国荒漠化防治. 北京: 中国林业出版社.

朱震达. 1980. 中国沙漠概论. 北京: 科学出版社.

朱震达, 陈广庭等. 1994. 中国土地沙质荒漠化. 北京: 科学出版社.

朱震达, 吴正, 刘恕, 等. 1980. 中国沙漠概论. 北京: 科学出版社.

朱震达, 赵兴梁, 凌裕泉, 等. 1998. 治沙工程学. 北京: 中国环境科学出版社.

邹受益, 白晓昭, 李钢铁. 1987. 在喷洒乳化渣油条件下建立中滩站铁路防沙植被试验研究. 干旱区资源与环境, (2): 83-94.

左合君. 2013. 临策铁路防沙明洞防风阻沙机理及对风沙环境的影响. 呼和浩特: 内蒙古农业大学博士学位论文.

左合君, 董智, 魏江生, 等. 2005. 沙漠地区高速公路工程防沙体系效益分析. 水土保持研究, (6): 226-229.

左合君, 胡春元, 高永, 等. 2004. 新地—麻黄沟高速公路沙害防治技术. 内蒙古农业大学学报 (自然科学版), (3): 36-40.

左合君, 刘力, 董智, 等. 2005. 库布齐沙漠穿沙公路工程防沙体系维护技术. 干旱区资源与环境, (3): 166-170.

左小安, 赵学勇, 张铜会, 等. 2005. 科尔沁沙地榆树疏林草原物种多样性及乔木种群空间格局. 干旱区资源与环境, 19(4):63-68.

А. И. 兹纳门斯基. 1960. 沙地风蚀过程的实验研究和沙堆防止问题. 杨郁华, 译. 北京: 科学出版社: 8-52.

Mckee E D. 1993. 世界沙海的研究. 赵兴梁, 译. 银川: 宁夏人民出版社.

Bagnold R A. 1941. The Physics of Blown Sand and Desert Dunes. London: Methuen CoLtd:132-151.

Bisal F. 1962. Movement of soil particles in saltation. Canand J Soil Sci, 42(1): 138-143.

Guo Q F, Rundel P W, Goodall D W. 1998. Horizontal and vertical distribution of desert seed banks: patterns, causes and implications. Journal of Arid Environments, 38: 465-478.

Guo Q F, Rundel P W, Goodall D W. 1999. Structure of desert seed banks: comparisons across four North American desert sites. Journal of Arid Environments, 42: 1-14.

Harper J L. 1977. Population Biology of Plant. New York: Academic Press: 57-116.

Hill M O, Stevens P A. 1981.The density of viable seed in soils of forest plantations in upland Britain. The Journal of Ecology, 69: 693-709.

Kemp P R. 1989. Seed bank and vegetation processes in deserts//Leck M A, Parker V T, Simpson R L. Ecology of Soil Seed Bank. San Diego: Academic Press: 257-282.

Laqndry W. 1994. Compute simulations of self-organized wind ripple patterns.Physica D, 77: 238-260.

Marone L, Rossi B E, Casenave J L D. 1998. Granivore impact on soil-seed reserves in the central Monte desert, Argentina. Functional Ecology, 12(4): 640-645.

Nishimori H. 1993. Formation of ripple paqtterns and dunes by wind-blown sand.Physical Review Letters, 71(1):197-200.

Raudikivi A J. 1976. Loose Boundary Bydraulics. 2nd ed. Oxford: Pergamon Press.

Yu S L, Marcelo S, Jiang G M, et al. 2003. Heterogeneity in soil seed banks in a Mediterranean coastal sand dune.Acta Botanica Sinica, 45(5): 536-543.